飞行技术专业系列教材

空中交通管理基础

主　编　孔金凤

副主编　黄龙杨

参　编　潘卫军　康　瑞　廖　勇

袁　江　郑力维

西南交通大学出版社

·成　都·

图书在版编目（CIP）数据

空中交通管理基础／孔金凤主编. —成都：西南
交通大学出版社，2016.8（2023.1 重印）
飞行技术专业系列教材
ISBN 978-7-5643-4858-8

Ⅰ. ①空… Ⅱ. ①孔… Ⅲ. ①空中交通管制 – 教材
Ⅳ. ①V355.1

中国版本图书馆 CIP 数据核字（2016）第 179050 号

飞行技术专业系列教材

空中交通管理基础
主编　孔金凤

责 任 编 辑	周　杨	
封 面 设 计	刘海东	
出 版 发 行	西南交通大学出版社 （四川省成都市金牛区二环路北一段 111 号 西南交通大学创新大厦 21 楼）	
发 行 部 电 话	028-87600564　　028-87600533	
邮 政 编 码	610031	
网　　　　址	http://www.xnjdcbs.com	
印　　　　刷	四川森林印务有限责任公司	
成 品 尺 寸	185 mm × 260 mm	
印　　　　张	27.75	
字　　　　数	691 千	
版　　　　次	2016 年 8 月第 1 版	
印　　　　次	2023 年 1 月第 6 次	
书　　　　号	ISBN 978-7-5643-4858-8	
定　　　　价	78.00 元	

课件咨询电话：028-81435775
图书如有印装质量问题　本社负责退换
版权所有　盗版必究　举报电话：028-87600562

总 序

民航是现代综合交通运输体系的有机组成部分，以其安全、快捷、通达、舒适等独特优势确立了独立的产业地位。同时，民航在国家参与经济全球化、推动老少边穷地区发展、维护国家统一和民族团结、保障国防和经济安全、加强与世界不同文明沟通、催生相关领域科技创新等方面都发挥着难以估量的作用。因此，民航业已成为国家经济社会发展的战略性、先导性产业，其发达程度直接体现了国家的综合实力和现代化水平。

自改革开放以来，我国民航业快速发展，行业规模不断扩大，服务能力逐步提升，安全水平显著提高，为我国改革开放和社会主义现代化建设做出了突出贡献。可以说，我国已经成为名副其实的民航大国。站在新的历史起点上，在 2008 年的全国民航工作会议上，民航局提出了全面推进建设民航强国的战略构想，拉开了我国由民航大国迈向民航强国的序幕。

要实现民航大国向民航强国的转变，人才储备是最基本的先决条件。长期以来，我国民航业发展的基本矛盾是供给能力难以满足快速增长的市场需求。而其深层次的原因之一，便是人力资源的短缺，尤其是飞行、空管和机务等专业技术人员结构不合理，缺乏高级技术、管理和安全监管人才。有鉴于此，国务院在《关于促进民航业发展的若干意见》中明确指出，要强化科教和人才支撑，要实施重大人才工程，加大飞行、机务、空管等紧缺专业人才的培养力度。

正是在这样的大背景下，作为世界上最大的航空训练机构，作为中国民航培养飞行员和空中交通管制员的主力院校，中国民航飞行学院以中国民航可持续发展为己任，勇挑历史重担，结合自身的办学特色，整合优势资源，组织编写了这套"空中交通管理系列教材"，以解当下民航专业人才培养的燃眉之急。在这套教材的规划、组织和编写过程中，教材建设团队全面贯彻落实《国家中长期教育改革和发展规划纲要（2010—2020 年）》，以培养适应民航业岗位需要的、具有"工匠精神"的应用型高素质人才为目标，创新人才培养模式，突出民航院校办学特色，坚持"以飞为主，协调发展"的方针，深化"产教融合、校企合作"，强化学生实践能力培养。同时，教材建设团队积极推进课程内容改革，在优化专业课程内容的基础上，加强包括职业道德、民航文化在内的人文素养教育。

由中国民航飞行学院编写的这套教材，高度契合民航局颁布的空中交通管制员执照理论考试大纲及知识点要求，对相应的内容体系进行了完善，从而满足了民航专业人才培养的新要求。可以说，本系列教材的出版恰逢其时，是一场不折不扣的"及时雨"。

由于空中交通管理专业涉及的知识点多，知识更新速度快，因此教材的编写是一项极其艰巨的任务。但令人欣喜的是，中国民航飞行学院的教师们凭借严谨的工作作风、深厚的学术造诣以及坚韧的精神品质，出色地完成了这一任务。尽管这套教材在模式创新方面尚存在瑕疵，但仍不失为当前民航人才培养领域的优秀教材，值得大力推广。我们相信，这套教材的出版必将为我国民航人才的培养做出贡献，为我国民航事业的发展做出贡献！

是为序。

中国民航飞行学院

教材编写委员

2016 年 7 月 1 日

前　言

　　空中交通管理是航空宇航科学、交通运输科学、信息科学、控制科学、管理科学等多学科的综合交叉应用，包括空中交通服务、空域管理和空中交通流量管理三部分，其任务是有效地维护和促进空中交通安全，维护空中交通秩序，保障空中交通畅通。

　　本书为飞行员培养系列教材之一，以《航线运输驾驶员执照理论考试大纲（飞机）》（DOC No.FS-ATS-004AR1）、《私用驾驶员执照理论考试大纲（飞机）》（DOC No.FS-ATS-001A）、《商用驾驶员执照理论考试大纲（飞机）》《商用驾驶员执照理论考试（飞机）知识点》《仪表等级理论考试大纲（飞机）》《仪表等级理论考试（飞机）知识点》《民用航空器驾驶员执照理论考试点要求》（AC-61-14）等规章、标准、规范性文件为依据，以飞行实施过程为主线，在完全涵盖上述大纲、知识点的基础上，从知识的系统性、完整性角度搭建本书的章节架构。

　　本书知识面广，信息量大，内容全面，结构新颖，深入浅出，图文并茂，通俗易懂，注重理论与实践相结合，能满足飞行员培养在空中交通管理方面的教学目标和要求，既可以作为飞行技术专业的专业教材，也可作为其他民航专业的辅助教学用书。

　　本书由孔金凤主编，由黄龙杨担任副主编。参编人员有潘卫军、康瑞、廖勇、袁江、郑力维等。全书共分为11章。第1章概述介绍空中交通管理的内容；第2章介绍空中交通管理机构、人员及设施；第3章为空域管理，介绍空域的概念、分类、划分及使用与管理等内容；第4章为航空器和飞行高度层，介绍航空器的分类、气压高度、高度层的配备和飞行分类等内容；第5章为飞行规则，介绍目视飞行规则和仪表飞行规则相关内容；第6章为空中交通服务通信，介绍航空通信系统、领航计划报和无线电陆空通话等内容；第7章为飞行组织与实施，介绍民航飞行计划、飞行服务中心工作内容、航班正常统计和通用航空等内容；第8章为机场管制，介绍机场管制塔台职能，管制范围和地面管制、起飞管制、着陆管制、起落航线管制以及特殊情况下的管制等内容；第9章为程序管制服务，介绍程序管制服务的概念、间隔和进近管制、区调管制等相关内容；第10章为空中交通监视服务，介绍雷达管制间隔、程序和特情处置等内容；第11章为空中交通流量管理，介绍流量管理的方法与措施。

　　在本书的编写过程中，民航局空中交通管理局、中国民用航空飞行学院、空中交通管理学院各级领导、单位给予了大力支持和帮助，并提出了很好的建议，在此一并表示感谢！

　　由于空中交通管理知识点多，涉及面广，知识更新速度快，加之编写时间仓促，编者水平有限，书中难免存在疏漏、不足之处，恳请读者批评指正。

编　者

2016 年 1 月

目 录

第一章 概 述

民用航空企业通过空中交通工具提供安全、舒适、快捷的客运、货运和专业运输服务。截至2014年年底，民航全行业共完成运输周转量748.12亿吨公里，旅客运输量39 195万人次，货邮运输量549.1万吨。全国共有运输航空公司51家，民航全行业在册运输飞机2 370架，通用航空企业适航在册航空器总数1 798架，其中教学训练用飞机486架。民航全行业在册运输飞行的平均日利用率9.51 h，其中，大中型飞行平均日利用率9.74 h，小型飞行的平均日利用率6.36 h，共有定期航班航线3 142条，按不重复距离计算的航线里程463.72万千米，颁证运输机场202个，定期航班国内通航城市198个，我国航空公司国际定期航班通航48个国家123个城市。民航业经过近几十年的快速发展，空中交通管制的作用越来越明显，其重要性日渐被人们所认识。

日益增长的飞行流量、复杂的机队和空域均要求全体民航工作人员必须贯彻"保证安全第一，改善服务工作，争取飞行正常"的中国民航工作总方针，始终把飞行安全放在首位，不断提高服务质量和飞行正常率。影响飞行安全和飞行正常率的因素有很多，除了航空器的适航性、飞行员技术水平、保安措施外，空中交通秩序、气象、通信导航监视设施、飞行标准等，都是影响飞行安全与正常的重要因素。本章将重点介绍空中交通管理的概念、组成、发展历程及国内外现状。

第一节 空中交通管理

早在20世纪20年代初左右，由于航空运输业的蓬勃发展，空中交通呈现出繁忙、无序的状态，因此就出现了空中交通管理的雏形——空中交通管制的概念，随后又经历了空中交通服务、空中交通管理的发展演变阶段。

空中交通管理（Air Traffic Management，ATM）的任务是：有效地维护和促进空中交通安全，维护空中交通秩序，保障空中交通畅通。其内容包括空中交通服务、空中交通流量管理和空域管理三大部分。

一、空中交通服务

空中交通服务（Air Traffic Service，ATS）是指对航空器的空中活动进行管理和控制的业务，是空中交通管制服务、飞行情报服务和告警服务的总称。空中交通管制员向航空器提供空中交通服务。

（一）空中交通管制服务

空中交通管制服务（Air Traffic Control Service，ATC）是指对飞行中的航空器提供交通管制服务，并实施有效的监督和管理，是空中交通服务的核心内容，其任务是：①防止航空器与航空器相撞，防止航空器与障碍物相撞；②维护和加速空中交通有序流动。

空中交通管制服务是 ATS 的主要工作，包含区域管制服务、进近管制服务、机场管制服务三个部分，区域管制服务又包含高空区域管制服务和中低空区域管制服务，在有些地区，这两项职能由同一部门承担。在空中交通流量较小的地区，进近管制服务和机场管制服务是合二为一的。

空中交通管制服务必须由民航局指定的空中交通管制单位（Air Traffic Control Unit，ATCU）提供。

（二）飞行情报服务

飞行情报服务（Flight Information Service，FIS）是指提供规定区域内航行安全、正常和效率所必需的航行资料和数据的服务。其任务是向飞行中的航空器提供有益于安全和有效地实施飞行的建议和情报的服务。其范围包括：重要气象情报；使用的导航设备的变化情况；机场和有关设备的变动情况（包括机场活动区内的雪、冰或者有相当深度积水的情况）；可能影响飞行安全的其他情报等。管制员在管制空域内在对航空器提供空中交通管制服务的同时穿插提供飞行情报服务，空中交通管制服务和飞行情报服务是紧密联系在一起的。

飞行情报服务由民航局指定的空中交通管制单位提供，并按照规定程序予以公布。空中交通管制单位应向接受其空中交通管制服务的航空器提供飞行情报服务，也可向未接受其空中交通管制服务但了解情况的其他航空器提供飞行情报服务。

（三）告警服务

告警服务（Alerting Service，AS）是指向有关组织发出需要搜寻援救航空器和协助该组织而提供的服务，其任务是向有关组织发出需要搜寻援救航空器的通知，并根据需要协助该组织或协调该项工作的进行。

告警服务由民航局指定的空中交通管制单位提供，并按规定程序予以公布。

凡遇下列情况，空中交通管制单位应当提供告警服务：①没有得到飞行中的航空器的情报而对其安全产生怀疑；②航空器及所载人员的安全有令人担忧的情况；③航空器及其所载人员的安全受到严重威胁，需要立即援助。

二、空域管理

空域管理（Airspace Management，ASM）是指为维护国家安全，兼顾民用、军用航空器的需要和公众利益，统一规划，合理、充分、有效地利用空域的管理工作，主要内容包括空域划分和空域规划。空域划分即对飞行高度层规定和各种空中交通服务空域的划分。空域规划是指对某一给定空域，通过对未来空中交通流量需求的预测，根据空中交通流的流向、大小与分布，对其按高度方向和区域范围进行设计和规划，并加以实施和修正的过程。空域管理的任务是依据既定空域结构条件，实现对空域的充分利用，尽可能满足经营人对空域的需求。本教材第三章具体介绍空域划分和运行规定。

三、空中交通流量管理

空中交通流量管理（Air Traffic Flow Management，ATFM）是指在空中交通流量接近或达到空中交通管制可用能力时，预先或适时采取适当措施，保证空中交通最佳地流入或通过相应区域，尽可能提高机场、空域可用容量的利用率。空中交通流量管理分为先期流量管理、飞行前流量管理和实时流量管理。本教材第十一章将详细介绍。

四、空中交通管理的发展

空中交通管理是由空中交通管制逐步演变发展而来的。

（一）第一阶段（20 世纪 30 年代以前）——空中管制观念的萌发

空中飞行要有规则，最初是由飞行员们自发搞起来的。当时并没有先例可循，只有地面交通和海洋航行规则可作参考，并以此照搬。比如两架飞机相遇时，各自都应靠右侧飞行，完全与地面行车靠右的规则一样。因为当时的飞机数量还不算多，而且飞行速度慢，看见前面的飞机后再避让也来得及，加上有了这个自发形成的规则，就可以避免两机相撞了。

最早关注空中交通管制的是国土面积相对较小的欧洲诸国。人们认识到，应该为不同国家的飞机飞越国界时设立一种统一的航行规则。1910 年，几个欧洲国家试图达成一种统一的空中航行法规，但是因为当时的飞机太少，而天空又那么大，故没有引起人们的足够重视。随着航空工业的不断发展，飞机除了用于作战外，在其他领域的应用也在不断扩大，没有统一要求的无序的空中航行已经越来越不能适应空运的发展。到第一次世界大战后，在 1919 年的凡尔赛和平大会上，一个名称为"空中航行国际委员会"（International Commission on Air Navigation，ICAN）的空中交通国际组织诞生了，并制定了最早的空中航行规则——"空中守则"。

（二）第二阶段（1934—1945 年）——空中管制的雏形

在美国，从 1926 年起，空中管制的雏形就已经开始出现了。当时的做法是一位地面工作人员站在跑道的尽头，穿着颜色十分醒目的衣服，挥动着表示允许着陆或起飞的绿色小旗和暂不放行的红色小旗，指挥着来来往往的飞机，目视飞行规则被逐渐建立起来。这种用旗语指挥飞机起飞比指挥飞机着陆更有效一些，缺点是夜间无法使用。到 20 世纪 30 年代初期，在一些主要机场，这种指挥旗被信号枪所取代。当时的做法是将信号枪对准起飞或者降落的飞机上方发射。在晴天，16 km 之外都可以看到那绿色或红色的光亮，但这种信号的作用距离也很有限。

（三）第三阶段（1945 年—20 世纪 80 年代）——空中管制的发展

由于飞行活动越来越频繁，目视飞行规则已经难以满足需要，同时无线电通信技术已经相当成熟，因此各国纷纷成立了空中交通主管机构，制订了使用仪表进行安全飞行的规则，并建立起全国规模的航路网和相应的航站、塔台、管制中心或航路交通管制中心。这些管制中心的任务就是接收各航站发来的飞行计划，再根据驾驶员的位置报告将其填写在飞行进程单上，然后确定飞机之间的相互位置关系，发布指令，实施管理，以程序管制为核心的空中交通管制形成。

（四）第四阶段（20 世纪 80 年代至今）——空中交通管理概念的提出

20 世纪末，航行保障系统在技术上已有相当进步。陆空通信从落后的高频电报发展到甚高频话音以至卫星通信，导航从无方向信标的人工/自动定向到甚高频全向信标和测距设备，还有惯性导航以至卫星导航，已为区域导航打好技术基础；进近着陆方面已有仪表着陆系统和微波着陆系统；监视从一次雷达、二次雷达到单脉冲 S 模式雷达、平行跑道进近监视雷达、场面活动监视雷达等；气象资料、飞行情报服务充实起来，管制员席位从模拟式到数字式，管制手段从程序管制到雷达管制；空中交通管理的概念被提出，以取代空中交通管制，空中交通管制的目的只是保证一次航班从起飞机场经航路到达目的地机场的间隔和安全，而空中交通管理则着眼于整个航路网的空中交通舒畅、安全和有效运行；国际民航组织于 1983 年提出"未来航行系统"（Future Air Navigation System，FANS）概念，而美国联邦航空局则于 1995 年提出"自由飞行"的概念等。

第二节　空中交通管制服务

空中交通管制服务是空中交通管理单位的核心工作内容，本节主要介绍其历史沿革和基本工作要求，其工作内容、工作程序、相关规定等将在后续章节详细介绍。

一、空中交通管制的产生与发展

上个世纪，随着航空器设计制造技术的两次飞跃，航空运输的快速发展，通信、导航、监视设备和计算机及网络技术的发展，空管技术手段进行了多次更新。

空管是由航空运输的需要而产生的，它的发展与通信、导航和监视（Communication Navigation Surveillance，CNS）新技术的应用密不可分。

空管主要设备和技术经历了以下由低级到高级的过程：旗帜和灯光（目视）、无线电（通信、导航）、雷达（监视）、计算机、卫星。随着空管设备和技术的进步，空中交通管制手段也出现了由低级到高级的几次革命：从原始的利用两面旗在跑道头指挥（类似于地面交警的指挥棒），到灯光和信号弹时代；从 20 世纪 30 年代美国采用无线电管制、目视飞行时代向仪表飞行过渡，到 1935 年随着飞行流量的增大航线管制中心应运而生；从 1945 年开发民航雷达，到 1956 年远程航路雷达安装使用、1960 年机场监视雷达投入运行；随着流量的增大和计算机技术的发展，1969 年纽约开始实行流量控制，1970 年管制计算机联网、成立流量控制中心和终端区；1988 年美国与 IBM 协作开发自动管制研究；美国的全球定位系统（Global Positioning System，GPS）、俄罗斯的格洛纳斯（Global Navigation Satellite System，GLONASS）、欧洲的伽利略卫星导航系统（Galileo Satellite Navigation System，GSNS）和我国的北斗卫星导航系统（BeiDou Navigation Satellite System，BDS）实现了地基导航到星基导航的转变；集成广播式自动相关监视（Automatic Dependence Surveillance-Broadcast，ADS-B）、区域导航（Area Navigation，RNAV）、基于导航的性能（Performance Based Navigation，PBN）、协同决策管理（Collaborative Decision Management，CDM）、进场管理（Arrival Management，AMAN）、离场管理（Departure Management，DMAN）、4D 航迹等新技术、新设备、新理念的 CNS/ATM 系统成为当今空管的发展主流，如美国的新一代空中交通管理系统（Next Generation Air Traffic Management System，NEXGen）、欧盟的"单一天空"计划（Single European Sky ATM Research，SESAR）和中国新一代空中交通管理系统（China New Generation ATM System，CNAS）等。

二、国际空中交通管理简介

（一）美　国

美国作为国际航空运输业最发达的国家，其空管系统的建设、运行和管理等方面有许多值得借鉴和参考的地方。美国在空中交通管制体制方面的改革大体分为两个阶段。

第一阶段是 1958 年以前，全国分为民航和军航两个系统，分别实行管制，并设立了航空协调委员会，负责协调军民航空中交通管制方面的关系。

第二阶段是 1958 年以后，经美国国会通过并经总统批准，设立了联邦航空局（Federal Aviation Administration，FAA），国会指令该局经营和维持空中交通管理系统，制定各种规章制度和法律，并管理国家空域。

美国的空中交通由 FAA 实施统一管制。FAA 平时隶属于运输部，战时划归国防部。全国分为三级管制，即航路、进近和塔台管制。FAA 和军航分别设立进近管制中心和塔台管制中心，在特定情况下，军用机场的塔台和管制设备也可以由 FAA 建设和管理。无论是军航还是民航，管制程序和标准都是一样的。FAA 设有空管系统指挥中心 1 个，航路管制中心 21 个，终端进近管制中心 242 个，塔台管制中心 463 个，飞行服务站 175 个。FAA 负责管理国家空域，但无所有权，作为国家空域资源管理者，必须与国防部（United States Department of Defense，DOD）密切联系与合作，时刻保持良好的协调关系。FAA 和军航各级均有密切合作和协调的制度。FAA 对空域的划分需充分听取军民航各方的意见，并制定使用原则。为了保证军队的需要，划设了特殊用途空域，并要求各级管制部门充分考虑国防的需要。

美国空管系统和防空系统的关系是：空管系统和国土防空指挥系统是两个独立的系统，但关系密切。为了国土防空的需要，FAA 航管中心必须按规定的程序将所有国际飞行计划传送给北美防空司令部。防空部门设有防空识别区，对没有飞行计划且无法识别的飞机，防空部门立即派飞机拦截查明情况。军机起飞拦截时，由塔台管制室负责飞机的起飞，然后将其移交给航路管制中心。当飞机进入防空识别区后，航路管制中心将飞机移交给防空部门指挥拦截。另外，美国总统规定，FAA 要保持适当的应变能力，在战时由国防部接管，成为国防部的一个职能部门，利用现有的空管手段，全力支持国防部和指定的军事部门。

美国空域归国家所有，公民有平等使用权。为实现国际民航组织"一个特定空域只能由一个管制单位负责"的原则，将空域分为管制区和非管制区两种类型。管制空域分为 A、B、C、D、E 共 5 个类别，非管制空域划为 G 类。

FAA 在空域使用上有最高决定权，并从管理机构设置和程序上保证了军事单位对空域使用的要求。根据军方的需要，FAA 在全国设立了若干特殊用途的空域，包括禁区、限制区、军事作战区、警告区、报警区和管制射击区等。

（二）俄罗斯

前苏联解体以后，俄罗斯在空中交通管制方面进行了不断的改革，逐步与世界接轨。但由于受其传统空管体制、经济发展等的影响，俄罗斯的空中交通管制具有自己的一些特性。

1962 年以前，空中交通管制工作由军方负责，民航只负责民用飞机和军用运输机在航路上的飞行指挥。1962 年以后，前苏联颁布了航空法，空中交通管制工作改由军民两家分别负责。1974 年，前苏联政府批准成立"空中交通管制统一系统"。前苏联政府于 1990 年又成立了"空域使用及空中交通管制委员会"。前苏联解体后，独联体各国同意成立"独联体各国间空域协调委员会"。在 1997 至 1998 年，俄罗斯的空中交通管制机构又进行改革，成立了俄联邦空域使用跨部门委员会（相当于我国的国家空管委），负责空管体制改革与空管现代化建设。

俄罗斯管理的空域达 2 500 万平方千米，包括 1 700 万平方千米的陆地空域和 800 万平方千米的海洋空域。全国空域划分为 8 个管制大区，大区内又划分为若干个管制小区。全国设有"空中交通管制统一系统"总中心 1 个、区域管制中心 8 个、分区管制中心 64 个以及若干个机场塔台管制室。俄罗斯空管系统军民航的协调主要体现在"空中交通管制统一系统"的各级管制中心。总中心（一级）、大区管制中心（二级）、小区管制中心（三级）都是军、民合署办公，在具体负责对空指挥的小区管制中心，军、民双方管制人员使用同样的管制设备在一起值班，可以及时协调空域使用中出现的矛盾。

（三）德　国

德国的空中交通管制服务从 1993 年 1 月 1 日起（共 17 个国际机场）由德国空管有限公司（German Air Traffic Control Navigation Service Corporation，一般按德文简称为 DFS）负责提供。到目前为止，DFS 是一个完全由政府拥有的私有化公司。据 2002 年的统计数据表明，DFS 每年流量约为 255 万架次，高峰日流量 8 000 架次，平均日流量 3 500 架次左右。共有 5 个情报区，即不来梅、柏林、杜塞尔多夫、慕尼黑、法兰克福。整个区域管制分为中低空和高空，24 500 ft（约 8 000 米）以下为低空管制区，共有 5 个管制区域：北部不来梅、东部柏林、西部杜塞尔多夫、中部法兰克福和南部慕尼黑；24 500 ft（约 8 000 米）以上为高空管制区，共 4 个管制区域：西部卡尔斯鲁厄、南部慕尼黑、东部柏林、北部马斯赫里特欧洲管制中心。

德国的空域划设情况有其特别之处，军方使用的空域有固定的划设，并且白天和晚上所使用的空域有所区别。夜间民航飞行流量相对减少，因此，军方训练空域面积大于白天训练空域面积。每次军方使用空域前需要经过 AMC（Airspace Management Cell）协调，同意后才能使用。

在德国，军民航管制已经完成一体化进程。和平时期，DFS 同时提供军用和民用飞行的管制服务，但军用机场的进离场及塔台管制除外。DFS 除雇佣民航管制员外，也同时雇佣军方派出的管制人员（以合约的形式进行）。如果出现战事或战争前的紧急状况，全国所有的空管服务完全由军方接管，民航派出部分管制员协助工作。德国只设一个飞行情报服务中心，但功能非常强大，大量的飞行计划申请、批复都通过计算机网络进行，增加了效率，节省了成本，且方便快捷。

DFS 始终坚持其自身的核心业务，即空中导航服务，并在发展战略上给定清晰的目标。其 2020 年远景目标就在空中导航技术服务领域处于全球的领先地位。在确保安全性的同时合理化节约成本，确保尖端技术，提供有吸引力的工作位置。

（四）日　本

日本的空中交通管制经过 50 多年的发展，其空管系统基础设施建设一直朝着标准化、国产化、网络化的方向发展，并在管理方面实现了国家统一管制。目前，日本正按照 ICAO 的标准积极发展新一代空中交通服务系统。

从 1945 年美军占领日本到 50 年代末，日本的空中交通管制一直由驻日美军负责。从 1952

年开始，美军逐步向日本移交空管系统，至 1972 年全部由日本政府接管。70 年代初期开始向自动化方式转化。到 80 年代中期，高科技的发展带领空管系统设备进入"第三代"，此时在区域管制中心和主要终端区建立起了相当尖端的计算机辅助系统。在东京、札幌、福冈和冲绳各管制区都有一个空中交通管理中心，12 个航路监视雷达配合飞行计划处理除了海洋管制区以外几乎所有的空域活动。迄今为止，日本本土已经实现雷达、甚高频覆盖和雷达管制，同时在跨洋航路上实施自动相关监视。

目前，日本的空中交通管制全部由运输省负责。运输省下设民航局和两个地区民航局，东京、那霸两个飞行情报区以及东京、福冈、那霸、札幌四区域管制中心等相关机构，承担全国的航路飞行管制和航行情报服务。日本运输省管理军民双方对空域的使用，对全国可飞行空域进行统一规划与管理，并依据统一的法规和标准，依靠全国一体化的空管系统和技术手段，对全国的空中交通实施管制指挥。机场、进近和塔台管制则由各机场负责。对军用机场和军民合用机场，由运输省委托防卫厅实施进近和塔台管制，个别的军民合用机场如冲绳机场则完全由民航负责指挥自卫队飞机起降。军队在执行防空作战任务时，对全部日本领空具有控制权。在运输省和防卫厅之间设有调整协议会，以协调军民航之间的问题。由于军民航双方包括驻日美军都遵守详细制定的统一的空中交通管制法规，所以军民航双方的协调工作量不太大。

日本把航路与训练空域完全分开，训练空域与航路不得交叉。当机场与训练空域之间有航路时，为了安全穿越航路，还设立了穿越航路的走廊。为保证飞行安全和地面重要目标的安全，在某些地区设立了空中禁区或限制区。

三、中国的空中交通管制

（一）1949 年 10 月前的空中交通管制业务

抗日战争以前直至 40 年代初期，我国空中交通数量极少。1942 年，中国航空公司和中央航空公司共载运旅客约 3 万人，货物约 4 千吨，邮件约 5.5 吨。1942 年 4 月滇缅战事开始，日军入侵缅甸，腊戌、滇缅公路不通，外援物资要靠飞越驼峰的中印空运。中国航空公司受国民党政府委托，办理中印空运。承担中印空运的还有美国空军运输队，其运量约为中国航空公司的 10 倍以上。

中印空运的起点为印度东北阿萨姆邦汀江机场（北纬 27 度 24 分，东经 95 度 18 分）及其附近约十个机场。中国航空公司于 1942 年 4 月 17 日在汀江成立了办事处，同年 5 月，开始执行汀江—昆明航线货运飞行。1942 年 4 月至 9 月，中航曾使用汀江机场，后来在汀江西南 8 英里处的巴里江（BALIJIAN）建立另一机场作为基地，并在该机场装设了塔台，利用无线电指挥飞机。在巴里江装设的那个机场塔台是我国装设的第一座塔台。

抗战胜利后，1945 年 10 月 3 日起，加尔各答—重庆航线经停八莫（缅甸）、昆明，而不经停汀江。1946 年 4 月 20 日，中航汀江航班结束，巴里江机场塔台也随之关闭了。中航在设立巴里江机场塔台后，又在重庆珊瑚坝机场装设了塔台。

中印空运的卸货地点有昆明及其周围的呈贡、羊街、陆良、沾益云南驿等机场。1943 年初，美国陆军航路通信服务（Army Airways Communication Service，AACS）派遣人员来到中缅印战区，建立了一些机场塔台和通信导航设备。1943 年 4 月，美军在我国设立的机场塔台在云南的计有昆明、呈贡、中街、陆良、沾益云南驿、保山、芒市等，在四川的计有宜宾、新津、广汉等。

抗日战争胜利后，国民党政府为进行复员、接收，在收复区内迅速开辟了运输航线网。中国航空公司在上海龙华机场设立了塔台，中央航空公司在武昌徐家棚机场设立了塔台。美军也在上海江湾机场设置了管制单位，负责上海附近和江湾机场的空中交通管制业务。

1947 年 1 月 20 日，民用航空局成立，隶属国民党政府交通部，专门负责民用航空事业的规划、建设、经营与管理。民航局成立后，在空中交通管制方面的工作主要有：制订了一些空中交通规则和管制程序；划定全国空中交通管制区以及飞行情报区（FIR）；设立管制机构（上海、广州管制站，上海、广州进近管制台，上海、广州、汉口、九江机场管制塔台等一些航路管制机构和机场管制机构）；训练空中交通管制人员；设立飞航咨询室。

1949 年 10 月前，我国民航空中交通管制人员甚少，不满百人，且多数是 1947 年以后新训练者，富有经验者更少。民航空中交通管制台站亦屈指可数，又分属几个不同部门，设备既不齐全也不标准化。当时我国空中交通管制业务虽已有几年的历史，但尚未脱离初建时期的雏形，远远未能在全国范围内建立起一个统一的、完整的空中交通管制系统来有效地实施空中交通管制业务，而这项目标也只有在新中国成立后才能达到。

（二）1949 年 10 月后至 20 世纪末的空中交通管制状况

中华人民共和国成立后至 20 世纪末，我国空中交通管制体制 50 多来基本是军事管制体制，既不同于英、美等资本主义国家以民用航空为主的空中交通管制体制，也不同于苏联等社会主义国家由军事部门统一管制，但在民用航路上由民航当局实施统一管制的空中交通管制体制。

20 世纪 50 年代，我国的空中交通管制体制完全仿效苏联。1950 年中央军委颁发的《中华人民共和国飞行基本规则》规定：中国人民解放军空军司令部是领导中国境内航行的中央机关，各部门飞机包括军用飞机，在民航航路内飞行，受民航局空中交通管制部门指挥，军用飞机在民航航路左右 30 km 范围内飞行，由各级空军司令部征得民航局有关空中交通管制部门同意后管制之。从立法上是遵守政府民航当局的权利和义务，但在实施过程中，由于民航局属于空军领导，空军没有把这种权利和义务交给民航当局，而是将民用航路内和航路外的一切飞行，统一由空军管制。

60 年代初修改《中华人民共和国飞行基本规则》。为使一切飞行统一由空军管制从立法上固定起来，在修改的该规则中规定一切飞行由空军统一实施管制，由各航空部门分别实施指挥。此次规则规定：我国境内一切飞行的指挥，应当在统一管制下由各部门分别组织实施。军用的飞机及其他航空器，由中国人民解放军空军和海军航空兵的各级司令部实施指挥；民用的飞机及其他航空局及其所属的民用航空管理局、航空站实施指挥。这种空中交通管制体制实际上是有管制权单位不实施具体指挥，无管制权的单位却实施具体指挥。这种体制的弊病：一是有管制权的不了解具体飞行情况，管制不能满足实际要求；二是了解具体飞行情况，实施具体飞行指挥的单位没有飞行管制权，难以实施主动指挥调配；三是飞行中遇到特殊情况，实施具体飞行指挥的单位有很多情况不了解，需要层层请示报告，协商费时误事；四是一个空域，一条航线，一个机场，两个以上单位组织飞行，各自指挥自己飞机，互相不协调，极易造成飞机相撞。因此，民航局坚持如暂时不与国际空中交通管制体制接轨，也应实行前苏联等社会主义国家的空中交通管制体制，维持五十年代的飞行基本规则规定。1964年由国防部长签署颁发了新的《中华人民共和国飞行基本规则》，从而在法规上确立了空军统一管制、分别指挥的体制。统一管制、分别指挥的空中交通管制体制，在60年代飞行量少的情况下，这四种弊端还不显得突出。到70年代以后，特别是八九十年代，随着中国加入国际民航组织，对外开放了许多条航线，国际飞行越来越多，国内先后从苏联、英、美、法等国引进了三叉戟、波音系列、伊尔62、图-154、空客系列等高速、大型运输机，国内飞行也日益繁忙起来后，这四种弊病也就逐步突出，进一步暴露出了我国现行的空中交通管制体制不适应国内国际航空发展的需要。

1977年再次修改《中华人民共和国飞行基本规则》。为适应我国参加国际民航组织和中外民航运输机在国内飞行增加的实际情况，按苏联模式修改高度层配备规定，但执行时间由空军决定。由于空军一直强调国产高度表不准，直到20多年后才开始实施。

1986年1月，国务院、中央军委下发了关于改革空中交通管制体制，逐步实现空中交通管制现代化的通知。由国务院、中央军委设空中交通管制委员会，下设空中交通管制局，直属国务院，同时也是委员会的办事机构。过渡时期空中交通管制工作仍由空军在委员会领导下实施。这一通知表明将要结束我国空中交通军事管制体制，但通知中未明确过渡到何时为止。直到20世纪末，中国空中交通管制体制实质性改革才算真正开始。

（三）新世纪中国空中交通管制体制改革

过去的管理体制已不适应当时空中繁忙的交通情况和经济建设需要。国务院、中央军事委员会在充分调查研究的基础上，拟借鉴国外的空域管理经验，对当时的管理体制进行有计划、有步骤、积极稳妥的改革。改革第一步是认真搞好北京—广州—深圳航路交由民航指挥的改革试点工作。第二步目标是逐步实现在全国实施"一个特定空域由一个空中交通管制单位负责管制指挥"。在北京—广州—深圳全航路交由民航空中交通管制指挥试点取得经验的基础上，按照国际民航组织的标准划分空域，分期分批地将全国航路（航线）交由民航空中交通管制单位指挥。凡在航路（航线）飞行的航空器，由民用航空空中交通管制单位提供管制服务；凡是在航路（航线）以外空域飞行的航空器，由军航空中交通管制部门提供空中交通管制服务。改革的第三步目标是实现空中交通由国家统一管制。基本思路是：设立和健全全国、大区、分区空管中心；力争在沈阳、北京、西安、昆明一线以东地区实行雷达管制，以西地区除少数地方外仍实行程序管制；建立较完善的通信系统，使空中交通管制指挥听得见、看得到，做到民航、军航和防空共同发展，相互促进。这个目标符合世界各国空中交通管制体制改革的总趋势，是我国实现空中交通管制现代化，适应民航军航发展和加强国防建设的必由之路。从1998年1月1日开始，北京终端区在内地第一个实施雷达管制，标志着我国实施雷达管制的序幕正式拉开。

2001年8月1日，再次修改的《中华人民共和国飞行　基本规则》开始生效，该基本规则明确了"国家空中交通管制委员会"的职责，飞行管制体制改革步伐加大，同时进行了高度层的再次改革，统一军民航管制员培训标准的探讨被提上空管委的议事日程。

民航机场过渡高度和过渡高度层的改革以及AFTN和SITA格式电报拍发规范都在本世纪初相继完成。

2002年8月1日，国家空管委颁布的《飞行间隔规定》使得军民航间隔标准得到统一。

2003 年 1 月颁布的《通用航空规定》将天空向私人和有关团体的通用航空飞行活动逐渐开放。

2007 年 11 月 12 日，中国民航开始实施国际民航组织推行的缩小飞行高度层垂直间隔（Reduce Vertical Seperation to Minimum，RVSM）运行标准，这一举措加强了空中飞行流量，实现我国与周边国家和地区飞行高度层顺畅衔接，大大加强航班飞行的安全水平。

近几年，随着几大区域管制中心的相继建设使用和管制工作接管完成，空管运行品质极大提升，中国民航正朝着系统化、标准化、科学化迈进，在安全标准、运行标准、服务质量标准等方面与国际接轨，参与国际空管行业的合作与竞争，跟上未来全球空中交通管理发展的步伐。

（四）我国空管发展展望

民航空管系统现有管制、航行情报、通信、导航、气象等人员约 20 000 人，其中管制人员约 8 000 人。

在国务院、中央军委的领导下，在国家空管委的统一管理下，我国空管体制改革将随着我国民航的快速发展而逐步深入，与国际上发达国家的差距将会逐渐缩小，未来空管信息联网、雷达管制普及、组建大的管制中心成为必然，对管制员的需求也会由量的需求转变到质的要求。

四、空中交通管制工作的基本要求

空中交通管制工作主要是对已进入活动阶段的航空器提供良好的管制服务，空中交通管制工作的优劣，直接影响飞行的安全和正常。空中交通管制工作责任重大，稍有松懈就将严重威胁飞行安全，要搞好这项工作必须做到：

（一）周密计划，准备充分，做好飞行的组织和保障工作

根据任务性质、机型特点、天气、地形、飞行活动情况及主要障碍物的关系位置、高度，按照飞行条例、管制工作细则及有关规定，从最复杂、最困难的情况做好多种预案，根据有关单位和个人提出的飞行申请，制定飞行预报和飞行计划；申请和批复飞行预报和计划，研究和制定保证飞行的工作计划，报告或通报飞行动态，使空地之间和各项服务保障部门之间密切配合，协调一致地进行工作。

（二）积极主动，准确及时和不间断地工作，防止飞机之间在空中和在机场地面活动中相撞

实施空中交通管制要力争主动，力避被动，做到准确、及时和不间断。这样才能掌握管制飞行的主动权和控制飞机活动的自由权，从而有效地防止一切相撞事故的发生。各种与飞行和空中交通管制有关的情报的通报和掌握，是空中交通管制工作立于主动的基本条件；对可能发生的问题早有预见，是空中交通管制工作立于主动的关键；针对飞行情况的变化灵活机动地处置，是空中交通管制工作变被动为主动的重要方法。因此，在实施飞行管制过程中，要统筹兼顾，审时度势，灵活机动地使空中交通处于安全、合理、连续、严格运行的管制之中。

（三）主动配合、密切协同、合理地控制空中交通流量

随着航空事业的发展，飞行量迅速增加，因此有效地利用空间、时间，加速空中交通流量，

提高在单位时间内有限区域的空中交通容纳量,将成为空中交通管制工作十分重要的技术性问题。但是,对于一个机场,一个区域,一条航路,在同样的管制设备和导航设备条件下,单位时间内的容纳量不是无限的。按照设备和技术条件的差异,只能允许接近或达到最大的流量。所以空中交通流量不能盲目地增加,必须合理地控制,科学地提高机场和空间的利用率。当空中交通容纳量不可再增加时,必须将此情况及时地通知有关单位和有关负责人,限制飞向该地区飞机的起飞时间,并指定准许飞入该区的时间和调配事项,以保证空中交通始终保持合理的流量和有秩序地进行。

空中交通管制单位在计划飞行时,就应当进行周密的计划、合理的安排,与相邻及有关的空中交通管制部门密切协作,互通动态,互相配合,主动、灵活地采取最简便的方法,在符合技术要求条件下,在最短的时间内,能够通过更多的飞机架次,有效地、最大限度地提高空中交通的利用率,否则,空中交通必然失调,人力和物力、空中和地面,均不能发挥最大的工作效率。

(四)掌握熟练的业务技能,为飞行提供保障安全的情报、措施和建议

空中交通管制人员在安全生产中充当着业务总管的角色,为了使各个生产保障单位能够合理地调度和科学地管制协调,使之更好地为安全生产服务,也为了能够为飞行提供大量的合理、有效的措施和建议,必须对航空各部门工作的基本常识熟悉了解,如对飞行、机务、通信、气象、运输服务、场务、油料等各方面的工作性质与安全生产的关系以及这些单位的一般工作程序、工作状况等都要有所了解,更重要的是对规章制度的记忆要熟练,运用要灵活自如,对航路情况、机场条件以及各种机型的性能特点,都要有比较广泛的知识。这样,就能保证在各种不同情况下为飞行提供可靠有效的措施和建议。当空中交通管制员发现驾驶员不能执行管制指令时,应迅速查明原因,除因特殊原因、特殊情况外,都应予以警告,并令其严格执行管制指令。对严重违规行为或引起不安全者,应依照有关规定予以严肃处理。

(五)保证及时提供导航设备和提供遇险飞机的情况

飞行中,无论驾驶员的技术高低和天气条件好坏,都要使用导航设备,以保证领航的精确程度。地面导航设备的开启和工作变动情报完全由管制员根据飞机飞行的需要来掌握。尤其结合当前我国飞行量较少,地面导航设备不是昼夜持续开机工作而是听从管制部门的通知进行开机和关机的情况。为了保证飞机沿预定航线飞行以及正确地进近和着陆,空中交通管制员必须根据飞机的位置报告和雷达资料,准确地掌握飞机的位置,及时通知地面导航设备的开启、关闭时间。在导航设备为空中飞机提供导航的过程中,空中交通管制员应该不间断地注意其设备的工作情况,必要时应监听其信号。当收到空中报告导航设备工作不正常时,应立即通知导航勤务部门进行检查。在检查或排除故障过程中,不得影响正常导航。

当飞机发生特殊飞行情况或遇险时,空中交通管制员应立即组织该机活动范围内可以利用的导航设备开启或者准备开启,保证该机处于可靠的导航条件之下,以利于特殊情况的处置。

任何已经提供飞行使用的地面导航设备,未经值班管制员的许可不得关机,受条件限制的导航台,如工作过程中必须更换机器时,应事先通知飞行员。在飞机进行着陆过程中,一般不允许更换正在工作中的导航设备,以防发生误会,影响飞行安全。

在相邻管制区,空中交通管制员之间要有协调措施,保证导航工作连续进行。在飞机飞入或者飞离管制区后,能够提供不间断的导航服务。

当飞机在飞行过程中发生特殊情况时，如已构成遇险、紧急或失事等情况，管制部门应立即将自己掌握的最后资料和情报报告负责组织援救的单位和领导，在可能的条件下，应尽一切努力收集发生特殊情况飞机的进一步情报，为开展搜寻和救援工作提供可靠的情报信息，以使援救工作获得满意的效果。

第三节　飞行情报服务

飞行情报服务是保障现代民用航空安全运行的一个重要方面。中国民航的飞行情报服务在新中国成立之后，已经走过了 60 多年的发展历程。飞行情报服务队伍从小到大，提供的情报和服务从简到繁，提供手段从手工到电子，采用的技术标准从国内走向国际，不断发展，保证了飞行安全、正常和效率的需要，为中国民航的发展做出了应有的贡献。本节主要介绍飞行情报服务的主要工作任务、内容和要求。

一、概　述

飞行情报服务是指提供规定区域内航行安全、正常和效率所必需的航行资料和数据的服务，其任务是收集、整理、编辑民用航行资料，设计、制作、发布有关中华人民共和国领域内以及根据我国缔结或参加的国际条约规定区域内的飞行情报服务产品，提供及时、准确、完整的民用航空活动所需的飞行情报。其内容包括重要的气象情报，使用的导航设施变化情况，机场有关设备的变动情况以及可能影响飞行安全的其他情报。通常而言，飞行情报服务是和空中交通管制服务紧密联系在一起的。

二、航行通告

航行通告（Notice To Airmen，NOTAM）是飞行人员和与飞行业务有关的人员必须及时了解的，以电信方式发布的，关于航行设施、服务、程序的建立、情况或者变化，以及对航行有危险的情况的出现和变化的通知。航行通告的收集整理、审核发布工作，应对由民航情报服务机构负责实施，其他任何单位和个人不得发布航行通告。

航行通告按照不同的划分方式可以分为不同的类别。按照分发范围可以分为：国际、国内和地区系列航行通告，S 系列雪情通告，以及 V 系列火山通告。按照级别可以分为：一级航行通告（NOTAM）、二级航行通告（包括定期制航行通告）、雪情通告（SNOWTAM）和火山通告（ASHTAM）等。一级航行通告又分为 A、B、C、D 四个系列，二级航行通告分为 A、B、C 三个系列。从 2015 年 8 月 29 日 8 时起，中国民航正式启用新的航行通告国际系列划分方式。在保留原有的 A、E、F 三个系列的同时，新增 G、L、U、W 和 Y 五个系列，并对每个国际系列航行通告的发布内容进行重新设定。新的划分方式有效改善了原有国际系列编号容量不足的问题，切实保障了中国航行通告工作的正常开展，满足了民航发展的需求。详细内容在航行情报服务课程中予以介绍。

三、航行资料

航行资料（Aeronautical Information）是对航空数据进行收集、分析和整理后形成的资料.

（一）航行资料汇编

航行资料汇编（Aeronautical Information Publication，AIP）是由国家或者国家授权发行的，载有空中航行必需的具有持久性质的航行资料出版物，是国际航行所必需的可用于交换的持久性航行资料，此种资料的格式设计应便于飞行中使用。另外，航行资料汇编构成了永久性资料和长期存在的临时性变动的基本情报来源。

AIP包含了总则、航路和机场三个部分，使用标准电子资料存储和检索，节和分节统一编号。

（二）机场使用细则

《民用航空机场使用细则》应包括以下内容：

（1）机场概况：机场资料，机场物理特性，跑道使用数据，滑行道，停机坪。

（2）低空通信和无线电导航设施：设备名称，识别，频率，坐标，磁向，距离，附注。

（3）灯光设施：进近灯，跑道灯，其他灯光。

（4）航站区域及地形特征和主要障碍物。

（5）气象特征和机场运行最低标准。

（6）起落航线规定。

（7）空中走廊、空域、放油区。

（8）进离场飞越规定。

（9）机场内航空器及人员、车辆活动规定。

（10）主要邻近机场。

（11）特殊规定和注意事项。

四、航 图

航图是保证航空器飞行所需要的有关规定、限制、标准、数据和地形等，以一定的图表形式集中编绘、提供使用的各种图的总称。它是专为满足空中航行需要而描绘的地球的一部分及其地形物和地形的图像。航图在保证航行中得到现行、全面和权威性的领航数据来源方面，以其使用方便、资料集中、方式协调的特点，为提供这些资料数据创造了极为便利的条件。

航图分为航空地图和特种航图两大类。

航空地图包括 1：1 000 000 世界航空地图、1：500 000 区域航空地图和小比例尺（1：2 000 000～1：5 000 000）航空领航图。

特种航图包括机场障碍物 A 型图、机场障碍物 B 型图、精密进近地形图、航路图、区域图、标准仪表进场图、标准仪表离场图、仪表进近、目视进近图、机场图、机场地面活动图、停机位置图、空中走廊图、放油区图等。

飞行上使用的基本航图为：航空地图、航路图、仪表进近图、机场图、机场障碍物 A 型图等五种。

五、气象情报服务

气象情报服务是航行情报服务的一部分。其中气象情报主要有"日常航空天气报告""特选天气报""航站天气预报""重要气象情报""机场危险天气警告"等几种。

气象情报主要来自为机场及航跑服务的气象部门，除此之外，驾驶员也是气象情报的来源之一。上述情报一般通过航站自动情报服务（Aerodrome Terminal Information Service，ATIS）和对空天气广播（Meteorological Information for Aircraft in Flight，VOLMET）等方式播出，有些时效性不强的机场情报是通过航行通告（Notice To Airman，NOTAM）的形式发布的。

向飞行中的航空器发布气象情报和时效性很强的短时机场情报，是空中交通服务部门的职责之一。因此，作为一名空中交通管制员，必须了解和掌握有关情报服务的内容，这样才能向飞行中的航空器提供正确、有效的情报服务，保证飞行的安全、正常和高效。具体内容，如气象电报的格式和电文拍发规定等可以参照相关航空气象书籍。

（一）气象情报的发布要求

1. "日常航空天气报告"（METAR）

"日常航空天气报告"是一种固定格式的常规航空天气报告，报告内容主要是机场视程范围内的天气实况。管制员在适当时机主动向所有起落的航空器发布（在没有 ATIS 或 VOLMET 的情况下），或根据机长的要求发布。METAR 的格式应按顺序包含以下内容：

报头、机场名称、时间、风向风速、能见度、跑道视程、重要天气现象、云量、云高、云状（CB 或 TCU）、温度、露点、修正海平面气压、其他情报。

2. "特选天气报"（SPECI）

"特选天气报"是一个特选的固定格式气象报告，其内容是有关机场视程范围内的天气的变化情况，发布对象是所有距起飞机场、目的机场和备降机场一小时航程内的航空器。"特选报"的格式与"日常航空天气报告"的格式相同。

反映天气变坏的"特选报"应在观测到后立即发布，而反映天气变好的"特选报"，应在变化内容稳定 10 min 后发布。当一种天气要素转坏而伴有另一种要素转好时，必须发布一份单独的特选报告，这份报告必须作为一份转坏的报告来对待。

3. "航站天气预报"（TAF）

"航站预报"是一种固定格式的航站天气预报，其有效时限为 9～24 h，发布对象是所有距起飞机场和备降机场 1 h 航程内的航空器。"航站天气预报"应按顺序包含以下内容：报头、机场、有效时间、地面风向、风速、能见度、天气现象、云量、云状、云高、结冰状况、颠簸、天气要素变化情况。

4. "重要天气情报"（SIGMET）

"重要天气情报"是用明语编发的，该报反映在航路上出现或预计出现的影响航空器安全远行的天气现象，这些天气现象包括：雷雨、强飑线、冰雹、严重颠簸、严重结冰、大范围沙暴和尘暴。在遇到上述各种情况或由某种途径收到上述情报时，如这种重要天气可能会影响到航空器及其前方 2 000 km 航程内的飞行，管制员应尽快向航空器通报。

"重要天气情报"的格式应按顺序包含以下内容：机场、报头、情报编号、有效时间、天气现象、范围、地点、移动方向、发展趋势、其他。

5. "机场危险天气警告"（AD WARNING）

"机场危险天气警告"是对机场上要出现的或预计出现的危险天气现象的警告，管制员接到警告后立即向所有在该机场起降及在距离机场 1 h 航程以内的航空器发出警告。

发布"机场危险天气警告"应遵循以下标准：

（1）地面风的平均风速大于 13 m/s；

（2）阵风风速超过 20 m/s；

（3）水平能见度低于 800 m；

（4）有龙卷风、飑线、雷雨及冰雹；

（5）4 个以上的低云云高低于 170 m。

"机场危险天气警告"格式与"重要天气情报"格式基本类似。

（二）播发气象情报注意事项

管制员在向航空器或其他管制单位通报气象情报时，应通报气象部门提供的情报（气象部门利用气象仪器观察到的情报，如果由管制单位设置的多通道指示器能够直接读出，即是气象部门提供的情报），但通报由塔台设置的风向仪所观测的风速风向值，机场塔台观察到的一般气象情报（指"吹雪从北逼近""南方云高正在降低"等不包含数值的气象情报），航空器报告的气象情报和利用雷达观察到的气象情报时例外。

当管制员认为气象部门报来的气象情报内容与机场管制单位观察到的气象实况有差异时，应将此通知气象部门；但管制员判断急需向航空器提出建议时，可以将机场管制单位观察到的气象实况通知航空器。机场管制塔台通知其自己观测到的气象情报时，应冠以下列用语："塔台观察/TOWER OBSERVATION"。

当管制员接到航空器报告颠簸、结冰、雷雨活动等恶劣气象情报时，应将此内容通报给该空域内飞行的其他航空器和气象部门；但如果在 ATIS 情报中已包括该项情报，而航空器也已收到 ATIS 情报时，可以省略，不再通知。管制员向飞行中的航空器通报从航空器上报来的气象情报时，应冠以下列用语："驾驶员报告/PILOT REPORTS"。管制员向气象部门通报从航空器上报来的气象情报时，应一并通报关于航空器的机型、位置、观察时间及飞行高度。

当管制员接到危险天气报告后，如果在本区内的航空器将受到该天气影响，应在除紧急频率外的所有频率上通播一次重要气象情报，其内容包括气象情报编号及简明的情报内容。

（三）跑道视程（RVR）值的通知

在没有 RVR 多通道显示器的管制单位，应在规定的时间按 RVR 值的有关规定通知航空器 RVR 值。但如在 ATIS 情报中已包括该 RVR 值，而航空器也报告收到 ATIS 情报时，则可以省略。

1. 通知时间

（1）航空器离场时，在给航空器发布地面滑行许可时通知。

（2）航空器进场时，此时 RVR 值仅发给准许按照仪表进近程序作进近的航空器，而且该仪表进近程序的最低天气标准使用 RVR 值。

① 最初建立通信联系时或其后尽早的时间；

② 发布或转发进近许可时或者雷达进近开始后尽早的时间。

（3）在发布或转发着陆许可时（盘旋进近着陆时除外），但如果已通知的数值没有发生变化，则可以省略。

（4）RVR 值与已通知的数值有变化时，应在尽可能实施的范围内通知机组。

2．RVR 值

接地段 RVR 值在 1 600 m 以下时，通知进场航空器接地段 RVR 值。中间段和滑离段 RVR 值不到 800 m 时，通知离场航空器。对进场航空器，不到 800 m 并且小于接地段 RVR 值时才通知。

（四）各管制单位对航空器气象服务的提供及应用

向管制中的航空器发布气象情报，提供必要的气象服务，是空中交通服务部门的职责之一，因此各空中交通服务单位都应及时、准确地向驾驶员提供必要的气象情报服务。当所辖区域内的天气情况较为复杂乃至存在危及飞行安全的灾害性天气时，各空中交通服务部门就根据当时的情况，拟定合理的指挥方案，向驾驶员提供正确、可行的建议，做到该复飞的复飞、该备降的备降、该返航的返航、该绕飞等待的绕飞等待，确保不发生因天气原因而导致的飞行事故及事故征候。

1．空中交通服务报告室

起飞机场的空中交通服务报告室应在航空器预计起飞前 1 h 听取气象预报员讲解天气，取得本场天气预报（TAF）和天气实况（METAR）。当本场天气低于机长或航空器起飞最低天气标准，或航线上和本场上空存在该航空器无法绕越的危险天气时，应禁止放行航空器。

起飞机场的空中交通服务报告室作为代理签派，接到着陆机场天气实况低于机长最低天气标准，而天气预报在航空器预计到达时高于机长最低天气标准；或着陆机场天气实况高于机长最低天气标准，而天气预报在航空器到达时低于机长最低天气标准。只要有天气稳定可靠的备降机场和携带足够的备用燃油，可放行航空器。

着陆机场、备降机场的空中交通服务报告室应掌握本场天气预报、实况及演变情况。如果发现本场天气有变坏的趋势，并有可能低于机长的最低天气标准时，应及时向有关的机长及起飞机场提供有可能发生变化的情况，使有关航空器机长及空中交通服务部门有充分的准备。

当空中交通服务报告室接到气象预报员通知，本场上空有危及飞行安全的危险性或灾害性天气存在时，管制员应及时了解天气活动对本场飞行的影响程序及时间，根据当时的飞行动态，判断对本场飞行可能造成的影响，了解有关备降机场的天气和其他保障能力，报告值班长，做好航空器返航和备降的各项保障准备工作，并及时将此情况通报给有关协议单位。

2．进近、塔台及地面管制单位

地面管制值班管制员应在航空器预计起飞或着陆前 1 h 了解天气情况。在无 ATIS 的机场，驾驶员会在开车前询问当时的机场数据或起飞条件。起飞条件内容通常包括：起飞跑道、风向风速、场压/海压、温度、露点、能见度或 RVR 等。

如果驾驶员在开车前没有询问起飞条件，地面管制员应在驾驶员请求开车和滑行时，将上述起飞条件一一通知驾驶员。

塔台管制室值班管制员应在航空器预计起飞或着陆前 1 h 了解天气情况。管制员在发布起飞或着陆许可的同时向航空器驾驶员通知地面风向及风速。

在向航空器驾驶员通报地面风向风速时，如果塔台所装设的是指示几个地点的风向、风速值的多通道指示器，原则上通知靠近升空区/接地区的风向、风速值。

进近管制室应在航空器预计起飞和预计进入进近管制空域前 1 h 了解天气情况，取得最近的天气实况。进近管制室或机场管制塔台与进场航空器建立最初的无线电通信后，应迅速通知航空器包括有关气象情报在内的关于进近的许可情报或指示。关于进近的许可情报或指示应包含下列气象情报：风向风速值；如气象报告的云高低于目视进近最低下降高度中的最高值时，或气象报告的能见度小于目视进近最低气象条件的飞行能见度中的最高值时，通知云高及能见度；高度表拨正值。

当本场天气低于最低着陆标准时，各管制单位应及早通知在所辖区域内飞行的航空器，使机长能及时做出返航或备降或继续进近的决定。管制员应根据机长的决定指示其进行等待或发给飞往备降机场或返航的管制许可，并调整进近的顺序，制定出相应的管制方案，向机长提供有关飞行情报服务。正常情况下，当降落机场天气标准低于着降最低标准时，机长应及时做出返航或备降的决定，严禁在此情况下超天气标准着陆。但在航空器油量不足、严重机械故障或天气原因无法飞往任何机场的情况下，机长可以做出低于着陆气象条件的机场着陆的决定。在这种情况下，管制员应采取必要的措施，全力予以机长协助，并做好应急处置的各项准备工作，全力提供保证航空器安全着陆的条件。

3. 区域管制室

区域管制室应在航空器预计起飞前（本管制区内）和预计进入管制区域边界前 1 h 30 min 听取天气讲解，研究航线、备降机场及降落机场的天气实况和预报。

当航空器在本区域内某一机场降落时，应机长或驾驶员请求，向航空器提供该降落机场的天气时况，使机长及早对降落机场的天气情况有所了解，并做出相应的着陆方案。当区域管制员接到航空器机长报告不能沿预定航线继续飞行或着陆机场时，应向机长提供包括备降机场、飞往备降机场的航路的天气情况在内的飞行情报服务，以及机长要求并且能提供的资料。然后根据机长的决定给予相应的管制许可，并将此飞行动态以备降报/返航报或有线电话的形式通知沿途各管制室、备降机场的有关空中交通服务部门及其他有关的管制室。

六、航站自动情报服务（ATIS）

在有必要降低空中交通服务甚高频（VHF）陆空通信波道通信负荷的机场，应提供航站自动情报服务通播。这样可以使管制员更有效地利用有限的通信波道实施对所辖空域内所有航空器的管制，不至于因通播冗长的常规性气象要素报告而使管制陷于被动。航站自动情报服务的建立，对于空中流量大、交通比较繁忙的机场显得尤为重要。

航站自动情报服务通播应由下列几个部分组成：

（1）为进场航空器提供服务的通播；

（2）为离场航空器提供服务的通播；

（3）既为进场又为离场航空器提供的通播。如果通播时间过长，则可采用两种通播，分别为进场和离场航空器提供服务。

（一）一般规定

1. 频　率

一般情况下，航站自动情报服务通播应在一个单独的甚高频频率上进行，如果无法达到此项要求，可以在一个最恰当的航站导航设备（最好是一个 VOR 台）的频率上进行播发。航站自动情报服务通播不得在 ILS 话波上进行。

2. 要　求

（1）通播的情报应仅限于一个机场；

（2）通播应有持续性和重复性；

（3）通播情报应随重大变化的出现而立即更新；

（4）空中交通服务部门负责准备和发布航站自动情报服务电文；

（5）在电文不是由负责向航空器提供进场、着陆和起飞服务的空中交通服务部门准备的情况下，现行通播所包括的情报应立即通知该服务部门；

（6）航站自动情报应按拼读字母的形式予以识别，连续性航站自动情报服务电文的代码应按字母表的顺序依次排列；

（7）航空器应在与提供进近和机场管制的单位建立起始联络时确认已收到的通播；

（8）在回答上述（7）的电文时，空中交通服务单位应向航空器提供现行的高度表拨正值，进场航空器则可根据有关空中交通服务当局规定的时间提供。

3. 注意事项

（1）在因天气要素急剧变化而使得航站自动情报无法将天气报告包括在内时，航站自动情报服务电文应表明有关天气情报，将在第一次与空中交通服务单位联络时由该单位提供。

（2）如果有关航空器已确认收到有效的航站自动情报服务通播中包含的情报，那么，除高度表拨正值以外，其他各项不必再包括在向航空器直接发送的通话内容之中。

（3）如果航空器确认收到的航站自动情报服务通播已经过时，那么，情报中需要更新的项目应当立即发送给航空器。

4. 通播时间

（1）航站自动情报服务通播应在机场开放期间每半小时播发一次；

（2）播发时间应定在正点以后 10 min 和 30 min 进行，每次播发根据内容长短，持续 30～60 s，其后的通播在下一小时开始新的循环前，进行重复和持续播发。

（二）航站自动情报服务通播的内容与格式

1. 进离场航空器通播

进场和离场航空器的航站自动情报服务通播，既包括进场又包括离场的航站自动情报服务通播电文，应包括下列各项情报，并且按所列顺序播发：

（1）机场名称：为该机场的全称，如"北京首都机场（Beijing capital airport）"；

（2）代码：按英文字母表顺序进行更替，并在其前冠以"情报通播（ATIS information）"，如"情报通播 A（ATIS information A）"；

（3）观测时间（如有必要）：四位数字，前两位为时，后两位为分，代表世界协调时，如"0130（zero one three zero hours）"；

（4）预期进近类别：根据正在采用的进近方式，提供进近方式及使用跑道。不同的进近方式取决于不同的进近设备，进近方式有 ILS 进近、VOR/DME 进近、NDB 进近、目视进近等，如"预期 36 号跑道 ILS 进近（Expect ILS approach runway-in-use three six）"；

（5）使用跑道；

（6）重要的跑道道面情况（必要时），刹车效应根据实际情况发布，如"跑道道面是湿的，刹车效应中等（Runway wet braking action is medium）"；

（7）延迟等待（如有可能）；

（8）过渡高度层（如有可能）：如果机场细则中规定了该机场的过渡高度及过渡高度层，在 ATIS 中提供该机场的过渡高度层，如"过渡高度层 3 600 m（Transition level 3 600 meters）"；

（9）其他必要的运行情报：如"36 号跑道入口附近正在施工，P 号滑行道关闭（Work in propress near beginning of R/W 36, tasiway P closed）"；

（10）地面风向风速，包括重要变化；

（11）能见度，跑道视程（可能时）；

（12）天气实况：提供机场区域范围内现在的天气现象，如"大雨（heavy rain）""轻雾（mist）"等；

（13）低于 1 500 m 或扇区最低高度中的最大值的云，两者中择其较大者；积雨云；如果天气情况不明，提供垂直能见度：用云量和云高来描述云，云量用"少云（Broken）、多云（scattered）、阴天（overcast）"来表示，其后跟云高。如"少云 300 m，多云 900 m，阴天（满天云）1 200 m（Broken 300 meters, scattered 900 meters, overcast 1 200 meters）"；

（14）大气温度；

（15）露点；

（16）高度表拨正值；

（17）有关进近、起飞和爬升出航区域内的重要天气情报：主要通报在该区域内存在的，可能影响或危及飞行安全的危险性天气，如结冰、颠簸、冰雹、雷雨、沙暴、尘暴等；

（18）趋势型着陆预报（提供时）；

（19）航站自动情报服务的特殊指令：主要是提醒航空器驾驶员在与管制员进行首次联络时，通知已收到 ATIS 通播。如"在首次与管制员联系时，通知你已收到 A 通播（advise you have information alpha on initial contact）"。

2. 进场航空器通播

进场航空器的航站自动情报服务通播与进离场航空器的航站自动情报服务通播类似，但电文仅包括进场情报。

3. 离场航空器通播

离场航空器的航站自动情报服务通播与进离场航空器的航站自动情报服务通播类似，但电文仅包括离场情报。

第四节 告警服务

告警服务是指向有关组织发出需要搜寻援救航空器和协助搜救组织而提供的服务。

一、告警服务的使用范围

（1）告警服务须提供给以下航空器：

① 向其提供空中交通管制服务的所有航空器；

② 如实际可行，对已申报飞行计划的或空中交通服务得知的所有其他航空器；

③ 已知或相信已受到非法烦扰的任何航空器。

（2）飞行情报中心或区域管制中心，须作为收集在该飞行情报区或管制区内飞行的航空器紧急情况的中心点，并将这种情报转给有关救援协调中心。

（3）当航空器在机场管制塔台或进近管制室的管制下发生进近情况时，该管制单位须立即通知负责的飞行情报中心和区域管理中心，该中心同样也须转告救援协调中心。但根据情况的性质，这种通知如属多余，并不需要通知区域管制室中心。飞行情报中心或救援协调中心除外。

然而，在任何时候如情况紧急有此需要，机场管制塔台或进近控制需首先报警，并采取其他必要步骤，发动一切能够立即给予所需救援的当地有关救援和应急组织。

二、紧急情况的等级划分及告警工作程序

当收到航空器紧急、遇险的情况报告或者信号时，管制员应当迅速判明航空器紧急程度、遇险性质，立即按照情况不明、告警、遇险三个阶段的程序提供服务。

（一）情况不明阶段

（1）情况不明阶段（INCERFA）是指航空器及其机上人员的安全出现令人疑虑的情况。根据下列情况确定航空器是否处于情况不明阶段：

① 航空器超过预计飞越某一位置报告点时间 30 min，没有收到任何报告或者从第一次与航空器联络起，30 min 内没有再取得联络，两者中取其较早者；

② 航空器最后报告的或者管制单位计算的预计到达目的地时间 30 min 内仍未到达，两者中取其较晚者；但对航空器及其机上人员的安全没有怀疑时除外。

（2）管制员应当采取的措施：

① 立即报告值班领导；

② 按照失去通信联络的程序继续进行工作；

③ 采取搜寻措施，设法同该航空器沟通联络。

（二）告警阶段

（1）告警阶段（ALERFA）是指航空器及其机上人员的安全出现令人担忧的情况。根据下列情况确定航空器是否处于告警阶段：

① 航空器发出紧急情号；

② 对情况不明的航空器经过通信搜寻服务 30 min 后仍无消息；

③ 航空器已取得着陆许可，超过预计着陆时间 5 min 内尚未着陆，又无通信联络；

④ 航空器有通信联络，但飞行能力受到损害尚未导致迫降；

⑤ 已知或相信航空器受到了非法干扰。

（2）管制员应当采取的措施：

① 通知援救单位，做好援救准备，并报告值班领导；

② 开放通信、导航、雷达设备进行通信搜寻服务；

③ 通知航空器所能到达的区域或者机场的管制室，开放通信、导航、雷达设备，进行扩大通信搜寻服务；

④ 调配空中有关航空器避让，通知紧急状态的航空器改用紧急波道，或者通知其他航空器暂时减少通话或者改用备份频率；

⑤ 当处于紧急状态的航空器尚无迫降危险时，根据航空器的情况和所处条件，及时提供有利于飞行安全的指示，协助机长迅速脱险；

⑥ 保留通话录音和记录，直至不再需要为止；

⑦ 航空器遇到非法干扰或者被劫持时，按照预定程序进行工作。

（三）遇险阶段

（1）遇险阶段（DETRESFA）是指有理由相信航空器及其机上人员遇到紧急和严重危险，需要立即援救的情况。根据下列情况确定航空器是否处于遇险阶段：

① 航空器发出遇险信号；

② 告警阶段之后，进一步进行扩大通信搜寻服务 1 h 后，仍无航空器的消息；

③ 航空器燃油已耗尽而又没有着陆的消息；

④ 接到机长报告，决定选择场地迫降或者航空器有迫的可能时。

（2）管制员应当采取的措施

① 立即报告值班领导，通知有关报告室和管制室以及当地空军、军区、人民政府，有可能通知该航空器所属单位；

② 将遇险航空器的推测位置和活动范围或者航空器迫降地点通知援救单位，在海上遇险时，还必须通知海上援救中心；

③ 如果航空器在场外迫降时，航空器接地前应当与航空器通信联络，接地后如有可能，应当查清迫降情况和所在地点；

④ 根据情况，可指示在遇险地点附近飞行的航空器进行空中观察，或者根据主管领导的指示，在搜救中心的统一部署和领导下，派遣航空器前往遇险地点观察和援救；

⑤ 保留通话录音和记录，直至不再需要为止。

（四）遇险及紧急电文

下面将对紧急情况下的无线电通话用语作一介绍，紧急情况下的用语是在第六章介绍的正常情况下用语的补充，从而使之成为一个完整的体系。

1. 定义

（1）遇险：飞机遭受到严重或急迫的危险，需要立即帮助的状况。

DISTRESS：A CONDITION OF BEING THREATENED BY SERIOUS AND/OR IMMINENT DANGER AND OF REQUIRING IMMINENT ASSISTANCE

（2）紧急：看到或涉及飞机安全或别的车辆安全或在飞机上（车上）人员安全的状况，不需要立即帮助。

URGENCY: A CONDITION CONCERNING THE SAFETY OF AN AIRCRAFT OR OTHER VEHICLE, OR OF SOME PERSON ON BOARD OR WITHIN SIGHT, BUT WHICH DOES NOT REQUIRE IMMEDIATE ASSISTANCE。

2. 通话

（1）遇险或紧急通讯的第一次通讯时，以"MAYDAY"开始表示遇险信号；以"PAN PAN"开始表示紧急信号。遇险或紧急信号讲三次。

（2）遇险或紧急呼叫通常在所使用的频率上完成。遇险呼叫通讯应在这个频率上保持连续，除非认为转换到另外的频率上能提供更好的帮助。尽管 121.5 MHz 是指定的国际航空紧急频率，但是并不是所有航空电台都只在这个频率保持连续守听。如果认为需要或想要转换频率，那么频率转换不能妨碍别的通讯频率；

（3）在遇险或紧急通讯业务中，在其后的任何通讯开始时允许使用遇险和紧急信号（MAYDAY/PANPAN）。

（4）给遇险或紧急的航空器的通话，发送单位应当将电报的次数、长度和内容限制到情况所需要的最低程度。

（5）遇险或紧急通讯时，空中交通管制员应使用镇定、清楚、明确、自信的语气，并且每次只问一条信息，语速应比正常速度慢，避免不必要的重复。

（6）空中交通管制员有权强令该区域内的所有移动服务电台或干扰遇险通讯的任何电台保持静默。必须根据情况将这些指令发给所有电台或发给某一电台。无论哪一种情况，必须使用：

STOP TRANSMITTING+无线电遇险信号（MAYDAY）；

例：CCA103 STOP TRAMSMITTING，MAYDAY.

ALL STATIONS，STOP TRANSMITTING，MAYDAY.

（7）遇险信号比所有通讯具有优先权，紧急信号比遇险信号以外所有通讯具有优先权。了解这些情况的电台不得在有关频率上发送，除非：遇险已经解除或已经终止；所有遇险已被转移到其他频率；得到空中交通管制员的许可；它本身需要给予援助。

（8）当空中交通管制员得知遇险结束，应在遇险业务所使用的各个频率上，通知各电台以下内容：发电电台、现在时间、遇险状态解除（DISTRESS TRAFFIC ENDED）

例：ALL STATIONS，BEIJING TOWER 0935 HOURS，CCA103 DISTRESS TRAFFIC ENDED，OUT（全体注意，北京塔台 0935 分，国航 103 遇险结束，完毕）

（9）根据 1949 年日内瓦公约和附加协议的受保护运输，为表明飞机是用于救护运输，应发送无线电紧急信号 PANPAN 三次，后边须随以救护运输信号（MAY-DEE-CAL），电报须包括以下各项内容：

① 呼号或表明救护运输的其他认可的标识办法；

② 救护运输的位置；

③ 救护运输的数量及类型；

④ 预飞航路；

⑤ 预计航路时间及起飞降落时间；

⑥ 其他信息，如飞行高度，所收听的无线电频率，所使用的语言以及二次雷达的模式和编码。

（10）遇险和紧急情况的电报须在当时所用的频率上发送，尽可能地按顺序包括下列各项内容：

① 收电电台的名称；

② 航空器识别标志；

③ 紧急情况的性质；

④ 航空器驾驶员的意图；

⑤ 现在位置、高度、航向；

⑥ 其他有用的情报。

三、搜寻援救

关于搜寻援救工作，国际民航公约附件 12 制定了国际标准和建议措施。规定飞行中遇到严重威胁航空器和航空器上人员生命安全的情况时，机长应当立即发出规定的遇险信号：报用"SOS"，话用"MAYDAY"。同时打开识别器的遇险信号开关。装有应答机的航空器，应将其位置设定为"A7700"。情况许可时，还应当用搜寻援救频率 121.5 MHz 或 243 MHz 报告航空器的位置、遇险性质和所需要的援救。海上飞行时，可以用 500 kHz 或 2 182 kHz。

中华人民共和国领域以及中华人民共和国缔结或者参加的国际条约规定由中国承担搜寻援救工作的公海区域为中华人民共和国民用航空搜寻援救区，该区域内划分若干地区民用航空搜寻援救区。

中国民用航空局负责统一指导全国范围的搜寻援救民用航空器的工作；省、自治区、直辖市人民政府负责本行政区域内陆地搜寻援救民用航空器的工作，民用航空地区管理局予以协助；国家海上搜寻援救组织负责海上搜寻援救民用航空器工作，有关部门予以配合。各级空中交通管制单位对其管制下的一切航空器都有提供告警服务的责任，对非管制飞行的航空器也应当尽力提供这种服务，以便使遇到紧急情况的航空器能够得到及时搜寻援救。

民航局搜寻援救协调中心和地区管理局搜寻援救协调中心承担陆上搜寻援救民用航空器的协调工作。民航局空中交通管理局运行管理中心兼任全国陆上搜寻援救民用航空器协调中心；民航地区管理局空中交通管理部门的调度室兼任本地区陆上搜寻援救民用航空器协调中心。海上搜寻援救民用航空器协调工作由国家和沿海各省、自治区或者直辖市的海上搜寻援救组织担任。我国搜寻救援的组织形式如图 1-1 所示。

为了能够及时对遇到紧急情况的民用航空器提供告警服务，各级空中交通管制单位必须做好以下预先准备工作：

（1）备有和熟悉本地区搜寻援救民用航空器的方案；

（2）了解和熟悉担任搜寻援救的单位，及其可以提供的服务和方法；

（3）对于出现不同紧急情况的告警预案和必要的资料准备；

（4）地区管理局空中交通管制部门的调度室还应当与本地区有关省、自治区或者直辖市的海上搜寻援救组织建立直接的通信联络。

图 1-1　我国搜寻救援的组织形式

搜寻援救民用航空器的通信联络应当符合下列规定：

（1）民用航空空中交通管制单位和担任搜寻援救的航空器应当配备 121.5 MHz 航空紧急频率的通信设备，并逐步配备 243 MHz 航空紧急频率的通信设备；

（2）担任海上搜寻援救的航空器应当配备 2 182 kHz 海上遇险频率的通信设备；

（3）担任搜寻援救任务的部分航空器应当配备能够向遇险航空器所发出的航空器紧急示位信标归航设备，以及在 156.8 MHz（调频）上同搜寻援救船舶联络的通信设备。

四、搜寻援救的信号

（一）航空器与船舶之间使用的信号

（1）航空器依次做下列动作，表示希望引导一艘船舶去援救遇险的航空器或者船舶：

① 环绕船舶飞行至少一周；

② 在低空紧靠船舶前方横穿其航向，并且摇摆机翼，或者按照最大、最小推拉油门手柄。螺旋桨飞机还可以推拉螺旋桨变距杆，以便进一步引起该船舶注意；

③ 向引导该船舶驶往的航向飞行。重复上述动作，意义相同。

（2）航空器做下列动作，表示取消已经发出的引导船舶执行援救任务的信号：

在低空紧靠船舶尾部横穿其尾流，并且摇摆机翼，或者按照最大、最小推拉油门手柄。螺旋桨飞机还可以推拉螺旋桨变距杆，以便进一步引起该船舶注意。

（3）船舶可以用下列方法确认收到航空器发出的信号：

① 悬挂信号旗（红白竖条）并升到顶（表示明白）；

② 用信号灯发出一系列莫尔斯电码"T"的闪光；

③ 改变航向跟随该航空器。

（4）船舶可以用下列方法表示不能执行收到的航空器发出的信号：

① 悬挂国际信号旗"N"（交错的蓝白方格）；

② 用信号灯发出一系列莫尔斯电码"N"的闪光。

（二）遇险待救人员、搜寻援救工作组与航空器之间使用的信号

1. 遇险待救人员使用的地对空信号（见表 1-1）

表 1-1

序　号	意　义	信　号
1	需要援助	V
2	需要医药援助	×
3	不是	N N
4	是	Y
5	向此方向前进	→

2. 搜寻援救工作组使用的地对空信号（见表 1-2）

表 1-2

序 号	意 义	信 号
1	工作已经完成	ㄥㄥㄥ
2	我们已经找到全部人员	ㄥㄥ
3	我们只找到几个人员	＋ ＋
4	我们不能继续工作，正在返回	× ×
5	已经分成两组，各组按箭头方向前进	⇄
6	收到消息说航空器在此方向	→ →
7	无所发现，将继续搜寻	NN

上述两表中信号的长度应当在 2.5 m 以上，同时使其与背景有一定的颜色反差，尽可能做到醒目。信号可以使用任何材料制作，如布条、降落伞材料、木片、石块等，也可以用染料涂抹或者在适宜的地方（如雪地）加以践踏等，还可以在信号附近使用火光、烟幕、反光体等，以便于引起航空器机组的注意。

3. 航空器使用的空对地信号

（1）航空器表示明白地面信号：

昼间：摇摆机翼；

夜间：开关着陆灯两次，如果无着陆灯设备则开关航行灯两次。

（2）航空器没有上述（1）中的动作和信号，则表示未观察到或者不明白地面信号。

第二章 空中交通管理机构、人员及设施

本章主要介绍中国民用航空局政府行政机构的框架和空中交通管理部门的划分，阐述它们的主要职能和相互关系，说明各部门之间工作协调的方法，空中交通管制员的分类及要求，空管使用的各类设施的现状及未来发展，使大家对我国空中交通管理系统有一个宏观的认识。

第一节 民航管理机构

一、民航管理机构

民航管理机构由中国民用航空局、地区管理局、安全监督管理局三级构成。

（一）历史沿革

中国民用航空局（简称中国民航局或民航局，英文缩写 CAAC）是中华人民共和国国务院主管民用航空事业的由部委管理的国家局，归交通运输部管理。其前身为中国民用航空总局，在 1987 年以前曾承担中国民航的运营职能；2008 年 3 月，由国务院直属机构改制为部委管理的国家局，同时更名为中国民用航空局。

1949 年 11 月 2 日，中国民用航空局成立，揭开了我国民航事业发展的新篇章。从这一天开始，新中国民航迎着共和国的朝阳起飞，从无到有，由小到大，由弱到强，经历了不平凡的发展历程。特别是十一届三中全会以来，我国民航事业无论在航空运输、通用航空、机群更新、机场建设、航线布局、航行保障、飞行安全、人才培训等方面都持续快速发展，取得了举世瞩目的成就。民航事业的发展与国家的经济发展，与党中央、国务院的直接领导和支持密不可分，是几代民航干部、职工励精图治、团结奋斗的结果，为祖国蓝天事业书写了壮丽的篇章。

中国民用航空局发展至今主要历经四个阶段：

第一阶段（1949—1978 年）：

1949 年 11 月 2 日，中共中央政治局会议决定，在人民革命军事委员会下设民用航空局，受空军指导。11 月 9 日，中国航空公司、中央航空公司总经理刘敬宜、陈卓林率两公司在香港员工光荣起义，并率领 12 架飞机回到北京、天津，为新中国民航建设提供了一定的物质和技术力量。1950 年，新中国民航初创时，仅有 30 多架小型飞机，年旅客运输量仅 1 万人，运输总周转量仅 157 万吨公里。

1958 年 2 月 27 日，国务院通知：中国民用航空局自本日起划归交通部领导。1958 年 3 月 19 日，国务院通知：全国人大常委会第 95 次会议批准国务院将中国民用航空局改为交通部的部属局。

1960 年 11 月 17 日，经国务院编制委员会讨论原则通过，决定中国民用航空局改称"交通部民用航空总局"，为部属一级管理全国民用航空事业的综合性总局，负责经营管理运输航空和专业航空，直接领导地区民用航空管理局的工作。

1962 年 4 月 13 日，第二届全国人民代表大会常务委员会第五十三次会议决定民航局名称改为"中国民用航空总局"。

1962 年 4 月 15 日，中央决定将民用航空总局由交通部属改为国务院直属局，其业务工作、党政工作、干部人事工作等均直归空军负责管理。这一时期，民航由于领导体制几经改变，航空运输发展受政治、经济影响较大，1978 年，航空旅客运输量仅为 231 万人，运输总周转量 3 亿吨公里。

第二阶段（1978—1987 年）：

1978 年 10 月 9 日，邓小平同志指示民航要用经济观点管理。1980 年 2 月 14 日，邓小平同志指出："民航一定要企业化"。同年 3 月 5 日，中国政府决定民航脱离军队建制，把中国民航局从隶属于空军改为国务院直属机构，实行企业化管理。这期间中国民航局是政企合一，既是主管民航事务的政府部门，又是以"中国民航（CAAC）"名义直接经营航空运输、通用航空业务的全国性企业，下设北京、上海、广州、成都、兰州（后迁至西安）、沈阳 6 个地区管理局。1980 年，全民航只有 140 架运输飞机，且多数是 20 世纪 50 年代或 40 年代生产制造的苏式伊尔 14、里二型飞机，载客量仅 20 多人或 40 人，载客量 100 人以上的中大型飞机只有 17 架，机场只有 79 个。1980 年，我国民航全年旅客运输量仅 343 万人，全年运输总周转量 4.29 亿吨公里，居新加坡、印度、菲律宾、印度尼西亚等国之后，列世界民航第 35 位。

第三阶段（1987—2002 年）：

1987 年，中国政府决定对民航业进行以航空公司与机场分设为特征的体制改革。主要内容是将原民航北京、上海、广州、西安、成都、沈阳 6 个地区管理局的航空运输和通用航空相关业务、资产和人员分离出来，组建了 6 个国家骨干航空公司，实行自主经营、自负盈亏、平等竞争。这 6 个国家骨干航空公司是：中国国际航空公司、中国东方航空公司、中国南方航空公司、中国西南航空公司、中国西北航空公司、中国北方航空公司。此外，以经营通用航空业务为主并兼营航空运输业务的中国通用航空公司也于 1989 年 7 月成立。

在组建骨干航空公司的同时，在原民航北京管理局、上海管理局、广州管理局、成都管理局、西安管理局和沈阳管理局所在地的机场部分基础上，组建了民航华北、华东、中南、西南、西北和东北 6 个地区管理局以及北京首都机场、上海虹桥机场、广州白云机场、成都双流机场、西安西关机场（现已迁至咸阳，改为西安咸阳机场）和沈阳桃仙机场。6 个地区管理局既是管理地区民航事务的政府部门，又是企业，领导管理各民航省（区、市）局和机场。

航空运输服务保障系统也按专业化分工的要求相应进行了改革。1990 年，在原民航各级供油部门的基础上组建了专门从事航空油料供应保障业务的中国航空油料总公司，该公司通过设在各机场的分支机构为航空公司提供油料供应。属于这类性质的单位还有从事航空器材（飞机、发动机等）进出口业务的中国航空器材公司；从事全国计算机订票销售系统管理与开发的计算机信息中心；为各航空公司提供航空运输国际结算服务的航空结算中心；飞机维修公司、航空食品公司等。

1993 年 4 月 19 日，中国民用航空局改称中国民用航空总局，属国务院直属机构。12 月

20 日，中国民用航空总局的机构规格由副部级调整为正部级。20 多年中，我国民航运输总周转量、旅客运输量和货物运输量年均增长分别达 18%、16% 和 16%，高出世界平均水平两倍多。到 2014 年，民航行业完成运输总周转量 748.12 亿吨公里、旅客运输量 39 195 万人次、货邮运输量 1 356.08 万吨，国际排位进一步上升，成为令人瞩目的民航大国。

第四阶段（2002 年—）：

2002 年 3 月，中国政府决定对中国民航业再次进行重组。主要内容有：

（1）航空公司与服务保障企业的联合重组。

民航总局直属航空公司及服务保障企业合并后于 2002 年 10 月 11 日正式挂牌成立，组成六大集团公司，分别是：中国航空集团公司、东方航空集团公司、南方航空集团公司、中国民航信息集团公司、中国航空油料集团公司、中国航空器材进出口集团公司。成立后的集团公司与民航总局脱钩，交由中央管理。

（2）民航政府监管机构改革。

民航总局下属 7 个地区管理局（华北地区管理局、东北地区管理局、华东地区管理局、中南地区管理局、西南地区管理局、西北地区管理局、新疆管理局）和 26 个省级安全监督管理办公室（天津、河北、山西、内蒙古、大连、吉林、黑龙江、江苏、浙江、安徽、福建、江西、山东、青岛、河南、湖北、湖南、海南、广西、深圳、重庆、贵州、云南、甘肃、青海、宁夏），对民航事务实施监管。

（3）机场实行属地管理。

按照政企分开、属地管理的原则，对 90 个机场进行了属地化管理改革，民航总局直接管理的机场下放所在省（区、市）管理，相关资产、负债和人员一并划转；民航总局与地方政府联合管理的民用机场和军民合用机场，属民航总局管理的资产、负债及相关人员一并划转所在省（区、市）管理。首都机场、西藏自治区区内的民用机场继续由民航总局管理。2004 年 7 月 8 日，随着甘肃机场移交地方，机场属地化管理改革全面完成，也标志着民航体制改革全面完成。

2004 年 10 月 2 日，在国际民航组织第 35 届大会上，中国以高票首次当选该组织一类理事国。新中国民航的发展历程证明：发展是硬道理。不断深化改革，扩大开放，是加快民航发展的必由之路。当前，民航全行业正在认真贯彻落实党的十六届三、四中全会精神，认真研究如何从加强执政能力建设，提高驾驭社会主义市场经济条件下民航快速健康发展的能力入手，以制定民航"十三五"规划和 2020 年展望为契机，为实现从民航大国到民航强国的历史性跨越而努力奋斗！

（二）主要职责

根据《国务院关于部委管理的国家局设置的通知》（国发[2008]12 号），设立中国民用航空局（副部级），为交通运输部管理的国家局。对其职责进行了调整，将原中国民用航空总局规范管理航空运输业、实施航空安全和空中交通管理、组织协调重大紧急航空运输任务等职责划入中国民用航空局。取消已由国务院公布取消的行政审批事项。加强航空安全监管、规范航空运输业、通用航空管理的职责，保障民航安全，促进民航行业协调发展。

中国民用航空局主要职责如下：

（1）提出民航行业发展战略和中长期规划、与综合运输体系相关的专项规划建议，按规定拟订民航有关规划和年度计划并组织实施和监督检查。起草相关法律法规草案、规章草案、政策和标准，推进民航行业体制改革工作。

（2）承担民航飞行安全和地面安全监管责任。负责民用航空器运营人、航空人员训练机构、民用航空产品及维修单位的审定和监督检查，负责危险品航空运输监管、民用航空器国籍登记和运行评审工作，负责机场飞行程序和运行最低标准监督管理工作，承担民航航空人员资格和民用航空卫生监督管理工作。

（3）负责民航空中交通管理工作。编制民航空域规划，负责民航航路的建设和管理，负责民航通信导航监视、航行情报、航空气象的监督管理。

（4）承担民航空防安全监管责任。负责民航安全保卫的监督管理，承担处置劫机、炸机及其他非法干扰民航事件相关工作，负责民航安全检查、机场公安及消防救援的监督管理。

（5）拟订民用航空器事故及事故征候标准，按规定调查处理民用航空器事故。组织协调民航突发事件应急处置，组织协调重大航空运输和通用航空任务，承担国防动员有关工作。

（6）负责民航机场建设和安全运行的监督管理。负责民用机场的场址、总体规划、工程设计审批和使用许可管理工作，承担民用机场的环境保护、土地使用、净空保护有关管理工作，负责民航专业工程质量的监督管理。

（7）承担航空运输和通用航空市场监管责任。监督检查民航运输服务标准及质量，维护航空消费者权益，负责航空运输和通用航空活动有关许可管理工作。

（8）拟订民航行业价格、收费政策并监督实施，提出民航行业财税等政策建议。按规定权限负责民航建设项目的投资和管理，审核（审批）购租民用航空器的申请。监测民航行业经济效益和运行情况，负责民航行业统计工作。

（9）组织民航重大科技项目开发与应用，推进信息化建设。指导民航行业人力资源开发、科技、教育培训和节能减排工作。

（10）负责民航国际合作与外事工作，维护国家航空权益，开展与港澳台的交流与合作。

（11）管理民航地区行政机构、直属公安机构和空中警察队伍。

（12）承办国务院及交通运输部交办的其他事项。

民航地区管理局主要职责如下：

（1）贯彻执行国家有关法律法规以及民航总局有关规章、制度和标准；负责辖区内民航行政执法、行政处罚和行政诉讼涉及的有关法律事务；承办辖区内民航各类行政执法监察员的考核、报批工作，监督其行政执法行为。

（2）对辖区内的民用航空活动进行安全监督和检查；发布安全通报和指令；组织辖区内民航企事业单位的安全评估工作；组织调查处理辖区内的一般民用航空飞行事故、重大通用航空飞行事故、航空地面事故和民航总局授权组织调查的其他事故；参与辖区内重、特大运输航空飞行事故的调查处理工作。

（3）负责对辖区内民用航空器运营人的运行合格审定工作并进行持续监督检查；审查辖区内民航企事业单位的运行手册及相关文件并监督检查执行情况；办理辖区内飞行训练机构及设备的合格审定事宜；监督管理辖区内的民用航空卫生工作，办理对航空人员身体条件的审核事宜；负责辖区内民用航空飞行、飞行签派、航空器维修等专业人员的资格管理及有关委任代表的管理工作；审查批准或报批辖区内民用航空器维修单位维修许可证并实施监督管理；按授权承办对承修中国注册航空器及其部件的国外维修单位的审查事宜。

（4）按授权负责对辖区内民用航空器及其部件的适航审定，对辖区内民用航空器及其部件的设计、制造实施监督检查，发布民用航空器适航指令；按授权审查批准或报批辖区内民用航空器适航证、特许飞行证并实施监督管理。

（5）审查批准或报批辖区内民用机场（含军民合用机场民用部分，下同）的总体规划、使用许可证和军民合用机场对民用航空器开放使用的申请，以及飞行程序、运行最低标准、低能见度运行程序等各类程序；对辖区内民用机场的安全运行、环境保护、应急救援工作进行监督检查。

（6）研究拟定辖区内民用航空发展规划；审核报批辖区内新建民用机场的场址预选报告；负责辖区内民用机场专业工程建设项目的质量监督管理；对辖区内航油企业的安全运行及市场准入规则执行情况进行监督检查；管理辖区内民用航空行业标准计量工作；负责辖区内行业统计和信息化工作。

（7）指导和监督辖区内民用航空空防安全工作和民用机场的安检、消防、治安工作；审查辖区内民用机场、航空运输企业的安全保卫方案和预防、处置劫机炸机或其他突发事件的预案；组织协调相关刑事、治安案件的侦破；督查辖区内专机警卫任务的安全措施落实情况；对辖区内民用机场安全保卫设施实施监督管理。

（8）领导民航地区空中交通管理局，对所辖空域内民用航空空中交通管理系统的安全运行等工作实施监督管理；组织协调辖区内专机保障工作；负责辖区内民航无线电管理工作，组织协调辖区内民用航空器的搜寻救援工作。

（9）维护辖区内民用航空市场秩序，参与监督民航企事业单位执行价格标准情况和收费行为；审核辖区内民航企业和民用机场经营许可申请；审批航空运输企业在辖区内的航线及加班、包机申请；参与协调处理辖区内涉外（含港澳台地区）民用航空事务，监督国家间航空协定在辖区内的执行情况；组织协调辖区内国防动员和重大、特殊、紧急运输（通用）航空抢险救灾工作。

（10）监督管理辖区内国家专项资金安排的建设项目的资金使用情况和基本建设技术改造项目的财务管理工作；负责辖区内民航行政事业单位财务预决算管理和其他财务报表的审核汇编。

（11）按规定权限管理干部，负责所属单位的计划、财务、人事和劳动工资等工作。

（12）领导派出的民航安全监督管理办公室。

（13）负责与辖区内地方人民政府、军事部门的沟通联系。

（14）承办民航总局交办的其他事项。

民航安全监督管理局主要职责如下：

（1）承担对辖区内民航企事业单位执行国家有关法律法规和民航总局有关规章、制度和标准的监督检查工作。

（2）监督检查辖区内民用航空空中、地面安全工作；按规定承办民用航空飞行事故、航空地面事故和事故征候的调查处理工作。

（3）按授权承办辖区内民用航空运营人运行合格审定、飞行训练机构和维修单位合格审定、民用航空器适航审定、民用航空飞行等专业人员资格管理、民用航空器持续适航管理的有关事宜并实施监督管理；按授权对辖区内民用航空器及其部件的设计、制造实施监督检查；负责对辖区内民用机场安全运行实施监督管理。

（4）负责对辖区内民用航空市场实施监督管理；组织协调辖区内专机保障工作；承担辖区内国防动员和重大、特殊、紧急运输（通用）航空抢险救灾的有关协调工作。

（5）承办民航总局、民航地区管理局交办的其他事项。

（三）组织机构

中国民用航空局内设机构情况如表 2-1 所示。

表 2-1 中国民用航空局内设机构

综合司	航空安全办公室	政策法规司
发展计划司	财务司	人事科教司
国际司（港澳台办公室）	运输司	飞行标准司
航空器适航审定司	机场司	空管行业管理办公室
公安局	直属机关党委	党组纪检组
全国民航工会	离退休干部局	

中国民用航空局直属机构组成如表 2-2 所示。

表 2-2 中国民用航空局直属机构

空中交通管理局	机关服务局
中国民航大学	中国民航飞行学院
中国民航管理干部学院	中国民航科学技术研究院
民航第二研究所	中国民航报社出版社
民航医学中心（总医院）	清算中心
中国民用航空飞行校验中心	信息中心
民航专业工程质量监督总站	首都机场集团
审计中心	国际合作中心
中国民用机场建设集团公司	中国民航工程咨询公司
中国民用航空发动机适航审定中心	中国民航西藏区局

中国民用航空局下设七个地区管理局：华北管理局、东北管理局、西北管理局、华东管理局、中南管理局、西南管理局、新疆管理局。每个地区管理局下面又分别设有若干个安全监督管理局。各地区管理局及其下设的安全监督管理局情况如表 2-3 所示。

表 2-3 中国民航管理局一览表

地区管理局	安全监督管理局	地区管理局	安全监督管理局
华北地区管理局	北京监管局	中南地区管理局	广东监管局
	河北监管局		河南监管局
	天津监管局		湖北监管局
	山西监管局		湖南监管局
	内蒙古监管局		广西监管局

续表 2-3

地区管理局	安全监督管理局	地区管理局	安全监督管理局
华东地区管理局	上海监管局	中南地区管理局	海南监管局
	山东监管局		深圳监管局
	江苏监管局		桂林监管局
	安徽监管局		三亚监管局
	浙江监管局	东北地区管理局	辽宁监管局
	江西监管局		大连监管局
	福建监管局		吉林监管局
	厦门监管局		黑龙江监管局
	青岛监管局	西北地区管理局	陕西监管局
	温州监管局		青海监管局
西南地区管理局	四川监管局		宁夏监管局
	重庆监管局		甘肃监管局
	贵州监管局	新疆管理局	乌鲁木齐监管局
	云南监管局		阿克苏运行办
	丽江监管局		喀什监管局

二、空管管理机构

空管管理机构与民航管理机构对应，由民航局空管局、地区空管局、空管分局（站）三级构成。

（一）历史沿革

中国民用航空局空中交通管理局（简称民航局空管局）是民航局管理全国空中交通服务、民用航空通信、导航、监视、航空气象、航行情报的职能机构。经过几十年的发展，我国的空管行业不断完善进步。

1949 年，中央军委民航局成立。1950 年毛泽东同志签署了中国第一部飞行规则：《中华人民共和国飞行基本规则》。

从新中国成立到 21 世纪，我国空管工作在管理体制上经过多次改革。

（1）始于 1980 年的军转民，迈上企业化道路。

在改革之前，全国的一切飞行由空军统一实施管制，全国空管工作主要在保障国土空防作战和辅助抢险救灾。1980 年民航业开始军转民后，民航空管行业也开始脱离出来，但只负责民航机场的飞机起降，大部分空域和航路的管制指挥权仍由军方负责。

（2）始于 1987 年的政企分离，基本形成现代化民航架构。

1986 年，成立了国务院、中央军委空中交通管制委员会，统一领导全国的空中交通管制工作。

1993 年，国务院、中央军委下发文件，确定了我国空管体制改革分三步走的战略目标：

第一步：在京广深航路上进行统一管制服务的试点；

第二步：实现民航对全国航路、航线上的运输机提供统一的管制服务；

第三步：实现国家统一空中交通管制。

1994 年民航局空中交通管理局的成立标志着空管体制改革的开始，此次空管体制改革将原各机构的空中交通管制业务（包括航行管制、航行情报、通信导航、气象保证等）相对分立出来，组建相对独立的民航空中交通管理系统。

（3）始于 2002 年的"政企彻底分离、政资分离和行业重组"，形成了民航局空管局—地区空管局—空管分局（站）三级管理与运营的体制架构，并按照"政事分开、运行一体化"原则进一步理顺空管体制。

（二）主要职责

民航局空管局主要职责如下：

（1）贯彻执行国家空管方针政策、法律法规和民航局的规章、制度、决定、指令。

（2）拟定民航空管运行管理制度、标准、程序；实施民航局制定的空域使用和空管发展建设规划。

（3）组织协调全国航班时刻和空域容量等资源分配执行工作。

（4）组织协调全国民航空管系统建设。

（5）提供全国民航空中交通管制和通信导航监视、航行情报、航空气象服务，监控全国民航空管系统运行状况，负责专机、重要飞行活动和民航航空器搜寻救援空管保障工作。

（6）研究开发民航空管新技术，并组织推广应用。

（7）领导管理各民航地区管理局，并按照规定，负责直属单位人事、工资、财务、建设项目、资产管理和信息统计等工作。

民航地区空中交通管理局主要职责如下：

中国民用航空局空中交通管理局领导管理民航七大地区空管局及其下属的民航各空管单位，驻省会城市（直辖市）民航空管单位简称空中交通管理分局，其余民航空管单位均简称为空中交通管理站。民航地区空管局为民航局空管局所属事业单位，其机构规格相当于行政副司局级，实行企业化管理。民航空管分局（站）为所在民航地区空管局所属事业单位，其机构规格相当于行政正处级，实行企业化管理。

（三）组织机构

民航局空管局的组织机构包括局机关、直属单位和各地区空管局。

民航局空管局局机关组成如表 2-4 所示。

表 2-4　民航局空管局局机关

办公室	规划发展部	人力资源部	财务部
审计部	空域管理部	质量监督部	安全管理部
空中交通管制部	国际合作部	通信导航监视部	气象部
基建部	党委办公室	纪委办公室	工会
团委	离退休人员管理部	博物馆工程管理处	

民航局空管局直属单位如表 2-5 所示。

表 2-5　民航局空管局直属单位

运行管理中心	技术中心	气象中心	航行情报服务中心
永恒公司	中国航班时刻杂志社	通达航空服务部	中航售票部
电信公司	网络公司	数据公司	航管科技公司
国际航空俱乐部	航空保安器材公司	空管装备发展公司	通信导航设备修造厂

民航地区空管局组成如表 2-6 所示。

表 2-6　民航地区空管局

地区空管局	空管分局/站	地区空管局	空管分局/站
华北地区空管局	天津空管分局	中南地区空管局	河南空管分局
	河北空管分局		湖北空管分局
	山西空管分局		湖南空管分局
	内蒙古空管分局		广西空管分局
	呼伦贝尔空管站		海南空管分局
华东地区空管局	浙江空管分局		深圳空管站
	江苏空管分局		桂林空管站
	安徽空管分局		三亚空管站
	福建空管分局		湛江空管站
	江西空管分局		汕头空管站
	山东空管分局		珠海空管站
	温州空管站		珠海进近管制中心
	青岛空管站	东北地区空管局	黑龙江空管分局
	厦门空管站		吉林空管分局
	宁波空管站		大连空管站
西北地区空管局	甘肃空管分局	西南地区空管局	重庆空管分局
	宁夏空管分局		贵州空管分局
	青海空管分局		云南空管分局
新疆空管局	阿克苏空管站		

第二节　空中交通管制单位

民用航空空中交通管制工作分别由空中交通管制单位具体实施，即：空中交通服务报告室（简称报告室）；机场塔台管制单位（简称塔台）；进近/终端管制单位（简称进近/终端）；区域管制单位（简称区调）；民航地区空管局运行管理中心（简称××地区运管中心）；民航局空中交通管理局运行管理中心（简称空管局运管中心）。各个管制单位的管制空域范围各不相同，图 2-1 为塔台、进近和区域管制单位管制空域范围示意图。

其中，塔台管制单位设管制塔台和起飞线塔台，飞行繁忙的机场还应当设地面管制。进近管制单位可以作为一个独立的单位设立，根据飞行繁忙程度，也可以和塔台合并为一个单位。

区域管制单位可根据飞行繁忙程度分设高空和中低空管制单位。

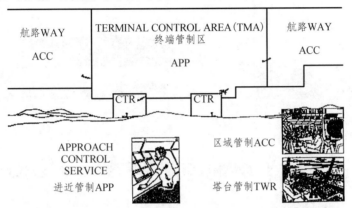

图 2-1　塔台管制室、进近管制室和区域管制室工作区示意图

一、工作职责

管制单位的职责是对本管制区内的航空器提供空中交通管制、飞行情报和告警服务。各单位具体职责如下：

1. 空中交通服务报告室

负责受理和审核飞行计划的申请，向有关管制室和飞行保障单位通报飞行计划和动态。

2. 塔台管制单位

负责对本塔台管辖范围内航空器的开车、滑行、起飞、着陆和与其有关的机动飞行的空中交通服务。在没有机场自动情报服务的塔台管制室，还应当提供航空器起飞、着陆条件等情报。

3. 进近管制单位

负责一个或数个机场的航空器进、离场及其空域范围内其他飞行的空中交通服务。

4. 区域管制单位

负责向本管制区内受管制的航空器提供空中交通服务；受理本管制区内执行通用航空任务的航空器以及在非民用机场起降而航线由民航保障的航空器的飞行申请，负责管制并向有关单位通报飞行和动态。

5. 地区空管局运行管理中心

负责监督、检查本地区管理局管辖范围内的飞行，组织协调本地区管理局管辖范围内各管制室之间和管制室与航空器经营人航务部门之间飞行工作的实施；控制本地区管理局管辖范围内的飞行流量，处理特殊情况下的飞行；承办专机飞行的有关工作，掌握有重要客人、在边境地区和执行特殊任务的飞行。

6. 民航局空管局运行管理中心

负责监督全国范围内的有关飞行，控制全国的飞行流量，组织、承办专机飞行的有关管制工作并掌握其动态，处理特殊情况下的飞行，审批不定期飞行和外国航空器非航班的飞行申请。

空中交通管制工作流程如图 2-2 所示。

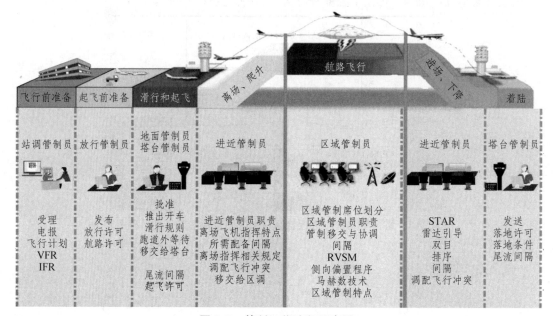

图 2-2　管制工作流程示意图

二、管制席位设置

为了适应交通量的增长和提高空中交通服务效率，管制单位可以将空中交通服务工作责任分配到若干工作席位，也可以将空中交通管制服务的责任区域分为若干管制扇区，并为各扇区设置相应管制席。

管制单位应当根据规定和需要开放、合并工作席位和扇区。

管制单位应当明确管制席及扇区的工作时间，并按规定对外公布。

（一）塔台管制单位

机场管制塔台可设置以下席位：

（1）机场管制席，负责为机场管制地带内活动的航空器提供空中交通管制服务；

（2）地面管制席，负责对除跑道外的机场机动区内活动的航空器、车辆、人员实施管制；

（3）放行许可发布席，负责向离场航空器发布放行许可；

（4）通报协调席，负责向有关单位通报飞行动态信息和计划，并进行必要的协调；

（5）主任席，负责塔台管制单位现场运行工作的组织管理和监督，以及与其他单位的总体协调；

（6）军方协调席，负责本管制单位与飞行管制部门之间的协调。

机场管制塔台管制席位设置应符合下列规定：

（1）每个塔台管制室均应设置机场管制席；

（2）年起降架次超过 40 000 的机场，应当在其管制塔台增设地面管制席；

（3）年起降架次超过 100 000 的机场，应当在其管制塔台增设放行许可发布席；

（4）每个塔台管制室均应设置主任席。

（二）进近管制单位

进近管制单位可以设置以下席位：

（1）进近管制席，负责对进、离场的航空器及其空域范围内飞越航空器提供空中交通管制服务；

（2）进场管制席，负责对进场着陆的航空器提供空中交通管制服务；

（3）离场管制席，负责对起飞离场加入航路、航线的航空器提供空中交通管制服务；

（4）通报协调席，负责协助管制席向有关单位通报飞行动态信息和计划，并进行必要的协调；

（5）主任席，负责进近管制单位现场运行工作的组织管理和监督，以及与其他单位的总体协调；

（6）飞行计划编制席，负责审核、批复、制作飞行计划；

（7）军方协调席，负责本管制单位与飞行管制部门之间的协调。

进近管制单位管制席位设置应符合下列规定：

（1）年起降架次超过 36 000 的机场，应当设置进离场管制席；

（2）年起降架次超过 60 000 的机场名单分别设置进场管制席和离场管制席；

（3）每个进近管制室均应设置主任席；

（4）不能设置进近管制室的或在进近管制室设立前，可以在塔台管制室设立进近管制席位。

（三）区域管制单位

区域管制单位可以设置以下席位：

（1）程序管制席，使用程序管制方法对本管制区内的航空器提供空中交通服务；

（2）雷达管制席，借助航路管制雷达对本管制区内的航空器提供空中交通服务；

（3）主任席，负责区域管制单位现场运行工作的组织管理和监督，以及与其他单位的总体协调；

（4）飞行计划编制席，负责审核飞行计划；

（5）通报协调席，负责协助管制席向有关单位通报飞行动态信息和计划，并进行必要的协调；

（6）军方协调席，负责本管制单位与飞行管制部门之间的协调；

（7）流量管理席，依据流量管理的原则和程序，对于所辖地区的飞行流量进行管理；

（8）搜寻援救协调席，负责航空器搜寻援救的协调工作。

区域管制单位管制席位设置应符合下列规定：

（1）没有雷达设备的区域管制室应当设立程序管制席；

（2）有雷达设备的区域管制室应当设立雷达管制席；

（3）每个区域管制室均应设置主任席；

（4）每个区域管制室均应当设置飞行计划编制席；

（5）通报席根据本单位实际需要设置；

（6）军方协调席根据需要设置；

（7）流量管理席根据需要设置；

（8）区域管制中心均应当设置搜寻救援协调席。

（四）空中交通服务报告室

空中交通服务报告室可以设置以下席位：

（1）计划处理席，负责受理审查航空器的飞行申请及飞行计划，负责编制飞行计划；

（2）动态维护席，负责航班动态信息的维护和发布、起飞、落地、延误等相关报文的拍发及处理，以及与飞行保障单位的协调；

（3）主任席，负责报告室管制单位现场运行工作的组织管理和监督，以及与其他单位的总体协调。

第三节　空中交通管制员

空中交通管制工作由空中交通管制员（以下简称管制员）担任。

由于管制工作主要分为程序管制和雷达管制两种，因此，管制员也分为程序管制员和雷达管制员。

按照管制的技术水平和分工，管制员可以分为主任管制员、带班管制员、管制员和见习管制员。

按工作岗位，管制员可分为飞行服务管制员、塔台管制员、进近/终端管制员、区域管制员和运行监控管制员。在飞行流量较大的管制单位，还可根据前文中的管制席位设置，进行进一步的细分。

一、空中交通管制员执照

空中交通管制员实行执照管理制度，执照经注册方为有效执照。

空中交通管制员执照是执照持有人执行任务的资格证书，持有有效管制员执照的，方可独立从事其执照载明的空中交通服务工作。见习管制员应当在持照管制员指导下上岗工作。

空中交通管制员执照由民航局统一颁发和管理，地区管理局负责本辖区管制员执照的具体管理工作。

空中交通管制员的执照类别包括机场管制、进近管制、区域管制、进近雷达管制、精密进近雷达管制、区域雷达管制、飞行服务和运行监控等八类。空中交通管制员执照的申请、考试、考核、颁发、暂停、注销、收回、恢复，按照《中国民用航空空中交通管制员执照管理规则》（CCAR-66TM-I-R4）执行。

为了解飞行和飞行人员空中工作情况，搞好飞行与管制工作的协调配合，提高管制工作质量，管制员应当定期进行航线实习，每年不得少于2次。程序管制员和雷达管制员取得管制员执照后，还应当定期进行程序管制和雷达管制模拟训练，每年不得少于 1 次。

二、空中交通管制员工作要求

程序管制员在同一时间、同一扇区内所能管制航空器的数量，应当考虑下列限制因素：

（1）通信、导航设备和监视设备（指有供雷达监控用的雷达设备的管制单位）的可靠性；

（2）管制员的能力；

（3）扇区空间范围，航线结构的复杂程度。

雷达管制员在同一时间、同一扇区内所能管制航空器的数量，应当考虑下列限制因素：

（1）雷达和通信设备的可靠性；

（2）雷达管制员的能力；

（3）扇区空间范围，航路结构的复杂程度。

当管制区在同一时间内或在预计的时间内将有多架航空器运行时，管制单位的主任管制员（或值班主任）应当及时决定增开扇区或增加值班管制员，保证管制工作安全正常运行。

在同时有军民飞行活动时，通常由军方派出飞行指挥员，民航派出飞行副指挥员。

飞行院校所属的机场和航空公司驻地机场，在进行本场训（熟）练飞行时，飞行院校和航空公司应当派出飞行指挥员到起飞线塔台进行指挥。飞行指挥员由熟悉航空器性能和管制规则的正驾驶员担任。飞行指挥员由航空公司经理和飞行院校的院（校）长任命。在同一机场，同时有训（熟）练飞行和运输飞行时，飞行指挥员只负责训（熟）练航空器的技术动作的指挥，而所有航空器（包括训（熟）练航空器）的管制和间隔调配均由管制员负责。

军民共用机场的管制按照《中华人民共和国飞行基本规则》的规定和双方的协议执行。

飞行中的航空器发生严重机械故障，如果在驻有航空公司的机场着陆，驻场的航空公司应当派出有经验的驾驶员，到管制单位提供咨询和协助。

特殊情况下，上级领导或者有关业务人员，需要向飞行中的航空器机长下达指示时，应当通过值班管制员转达。

空中交通管制员的值勤规定如下：

（1）塔台、进近、区域管制室值班空中交通管制员连续值勤的时间不得超过 6 h；直接从事雷达管制的管制员，其连续工作时间不得超过 2 h，两次工作的时间间隔不得少于 30 min。

（2）空中交通管制岗位应当安排 2 人（含）以上值勤。

（3）管制员在饮用含酒精饮料之后的 8 h 内和处在麻醉剂或其他对值勤有影响的药物作用的情况下，不得参加值勤。

第四节　空中交通服务设施

一、航空移动通信设施

（1）空中交通服务使用的航空移动通信设施，必须是单独的或与数字数据交换技术组合的无线电话并配备自动记录设施。

（2）飞行情报中心使用的航空移动通信设施，必须能与在该飞行情报区内飞行的并有相应装备的航空器进行直接、迅速、不间断和无静电干扰的双向通信。

（3）区域管制室使用的航空移动通信设施，必须能与在该管制区内飞行的并有相应装备的航空器进行直接、迅速、不间断、无静电干扰的双向通信。如由通信员操作时，应当配有适当装备，以便需要时管制员与驾驶员能够直接通信。

（4）进近管制室使用的航空移动通信设施必须是专用频道，能与在其管制区内飞行并有相应装备的航空器进行直接、迅速、不间断、无静电干扰的双向通信，如进近管制服务的职能由区域管制室或机场管制塔台兼任，也可在兼任的管制室使用的通信频道上进行双向通信。

（5）机场管制塔台使用的航空移动通信设施，必须使机场管制塔台能与在本机场半径50 km 范围内飞行的并有相应装备的航空器进行直接、迅速、不间断、无静电干扰的双向通信。

（6）为了管制机场机动区内车辆的运行，防止车辆与航空器相撞，根据需要应当设置单独使用的航空移动通信频道，建立机场管制塔台与车辆之间的双向通信。

二、航空固定通信设施

民航空中交通服务单位，必须具有航空固定通信设施（直接电话通信和印字通信，下同）交换和传递飞行计划和飞行动态，移交和协调空中交通服务。

1. 飞行情报中心

必须具有航空固定通信设施与下列空中交通服务单位进行通信联络：

（1）本飞行情报区内：

① 区域管制室；

② 机场管制塔台；

③ 进近管制室；

④ 机场空中交通服务报告室。

（2）中国民航总局调度室；

（3）本情报区所在地区的民航地区管理局调度室；

（4）相邻的飞行情报中心和区域管制室。

2. 区域管制室

必须具有航空固定通信设施与下列空中交通服务单位进行通信联络：

（1）本管制区内的进近管制室、机场管制塔台、机场空中交通服务报告室；

（2）相邻的国内和国外的区域管制室、进近管制室；

（3）本管制区所在地区的飞行情报中心、民航地区管理局调度室；

（4）中国民航总局调度室。

3. 进近管制室

必须具有航空固定通信设施与下列空中交通服务单位进行通信联络：

（1）本管制区内的机场管制塔台、机场空中交通服务报告室；

（2）相邻的机场管制塔台、机场空中交通服务报告室、进近管制室、区域管制室；

（3）本管制室所在地区的飞行情报中心、区域管制室、民航地区管理局调度室；

（4）中国民航总局调度室。

4. 机场管制塔台

必须具有航空固定通信设施与下列空中交通服务单位进行通信联络：

（1）机场空中交通服务报告室；

（2）相邻的机场管制塔台、进近管制室；

（3）本机场所在地区的飞行情报中心、区域管制室、进近管制室、民航地区管理局调度室；

（4）中国民航总局调度室。

5. 机场空中交通服务报告室

必须具有航空固定通信设施与下列空中交通服务单位进行通信联络：

（1）相邻的机场空中交通服务报告室、机场管制塔台、进近管制室；

（2）机场所在地区的飞行情报中心、区域管制室、民航地区管理局调度室、机场管制塔台；

（3）中国民航总局调度室。

6. 飞行情报中心和区域管制室

必须具有直接电话通信设施与下列协调和保障单位进行通信联络：

（1）有关的空军、海军航空器调度室；

（2）有关的航空公司签派室；

（3）有关的海上援救中心；

（4）为本单位提供服务的气象室；

（5）为本单位提供服务的航空通信电台；

（6）为本单位提供服务的航行通告室。

7. 进近管制室、机场管制塔台、空中交通服务报告室

必须具有直接电话通信设施与下列协调和保障单位进行通信联络：

（1）有关的空军、海军航空器调度室；

（2）有关的航空公司签派室；

（3）机场援救与应急处置部门包括救护车、消防车；

（4）机场现场指挥中心；

（5）停机坪管理服务部门；

（6）机场灯光部门；

（7）为本单位提供服务的气象室；

（8）为本单位提供服务的航空通信电台；

（9）为本单位提供服务的航行通告室。

8. 机场导航台

空中交通服务单位的航空固定通信设施应当具有下列功能：

（1）直接电话通信。应当在 15 s 之内建立，其中用于管制移交（包括雷达管制移交）目的的必须立即建立。

（2）印字通信报文传输时间不得超过 5 min。

（3）根据需要应当配置目视和声频通信设施以及空中交通服务计算机系统，自动传输和处理飞行计划、飞行动态和信息。

（4）根据需要应当建立为召开电话会议使用的直接电话通信设施。

（5）空中交通服务单位使用的直接电话通信设施，必须具有自动记录功能，自动记录应当保存 15 天。如自动记录与飞行事故和飞行事故征候有关，则应当保存较长时间，直至明确已不再需要为止。

（6）直接电话通信，应当制定通信程序。按照通信内容的轻重缓急程度建立通信秩序，必要时可以中断一些通话，以保证航空器遇到紧急情况时空中交通服务单位能够立即与有关单位建立联系。

三、监视与导航设施

空中交通管制单位应当配备一次、二次雷达和 ADS-B 监视设施，以便监视和引导航空器在责任区内安全正常飞行。

一次、二次雷达和 ADS-B 数据应当配备自动记录系统，供飞行事故和飞行事故征候调查、搜寻援救以及空中交通管制服务和雷达运行的评价与训练。监视数据记录应当保存 25 天，如记录与飞行事故及飞行事故征候有关，应当按照调查单位的要求保存较长时间，直至不需要为止。

机场和航路应当根据空中交通管制和航空器运行的需要，配备目视和非目视导航设施。

目视导航设施包括：进近路线指示灯、目视进坡度灯、进近灯、进近灯标、跑道灯、跑道终端灯、跑道距离灯、跑道中线灯、接地地带灯、跑道终端补助灯、安全道灯、滑行道灯、滑行道中线灯、机场灯标、风向灯。目视导航设施中主要灯光系统如图 2-3 所示。

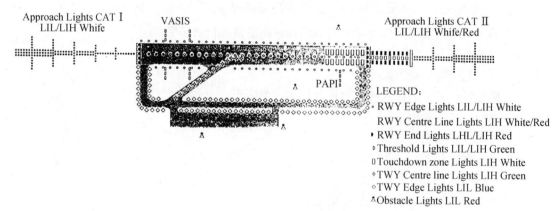

图 2-3　目视导航设施中主要机场灯光系统图

非目视导航设施分为机场非目视导航设施和航路非目视导航设施。

机场非目视导航设施包括：精密进近仪表着陆系统（ILS）、非精密进近仪表着陆系统（NDB）、指点标。如因特殊条件不在规定位置安装外指点标时，应安装测距仪（DME）。

航路非目视导航设施包括：全向信标/测距仪（VOR/DME）、长波导航台（NDB）。

机场和航路上的目视和非目视导航设施的运行情况应当及时通知有关的空中交通服务单位。其资料及其变化情况应当及时通知有关的空中交通服务单位和航行情报室。

机场和航路上的目视导航设施和雷达设施应当按照空中交通服务单位的通知准时开放。如中断运行必须立即报告空中交通服务单位。

四、机场设施

机场活动区应当根据航空器运行和空中交通管制的需要，设置和涂绘目视标志和灯光标志。

机场活动区内的跑道、滑行道、安全道、停机坪、迫降地带及目视标志和灯光标志的可用状态，应当及时通知机场管制塔台和进近管制室。机场活动区内的跑道滑行道、安全道、迫降地带及目视标志等资料如有变化，应当立即通知机场管制塔台、机场空中交通服务报告室和机场航行通告室。

机场活动区内凡有影响航空器安全正常运行的危险情况，如跑道滑行道上及其附近有临时障碍或施工等应当及时通知机场管制塔台，空中交通服务报告室和机场航行通告室。

机场净空应当保护，如有变化应当及时通知机场管制塔台和机场航行通告室。

机场的跑道、滑行道和灯光标志，应当按照机场管制塔台的通知进行准备并按时开放。如中断运行应当立即报告机场管制塔台。

机场的消防、救护车辆应当按照机场管制塔台和机场空中交通服务报告室的通知按时准备，处于可用状态待命行动。

五、航空气象

民用航空气象台室，应当向空中交通服务单位提供所需的最新的机场和航路天气预报和天气实况，以便履行空中交通服务的职能。向空中交通服务单位提供的气象资料格式，应当使空中交通服务人员易于理解，提供的次数应当满足空中交通服务需要。

民用航空气象台室应当设置在空中交通服务单位附近，便于气象台室人员和空中交通服务单位人员共同商讨。

机场和航路上有危害航空器运行的天气现象时，民航气象台室应当及时提供给空中交通服务单位，并详细注明天气现象的地点、范围、移动方向和速度。凡向空中交通服务单位提供的高空和中低空气象资料，是用数字形式提供并供空中交通服务计算机使用时，空中交通服务单位和民航气象单位应当对内容、格式和传输方式进行协商，统一安排。

民航气象台室应当向飞行情报中心和区域管制室提供其所辖责任区域内机场和航路的下列气象资料：

（1）SIGMET 资料；

（2）特殊气象报告；

（3）现行气象报告；

（4）天气预报（包括修订预报）；

（5）按空中交通服务单位指定的间隔时间提供指定地点的现行气压数据，以便拨正高度表；

（6）当天气变坏或预期将要变坏时，应当立即报告机场管制塔台。

　　民航气象台室应当向进近管制室和机场管制塔台提供其所辖责任区域内机场和空域内的下列气象资料：

　　（1）现行气象报告；

　　（2）天气预报（包括修订的天气预报）；

　　（3）特殊天气报告；

　　（4）指定的间隔时间提供指定的机场和地点的现行气压数据，以便拨正高度表；

　　（5）如使用多个风力计时，应当明确注明以便识别每个风力计所监测的跑道和跑道地段。

　　进近管制室和机场管制塔台应当配备地面风指示器，指示的风力数据必须与气象台室的地面风指示器来自同一观测点或同一风力计。凡使用仪器（自动观测系统）测计跑道视程（RVR）的机场，进近管制室和机场管制塔台必须配备指示器，以供读出现行跑道视程（RVR）数据，对起飞和着陆以及进近的航空器提供管制服务。配备的指示器所指示的数据应当和气象台室的指示器指示的数据来自同一观测点和同一视程测计设备。

　　特殊天气报告和修订的天气预报以及天气变坏或预期将要变坏的天气报告，民航气象台室必须及时主动提供给空中交通服务单位。不要等到下一次例行报告时间提供，以免失去时效，危及飞行安全。

　　根据飞行情报服务需要，民航气象台室应该按照规定或协议将现行气象报告和天气预报等气象资料提供给所在地的航空固定通信电台，发送给有关的空中交通服务单位，同时抄送给所在地的空中交通服务单位。

六、飞行情报设施

　　空中交通管制单位应当与相应的航行情报服务单位建立联系，以便能够及时得到对飞行有直接影响的活动的情报。

　　目前，以总局空管局为一级中心，7个地区管理局为二级中心，22个省（市、区）局、飞行学院和大连、厦门、深圳航站为远程节点用户，共计30个点组成的航行情报自动化系统已投入使用，该系统中的航图子系统能制作各种航图和航行资料供飞行使用。航行通告处理子系统能处理国内外航行通告，向飞行机组提供飞行前资料公告，提高了航行情报的及时性和准确性，航行情报服务的总体水平和服务质量得到较大改善。

　　航行情报发布系统作为航行情报自动化二期建设的一个项目，目前正在建设前期阶段。该系统将充分利用和扩展现行系统的资源，通过互联网向航空公司发布集成处理的航行资料、航图及航行通告，并对航空公司的 FOC 系统和管制部门提供数据支持，提高航行情报的及时性、准确性和可靠性。

七、空中交通管理系统

　　空中交通管理系统（Air Traffic Management System）是国家实施空域管理、保障飞行安全、实现航空运输高效有序运行的战略基础设施，它与航空公司、机场一同组成了现代航空运输体系。

　　现阶段，我国民航空管系统与未来飞行流量发展之间的矛盾主要集中在以下几个方面：空域紧张，难以满足空中交通流量的快速增长；空管基础设施建设不完善，并且存在地区性配置不平衡；系统集成程度不足，缺乏设施设备冗余系统的设计和布局；管理、运行、维护和科研体系化机制不健全，自主研发能力欠缺；专业和管理人员整体数量、素质和能力有待提升等。

在"十二五"规划中，空中交通管理系统是民航安全飞行的核心保障。要努力推进民航空中交通网络建设，增加空域容量，提升运行效率和服务能力。重点是提高空域资源使用效率和加大新技术应用力度。

根据民航总局提出的建立新一代航空运输系统的战略目标，空中交通管理系统技术和建设现行的要求，到 2020 年，中国民航空管系统的重要任务之一就是围绕"安全、容量、效率、服务"的主题，规划、设计、研发和建设新一代空中交通管理系统，满足航空运输持续快速发展的需求和要求，为国家经济建设提供安全、优质和绩效服务。《中国民航新一代空中交通系统发展总体框架》是我国民航空中交通管理机制、系统框架和运行模式的发展蓝图，是创建新一代航空运输系统的基础，也是规划建设新一代空中交通管理系统的指南。

（一）空管自动化系统的发展

空中交通管制的主要目的是要保持空中交通的安全间隔，保证空中流量快速高效地流动。空管自动化系统是空中交通管制工作主要依赖的工具和手段，为有效降低空中交通管制员的工作负荷、减轻工作压力、提高管制效率，空管自动化系统应该朝着提高稳定性、可靠性、可用性和可维护性，以及提高自动化程度的方向发展。

空管自动化系统是把电子计算机、雷达、显示和通信等先进技术，综合利用到空中交通管制方面的一个复杂的电子系统工程，是空中交通管制员管理空中交通的主要手段之一，它的主要功能是对多雷达信号进行处理，并将雷达信号与飞行计划动态相关联，使得管制人员对着雷达显示器就可以了解空中交通的实时动态，所管制航空器的具体方位、高度和预计飞行方向等。随着空中流量的不断上升，管制人员的任务越来越重，对空管自动化系统的依赖也越来越强。

空中交通管制系统的发展大致经历了四个阶段。

1. 第一阶段（20 世纪 40 年代末—60 年代初）

第二次世界大战后，空中交通管制问题开始引起人们的极大重视，研究工作主要集中在有关飞机位置的定位，显示空中飞行目标状态数据和通信方面。进入 20 世纪 50 年代后，一次雷达开始应用在航行管制领域。以联邦德国为例，1995 年联邦德国空中交通管理局（BFS）提供管制机场附近空域和航路的一次监视雷达。一次监视雷达能将捕获的飞行目标的位置以原始回波的形式显示在管制员工作的显示席位上，从而结束了管制员不能实时监控空中飞行目标位置局面，向自动化航行管制系统迈进了第一步。由于一次雷达刚刚问世，还存在不少缺点，其中受地物回波和空中云雨干扰比较严重，图像很不清晰，提供飞行目标的动态仅局限于平面位置。而作为一个管制员要实时全面掌握空中飞行动态，还需要更多的飞行目标参数，从而促使科学家们寻求为航行管制系统研究新型的探测设备，开始向自动化的第二阶段进军。

2. 第二阶段（20 世纪 60 年代中期—70 年代初）

从 20 世纪 60 年代中期开始自动化空中交通管制系统开始进入第二阶段，这一阶段的主要标志是新型的地面二次雷达开始应用与航行管制领域。1963 年联邦德国空中交通管理局使用了二次雷达系统。这种雷达能以特殊的脉冲代码询问装有发射机应答器的飞机，所收到的编码回答可以识别该飞机和确定其高度，从而首次使管制员从平面位置显示器上，不仅能观察到飞机位置，而且还能鉴别飞机和配合当地气压校正飞机的高度。二次雷达与一次雷达相比，具有功率小（一般比一次雷达的功率小 100～1 000 倍）、作用距离远（可达 200n mile*）不受地物和空中云雨的干扰、没有地物回波、图像清晰等优点，因此受到管制员的欢迎。然而随着飞机的种类、数量的增加和飞机性能的不断改善，空中交通十分繁忙，人工进行数据处理手续繁多，飞机管制日趋复杂。例如，法国巴黎管制空域到 20 世纪 60 年代末期，全年飞机的活动量达到 60 万架次，夏末每天约 2 500 架次。从而导致西方一些比较发达的国家开始研究用计算机处理雷达信息和飞行计划数据，向自动化空中交通管制系统第三阶段迈进。

3. 第三阶段（20 世纪 70 年代初—70 年代末）

早在 20 世纪 50 年代末和 60 年代初，西方部分国家就开始用计算机处理雷达信息和飞行计划数据的模拟实验。随着固态技术日趋成熟，全数字式 MTI 和双波束技术在雷达上的运用，大大改善了雷达性能，为用计算机处理雷达信息创造了良好的条件。因此，进入 20 世纪 70 年代后，计算机开始普遍应用到空中交通管制领域。一个以计算机为核心，包括雷达、显示和通信的自动化航线管制系统如雨后春笋一样在许多国家建立起来。例如法国的奥利管制中心安装了 1 007 计算机作为中心机的自动化管制系统；英国伦敦管制中心安装了以飞行使者和巨型计算机为中心的自动化管制系统；美国在全国中、小机场安装了 60 套以计算机为核心的 ARTS Ⅱ 雷达管制终端系统，在大型机场安装了 62 套 ARTS Ⅱ 型雷达终端系统，等等。

4. 第四阶段（20 世纪 80 年代至今）

尽管第三代自动化空中交通管制系统在许多国家的机场和管制中心都已安装使用，并已得到充分肯定，但随着空中交通流量的急剧上升，有些国家深感第三代管制系统已不适应当前的情况，于是提出更新第三代空中交通管制系统。它们正在准备或已经开始将飞速发展的微电子技术、微型计算机、光纤通信和新的显示技术应用到自动化空中交通管制系统这一领域，开始研制第四代自动化空中交通管制系统。

（二）中国民航新一代空中交通管理系统

民航"十二五"规划的发展战略目标是：提高空管自动化水平；更新老旧空管自动化系统，升级和扩容空管自动化系统；推进高空管制中心之间，及其与中低空管制中心、终端（进近）管制中心之间的系统互联，提高自动化系统的容灾能力；以提高管制中心为核心，建立全国一体化空管自动化系统构架。

由中国民航局主持的"十一五"国家"863"计划重大项目"新一代国家空中交通管理系统"，2010 年 12 月 6 日在四川绵阳通过了国家验收，我国空管自主装备从此打破了欧美国家的垄断。时任中国民航局副局长夏兴华表示，此项目突破了新一代空管系统的核心关键技术，形成了我国具有自主知识产权的新一代空管系统核心技术架构。

专家指出，该项目通过进一步研制开发应用低空开放保障的有关系统装备，将对促进我国低空空域通用航空的大发展发挥强有力的支持作用。

新一代空中交通管理系统（NGATM）是我国新一代民航运输体系的核心和先行系统。其实施

---

*注：n mile 为英制单位，即海里。1 n mile＝1 852 m。

愿景是在 20 年的时间框架内，建立天空地一体化的中国民航空中交通管理运行模式和技术支持体系，为全面提升空中交通服务水平，为提高安全保障水平和运行绩效搭建平台。结合中国民航的实际情况，NGATM 提出了在今后 20 年全中国民航空中交通管理领域需要研究的关键技术和技术政策，包括有效地管理空中交通、提高空域容量，开展适应新需求的基础设施建设等运行理念，同时使民航运输的各参与方了解未来 NGATM 系统在功能、运行、服务上的发展趋势。

结合中国民航的实际情况，提出了今后 20 年中国民航空中交通管理领域需要研究的关键技术、发展政策、实施路线图和建设安排，包括空中交通运行概念，管制服务、空域管理、流量管理，通信、导航、监视技术支持系统，航空气象、航空情报服务，以及关键技术的组成，使民航运输的各参与方初步了解 2020 年的 NGATS 与今天的空中交通管理系统在功能、技术、运行、服务上的差异性和趋势性。

（三）中国民航新一代空中交通管理系统的战略目标

中国民航新一代空中交通管理系统的规划和建设总体战略目标是：为了适应中国民航安全可持续发展的远景目标，满足航空运输需求的不断增长，保证航空安全和运行效率的全面提高，通过全面建设高适应性的、大容量的、系统结构化的具有中国特色的民航空管技术和设备体系，实现我国空管技术和设施装备的全面跨越式发展，为实施民航强国战略提供技术支撑。

高适应性是指建设灵活的，适应各种管制环境、运行环境和设备环境的通用空管体系。该体系可以满足使用空管信息的不同航空活动参与者对信息内容和处理过程的不同需求。同时，高适应性也包含新系统对原有系统在技术和运行过程的兼容性，以及系统对国际运行标准和实际系统的支持。

大容量是指新一代空管系统应具备强大的信息采集、处理、传递和发布能力，可以适应各种信息源、信息媒介和信息应用的需求。系统的处理和传输能力应该满足未来我国民航交通运输量大幅度增长的海量数据需要，并为未来的发展保留进一步扩展的余地。系统的应用能力应兼顾不同用户的需求，满足各类民航业务对数据处理和传递性能的要求，实现综合资源的集中管理和全面共享。

系统结构化是指新一代空管系统要从系统的角度进行全面的规划和实施。系统角度一方面指从国家甚至地区的范围考虑新一代空管系统的结构和技术应用要求；另一方面是将现有分散的、独立的、不兼容的各类设施系统组织演化成为综合的、一体的、交互的，天空一体化的，具备全球服务能力的业务应用服务系统体系。

形成民航空管技术和设备体系是指，针对新一代空管系统运行服务的一系列核心问题，包括开展空域设计、流量管理、飞行指挥、安全管理等方面的系统研究与开发；积极参与国际标准的制定和跟踪，结合中国民航的运行要求，形成适应新一代空管系统运行和应用的相关技术标准体系和运行程序；研制各种相关的设备、部件和技术装备；有系统、有步骤地在全国开展新一代空管系统的各项工作。

（四）中国民航新一代空管系统总体框架

新一代空管系统涉及新概念、新技术十分广泛。这些新技术主要包括星基导航系统、广域多组合式监视系统、数字数据通信系统、体现天空地一体化的空管自动化系统、协同决策信息共享平台以及多功能的空中交通流量管理系统。新技术的定位和应用将使国家民航的运行和资源得到有效、充分、灵活的管理。新一代空管系统的发展和实施不仅是技术手段的创新，它还将推进民航运输体系运行方式的变革，推动大民航运作体系管理和协同理念的转变。建立新一代空管系统是一项历史性的复杂、系统的工程。

1. 概念及其内容

中国新一代空中交通管理系统（CNGATM）是我国新一代民航运输系统的核心之一，强调"以飞行运行为中心，以协同决策为手段，以新技术为支撑"，主要内容包括：基于航迹的运行（TBO）、协同交通流量管理（C-TFM）、综合空域运行和场面运行。

（1）基于航迹的运行是用于管理空域和航迹的，各个时间段的管理决策与四维航迹相关。

（2）协同交通流量管理首先必须满足：所有空管系统参与者完全共享满足空域限制条件和各参与方目标所需的专门技术、数据和程序处理能力。这些高度共享的公共态势应用于情境评估、计划产生、执行、应急管理等方面，从而实现流量管理。

（3）综合空域运行是将空域分为基于航迹的空域和传统空域，两类空域里运行管理的方式不同，运行的差别直接与所运行空域要求的最低性能相关。

（4）场面运行将和空中交通管理的功能高度结合在一起（包括起飞、降落和协同交通管理），实现的转变包括：更加高效的跑道冲突预警自动化系统，集成机舱监视系统，自动化系统和数据通信主动进行特定飞行管理，自动化虚拟塔台，取消机场单进单出限制。

2. 发展路线

中国民航新一代空中交通管理系统发展总体框架主要技术包括了通信、导航、监视和空中交通管理四个主要部分，其建设跨越"十一五""十二五""十三五"三个五年计划，重点将突破卫星导航、数据通信、多模式监视以及空管自动化和流量管理等核心技术，自主创新研制拥有自主知识产权的技术系统和核心装备，使我国空管系统的应用技术实现跨越式发展，形成具有国际竞争力的空管高科技产业，为建设我国新一代空中交通管理系统提供技术支持、技术设施和技术平台，满足我国空管发展的需要。

"十一五"期间重点完成核心技术的研究突破和技术验证。开展空管系统总体研究；重点突破卫星导航、区域导航、多模式监视、流量管理、综合信息管理等领域的核心技术，包括应用技术和验证评估，形成关键技术族和一批原型系统；对一些在近中期有应用需求的技术（或系统）进行运行试验和工程验证；研究新技术应用环境下，空中交通管理系统运行体系构架和有关程序、标准、规范、建议与措施。

"十二五"期间继续开展空管总体研究和前瞻性空管核心技术研究。重点进行系统设施设备的研发，逐步转化为生产运行系统；重点开展验证认证评估工作，进行新技术和新系统的功能验证、产品认证、运行评估，对新的运行程序进行验证评估；启动新一代空管系统项目建设，根据管制业务的发展需求，用新一代空管系统设备逐步替代原有设备，促进新技术和新系统应用和发展，进一步制定和完善空管运行的有关程序、标准体系。

"十三五"期间重点进行新一代空管基础架构体系建设。在新技术产品（系统）验证评估的基础上，对成熟的系统，逐步实施项目建设，分阶段、分区域进行新系统、新装备和新技术应用，形成新一代空管基础架构体系的雏形。

2020—2030 年期间，逐步形成新一代空管运行体系。从 2020—2030 年间，随着我国二代卫星导航系统的成功运行和空管系统相关新技术产品的成熟，"十三五"期间将在全国范围内建设新一代空中交通管理系统，形成新一代空管运行体系，使我国在空管新技术领域达到国际同期先进水平。

随着新一代空管系统技术研究、系统产品化和验证工程的开展，适应我国实际并与国际接轨的新一代空管系统产品、运行模式和规范将逐步形成。通过实施工程建设和系统建设，我国民航空管系统将实现信息化、网络化、系统化和自动化，实现基于数据链的天空地高速无缝数据通信、基于卫星的全时空无缝导航、基于精确定位的航空监视服务、基于共同态势认知的信息共享交互、基于灵活空域的自主间隔保持、基于轨迹的运行和基于性能的服务，建立空中交通协同运行及决策机制，适应航空运输和航空活动快速增长的要求，满足空域用户对空中交通安全、正常、便捷、高效、低成本运行的需要。

航空导航方面，到 2025 年中国民航将实现由陆基导航系统向星基导航系统过渡的基于所需导航性能的运行。

航空监视方面，经过 15～20 年的系统建设，将逐步达到基于空地协同监视和基于所需监视性能的总体目标。

空中交通管理方面，分阶段、分层次实施新一代空管运行概念，建设空域规划和评估系统，逐步优化我国的空域结构；建设新型管制自动化系统，为新一代空管系统运行概念提供运行支持；通过自动化系统联网工程，实现管制单位之间信息无缝自动交换；建设飞行数据集中处理系统，实现对全国飞行计划统一管理。

综合空管信息处理与服务方面，将实现空管信息在利益相关方之间的透明传输和无缝交换，为用户提供一致的、准确的、完整的空中交通信息。

空中交通流量管理方面，在交通流量大的区域，建设协同区域流量管理系统，支持从管制区层面实施区域性的协同流量管理；在繁忙机场终端区，建设协同进离场流量管理系统，支持从机场运行层面实施进离场协同流量管理；建设全国空中交通流量管理中心系统，统筹规划交通流量走廊，支持基于性能的门到门空管服务，支持各个管制区、机场和航空公司运行中心之间协同决策（CDM），实现从流量管理中心层面的全国协同流量管理。

第三章　空域管理

第一节　概　述

在物理学上，空间分为空气空间和外层空间。空气空间通常称为空域，是环绕地球的大气空间，是航空活动的主要场所，是空中交通服务提供者向空域用户提供服务的资源。空域具有自然属性和社会属性。

一、空域自然属性

1. 总量的不确定性与使用量的相对确定性

由于空域使用范围的上限可不断延伸，就数学角度而言，空域总量是不确定的。但是人类技术能力所能达到的使用范围，在相当长时间内是确定的，而且各国有主权界线，各国对空域的使用量是相对确定的，全球所能使用的空域总量也是相对确定的。因此，随着空中飞行密集程度的增加，空域资源使用紧张将是必然的，在有限的空域总量基础上，围绕空域结构和运行方式的优化调整，将成为空域管理工作的一项不断反复持续的常态化任务。

2. 使用过程的可再生性

航空器飞过某一空域，即完成了对空域的使用过程，该空域仍保持原有的资源特性，可再生使用，而且空域总量并无损耗。但是，不同航空活动不可能在同一时刻占用同一空间位置，只能在保证安全间隔后才能再生利用，因此空域是有条件的可再生资源，重复利用的过程必须遵循时序规则。这也决定了空域使用过程，是次序迭代安排的过程。

3. 不可存储性和不可替代性

空域以其特殊的形态存在，闲置过程并不造成空域资源损耗，也不存在这个时刻不用存储到下一时刻使用的可能。然而，实际中飞行流量分布呈现不均衡性，常常造成某时段、某空域的交通拥挤而其他时段或其他空域闲置的现象。此时，就需要对空中飞行流进行优化配置，实现空域容量与飞行流量匹配，实现空中运行效率的最大化。

二、空域社会属性

1. 主权属性

此处所说的空中交通使用的空域与国家领空具有重叠性，从而决定了空域具有主权属性，决定了空域属于国家所有，要求制定统一的空域法规和政策，制定统一的空域开发、使用及控制计划等。《国际民用航空公约》就规定"缔约各国承认每个国家对其领土之上的空气空间享有完全的排他的主权"。《中华人民共和国民用航空法》明确规定"中华人民共和国的领陆和领水之上的空域为中华人民共和国领空，中华人民共和国对领空享有完全的、排他的主权"。一个国家对其国家空域具有所有权、管辖权和管理权。

2. 安全属性

从空域的使用角度来看，必须制定相应的管理策略，才能实现空域资源的优化配置和空域安全、经济、高效和公平的使用。

安全性包括国家安全、公共安全和航行安全。其中航行安全涉及航空器、航空法规、航空管制和空中交通服务设施等。空域管理在重视航行安全的同时，还应该考虑到空域使用的国家安全和公共安全。为此，常依据国家安全和公共安全的需要，将空域划分为限制使用空域和公共活动空域，限制使用空域是指不对公众飞行活动开放的专属区域，包括空防保护区、禁区、限制区、危险区、军事训练空域、特殊专用空域等，这些空域通常是和国家安全、公共安全密切相关的。公共活动空域是指社会公众能够按照一系列明示的规则和程序申请使用，享有使用权和飞行服务权的空域，这些空域通常被社会公众理解为开放空域。

3. 资源属性

空域是一种特殊的国家重要资源，作为航空器在空间的载体，有其自身的经济价值，体现在为公共运输、通用航空和军事航空服务上，进而体现在空域利用的充分上和空域划设的科学上。空域得到合理、充分利用，就能产生巨大经济效益，否则就是一种资源浪费。

第二节　空域分类

一、空域分类及目的

空域分类是将连续空域划分为若干个不同类型的空域，不同类型空域对航空器的使用条件要求不同，管制单位提供的管制服务也不同。空域分类不是简单的命名规则，而是对人员、设备、服务和管理的综合要求。空域类型是一系列标准的集合，一个固定类型的空域对飞行人员的执照要求、航空器机载设备、运行间隔配备、空中交通服务种类都要详细具体的规定和要求。通过法律、行政法规、行业规章等规定形式加以体现。

空域分类的目的是确保空域的安全、有序和充分利用，满足不同空域用户的需求和空管资源的最优配置；能够优化配置空域资源，在军事航空、运输航空、通用航空等不同空域用户对空域需求之间寻求平衡点，满足不同空域用户的使用需求；能够优化配置空管资源，为不同的空域用户提供适当的空中交通服务；能够增强空域的安全水平，通过对飞行规则、人员资格、通导监设备能力、机载设备性能要求，将空域的安全水平控制在可接受范围内。

二、国际民航组织空域分类标准

为了规范目视和仪表飞行对设备以及飞行员的各种要求，澄清在各类空域内仪表飞行和目视飞行需要提供的相关服务，结束高空管制区、中低空管制区、终端（进近）管制区和机场管制区之间空域管理的混乱状况，国际民航组织制定了空域分类的相关标准，将空中交通服务空域分为 A、B、C、D、E、F、G 七类基本类型。从 A 类到 G 类空域，逐步放松对目视飞行的限制。国际民航组织提供的空域分类标准是一个较为原则性的模板，各国根据空域分类的精神结合本国的实际情况对其选择和补充。国际民航组织空域分类标准的提出使世界各国空域类型得到简化、统一。欧美等航空发达国家参照国际民航组织的空域分类标准，在 20 世纪就完成了空域的分类划设，亚太地区也有三分之二的国家和地区实施了空域分类。

国际民航组织推荐将空域分为 7 类：

A 类空域：仅允许 IFR（仪表飞行规则）飞行，对所有飞行均提供空中交通管制服务，并在航空器之间配备间隔。

B 类空域：允许 IFR 飞行和 VFR（目视飞行规则）飞行，对所有飞行均提供空中交通管制服务，并在航空器之间配备间隔。

C 类空域：允许 IFR 飞行和 VFR 飞行，对所有飞行均提供空中交通管制服务，并在 IFR 飞行之间以及在 IFR 飞行与 VFR 飞行之间配备间隔；VFR 飞行应当接收其他 VFR 飞行的交通情报。

D 类空域：允许 IFR 飞行和 VFR 飞行，对所有飞行均提供空中交通管制服务。IFR 飞行与其他 IFR 飞行之间配备间隔，并接收关于 VFR 飞行的交通情报。VFR 飞行接收关于所有其他飞行的交通情报。

E 类空域：允许 IFR 和 VFR 飞行，对 IFR 飞行提供空中交通管制服务，与其他 IFR 飞行之间配备间隔。所有飞行均尽可能接收交通情报。E 类不得用于管制地带。

F 类空域：允许 IFR 和 VFR 飞行，对所有按 IFR 飞行者均接受空中交通咨询服务，如要求，所有飞行接受飞行情报服务。

G 类空域：允许 IFR 和 VFR 飞行，如要求，接受飞行情报服务。

不同类型的空域垂直相邻时，在共用飞行高度层的飞行应当遵守限制较少的空域类型的要求，同时空域服务机构提供适合该类空域要求的服务，如表 3-1 所示。

表 3-1　国际民航组织空域类型表

空域类型	飞行种类	间隔配备	提供的服务	速度限制	无线电通信需求	管制许可
A	仅限 IFR	一切航空器	空中交通管制服务	不适用	持续双向	需要
B	IFR	一切航空器	空中交通管制服务	不适用	持续双向	需要
	VFR	一切航空器	空中交通管制服务	不适用	持续双向	需要
C	IFR	IFR 与 IFR IFR 与 VFR	空中交通管制服务	不适用	持续双向	需要
	VFR	VFR 与 IFR	为 VFR 与 IFR 之间提供间隔服务；VFR 之间提供交通情报服务（和根据要求，提供交通避让建议）	AMSL3 050 m（10 000 ft）以下：指示空速（IAS）为 250 节	持续双向	需要
D	IFR	IFR 与 IFR	空中规管制服务,关于 VFR 飞行的交通情报和根据要求，提供交通避让建议	AMSL3 050 m（10 000 ft）以下：IAS 为 250 节	持续双向	需要

续表 3-1

空域类型	飞行种类	间隔配备	提供的服务	速度限制	无线电通信需求	管制许可
E	VFR	不配备	IFR 与 VFR，VFR 与 VFR 间提供交通情报和根据要求，提供交通避让建议	AMSL3 050 m（10 000 ft）以下：IAS 为 250 节	持续双向	需要
	IFR	IFR 与 IFR	空中交通管制服务，尽可能提供关于 VFR 飞行的交通情报	AMSL3 050 m（10 000 ft）以下：IAS 为 250 节	持续双向	需要
	VFR	不配备	尽可能提供交通情报	AMSL3 050 m（10 000 ft）以下：IAS 为 250 节	不需要	不需要
F	IFR	IFR 与 IFR（尽可能）	空中交通咨询服务，飞行情报服务	AMSL3 050 m（10 000 ft）以下：IAS 为 250 节	持续双向	不需要
	VFR	不配备	飞行情报服务	AMSL3 050 m（10 000 ft）以下：IAS 为 250 节	不需要	不需要
G	IFR	不配备	飞行情报服务	AMSL3 050 m（10 000 ft）以下：IAS 为 250 节	持续双向	不需要
	VFR	不配备	飞行情报服务	AMSL3 050 m（10 000 ft）以下：IAS 为 250 节	不需要	不需要
当过渡高度低于 AMSL3050 m（10 000 ft）时，应使用 FL100 代替						

注：IFR—Instrument Flight Rules（仪表飞行规则）；VFR—Visual Flight Rules（目视飞行规则）；AMSL—Above Mean Sea Level（平均海平面以上）；IAS—Indicated Air Speed（指示空速）。后面表格同。

三、美国空域分类标准

美国联邦航空管理局于 1993 年采用了国际民航组织建议的空域分类标准，将美国的空域分为 A、B、C、D、E、G 类，没有 F 类空域，美国各类空域对航空器运行的具体要求如表 3-2 所示。美国国家空域系统从管制方式上分为绝对管制空域（A 类空域）、管制空域（B、C、D、E 类空域）、非管制空域（G 类空域）以及一些特殊使用空域。美国的特殊使用空域，包括禁区、限制区、告警区、军事活动区、警惕区、管制射击区、国家安全空域等。

表 3-2　美国空域类型表

要求＼类型	A	B	C	D	E	G
飞行种类	IFR	IFR 和 VFR	IFR 和 VFR	IFR 和 VFR	IFR 和 VFR	IFR 和 VFR
管制许可	需要	需要	IFR 需要	IFR 需要	IFR 需要	不要求
无线电通信要求	持续双向	持续双向	持续双向	持续双向	IFR 持续双向	不要求
飞行员最低执照要求	仪表等级	私人或学生	学生	学生	学生	学生

续表 3-2

要求 ＼ 类型	A	B	C	D	E	G
VFR 最低能见度	无	3 mile	3 mile	3 mile	AMSL 10 000 ft 以下为 3 mile，AMSL 10 000 ft（含）以上 5 mile	AMSL 10 000 ft 以下白天 1 mile，晚上 3 mile；AMSL 10 000 ft（含）以上 5 mile
VFR 距云最小距离	无	云外飞行	云下 500 ft，云上 1 000 ft，水平 2 000 ft	云下 500 ft，云上 1 000 ft，水平 2 000 ft	AMSL 10 000 ft 以下云下 500 ft，云上 1 000 ft，水平 2 000 ft；AMSL 10 000 ft（含）以上云下 1 000 ft，云上 1 000 ft，水平 1 mile	AMSL 10 000 ft 以下云下 500 ft，云上 1 000 ft，水平 2 000 ft；AMSL 10 000 ft（含）以上云下 1 000 ft，云上 1 000 ft，水平 1 mile
间隔服务	全部飞行	全部飞行	IFR/IFR，VFR/IFR	IFR/IFR	IFR/IFR	不提供
交通咨询服务	无	无	提供	管制员工作负荷允许时提供	管制员工作负荷允许时提供	管制员工作负荷允许时提供
安全咨询服务	提供	提供	提供	提供	提供	提供

注：1 mile=1.609 34 km。

四、中国空域分类标准

空域应当根据航路、航线结构，通信、导航、气象和监视设施以及空中交通服综合保障能力划分，以便对所划空域内的航空器飞行提供有效的空中交通服务。

目前，我国空域划分标准与 ICAO 空域分类标准有些差别，现有的空域体制不完善限制了通用航空事业的发展。按照《民用航空使用空域办法》中空域分类的描述，我国航路、航线和民用机场区域设置高空管制区、中低空管制区、终端（进近）管制区和机场塔台管制地带。通常情况下高空管制区、中低空管制区、终端（进近）管制区和机场塔台管制地带分别为 A 、B、C、D 空域。

管制空域（CONTROLLED AIRSPACE）是一个划定范围的空域，在此空域内可按照空域的类型，对仪表飞行规则飞行和目视飞行规则飞行的航空器提供空中交通管制服务。我国 A、B、C、D 类空域都属于管制空域，目前没有划分非管制空域。管制空域根据范围不同可分为管制区和管制地带：管制区（CONTROL AREA）是指地球表面上空从某一规定界限向上延伸的管制空域，如 A 类空域；管制地带（CONTROL ZONE）是指从地球表面向上延伸到规定上限的管制空域，如 D 类空域。

A 类空域（高空管制空域）内仅允许航空器按照仪表飞行规则飞行，对所有飞行中的航空器提供空中交通管制服务，并在航空器之间配备间隔。在我国是指标准大气压高度 6 000 m（不含）以上的空间可以划设高空管制区，在此空间内飞行的航空器必须按照仪表飞行规则飞行，并接受空中交通管制服务。

B类空域（中低空管制空域）内允许航空器按照仪表飞行规则飞行或者按照目视飞行规则飞行，对所有飞行中的航空器提供空中交通管制服务，并在航空器之间配备间隔。在我国境内标准大气压高度 6 000 m（含）以下、最低高度层以上的空间，划分为若干个中低空管制空域，在此空域内飞行的民用航空器，可以按照仪表飞行规则飞行，如符合目视飞行规则的条件，由机长申请，经过管制部门批准，也可以按照目视飞行规则飞行。但所有飞行，必须接受空中交通管制单位的管制，取得放行许可及航空器之间和航空器与障碍物之间的间隔配备。

C类空域（进近管制空域）内允许航空器按照仪表飞行规则飞行或者按照目视飞行规则飞行，对所有飞行中的航空器提供空中交通管制服务，并在按照仪表飞行规则飞行的航空器之间，以及在按照仪表飞行规则飞行的航空器与按照目视飞行规则飞行的航空器之间配备间隔；按照目视飞行规则飞行的航空器应当接收其他按照目视飞行规则飞行的航空器的活动情报。C 类空域通常是在一个或几个机场附近的航路汇合处划设的管制空域，便于进场和离场的民用航空器的飞行。它是中低空管制空域与塔台管制空域之间的连接部分。垂直范围通常在标准气压高度 6 000 m（含）以下、最低高度层以上；水平范围通常是半径 50 km 或走廊进出口以内、机场塔台管制范围以外的空间。在此空域内飞行的航空器，可以按照仪表飞行规则飞行，如符合目视飞行规则的条件，由机长申请，经过进近管制室批准，也可以按照目视飞行规则飞行。但所有飞行必须接受进近管制室的管制，取得飞行许可及航空器之间和航空器与障碍物之间的间隔配备。

D类空域（塔台管制空域）内允许航空器按照仪表飞行规则飞行或者按照目视飞行规则飞行，对所有飞行中的航空器提供空中交通管制服务；在按照仪表飞行规则飞行的航空器之间配备间隔，按照仪表飞行规则飞行的航空器应当接收按照目视飞行规则飞行的航空器的活动情报；按照目视飞行规则飞行的航空器应当接收所有其他飞行的航空器的活动情报。D 类空域又称机场塔台管制地带，通常包括起落航线和最后进近定位点以后以及第一等待高度层以下、地球表面以上的空间和机场活动区，即管制地带。在此空域内运行的民用航空器，可以按照仪表飞行规则飞行，如符合目视飞行规则的条件，由机长申请，经过塔台管制室批准，也可以按照目视飞行规则飞行。但所有飞行必须接受塔台管制室的管制，取得飞行许可及航空器之间和航空器与障碍物之间的间隔配备。

A ~ D 类空域所需提供的空中交通服务和对飞行的要求详见表 3-3。

表 3-3　我国空域类型表

空域类型	飞行种类	间隔配备	提供的服务	VMC 能见度和离云距离限制	速度限制	无线电通信需求	管制许可
A	仅限 IFR	一切航空器	空中交通管制服务	不适用	不适用	持续双向	需要
B	IFR	一切航空器	空中交通管制服务	不适用	不适用	持续双向	需要
B	VFR	一切航空器	空中交通管制服务	AMSL3000 m 及以上能见度 8 km；AMSL3000 m 及以下能见度 5 km；无云	不适用	持续双向	需要

续表 3-3

空域类型	飞行种类	间隔配备	提供的服务	VMC能见度和离云距离限制	速度限制	无线电通信需求	管制许可
C	IFR	IFR与IFR	空中交通管制服务	不适用	不适用	持续双向	需要
	VFR	VFR与IFR	1. 配备与IFR间隔的ATC服务； 2. VFR与VFR之间的交通情报和根据空中交通提供交通避让建议	AMSL3000 m 及以上能见度 8 km；AMSL3000 m 及以下能见度 5 km；离云水平距离 1 500 m，垂直距离 300 m	AMSL3 000 m 以下：IAS 不大于 463 km/h	持续双向	需要
D	IFR	IFR与IFR	包括 VFR 飞行交通情报的 ATC 服务和根据要求提供交通避让建议	不适用	AMSL3 000 m 以下：IAS 不大于 463 km/h	持续双向	需要
	VFR	不配备	VFR 与 IFR 间提供交通情报和根据要求提供交通避让建议	AMSL3000 m 及以上能见度 8 km；AMSL3000 m 及以下能见度 5 km；离云水平距离 1 500 m，垂直距离 300 m	AMSL3 000 m 以下：IAS 不大于 463 km/h	持续双向	需要

当过渡高度低于 AMSL3000 m 时，应使用飞行高度层 3 000 m 代替 AMSL3000 m。

目前我国的空域规划和分类管理仍然沿用20世纪80年代的管理方式，所有空域都是管制空域，没有按照空域性质进行分类管理和立体分层，空域闲置浪费现象比较严重，制约了空域资源的利用率提高。在空域使用方面也存在一些问题：缺乏非管制空域，所有飞行都必须经管制许可，且飞行计划的申报和审批程序复杂，周期长，这在一定程度上制约了通用航空的发展；空中交通管制服务能力与空域分类不匹配，我国不少管制空域达不到提供管制服务的基本条件，将此类空域划为管制空域只能造成空域资源闲置或增加管制服务压力；空域使用不够灵活，我国空域以静态计划管理为主，条块分割，未形成有效的灵活空域使用机制。随着不同空域用户对空域使用需求的不断增加，这种矛盾日益突出。

空域分类不是简单的命名规则，是一个复杂的系统工程。目前我国相关部门正在进行空域分类改革研究，从与空域管理现状相兼容，与低空空域管理改革密切结合，与国际通用规范接轨，同时充分考虑影响要素等方面研究制定适合我国国情的新的空域分类标准。

第三节　空域划分

为能更好进行空域管理，更好提供空中交通服务，将空域划设为不同组成单元，不同单元提供相应的空中交通服务。

一、空中交通服务区域

空中交通服务是空中交通管理的主要内容，包括空中交通管制服务、飞行情报服务和告警服务。空中交通管制服务的任务是防止航空器与航空器相撞以及在机动区内航空器与障碍物相撞，维护并加速空中交通的有序活动。飞行情报服务的任务是向飞行中的航空器提供有助于安全和高效地实施飞行的建议和情报。告警服务的任务是向有关机构发出需要搜寻与援救航空器的通知，并根据需要协助该机构或者协调该项工作的进行。

确定需要提供空中交通服务后，应当根据所需提供的空中交通服务类型设立相应的空中交通服务区域。空中交通服务区域包括飞行情报区、高空管制区、中低空管制区、终端管制区、进近管制区、机场塔台管制区、航路和航线。

（一）飞行情报区

（1）飞行情报区（Flight Information Region，FIR）是为提供飞行情报服务和告警服务而划设的空间。飞行情报区内的飞行情报服务工作由该区飞行情报部门承担或由指定的单位负责。这些情报包括机场状态、导航设备的服务能力、机场或航路上的气象、高度表拨正值调定、有关危险区域、航空表演以及特殊飞行限制等。

（2）飞行情报区应当包括我国境内上空以及由国际民航组织亚太地区航行会议协议，并经国际民航组织批准由我国提供空中交通服务的毗邻我国公海上空的全部空域以及航路结构。公海上空的飞行情报区边界的划定或调整，应按照国际民航组织地区航行会议协议的有关要求进行。

（3）飞行情报区应当根据向该飞行情报区提供服务的飞行情报单位或者指定的其他单位的名称进行命名。飞行情报区的名称由民航局通报国际民航组织亚太地区办事处并协调确定其代码。飞行情报区名称、代码、范围以及其他要求的信息应当按照航行情报发布规定予以公布。

（4）为了及时有效地对在我国飞行情报区内遇险失事的航空器进行搜寻救援，在我国境内以及由国际民航组织地区航行会议协议，并经国际民航组织批准由我国提供空中交通服务的海域上空划设搜寻救援区，搜寻救援区的范围和飞行情报的范围相同。

我国境内和国际民航组织批准的由我国提供飞行情报服务的公海范围内，共划分成11个飞行情报区。如图3-1所示，分别是：北京、上海、广州、昆明、武汉、兰州、乌鲁木齐、三亚、香港和台北飞行情报区。

（二）高空和中低空管制区

（1）高空管制区和中低空管制区统称为区域管制区。区域管制区的范围应当包含按照仪表飞行规则运行的所有航路和航线，以及仪表等待航线区域和空中放油区等特殊飞行区域，但是终端（进近）管制区和机场塔台管制区除外。

（2）区域管制区的水平和垂直范围在符合有关标准的情况下，应当尽量减少对空中交通服务和航路、航线运行的限制。

（3）区域管制区的划设，必须与通信、导航、监视和气象等设施的建设和覆盖情况相适应，并考虑管制单位之间的协调需要，以便能够有效地向区域内所有飞行的航空器提供空中交通服务。

（4）确定区域管制区边界应当考虑航空器绕飞雷雨等特殊运行的要求，实现管制移交点附近的通信覆盖以及雷达管制时的雷达覆盖。测距台的位置点可以作为描述区域管制区边界时的重要参照点。用作参照点时，由测距台确定的位置点应当标注该点与测距台之间的距离。标注时，距离使用 km（n mile）表示。

（5）设置区域管制区的水平边界，应当尽量避免出现以下情形：

① 管制区边界划设在航路或者航线的侧向缓冲区内；

② 航路或者航线短距离穿越某管制区，导致管制移交频繁；

③ 管制区边界设在航空器爬升或者下降阶段的航路、航线上，导致航空器在爬升或者下降阶段进行管制移交；

④ 来自几个管制区的多条航路、航线的汇聚点距离管制区边界较近，增加汇聚点附近区域管制工作的难度。

高空管制区的下限通常高于标准大气压高度 6 000 m（不含），或者根据空中交通管制服务情况确定，并取某个飞行高度层为其值。高空管制区的上限应当根据空中交通管制服务情况确定，并取某个飞行高度层为其值。

（6）中低空管制区的下限通常在距离地面或者水面 200 m 以上，或者为终端（进近）管制区或者机场塔台管制区的上限；中低空管制区的下限确定在平均海平面高度 900 m 以上的，则应当取某个飞行高度层为其值。中低空管制区的上限通常衔接高空管制区的下限；其上方未设高空管制区的，应当根据空中交通管制服务情况确定其上限，并取某个飞行高度层为其值。

（7）区域管制区可以根据区域内的空中交通流量、管制员工作负荷以及地空通信的繁忙程度，划设管制扇区。

（8）高空管制区内提供空中交通服务的空域通常为 A 类空域；在包含其他类型空域的情形下，应当明确其空域类型和范围。中低空管制区内提供空中交通服务的空域通常为 B 类空域；在包含其他类型空域的情形下，应当明确其空域类型和范围。

（9）区域管制区应当以向该区域提供管制服务的空中交通管制单位所在城市的名称加上高空或者中低空管制区作为识别标志。区域管制区的名称、范围、责任单位、通信频率以及其他要求的信息应当按照航行情报发布规定予以公布。

（三）终端（进近）管制区

（1）机场附近进场和离场航线飞行比较复杂，或者一个或几个邻近机场全年总起降架次超过 36 000 架次，应当考虑设立终端或者进近管制区，以便为进场、离场飞行的航空器提供安全、高效的空中交通管制服务。

（2）通常情况下，在终端管制区内同时为 2 个或者 2 个以上机场的进场和离场飞行提供进近管制服务，在进近管制区内仅为一个机场的进场和离场飞行提供进近管制服务。

（3）终端（进近）管制区应当包含仪表着陆、起飞及必要的等待空域。起始进近航段的选择与终端（进近）管制区设计应当协调一致，尽量减少对空域的需求。终端（进近）管制区的水平和垂直范围在符合有关标准的情况下，应当尽量减少对空中交通服务和航路、航线运行的限制。

（4）终端（进近）管制区的划设，应当与通信、导航、监视和气象等设施的建设和覆盖情况相适应，并考虑管制单位之间的协调需要，以便能够有效地向区域内所有飞行的航空器提供管制服务。

（5）终端（进近）管制区的设计应当满足飞行程序设计的要求，并兼顾航路或者航线飞行阶段与进离场飞行的衔接。特殊情况下，终端（进近）管制区也可以包含部分飞越的航路、航线，或者将部分进离场航线交由区域管制负责。

（6）测距台的位置可以作为终端（进近）管制区设计的参照点，测距台的距离值必须在图上予以标注，标注时，距离使用千米（海里）表示。终端（进近）管制区边界的设置应当尽量避免出现以下情形：管制区边界划设在航路或者航线的侧向缓冲区内；航路、航线飞行与进离场飞行之间的空间界定模糊，导致飞越航空器与进离场航空器的飞行高度相互穿插；航路、航线短距离穿越某终端（进近）管制区，导致管制移交频繁；管制区边界设置在航空器爬升或者下降阶段的航路、航线上，导致在爬升或者下降阶段进行管制移交；来自几个管制区的多条航路、航线的汇聚点距离管制区边界较近，增加汇聚点附近管制工作的难度。

（7）终端（进近）管制区的下限通常应当在距离地面或者水面200 m以上，或者为机场塔台管制区的上限。如果终端（进近）管制区内存在弧半径为13 km的机场管制地带，则终端（进近）管制区的下限应当在地面或者水面450 m以上。如果终端（进近）管制区的下限确定在平均海平面高度900 m以上，则应当取某个飞行高度层为其值。终端（进近）管制区的上限通常不超过标准大气压高度6 000 m，并应当取某个飞行高度层为其值。

（8）终端（进近）管制区的外围边界呈阶梯状的，确定其外围边界时应当考虑终端（进近）管制区内的最小爬升梯度、机场标高、机场管制地带的半径、管制区阶梯状外围边界是否与机场周围空域和地理环境相适应并符合有关的安全标准。

（9）终端（进近）管制区阶梯状外围边界应当按照下列规定确定：

① 机场管制地带外围边界至外侧 20 km，若管制地带半径为 10 km，则阶梯最低高为300 m，若管制地带半径为13 km，则阶梯最低高为450 m；

② 机场管制地带外围边界向外 20～30 km，阶梯最低高为750 m；

③ 机场管制地带外围边界向外30～40 km，阶梯最低高为1 050 m；

④ 机场管制地带外围边界向外40～60 km，阶梯最低高为1 350 m；

⑤ 机场管制地带外围边界向外60～120 km，阶梯最低高为2 250 m；

⑥ 机场管制地带外围边界向外120～180 km，阶梯最低高为3 900 m；

⑦ 机场管制地带外围边界向外180～240 km，阶梯最低高为5 100 m。

上述阶梯最低高的参照面为机场跑道。在阶梯最低高加上机场标高超过机场过渡高度时，应当将其转换为相应的标准大气压高度。对外公布时，还应当根据机场过渡高或者过渡高度和过渡高度层的设置，将有关高度数据转换为相应的气压面高度。

（10）终端（进近）管制区可以根据区域内的空中交通流量、管制员工作负荷以及地空通信繁忙程度，划设管制扇区。

（11）终端（进近）管制区内提供空中交通管制服务的空域通常为C类空域，包含其他类型空域的，应当明确其空域类型和范围。

（四）机场管制地带和塔台管制区

（1）民用机场应当根据机场及其附近空中飞行活动的情况建立机场管制地带，以便在机场附近空域内建立安全、顺畅的空中交通秩序。一个机场管制地带可以包括一个机场，也可以包括2个或者2个以上位置紧靠的机场。

（2）机场管制地带应当包括所有不在管制区内的仪表进离场航线，并考虑机场能够运行的所有类型航空器的不同性能要求。划设机场管制地带，不得影响不在机场管制地带内邻近机场的飞行活动。

（3）机场管制地带通常是圆形或者椭圆形的；但是如果只有一条跑道或者是为了方便目视推测领航而利用显著地标来描述机场管制地带的，也可以是多边形的。

（4）划设机场管制地带，通常应当选择机场基准点作为管制地带的基准点。在导航设施距离机场基准点小于 1 km 时，也可以以该导航设施的位置点作为管制地带的基准点。

（5）机场管制地带的水平边界通常按照下列办法确定：

① 对于可供 D 类和 D 类以上航空器使用的机场，如果为单跑道机场，则机场管制地带为以跑道两端入口为圆心 13 km 为半径的弧和与两条弧线相切的跑道的平行线围成的区域；如果为多跑道机场，则机场管制地带为以所有跑道的两端入口为圆心 13 km 为半径的弧及相邻弧线之间的切线围成的区域。该区域应当包含以机场管制地带基准点为圆心，半径为 13 km 的圆。如果因此使得跑道入口为圆心的弧的半径大于 13 km，则应当向上取值为 0.5 km 的最小整数倍。

② 对于仅供 C 类和 C 类以下航空器使用的机场，其机场管制地带水平边界的确定办法与上述相同。但是此处以跑道两端入口为圆心的弧的半径以及应当包含的以机场管制地带基准点为圆心的圆的半径应当为 10 km。

③ 对于仅供 B 类和 B 类以下航空器使用的机场，其机场管制地带的水平边界为以机场管制地带基准点为圆心以 10 km 为半径的圆。

④ 对于需要建立特殊进近运行程序的机场，其机场管制地带的水平边界可以根据需要适当放宽。

（6）机场管制地带的下限应当为地面或者水面，上限通常为终端（进近）管制区或者区域管制区的下限。如果机场管制地带的上限需要高于终端（进近）管制区或者区域管制区的下限，或者机场管制地带位于终端（进近）管制区或者区域管制区的水平范围以外，则机场管制地带的上限应当取某个飞行高度层为其值。

（7）机场管制地带提供空中交通管制服务的空域应当设置为 D 类空域。

（8）机场管制地带通常应当使用机场名称加上机场管制地带进行命名。机场管制地带的名称、范围、空域类型以及其他要求的信息，应当按照航行情报发布规定予以公布。

（9）为保护机场附近空中交通的安全，在机场净空保护区域以外至机场管制地带边界内施放无人驾驶自由气球，施放气球的单位或者个人应当征得机场空中交通管制单位的同意。

（10）设立管制塔台的机场应当划设机场塔台管制区。机场塔台管制区应当包含机场管制地带，如果机场在终端（进近）管制区的水平范围内，则机场塔台管制区的范围通常与机场管制地带的范围一致。机场塔台管制区的范围与机场管制地带的范围不一致的，应当明确机场管制地带以外空域的类型。

（11）机场塔台管制区通常应当使用机场名称加上塔台管制区命名。机场塔台管制区的名称、范围、责任单位、通信频率、空域类型以及其他要求的信息，应当按照航行情报发布规定予以公布。

（五）航路与航线

航线（Air Route）：航空器在空中飞行的预定路线，沿线须有为保障飞行安全所必需的设施。

航路（Air Way）：以空中航道形式建立的，设有无线电导航设施或者对沿该航道飞行的航空器存在导航要求的管制区域或者管制区的一部分。

1. 划设基本规定

航路和航线的建设，应当充分考虑所经地区的地形、气象特征以及附近的机场和空域，充分利用地面导航设施，方便航空器飞行和提供空中交通服务。

航路和航线的建设和使用，应当有利于提高航路和航线网的整体运行效率，并且应当符合下列基本准则：

（1）航路或者航线应当根据运行的主要航空器的最佳导航性能划设；

（2）中高密度的航路或者航线应当划设分流航线，或者建立支持终端或者进近管制区空中交通分流需要的进离场航线；

（3）航路或者航线应当与等待航线区域侧向分离开；

（4）最多可以允许两条空中交通密度较高的航路或者航线汇聚于一点，但是其交叉航迹不得于90°；

（5）最多可以允许三条空中交通密度较低的航路或者航线汇聚于一点；

（6）航路或者航线的交叉点应当保持最少，并避免在空中交通密度较大的区域出现多个交叉点；交叉点不可避免的，应当通过飞行高度层配置减少交叉飞行冲突。

空中交通管制航路的宽度为 20 km，其中心线两侧各 10 km；航路的某一段受到条件限制的，可以减少宽度，但不得小于 8 km。航路和航线的高度下限不应当低于最低飞行高度层，其上限与飞行高度层的上限一致。航路和航线的最低飞行高度，应当是航路和航线中心线两侧各 25 km 以内的障碍物的最高标高，加上最低超障余度后向上以米取整。在高原和山区最低超障余度为 600 m，在其他地区最低超障余度为 400 m。根据受性能限制的航空器在某段航路或者航线上运行的需要，可以对该段航路或者航线的最低飞行高度进行评估，并根据评估结果重新确定其最低飞行高度。

评估航路和航线的最低飞行高度时，应当将 95%概率可容度所确定的导航容差区域，与导航设施上空的多值性倒圆锥容差区域相连接形成的区域确定为航路或者航线的主区。航路和航线导航设施的精度优于标准信号或者有雷达监视时，航路、航线的主区可以适当缩小。评估航路和航线的最低飞行高度时，应当将 99.7%概率可容度所确定的区域确定为航路或者航线的超障区，包括中间的主区和两侧的副区。如果具有有关实际运行经验的资料以及对导航设施的定期校验，可以保证导航信号优于标准信号，或者有雷达引导时，航路和航线副区的宽度可以适当缩小。评估航路和航线的最低飞行高度时，航路和航线主区、副区内的最低超障余度应当按照导航容差和缓冲区确定。航路和航线的最低飞行高度为超障区内障碍物的标高加上其所处位置的最低超障余度后，取其中的最大值向上以米取整。

根据航空器机载导航设备的能力、地面导航设施的有效范围以及提供空中交通服务的情况，可以按照规定在某些空域内建立区域导航航路。为了增加空域容量和提高空中飞行的灵活性，可以按照规定建立临时航线，明确临时航线的使用限制和协调规定。为保持航空器进场或者离场飞行的安全顺畅，应当设置标准进场和标准离场航线。进离场航线的设置应当使得航空器的运行接近于最佳操作状态。邻近有多机场的，各机场的进离场航线应当尽可能统一设置。航路和航线上应当根据全向信标台的布局设置转换点，以帮助沿航路或者航线飞行的航空器准确飞行。根据航路和航线的布局、空中交通服务对掌握飞行中航空器进展情况的需要，航路和航线上应当设置重要点，并使用代号予以识别。

航路和航线应当根据对导航性能的要求设置导航设施。为了帮助航路和航线上的航空器保持在规定的范围之内运行，导航设施的类型和布局应当符合有关技术规范。

航路和航线上影响飞行安全的自然障碍物体，应当在航图上标明；航路和航线上影响飞行安全的人工障碍物体，应当设置飞行障碍灯和标志，并使其保持正常状态。

在距离航路边界30 km以内的地带，禁止修建影响飞行安全的射击靶场和其他设施。

在上述规定的地带以外修建固定或者临时靶场，应当按照有关规定获得批准。靶场射击或者发射的方向、航空器进入目标的方向不得与航路交叉。

包括进离场航线在内的航路和航线，必须用代号予以识别。航路和航线的代号、航段距离、两端点的起始磁航向、航段最低飞行高度和其他要求的信息，应当按照航行情报发布规定予以公布。

机场仪表进场或者离场飞行程序建立、变更或者撤销的，程序设计部门应当及时协调空域管理部门，提出调整机场仪表进近程序保护空域的意见。

2. 航路航线代号识别规范

1）一般规定

航路和航线必须指配能够被唯一识别的代号。

航路和航线代号指配的目的是：

（1）无需借助于地面坐标或者其他方法即可明确识别任何空中交通服务航路或者航线；

（2）通过代号指配可以明确航路、航线的性质和类型；

（3）当沿着空中交通服务航路、航线或者在一个特定区域内运行时，能指明所需的导航性能准确性的程度；

（4）能指明一条主要或者专门用于某种类型航空器运行的航路和航线。

航路和航线代号的指配应当在一定范围内由指定的机构或者部门进行协调，以免出现重复。航路和航线代号的指配应当遵循下列原则：

① 能够简单并且唯一地识别任意一条空中交通服务航路和航线；

② 避免航路或者航线代号的重复；

③ 方便地面和自动化系统的应用，符合空中交通服务和航空器数据处理及显示的需要。

④ 使得运行中使用最为简短；

⑤ 具有充分发展的可能性，以供未来需要而无需作根本变动；

⑥ 进离场航线的代号指配应当能够清楚区分：离场航线和进场航线；进离场航线与其他空中交通服务航路和航线；要求利用地面无线电导航设施或者机载导航设备进行领航的航路或者航线与利用目视地标进行领航的航路或者航线；

⑦ 进离场航线应当使用一个明语代号或者一个相对应的编码代号予以识别。对于明语代号，应易于辨别代号是关于标准进场或者离场的航线，且不应造成航空器驾驶员和空中交通服务人员在发音上产生困难。

2）代号组成

除进离场航线外的航路和航线的代号按照如下办法确定：

（1）代号应当含有基本代号，必要时可以补充一个前置字母或者一个后置字母；

（2）代号的字符数通常不多于 5 个，任何情况下不得超过 6 个；

（3）基本代号应当包含一个字母，其后随以 1～999 的某个数字；

（4）应从下列字母中选用基本代号：

A、B、G、R：用于地区航路网组成中的空中交通服务航路和航线，其中区域导航航路除外。

L、M、N、P：用于地区航路网组成中的区域导航航路。

H、J、V、W：用于非地区航路网组成中的空中交通服务航路和航线，其中区域导航航路除外。

Q、T、Y、Z：用于非地区航路网组成中的区域导航航路。

如果需要，可以在基本代号前加上一个前置字母：

K：表示主要为直升机划设的低空航路或者航线；

U：表示航路或者航线或者其中的部分航段划设在高空空域；

S：表示专门为超音速航空器加速、减速和超音速飞行而划设的航路或者航线。

在基本代号之后可以加上一个后置字母，表示航路或者航线提供服务的种类或者所需的转向性能：

Y：在飞行高度层 6 000 m（含）以上的所需导航性能类型 1（RNP1）的航路，字母 Y 表示航路上在 30～90°的所有转弯，必须在直线航段间正切圆弧允许的所需导航性能精度容差内进行，并限定转弯半径为 42 km；

Z：在飞行高度层 5 700 m（含）以下的所需导航性能类型 1（RNP1）航路，字母 Z 表示航路上 30～90°的所有转弯必须在直线航段间正切圆弧允许的所需导航性能精度容差内进行，并限定转弯半径为 28 km；

D：表示航路、航线或者部分航段只提供咨询服务；

F：表示航路、航线或者部分航段只提供飞行情报服务。

进离场航线代号由明语代号和编码代号组成。

（1）明语代号。

标准进离场航线的明语代号应包括：

① 基本指示码；后随。

② 航路指示码；后随。

③ "进场（approach）"或者"离场（departure）"字样；后随。

④ 如果该进离场航线是供航空器按照目视飞行规则飞行使用而划设，则增加"目视（visual）"字样。

基本指示码应当是一条标准离场航线的终点或者一条标准进场航线的起点的名称或者名称代码。航路指示码应当是 01～09 的某个数字。

（2）编码代号。

仪表或者目视标准进离场航线的编码代号应包括：

① 标准离场航线的终点或者标准进场航线的起点的编码代号或者名称代码；后随。

② 明语代号中的航路指示码；后随。

③ 字母 A 表示进场航线，字母 D 表示离场航线。

如果基本指示码是五字代码，由于航空器显示装置的限制，可能要求缩短基本指示码，缩短该指示码的方法由航空器所有人或者经营人自行处理。

区域导航进近程序代号包括明语代号和编码代号。

（1）明语代号。

区域导航进近程序的明语代号应当包括：

① "RNAV"；后随。

② 一个基本指示码；后随。

③ 一个航路指示码；后随。

④ "进近（approach）"字样；后随。

⑤ 设计进近程序的跑道代码。

基本指示码应当是进近程序开始实施的重要点的名称或者名称代码。航路指示码应当是从 01～09 的某个数字。

（2）编码代号。

区域导航进近程序的编码代号应当包括：

① "RNAV"；后随。

② 基本指示码；后随。

③ 航路指示码；后随。

④ 字母 A 表示进场航线，字母 D 表示离场航线；后随

⑤ 设计进近程序的跑道代码。

3）代号的指配

除进离场航线外的航路和航线的基本代号按照下列原则指配：

（1）主要干线航路和航线，不论其经过哪些飞行情报区或者管制区，其全长应当只指定一个基本代号；

（2）凡两条或者两条以上干线航路或者航线有一段共同航段，其共同航段应当分别指配各航段的代号，如果这种指配对提供空中交通服务造成困难，应当通过协议确定只指定一个代号；

（3）指定给一条航路或者航线的基本代号不得再指定给任何其他航路或者航线；

（4）对国际航路或者航线代号的需求，由民航局空中交通管理局通告国际民航组织亚太地区办事处协调确定。

进离场航线代号按照下列原则指定：

（1）每条进离场航线应当指定一个单独的代号。

（2）为了区分与同一重要点有关，即使用同一基本指示码的两条或者多条进离场航线，每条航线应指定一个单独的航路指示码。

区域导航进近程序的代号按照以下办法指定：

（1）区域导航进近程序代号必须按照为具有同一航迹但不同飞行剖面的程序指定一个单独的代号。

（2）区域导航进近程序的航路指示码字母，必须对一个机场的所有进近统一分配，其指定应当是唯一的。

4）代号的使用

除进离场航线外的航路或者航线的代号在通信中按照以下原则使用：

（1）在印字通信中，任何时候代号均应当以不少于 2 个且不多于 6 个的字符表示。

（2）在话音通信时，代号的基本字母应按照国际民航组织的规定发音。

（3）如代号中含有前置字符，在话音通信时应按下述发音：

K——KOPTER

U——UPPER

S——SUPERSONIC

由于航空器上显示设备的限制，代号的后置字符可能无法显示，此时，航空器驾驶员在通话中可以不使用代号的后置字符。

进离场航线代号在通信中按照以下原则使用：

（1）在话音通信中，应当只使用航线的明语代号，且明语代号中的"离场（departure）""进场（arrival）""目视（visual）"等词须作为明语代号的必要组成部分。

（2）在印字或者编码通信中，应当只使用编码代号。

每条现行有效的航路或者航线的详细说明，包括其代号，应当在给航空器指定航路或者航线，即向航空器发布放行许可的有关工作席位或者与提供空中交通管制服务有关的工作席位。

图 3-1 是我国航路航线的分类示意图。

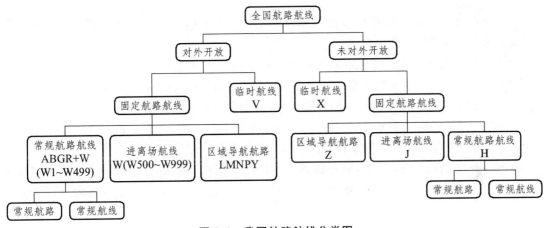

图 3-1　我国航路航线分类图

（六）等待航线区域

等待航线区域是为了解决或者缓解航空器在空中飞行过程中已经或者将要出现的矛盾冲突，在航路、航线或者机场附近划设的用于航空器盘旋等待或者上升、下降的区域。

确定是否需要划设等待航线区域应当考虑下列因素：

（1）附近的空域、航路和航线的布局；

（2）空中交通密度、复杂程度以及空中交通管制的需要程度；

（3）需要等待的航空器的性能。

划设等待航线区域通常应当利用有效的全向信标台和测距台来准确定位。等待航线的进入航向应当朝向或者背向用以定位的全向信标台和测距台，以提高航空器在等待航线区域内的导航精度。

利用无方向信标台划设等待航线区域的，等待航线的定位点应当设置在无方向信标台的上空。

划设等待航线区域应当按照等待航空器的性能和飞行程序设计规范进行，并且与周围空域、航路、航线和障碍物保持安全的缓冲区。

划设和使用等待航线区域，应当明确等待高度的气压基准面。等待高度在机场过渡高度（含）以下的，其气压基准面应当为修正海平面气压；等待高度在机场过渡高度层（含）以上的，其气压基准面应当为标准大气压；过渡高度和过渡高度层之间的部分不得用于空中等待飞行。

等待航线区域应当使用标定等待航线区域的导航设施的名称或者代码命名。等待航线区域的名称、范围、使用限制以及其他要求的信息，应当按照航行情报发布规定予以公布。

（七）特殊区域

特殊区域是指国家为了政治、军事或科学试验的需要，划设一定的限制或禁止航空器进入的空域，通常分为空中禁区、空中危险区、空中限制区它是空域的重要组成部分，对保护地面重要目标安全至关重要。

特殊区域是指空中放油区、试飞区域、训练区域、空中禁区、空中限制区、空中危险区和临时飞行空域。

（1）空中放油区应当根据机场能够起降的最大类型的航空器所需的范围确定，并考虑气象条件和环境保护等方面的要求。

（2）试飞区域应当根据试飞航空器的性能和试飞项目的要求确定。

（3）训练区域应当根据训练航空器的性能和训练科目的要求确定。

（4）空中禁区、空中限制区和空中危险区根据国家有关规定划设。

（5）根据空域使用的要求，按照国家规定可以划设临时飞行空域。临时飞行空域应当尽量减少对其他空域或者飞行的限制，使用完毕后及时撤销。

特殊区域应当确保与周围空域、航路和航线之间的侧向和垂直缓冲区。无法保证要求的侧向或者垂直缓冲区的，经批准可以适当缩小，但必须在通信、导航或者监视等方面予以保障。

1. 空中禁区

空中禁航区，国际上又叫禁止区，被划分为永久性和临时性禁区两种，是在各种类型的空域中限制、约束等级最高的，一旦建立则任何飞行活动均被禁止，除非有特别紧急的情况，否则将遭受致命灾难。这些区域主要用来保护关系到国家利益的重要设施、核设施、化学、武器生产基地及某些敏感区域，不仅本身很重要，而且当发生工作事故波及上述目标后，又将产生极大的危害，所以该区的建立各国都比较慎重，常以醒目的 P 在航图上加以标注。在我国的《空中交通管理规则（2007 版）》中，禁航区是指在陆地或领海上空规定范围的空域，其内禁止航空器飞行。

2. 限制区

限制区是限制、约束等级较危险区高，又比禁区低的一种空域，在该空域内飞行并非是绝对禁区，而是否有危险，已不能仅取决于飞行员自身的判别和推测。此种类型的空域的建立一般不是长期的，所以最重要的是要让有关各方知道该区何时开始生效，何时将停止存在，赖以建立的条件、原因是否依然。建立限制区的原因往往包括空中靶场试验、高能激光试验、导弹试验，有些限制区的生效时间持续 24 h，有些仅仅作用于某些时段，其他时段对飞行无任何影响。美国 FAA 规定，一旦限制区生效，有关管制机构应该被通知，正式 ATC 机场才可发布许可，指挥 IFR 飞行远离该区，VFR 飞行可以获得来自 ATC 方面的导航帮助，但是飞行员必须自行保持与限制区间的间隔，一旦限制区不再生效，有关的管理机构应通知 ATC 单位，然后才可允许 IFR、VFR 在该区域内的飞行，该区可在 VFR、IFR 航图上用 R 字母加以标注。在我国的《空中交通管理规则（2 007 版）》中，限制区是指在陆地或领海上空规定范围的空域，其内按照某些规定的条件，航空器飞行受到限制。

3. 危险区

国际上对危险区的界定是可以由每个主权国家在权据需要陆地或领海上空建立，也可以在无明确主权的地区建立，它在所有限制性空域中，约束、限制最少。被允许在其内运行的飞机受到保护，其他航空器的运行会受到可能的影响。有关国家应在其正式的文件、通告中发布该区建立的时间、原因、持续的长短，以便于其他飞行员作决策能否有足够的把握、充足的信心应对如此的危险。ICAO 规定，在公海区域，只能建立危险区，因为谁也无权对公海飞行施加更多的限制。在美国此区域被建立在了国际水域上空，当该区域建立所依赖的条件不存在时，即行撤销。在我国的《空中交通管理规则（2007 版）》中，危险区是指一划定范围的空域，其中在某些规定时间内存在对飞行有危险的活动，我国在航图上以 D 表示。

空中禁区、空中限制区和空中危险区应当使用代号识别，并按照航行情报发布规定公布下列资料：

（1）区域的名称或者代号；

（2）区域的范围，包括垂直和水平范围；

（3）区域的限制条件；

（4）区域活动的性质；

（5）其他要求提供的内容。

空中禁区、空中限制区和空中危险区的代号：

（1）空中禁区、空中限制区和空中危险区的代号由飞行情报区代码、区域性质代码以及 001 ~ 999 的某个三位数字编码组成，其中区域性质代码应当加括号。

（2）飞行情报区代码为飞行情报区四字代码中的前两位字母。

（3）空中禁区的区域性质代码为 P，空中限制区的区域性质代码为 R，空中危险区的区域性质代码为 D。如 ZB（P）001，表示北京情报区 001 号禁区；ZG（R）104 表示广州情报区 104 号限制区。

（4）每个飞行情报区所用空中禁区、空中限制区和空中危险区代号中的数字编码的范围应当统一分配，不得重叠。

（5）每个飞行情报区内的空中禁区、空中限制区和空中危险区代号中的数字编码应当按照数字顺序统一编号，而不是按照区域性质单独编号。

（6）空中禁区、空中限制区或者危险区取消时，该区域的代号在两年之内不得被重新使用。

（7）空中禁区、空中限制区或者危险区的位置跨越飞行情报区时，其代号按照该区域的负责单位所在的飞行情报区的顺序来编号。

（8）空中禁区、空中限制区和空中危险区的代码应当与军方识别编号之间建立对应表，并向有关单位提供。

二、扇区划设

（一）扇区划设目的

划设管制扇区的目的是充分合理地利用空域资源，有效地减轻管制人员的工作负荷，降低地空无线电通话密度，提高空中交通服务能力。

（二）扇区划设考虑因素

管制扇区的划设应当考虑以下因素：

（1）本地区的空域结构；

（2）空中交通服务航路网，包括航路和航线数量、交叉点数量及位置、航空器飞行状态的分布情况（如平飞、上升、下降的百分比）；

（3）空中交通流量的分布情况；

（4）管制员工作能力；

（5）空中交通管制设备的保障能力；

（6）机场及跑道情况；

（7）飞行剖面；

（8）空域需求；

（9）空中交通服务方式；

（10）与相关单位之间的协调；

（11）管制扇区之间的移交条件；

（12）航空器转换扇区飞行的航路及高度。

（三）划设管制扇区原则

（1）划设雷达管制扇区应当保证管制扇区范围内达到雷达信号覆盖，并根据雷达信号覆盖状况确定管制扇区的最低雷达引导高度。单向航路、航线或者无交叉的航路、航线较多情况下，可以适当扩大管制扇区的范围。

（2）划设雷达管制扇区时，管制扇区之间的管制移交地段应当在雷达信号覆盖范围内，以便管制员监视其他有关管制扇区的活动，特别是多个管制扇区的航空器进入同一个管制扇区时，接收航空器的管制扇区的管制员可以根据本管制扇区的情况以及掌握的其他管制扇区的情况，对其他管制扇区的活动提出限制。

（3）划设管制扇区时应当保证管制扇区范围内达到地空通信信号覆盖，并根据通信信号覆盖状况确定最低航路通信覆盖高度。

（4）划设管制扇区应当考虑通信频道的拥挤程度，适当平衡各管制扇区单位时间内的地空通话量。

（5）划设管制扇区时应当考虑管制扇区内的导航设施布局。导航设施多，则表明航线交叉多，飞行冲突多，所需雷达引导少，航空器可以按照导航设施确定精确的位置，减轻管制员的工作量。

（6）划设管制扇区应当考虑管制扇区内航空器的飞行性能和运行类型。适用于高速航空器活动的管制扇区，其范围应当适当扩大，便于大的转弯半径；适用于慢速航空器活动的管制扇区，应当尽可能在本管制扇区内解决所有交叉冲突。

管制扇区内特殊空域，如放油区、训练空域、限制空域等的特殊运行即使只是偶尔发生，其空中交通服务活动也应当列为管制扇区的工作量，最好是在特殊运行发生时，能够将该扇区的工作量适当转移至其他扇区。

（7）划设管制扇区时应当考虑管制员注意力的分配和工作负荷。

① 管制扇区的划设应当有利于管制员将注意力控制在特定区域内的所有飞行活动，且管制员不应当受到较多的干扰。

② 雷达管制扇区的划设应当有利于管制员将注意力集中到雷达屏幕上，减少雷达屏幕上视频图像对管制员的干扰，减少协调移交的工作量。

③ 根据管制扇区内航空器的运行类型，应当限定管制员同一时间最多可以管制的航空器的架次。

④ 雷达管制扇区应当考虑雷达引导、排序等因素，为管制员提供足够的调配空间。

（8）划设管制扇区应当考虑空中交通管制的需要，避免不必要的管制通报和协调。划设管制扇区应当具有逻辑性，便于管制员掌握。管制扇区的边界应当避免重叠交叉。

（9）相邻区域、终端（进近）管制区或者机场塔台管制区之间的管制协调和移交应当避免涉及多个管制扇区。

（10）如果相邻的两个或者多个终端（进近）管制区之间达到充分的雷达信号覆盖，而且管制工作程序严密时，终端（进近）管制区之间的空域可以委托相关的机场塔台提供空中交通管制服务。

（11）管制扇区的最低飞行高度和最低雷达引导高度。

① 管制扇区的最低飞行高度，是在管制扇区以及管制扇区边界外 9 km 范围内的最高障碍物的标高加上最少 400 m 的最低超障余度，然后以 50 m 向上取整。如果在高原和山区，则应当在最高障碍物的标高之上加上 600 m 的最低超障余度，然后以 50 m 向上取整。

② 雷达管制扇区最低雷达引导高度是指应当在雷达管制扇区内，根据地形、通信和雷达信号覆盖情况确定的满足最低飞行高度和管制员实施雷达引导所需的高度，这个数值应当以 50 m 向上取整。

③ 管制扇区应当标明最低飞行高度，雷达管制扇区还应当标明最低雷达引导高度，以便为航空器驾驶员和管制员所遵守。

（四）管制扇区划设与使用方法

管制扇区的划设可以采用以下方法：

（1）平面几何象限划分。以主要机场或者主要导航设施（如 VOR/DME）为中心，根据空中交通流量分布特点，将整个区域采用几何划分的办法划设管制扇区，合理分配工作量。

（2）按照高度划分管制扇区。根据上升、下降和飞越的高度，选定区域内的高度界定值，在该值附近确定管制扇区的高度范围。

（3）按照航路、航线的繁忙程度、使用性质和飞行特点划分管制扇区。根据进离场航线的单向进出特点和航路飞行交叉冲突矛盾点的分布，选定比较繁忙的几条航路、航线，将这些航路、航线合理地分配至相应的管制扇区，使得管制员的注意力能够集中在这些主要的航路、航线上，做到工作负荷比较平均。

管制扇区通常应当明确开放使用的时间。各区域应当根据本区域空中交通流量随着时间变化的特点，确定各个管制扇区的开放使用的起止时间，做到管制扇区的灵活使用。

（五）管制扇区的名称与代码指配

管制扇区名称采用管制单位加管制扇区代码的最后两位数的办法来指配，如上海区域 02 号扇区。

管制扇区代码为 8 位数字或者字母，前 6 位为字母，后 2 位为数字。其中，前 4 位字母为管制单位所在地的四字代码，如上海为 ZSSS；第 5、6 两位字母标明管制扇区的性质，即 TM——终端管制扇区，AP——进近管制扇区，AR——区域管制扇区；最后 2 位数字表示该区域内扇区的序列号。如 ZSSSAR03 表示上海区域 03 号管制扇区；ZUUUAP01 表示成都进近 01 号扇区。

三、重要点设置

重要点（Significant Point）：用以标定空中交通服务航路、航线和航空器的航径以及为其他航行和空中交通服务目的而规定的地理位置。

（一）一般规定

（1）设置重要点的目的在于划定空中交通服务航路、航线，以及满足空中交通服务单位了解和掌握航空器空中运行进展情况的需要。

（2）重要点的设置应当尽可能参照地面无线电导航设施，最好是其甚高频无线电导航设施。如无地面无线电导航设施，重要点应当设在能够利用自备式导航设备予以确定的地点，或者设在目视飞行时可以依靠目视观察确定的地点。

（3）经过相邻的空中交通管制单位或者管制席位间协议，可以把特定的地点规定为"管制移交点"。

（4）重要点必须用编码代号予以识别。

（二）重要点分类

根据对航空器空中运行和空中交通服务的作用，重要点可以分为四类：

（1）用于航空器在空中运行过程中航路、航线的改变和导航设施的转换。

（2）用于航空器的空中运行和空中交通服务。

（3）在限制的时间和特殊的航段内，用于航空器的空中运行和空中交通服务。

（4）仅用于相邻管制区间的空中交通服务。

（三）重要点名称和编码代码

1. 以导航设施所在地标明的重要点的名称和编码

重要点的名称应当易于识别，最好使用相关的地理位置名称进行命名。确定重要点名称时，应当考虑以下因素：

（1）该名称不应当造成航空器驾驶员和空中交通服务人员话音通信时在发音上产生困难。以地理位置名称进行命名的重要点应当尽可能采用该名称的简语或者缩语。

（2）该名称应当在通话中易于辨别，且与同一区域内其他重要点的名称不混同。

（3）该名称最好由3个汉字或者至少6个字母组成，由字母组成时最好构成2个音节，不超过3个音节。

（4）重要点和标注重要点的导航设施应当选用同一名称。

重要点的编码代号应当与无线电导航设施的识别信号相同。该无线电导航设施所在地点1100 km范围内，编码代号不得重复。

编码代号的需求由民航总局空中交通管理局通告国际民航组织地区办事处协调确定。

2. 以非导航设施所在地标明的重要点的名称和编码代号

（1）在不使用无线电导航设施所在地标明的地点设置重要点时，对外开放航段上的重要点应当使用5个英文字母组成的名称代码（简称五字代码）；国内航段上的重要点应当使用英文字母P后随1~999的某个数字组成的名称代码（简称P字代码）。该名称代码即为该重要点的名称和编码代号。

（2）该名称代码的确定应当避免使航空器驾驶员与空中交通服务人员在无线电通话中造成发音困难。

（3）该名称应当在通话中易于辨别，并不应当与同一区域内其他重要点的名称混同。

（4）已指定给一个重要点的名称代码不得再指定给任何其他重要点。如不能符合此要求，应当在首先使用此名称代码的重要点所在位置1100 km内不再重复使用。

（5）对五字代码的需求由民航总局空中交通管理局通告国际民航组织地区办事处协调确定。P字代码由民航总局空中交通管理局确定。

（6）已经取消使用的五字代码或者P字代码，两年内不得再被指定给其他重要点；两年后再次指定时，通常不应在原地区使用。

（7）在没有划定航路、固定航线的区域，或者由于运行上的需要而航路、航线随时改变的区域，其重要点应当以大地坐标系－1984（WGS-84）来确定，其中飞经该区域的进、出口重要点除外。

（四）报告点设置

设置报告点的目的是使得空中交通服务部门能够了解和掌握航空器空中运行的进展情况。设置报告点应当考虑以下因素：

（1）所提供空中交通服务的类型；

（2）一般情况下的空中交通流量；

（3）航空器执行现行飞行计划的精确度；

（4）航空器的速度；

（5）应用的最低间隔标准；

（6）空域结构的复杂程度；

（7）所采用的空中交通管制方法；

（8）飞行重要航段的起始点；

（9）管制移交程序；

（10）安全和搜寻援救的要求；

（11）驾驶舱和地空通信的工作负荷；

（12）其他有关因素。

设置报告点应当遵循以下原则：

（1）设置强制报告点时，应当遵循的原则为：强制报告点必须限制为向空中交通服务单位例行提供航空器飞行进展情况所必需的最少数量；装备无线电导航设施的地点不一定要指定为强制报告点；不一定要在飞行情报区或者管制区边界上设置强制报告点。

（2）设置要求报告点，应当根据空中交通服务附加位置报告的要求而定。

（3）在某些特殊地区，可以设置以整数地理经纬度数进行报告的报告制度。

（4）对强制报告点和要求报告点应当进行定期检查，以保证空中交通服务的需要，减少飞行人员的工作负荷。

（五）进离场航线重要点设置

1. 标准仪表进离场航线重要点的设置

（1）标准仪表进离场航线重要点应当设置在以下位置：标准仪表离场航线的结束或者标准仪表进场航线的起始点；指定航径的改变点；适用或者不适用的飞行高度层或者飞行速度的限制点；考虑到起飞阶段航空器驾驶员高负荷工作，要求参照无线电导航设施的标准仪表离场的起始点应当设在距跑道末端 3.7 km 以上。

（2）标准仪表进离场航线重要点的定位应当参照地面无线电导航设施，特别是指定航径的改变点，最好利用甚高频无线电导航设施所在地标明。如不符合此要求，应当采用以下方式定位：VOR/DME；VOR/DME 和 VOR 径向线；VOR 径向线交叉定位。应当尽量减少利用 NDB 方位线定位，且不使用扇形指点标；利用 VOR/DME 定位时应当使用与确定下一航径有关的 VOR/DME 设施。

2. 目视进离场航线重要点的设置

目视进离场航线重要点应当设置在依靠目视参考相关地标易于识别的地理位置，也可以使用无线电导航设施所在地点。

（六）转换点设置

（1）全向信标台标定的空中交通服务航路、航线应当设置转换点，以帮助沿该航段的航空器准确运行。通常情况下，距离达到 200 km 及以上的航段才应当设置转换点，但由于航路的复杂性、导航设施的密度或者其他技术或者运行上的原因，有理由在较短的航段上设置转换点者除外。

（2）设置转换点应当根据全向信标台的性能，包括对防干扰准则的评估情况进行，也可以通过飞行校验加以核实。在通信频率保护的关键地区，应当在该设施所保护的最高高度进行飞行校验。

（3）除非导航设施或者通信频率保护另有规定，直线航段上的转换点应当位于导航设施之间的中点，而当导航设施之间的航段改变方向时，转换点应当设置为导航设施径向线的交点。

第四节　空域使用与管理

为规范民用航空相关空域的建设和使用，明确空域建设和使用工作的职责和程序，民航局根据《民用航空使用空域办法》以及有关规定，制定空域使用程序规定，适用于根据国家规定建设和使用相关空域的活动。民用航空空中交通管理机构和从事民用航空活动的单位和个人，应当遵守其相关规定。

中国民用航空局空中交通管理局负责提出民用航空对空域的需求、建设和使用意见，按照国家规定组织相关空域的建设和使用，监督和检查民用航空活动使用空域的情况。民航地区空中交通管理局负责监督本地区民用航空活动使用空域的情况，协调民用航空活动在空域内的日常运行，提出民用航空活动对空域的需求、建设和使用意见和建议，报民航局空中交通管理局或者按规定协商解决。空域管理部门应当与空域用户、空中交通服务和其他相关部门全面地协调空域的建设和使用方案，兼顾各方的需要；不同部门的需要存在矛盾时，应当优先满足对提高飞行安全和顺畅贡献最大的需要。

一、空域使用基本工作程序

空域民用航空建设和使用相关空域的基本工作程序包括采集需求、制订方案、评估方案、上报审批、开展准备、组织实施、反馈控制等七个阶段。

（1）采集需求。掌握空域运行情况；采集空域使用的意见和建议。

（2）制订目标和方案。制订总体目标或者阶段性目标；确定处理原则和工作计划；确定初步的空域建设方案。

（3）评估方案并征求意见。利用辅助评估系统进行评估；组织专家进行评估；征求有关部门的意见。

（4）协调报批方案。上报有关部门并协调批准；将批准后的方案通报有关部门。

（5）开展准备工作。制订实施计划；修改相关规定；组织人员培训；建设空中交通服务设施；发布航行情报资料。

（6）实施方案。按照职责组织实施空域建设方案。

（7）实施情况反馈和控制。安排值班，掌握实施情况和处理异常现象；查找问题原因，落实整改措施；实施情况总结报告。

空域管理部门应当掌握本地区各类民用航空活动使用空域的情况，按照规定采集和整理有关的空域运行数据。定期或者不定期地采集空域用户、空中交通服务和其他相关部门关于空域使用的需求。采集需求应当采取通过书面形式每年定期采集需求；通过座谈会等形式不定期征求意见和建议；专题调研影响飞行安全的空域问题。

空域用户、空中交通服务和其他相关部门有责任和义务，及时向空域管理部门反映空域运行中存在的问题或者提出改善空域环境的意见和建议。空域管理部门应当根据空域使用需求，确定满足空域使用需求的总体目标和阶段性目标，明确处理具体空域事宜的原则和计划，组织技术人员研究提出空域建设方案。

空域管理部门应当组织专家论证空域建设方案，有条件的应当利用计算机辅助评估工具评估空域建设方案，并根据结果修改空域建设方案。论证或者评估空域建设方案应当包括方案的可行性、安全水平和经济性等方面的内容。此论证或者评估无法量化时，可以根据业务判断做出结论。空域建设方案应当征求空域用户、空中交通服务和其他相关部门的意见，并根据这些部门的意见和建议进行完善。

空域管理部门应当按照规定向有关单位上报空域建设方案，并进行必要的协调，使得空域建设方案获得批准。空域建设方案批准后，应当及时通报有关的空中交通服务部门、空中交通服务设施建设部门、飞行程序设计部门和航行情报服务部门。根据批准的空域建设方案，组织有关部门制订详细的实施计划。实施计划的内容应当包括修改相关规定，修改飞行程序设计方案，建设必要的设施或者设备，培训有关人员，发布航行情报资料等。必要时，可以提出分步实施计划。

有关单位应当根据批准的空域建设方案和实施计划，修改相关规定，组织培训有关人员，建设必要的设施和设备，修改相关的飞行程序设计方案。航行情报服务部门应当及时发布空域建设方案涉及的航行情报资料。对外发布或者提供的空域数据，应当由民航总局空中交通管理局按照规定报国家有关部门审核处理后对外公布。通常情况下，空域建设方案的启用时间应当与航行情报资料生效日期一致（AIRAC）。

民航地区空中交通管理局应当根据批准的空域建设方案和实施计划，具体组织实施空域建设方案。涉及跨越民航地区空中交通管理局的空域建设方案，由民航局空中交通管理局协调有关民航地区空中交通管理局实施。

空域管理部门应当按照下列规定监督和处理空域建设方案的实施情况：

（1）空域建设方案实施后的 7 日内，空域管理部门应当组织值班或者委托有关空中交通服务部门监督空域建设方案的实施情况，收集反馈意见，及时上报和协调处理存在的问题。

（2）空域建设方案实施后的 1 个月内，空域管理部门应当及时收集整理空域建设方案的实施情况，并做出书面报告上报或者通报有关单位。

（3）空域建设方案实施过程中出现重大问题时，空域管理部门应当及时研究确定解决办法并协调落实，查找问题出现的原因。

二、空域管理概念

空域管理活动包含的内容很广，涉及国家空防的空域管理、国家空中交通的空域管理、对空射击与航天发射的空域管理、重要目标空中防护的空域管理、空战场空域管理等。而空中交通管理中的空域管理，实质上只是国家空域管理的一个重要组成部分，其概念是基于航空运输体系发展提出的，是从服务运输航空、军事航空、通用航空等飞行衍生出的空域资源使用组织管理，涉及部分空域资源的使用，并通过空域规划、运行、使用、监督、评估等活动，对有限的空域资源进行优化配置，维护国家空域的权益和飞行秩序。

空中交通管理的空域管理中，管理者应向航空器拥有者、空中交通服务提供者和机场当局等提供可使用的空域，最大限度满足他们对空域的使用要求，最大限度实现空域使用产生的增效益。其中，与空中交通服务部门的关系中，管理部门应充分了解他们的工作程序和方法，了解空中交通服务的技术发展和应用状况，了解其对利用空域提供空中交通服务的实际需求。同时，空中交通管理部门应将空中交通服务的情况，诸如飞行流量、管制指挥及其他意见和建议等及时反馈给空域管理部门，以便更好管理空域，方便其提供空中交通服务。与航空器拥有者的关系中，管理部门应充分了解航空器运行的特点和程序，了解航空器拥有者对空域使用的实际需求。同样，航空器拥有者应将空域的实际使用情况、意见和建议等及时反馈给空域管理部门，以便及时调整空域结构，更方便航空器使用。与机场当局的关系中，应从空域与机场的共生关系出发，离开了机场支持，空域的使用价值得不到充分体现。同样，离开了空域支持，机场也不可能完全运行。最后，管理部门应密切关注其他方面的空域用户需求，如航天发射、无人机飞行、人工影响天气等。不仅仅需要关注这类用户在使用空域时影响到空中交通的飞行安全，还应统筹考虑到如何更方便地向他们提供空域，满足他们的实际要求，实现天空的有效使用。

三、空域管理目标和原则

空中交通管理的空域管理总体目标是最大限度地满足各类飞行的空域使用要求，实现有限空域资源的安全、高效、经济、公平的利用，加快航空通行率。国际民航组织空中交通服务计划（DOC9426）描述为空域管理的目标是"在给定空域结构内，根据不同用户的需求，通过时间和空间的划分，以最大程度利用空域资源"。《中国民用航空空中交通管理规则》描述为空域管理指"依据既定空域结构条件，实现对空域的充分利用，尽量满足经营人对空域的需求"。空域建设、使用和管理需要遵循以下基本原则：

（1）保证国家安全。空域建设、使用和管理必须适应国土防空和国家安全的要求。

（2）保证飞行安全。空域建设、使用和管理应当有利于防止航空器与航空器，航空器与障碍物相撞，有利于航空器驾驶员处置各种紧急情况。

（3）有利于提高经济效益，保护环境。

（4）便于提供空中交通服务。

（5）有利于加速飞行活动流量。

（6）具备很好的适应性，能适用于各种性能的航空器和各种运行方式的飞行活动。

（7）与国际通用规范接轨，尽可能符合国际民航公约附件及相关技术标准和建议措施。

四、空域管理基本内容

空中交通管理的空域管理围绕空中航行需求，对空域特征进行提取和分析，设计与优化航路航线网、军事空域、管制空域等，对空域申请使用进行批复，对通信导航监视台站进行保障能力分析，测算空域系统性能、容量及安全性等级等。归纳起来讲，内容包括空域规划设计、空域运行管理和空域评估监督三个方面。

（1）空域规划设计。空域规划通过优化空域各类静态要素的布局与配置，构建空域网络体系，建立合理的空中飞行秩序，在保证飞行安全前提下，最大限度增加飞行流量。空域网络由点、线和面组成，线表现为航路航线及飞机进离场程序，点表现为线路的交叉点、机场等，面表现为各类特殊使用空域，如军事训练空域、空中限制区、空中禁区、危险区等。

（2）空域运行管理。运行管理是在既定的国家空域网络结构下，通过制定相关的法律法规，设计空域使用协调制度并建立临时航线使用规定、空域灵活使用规定等，为各类用户提供空域使用服务，并形成有效的组织结构。

（3）空域评估监督。空域评估监督通过建立度量空域使用整体状况的指标体系，对空域实际运行中各类数据进行统计分析，为空域规划提供依据，为空域运行管理问题查找，开展各项管理工作提供分析结论，为空域使用监督提供量化描述，贯穿空域管理的全过程，是日常空域规划设计、使用运行的一项十分重要的工作。

五、空域灵活使用

（一）空域灵活使用概念

空域灵活使用（FUA）是欧洲航行安全组织成员国为了满足民航的需求提高空中交通管理能力，同时也为满足军事同盟在执行军事演习、训练任务的空域需求而采用的一种解决方案。1990 年 4 月，欧洲民航会议为应对 20 世纪 90 年代空中交通量的增长而采取一项航路策略，引入空域灵活使用的概念。空域灵活使用包含以下三个空域管理层面：

（1）战略空域管理层面：负责国家空域政策的制定、组织和实施。

在战略空域管理层，国家高层军民空域政策研究机构负责建立预定的空域结构，制定国家空域管理政策，在考虑国内、国际有关协议基础上，依据各国的相互协作划设空中交通服务航路网架构，公布已建立的国家空域结构和使用程序。

（2）预战术空域管理层：根据用户需求进行日常空域分配。

在预战术空域管理层，国家军民航联合空域管理小组对空域的日常分配负责。空域管理小组对所有空域和航路的需求情况进行收集和分析，并公布国家日常空域使用计划，该计划对统一的空域分配情况要作详细说明。所有日常空域使用计划均收集在中央流量管理部门的中央空域数据库里，而中央空域数据库编辑了一个日常性航路的有效信息，它为空域用户提供国际航路的日常状态信息。

（3）战术空域管理层：保持军事飞行和民用飞行的安全间隔的情况下实时应用空域。

在战术空域管理层，空域管理涉及对空域使用计划中所公布的空域情况进行实时补充、删除和/或重组，还涉及解决特殊空域问题和/或个别军事飞行/民事飞行现状的问题。这些问题都是由于军民航空中交通服务单位通过实时共享数据而导致的，包括在系统支持下或无系统支持下的管制员的意图。

在空域灵活使用实施过程中，军民航双方是否安全、有效使用空域直接取决于军民航在以上三个空域管理层面的协作能力。

（二）空域灵活使用规则和程序

1. 空域管理第一级

空域第一级是战略性的空域管理，是在国家整体利益的前提下，考虑国内国际用户对空域的需求，制定合理的国家空域管理政策，建立国家空域结构体系，对空域进行战略性管理，使军民对联合使用空域达成共识。为了建立和保持灵活的空域结构体系，国家应迅速地收集民用和军用航空的信息资料，以便在三级管理实行前充分了解其对各个部门的影响。国家应对空域和航路结构进行评估和审查，空域管理第一级要为第二级和第三级建立有效的空域结构体系，并给予最低限度的授权，以使后者能灵活地开展工作。第一级还要为第二级和第三级制定工作程序、优先权规则和空域分配的商议程序。为了不断提高空域使用效率，国家空域管理部门应对空域和航路结构定期进行审查；对空域管理第二、三级制定的空域管理计划和使用情况进行详细分析。

2. 空域管理第二级

空域灵活使用策略一旦被采用，在第二阶段就应建立空域管理单元来负责对空域进行逐日分配和临时隔离，对空域进行战术前管理。空域管理中心将负责空域的临时分配和发布每天空域分配的公告（即空域使用计划）。空域管理单元要遵守由国内的民航和军航空域管理政策委员会制定的空域优先配给、协商规则及议定书。国家空域政策确定空域管理单元的自由决定程度和权限。空域管理单元被赋予适当的权限，以便将需要较高当局来决定的情况减至最小。由两个或更多国家建立的分区域空域管理单元有责任对国界两侧进行预战术空域管理。对于我国，建立空域灵活使用机制后，在二级管理阶段；由于空域管理单元是建立在空管系统内的协调分配机构，它协调民航和军航的空域并分配空域，因此空域管理单元应独立于民航和军航系统，并在各地区空管局建立下属机构，它负责各地方的空域分配并在地方空域分配产生冲突时，由总部协调地区空域。

在空域管理第一级所制定的国家空域结构体系、优先权规则和空域分配商议程序等国家框架空域管理政策的范围内，地区空域管理部对空域的军用和民用需求进行协调，收集和分析所有的空域使用要求后，再决定每天的空域分配，并作为正式的空域使用计划下达到各有关单位。

3. 空域管理第三级

空域管理第三级是战术性的空域管理，包括实时使用空域、取消使用空域计划或对第二级空域管理所分配的空域实时进行再分配，解决民用和军用空中交通服务部门或其所属的管制员之间发生的特殊空域问题或交通情况。

提高民用和军用空域使用要求的协调能力，有助于增强空域使用的灵活性。这个灵活性有赖于民用和军用空中交通联合使用空域所提供的潜力。为了达到实时协调，负责 OAT 与 GAT 分离的空管员应该获知他负责区域内的交通情况的所有必要的信息。以这种简单的形式，空管员可以进行直接的语言上的交流，实时获取所有必要的飞行数据，包括管制员的意图，将使空域达到最优利用和减少对空域隔离的需要。

（三）空域灵活使用手段和方法

空域灵活使用的手段和方法，可归纳为条件航路（CDR）、临时隔离空域（TSA）、跨国界区域（CBA）、减少协调空域（RCA）。

1. 条件航路

条件航路是 ATS 航路网络的一部分，CDR 包括所有非永久航路，可与临时隔离区有关联地建立，如 TSA 或 CBA。CDR 在第一级建立，由国家空域管理单元在第二级分配，区域管制中心在第三级使用。CDR 通常作为预计划航路情景建立和使用，并通过补充现有的 ATS 航路网或同该网连接，建立更直接的航路和备用航路。条件航路的建立和使用是空域管理单元执行预先策略工作的主要手段之一，将增加更多直接和供选择的航路，并能重新构建空域结构。为使空域更适合操作要求，可以采用在临时隔离区建立新的 ATS 航路，或将一些长期 ATS 航路变成 CDR 的方法。

2. 临时隔离空域

隔离空域是具有确定尺寸的空域，其中需要保留空域供特定用户在一个确定的时期内专用。TSA 将给国家在使用空域方面带来相当大的灵活性。TSA 在第一级建立，由空域管理单元根据每日对特定期间的申请在第二级分配，在第三级对应实时民用或军用空域用户要求的时期内激活。

3. 跨国界区域

跨国界区域是一种为国际边界上空特定运行要求而建立的 TSA。CBA 的建立使得边界空域能够最大化地使用，优化航路结构。当通过国界两侧建立 CBA 的可能性存在时，有关国家应努力优化国界区域的空域和航路结构，可在适用的场合通过建立有关的 CDR 来实现，因而在无任何国界约束的条件下对 GAT 和 OAT 运行都有利。国家间的政治和军事协议对建立 CBA 很重要。建立和使用 CBA 的正式协议必须关注主权、防御、法律、运营、环境和搜索与营救。预计 CBA 将被多于一个国家的用户所利用。为解决可能用户间的空域分配问题，负责这种分配的空域管理单元应具备一组通过有关行政当局间协议及在协议中规定的那样在第一级确定的优先性规则。

4. 减少协调空域

在减少协调空域概念下，当一块给定的空域由负责的军事单位按照启动协调的 GAT 管制员需要释放时，该空域按 RCA 通知各方。采用 RCA 概念的主要优点是通过减少或抑制给定区域供任何离航路 GAT 单独协调需要，降低 GAT 管制员的工作负荷，且有能力识别用 RCA 概念提供的可能的增加容量值。

第五节　基于性能导航

一、基于性能导航概念

（一）背景介绍

随着民航业的不断发展，航班量不断增加，如何解决空域拥挤状况成为业界研究的重要课题。与此同时，对节油、增加经济效益、环境、飞行安全等各方面的需求促成区域导航（Area Navigation，RNAV）和所需导航性能（Required Navigation Performance，RNP）概念的提出。

传统的航路是基于地面导航设施位置、逐个连接各导航点而成的，确保航空器能够依靠导航台的无线电信号向背台飞行。随着航空运输的持续发展，传统航路的局限性渐显严重。

航空电子技术的不断发展使航空器机载设备不断更新，导航精度也不断提高，促使新一代导航技术的产生。这种导航技术不依赖于地基导航设备，可以使航空器在任意两点之间精确飞行，这就是区域导航的概念。应用区域导航技术，能够提高空域容量，减轻管制员和飞行员工作负荷，减少飞行延误，提高空域运行效率。

早期的区域导航系统采用与传统的地基航路和程序相似的方式，通过分析和飞行测试确定所需的区域导航系统及性能。对于陆地区域导航运行，最初的系统采用 VOR 和 DME 来进行定位，对于洋区运行，则广泛采用惯性导航系统。在不断的实践中，这样的新技术已逐步通过了开发、评估和认证。基于此，ICAO 在《国际民用航空公约》附件 11《空中交通服务》和《航空器运行手册》（DOC 8168）中提出了部分区域导航设计和应用的标准和建议。美国和欧洲等航空发达国家和地区已经积累了丰富的区域导航应用经验，但由于缺乏统一的标准和指导手册，各地区采用的区域导航命名规则、技术标准和运行要求并不一致，如美国区域 RNAV（Area Navigation）类型分为 A 类和 B 类，欧洲 RNAV 类型分为 P-RNAV 和 B-RNAV。

ICAO 所需导航性能手册中也没有明确区分 RNAV 和 RNP 概念、缺乏实施层面的指导全球范围内存在的概念和应用问题：概念术语定义等方面存在严重混淆、各个国家地区发展的方向存在差异、各项区域导航性能应用缺乏一致性。鉴于此，RNP 特别运行需求研究组在 2007 年提出完整的基于性能导航（Performance Based Navigation，PBN）概念。

（二）PBN 的概念

基于性能导航（PBN）规定了区域导航系统内航空器沿 ATS 航路、仪表进近程序和空域飞行时的性能要求，是通过空域运行所需的精度、完整性、持续性、可用性和功能来确定的。是指在相应的导航基础设施条件下，航空器在指定的航路、仪表飞行程序或空域内飞行时，对系统精确性、完好性、可用性、连续性以及功能等方面的性能要求。PBN 的引入体现了航行方式从基于传感器导航到基于性能导航的转变。

PBN 运行的三个基础要素是航行应用、导航规范和支持系统运行的导航设施。

导航规范是在已定义的空域概念下对航空器和飞行机组提出的一系列要求，它定义了实施 PBN 所需要的性能及具体功能要求，同时也确定了导航源和设备的选择方式，能够对国家管理当局和运营人提供具体指导。

导航规范中明确了性能要求以及可选用于满足性能要求的导航传感器和设备。PBN 包含两个基本导航规范：RNAV 和 RNP。

（三）PBN 的优点

与基于传感器制定空域和超障准则的方法相比，PBN 具有以下优点。

（1）减少维护特定传感器航路和程序的需要，并降低相关成本。例如，移动一个甚高频全向无线电信标台会影响数十个程序，因为甚高频全向无线电信标可能用于航路、甚高频全向无线电信标进近、复飞等。增加新的特定传感器程序将增加这类成本。可用导航系统的快速发展，将很快使特定传感器航路和程序的成本变得不堪承受。

（2）无需为导航系统的每次改进规定特定传感器运行要求，从而避免高昂的成本支出。随着卫星导航服务的扩大，预计将继续保持不同航空器 RNAV 系统的多样化。随着增强系统（如星基增强系统、陆基增强系统和陆基区域增强系统等）的发展，最初的基础全球导航卫星系统设备正在不断改进，而伽利略系统的引入和全球定位系统与全球轨道卫星导航系统的现代化，将进一步改善全球导航卫星系统的性能。全球导航卫星系统/惯性导航的使用也在扩大。

（3）便于更有效地利用空域（航路布局、燃油效率、减噪等）。

（4）明确 RNAV 系统使用的方式。

（5）提供若干组供全球使用的导航规范，简化运营人的运行审批程序。

（四）PBN 的基本内容

PBN 是空域概念的支持手段之一。通信、空中交通服务监视和空中交通管理也是空域概念不可缺少的要素。如图 3-2 所示，PBN 概念依赖于 RNAV 系统的使用。PBN 应用有两个核心的输入要素：

（1）导航设备基础设施。

（2）导航规范。

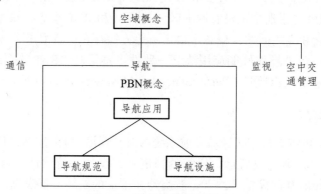

图 3-2　基于性能导航概念

在空域概念下将上述两个要素应用于空中交通服务航路和仪表程序，便产生第三个要素：

（3）导航应用。

机载性能监视与告警是决定导航系统是否符合 RNP 应用必要安全水平的主要因素。它与侧向和纵向导航性能两者相关，并且能够帮助机组发现导航系统没有达到或不能保障 10^{-5} 的导航完好性要求。RNP 系统改善了运行的完好性。这可以使航路间距更小，也能够提供更充分的完好性，使特定空域内的导航只能使用 RNAV 系统进行导航。因此，RNP 系统可以在安全、运行和效率方面提供显著的效益。

二、导航设备基础设施

导航设备基础设施指陆基或星基导航设备。陆基导航设备包括测距仪和甚高频全向无线电信标。星基导航设备包括在《国际民航航空公约》附件 10《航空电信》中规定的全球导航卫星系统构成要素。

PBN 运行的导航系统主要有 VOR/DME、DME/DME、INS 和 GNSS。在精度比较高（如 RNP AR APCH）的运行和陆基导航设施建设困难的远洋和偏远地区运行时，主要使用 GNSS 导航系统。下面主要介绍 GNSS 系统。

ICAO 定义的星基导航系统为全球导航卫星系统（GNSS），该系统是 PBN 运行中选用的导航源。卫星导航系统具有全球性、全天候、全天时、实时性、高精度等特点，在航空器飞行运行过程中能持续、准确导航定位。

GNSS 系统可以降低和减少航空器对陆基无线电导航设施的依赖，使航路规划不再受地面台的限制；减少导航台的建设与维护费用；实现真正意义上的航路设计灵活性。GNSS 是 RNAV 和 RNP 运行的重要导航系统，在航空器的运行中，允许 GNSS 与其他导航系统的冗余备份，但 GNSS 系统是首选导航系统。

根据 ICAO 在附件 10《航空电信》中的定义，GNSS 包含一个或多个核心星座以及增强系统，能为民用航空飞行运行提供定位、测速和授时服务。目前核心星座包括美国的 GPS 和俄罗斯的 GLONASS，增强系统包括星基增强系统（SBAS）、机载增强系统（ABAS）和地基增强系统（GBAS）以及地基区域增强系统（GRAS）。中国的 Compass 系统和欧洲的 Galileo 系统也在有序的发展当中，预计未来将会把 Compass 系统与 Galileo 系统都纳入到 GNSS 系统。

ICAO 开发并公布了关于 GNSS 的正式标准和建议措施，旨在确保 GNSS 各部分之间的协同性、GNSS 设备的一致性，以满足全球民航用户的运行需要。GNSS 使用空间卫星提供覆盖全球的信号，对航空器实时导航定位，完成航路、进离场、进近着陆以及地面滑行等所有飞行阶段的导航服务，当前是 RNAV、RNP 运行导航服务的最佳选择，也是 CNS/ATM 实现对航空器监视的主要导航源和导航系统。

GNSS 作为 PBN 运行中主用的导航系统，除了要满足精度和完好性要求以外，还需满足可用性和连续性。因此衡量卫星导航系统是否可以进入航空导航实用阶段的标准，是要求系统应该至少达到主用导航系统的性能要求，即必须具备一定的精确性、完好性、连续性和可用性。对于 GNSS 导航性能的要求，在 ICAO 附件 10《航空电信》和《PBN 手册》（ICAO DOC 9613）中有详细描述。如果飞机在航路、终端区、进近和着陆时要采用卫星导航系统，导航性能必须达到相关要求。

卫星导航系统精确性是指在任何时间、任何地点，导航系统的测量位置与真实位置的差值，对航空器导航而言，表现为航路、进离场、进近等各阶段对卫星导航的水平定位精度和垂直定位精度的要求。ICAO 附件 10 中规定，对任一区域的估计位置，位置误差在精度要求之内的概率不能低于 95%。

卫星导航完好性是指当导航系统发生故障或误差超过允许限制，无法提供导航服务时，系统能够向用户及时发出告警或关闭系统的能力。当使用卫星导航系统时，其完好性是指对系统所有卫星的监测，当某一颗或几颗卫星失去作用或超差时，能够及时报警，使用户能够"屏蔽"失效卫星，转而采用健康卫星进行导航的能力。

卫星导航连续性是指导航系统在用户的整个使用周期内，持续提供导航定位服务的能力。针对航空器运行是指系统在一个飞行过程中提供可用服务的能力。

可用性表示当用户需要时，系统可用于导航的能力。在航空器的某个飞行阶段内，可用性是指当卫星系统和用户设备均正常工作时，系统所提供的导航性能可以满足该飞行阶段导航要求的概率的大小。

ICAO 附件 10 中规定，使用 GNSS 提供位置信息使用 WGS-84 坐标系，使用非 WGS-84 坐标系的用户应该采用有效的坐标转换参数。GNSS 提供的时间数据以世界协调时（UTC）的形式发送给用户。

三、PBN 导航规范

导航规范是制定适航和运行审批材料的基础。导航规范会详细说明 RNAV 系统在精度、完好性、可用性和连续性方面所要求的性能；RNAV 系统必须具备哪些导航功能；哪些导航传感器必须整合到 RNAV 系统，以及对机组人员有哪些要求。PBN 导航规范包括 RNAV 和 RNP 规范两种，既可以是 RNP 规范也可以是 RNAV 规范。RNP 规范包含对机载自主性能监视和告警的要求，而 RNAV 规范则不包含此方面的要求。

RNAV 和 RNP 规范都包含导航功能要求。这些功能要求基本包括：

（1）持续显示航空器位置的功能，航空器位置是相对于驾驶员主视野内的航行显示器航迹而言的；

（2）显示至正在使用的航路点距离和方位；

（3）显示至正在使用的航路点地速或时间；

（4）导航数据存储功能；

（5）正确提示 RNAV 系统，包括传感器的故障。

更为完备的导航规范还包括对导航数据库和执行数据库程序能力的要求。

（一）RNP 和 RNAV 规范的标识

就洋区、偏远陆地、航路和终端运行而言，RNP 规范以 RNP X 标识，如 RNP 4。RNAV 规范标识为：RNAV X，如 RNAV 1。如果两个导航规范共用一个 X 数值，可以使用前缀加以区分，如高级 RNP 1（Advanced-RNP 1）和基础 RNP 1（Basic-RNP 1）。对 RNP 和 RNAV 标识而言，符号"X"（指明时）均表示在空域、航路或程序范围内运行的所有航空器至少在 95%的飞行时间里，可以达到以海里计的侧向导航精度。例如：标识 RNAV 1 是指包含 1 n mile 导航精度要求及其他许多性能要求的 RNAV 规范。虽然标识 RNAV 1 可能意味着 1 n mile（侧向）导航精度是唯一要求的性能标准，但事实并非如此，还包括对机组人员和机载导航系统的所有要求。RNP 规范包括对机载性能监视与告警的要求，RNAV 规范不包括对机载性能监视与告警的要求。

进近导航规范包含仪表进近的各个航段。RNP 规范的标识将 RNP 作为前缀，后接一个词语缩写，如 RNP APCH 或 RNP AR APCH。没有 RNAV 进近规范。

按照 ICAO DOC9613 第三版定义，具体的导航规范和适用空域如图 3-3 所示。

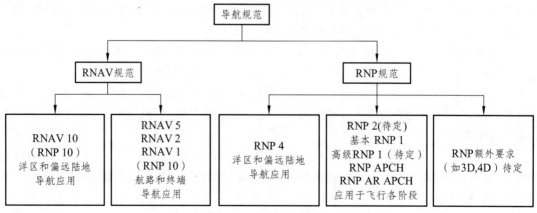

图 3-3　PBN导航规范

把导航精度用做导航规范标识的一部分时，应该注意到导航精度只是导航规范包含的许多性能要求之一。因为每一个导航规范都明确了具体的性能要求，所以获得使用某一 RNP 规范适航审批的航空器，并非就自动获得所有 RNAV 规范的适航审批。同样的，获得高精度要求的 RNP 或 RNAV 规范（如 RNP 0.3 规范）适航审批的航空器，并非就自动获得低精度要求的导航规范（如 RNP 4）适航审批。例如，获得基本 RNP 1 适航审批的航空器自动获得 RNP 4 适航审批似乎是合乎逻辑的，但是实际情况并非如此。满足较高精度要求的航空器，并不一定符合较低精度要求导航规范的某些功能要求。

未来空域概念下的 RNP 规范可能在不改变导航精度要求的情况下，需要有额外功能，例如可能包括对垂直 RNP 和基于时间（4D）能力的要求。随着技术的发展，PBN 规范也将不断发展。根据国际民航组织的规定，以及 Doc 9613 文件说明，PBN 的导航规范以及对应的导航设施和导航应用的基本要求如下：

（二）RNP10

RNP10 精度要求，在 RNP 运行空域或航路上，至少 95% 的总飞行时间内，横向总系统误差和沿航迹误差都不能超过 ± 10 NM。RNP10 的概念等同于 RNAV10，适用于海洋和偏远陆地空域运行。

RNP10 无机载性能监视和告警功能要求，从严格意义上讲，RNP10 应该称为 RNAV10。由于 RNP10 的定义在制定《PBN 手册》之前已广泛运用，因此 ICAO 一直沿用了这一说法。该导航规范不需要求任何地面陆基导航设备，但需装有至少两套机载远程导航系统（如 IRS/FMS、INS、GPS）。在地面导航、通信和监视设备可用情况下，RNP10 允许的横向最低航路间隔标准为 50 n mile。

对于 RNP10 运行认证的航空器，导航定位误差是导致侧航迹和沿航迹误差的主要原因。如果航空器导航设备故障，将会对性能的完好性造成影响。若航空器加装两套独立远程导航系统（不包含空间信号）可以满足连续性要求。同时，如果使用 GNSS 导航设备时，若空间信号误差导致横向位置误差超过 20 NM 的概率大于 $10^{-7}/h$ 时，应提供告警。目前 RNP10 已应用于我国三亚情报区。

（三）RNAV5

RNAV5 精度要求：在 RNAV 运行空域或航路上，至少 95% 的总飞行时间内，横向总系统误差不能超过 ± 5 NM。沿航迹误差在 95% 的总飞行时间内，也不能超过 ± 5 NM。RNAV5 适用于陆地航路运行，属于 RNAV 和传统 ATS 航路的过渡和混合。RNAV5 要求在有 ATS 监视环境下进行，当没有监视情况下，应该增加航路间隔，确保满足安全目标水平。RNAV5 的导航源可以为 GNSS、DME/DME、VOR/DME、INS/IRS、VOR，一般要求有雷达覆盖和直接话音通信。

在各种应用于 RNAV5 的导航源中，由于 VOR 在传播过程中受各种因素影响精度，因此在已知某些 VOR 覆盖存在较大误差区域内，不能使用 VOR。在 DME 信号可以接收的地方，并且在同一信道上没有相邻的 DME，不考虑公布的覆盖容量，认为 DME 信号能够满足 RNAV5 的要求。RNAV5 系统运行时必须进行数据完好性检查，确保能够正确地接收 DME 信号。PBN 手册中规定，DME/DME 之间的测量夹角在 30° ~ 150°，并且作用距离在 3 ~ 160 NM，导航最大误差为 1.25% 倍的作用距离。

使用 GNSS 时的完好性检查可以通过接收机自主完好性监视（RAIM）或具有相同功能的多路传感器导航系统提供。使用 GNSS 导航设备，空间信号误差导致横向位置误差超过 10 NM 的概率大于 10^{-7}/h 时，应提供告警。RNAV5 运行时，任何阶段预测的故障检测等级的连续丧失时间超过 5 min，就应该修改飞行计划。

（四）RNAV2/1

RNAV2/1 要求，在 RNAV 运行空域或航路上，至少 95% 的总飞行时间内，横向和侧向总系统误差不能超过 ±2/1 NM。RNAV2/1 主要用于有雷达监视和直接陆空通信的陆地航路和终端区飞行，RNAV2 适用于航路，RNAV1 适用于航路和终端区进离场程序。

RNAV2/1 的航空器的导航设备是相同的，导航设施影响性能的实现。规定的导航源为 GNSS、DME/DME、DME/DME/IRU。大多数现代 RNAV 系统会优先选择 GNSS 数据，然后是 DME/DME 定位。当 DME 是唯一导航服务用于位置更新时，在 DME 覆盖区域的间断处，会阻止位置更新。INU 的完好性允许延长覆盖区域的间断。在已知 DME 信号受到干扰，或引起较大多路径误差时，该区域不能使用 DME/DME 进行 RNAV1/2 运行。对于 RNAV1 和 RNAV2，机载故障检测连续失效的时间不能超过 5 min。

（五）RNP4

RNP4 要求，在 RNP 运行空域或航路上至少 95% 的总飞行时间内，横向总系统误差和沿航迹误差不能超过 ±4 NM。RNP4 用于远洋和偏远地区，不需要任何地基导航设施，最小横向和纵向距离间隔都为 30 NM。

GNSS 是 RNP4 的主用导航设备。RNP 运行要求有话音通信或 CPDLC 以及 ADS-C，用以支持 30 n mile 最低航路间隔标准。航空器导航设备故障，将会对性能的完好性造成影响，使用 GNSS 的 RAIM 功能来保障完好性。通过加装两套独立远程导航系统可以满足连续性要求。

当精度要求不满足或横向总系统误差超过 8 NM 的概率大于 10^{-5} 时，要告警。遵照性能监视和告警要求，并不意味着对飞行技术误差自动监控。机载监视和告警功能包含至少一个导航系统误差监控和告警算法以及允许飞行员监控飞行技术误差的横向偏离指示。

在放行或指定飞行计划时，运营商必须确保在航路上有足够的导航能力确保航空器进行 RNP4 导航，在某些情况下包含 FDE 的可用性。GNSS 运行情况下，预计 FDE 不可用的最大允许时间为 25 min。GNSS 和多路传感器系统集成，由 RAIM 提供完好性。当 RAIM 不可用，可 GNSS 定位信息仍然有效时，使用惯导系统或其他导航系统作为 GNSS 数据的完好性检查。

（六）RNP1

RNP1 包含 B-RNP1 和 A-RNP1。B-RNP1 称为基本 RNP1，适用于航路和终端区，该导航规范旨在建立低到中等交通密度且无雷达覆盖区域的航路和终端区程序。GNSS 是主用导航源。使用 GNSS 的 RAIM 功能来保障完好性。任何 B-RNP 运行部分，ABAS 故障探测的连续丢失不能超过 5 min。B-RNP1 可以通过 NOTAM 或预测服务证实 RAIM 等级。

对于 RNP 系统或 RNP 系统与飞行员结合，如果精度要求不能够满足或横向总系统误差超过 2 NM 的概率大于 10^{-5} h，就要告警。如果使用 GNSS，如果空间信号误差导致横向定位误差超过 2 NM 的概率大于 10^{-7}/h，就会告警。当时使用 GNSS，航空器必须在起飞之前获取信号。如果离场开始于跑道航路点，离场机场就不需要在飞行计划中获得适当的监控和灵敏度。

（七）RNP APCH

RNP APCH 包括 RNP 进近程序以及直线进近阶段 RNAV（基于 GNSS）进近程序。GNSS是 RNP 进近程序的主用导航源，程序设计时需要考虑由于卫星失效或 OPMA 功能丧失导致失去 RNP 进近能力的可接受性。复飞航段可以是 RNAV 或传统导航程序。该导航规范不包括相关的通信和监视要求。

RNP APCH 的起始、中间航段和 RNP APCH 的 RNAV 复飞，至少 95% 的总飞行时间内，横向总系统误差不能超过 ±1 NM，沿航迹误差也不能超过 ±1 NM。

RNP APCH 的最后进近航段，95% 的总飞行时间内，横向总系统误差不能超过 ±0.3 NM。95% 的总飞行时间内，沿航迹误差不能超过 ±0.3 NM。

为了满足精度要求，RNPARCH 的起始、中间和 RNAV 复飞阶段的 95% 概率的 FTE 不能超过 0.5 NM。RNPAPCH 最后进近航段的 FTE 不能超过 0.25 NM。

采用初始航段、中间和复飞航段使用满刻度为 1 NM 的横向偏离指示，最后进近航段使用满刻度为 0.3 NM 的横向偏离指示可以实现 RNP APCH 的功能。使用自驾或飞行指引也是有效方式。

在适航规章中，航空器导航设备故障是影响完好性的主要的故障情况。连续性方面，在功能丧失时，如果运营人能够恢复其他导航系统或运行到适当的机场，该类情况就不是主要故障。如果复飞程序是基于传统方式（即 VOR/NDB/DME），就要安装相关的导航设备，并且能够提供相关服务。

RNP APCH 同样具有系统监视和告警功能。初始航段、中间和复飞航段，如果精度不能满足要求或总系统误差超过 2 NM 的概率大于 10^{-5}，就要告警。RNP APCH 的最后进近航段，如果精度不能满足要求或总 TSE 超过 0.6 NM 的概率大于 10^{-5} 就要告警。ICAO 附件 10 中对空间信号也有一定的规定，初始航段、中间和复飞航段如果空间信号导致横向位置误差大于2 NM 的概率超过 10^{-7}/h，航空器导航设备就应该提供告警。最后进近航段，如果空间信号导致横向位置误差大于 0.6 NM 的概率超过 10^{-7}/h，航空器导航。

（八）RNP AR APCH

RNP AR APCH 是指要求授权的 RNP 进近程序，运行特点是进近程序、航空器和机组需要得到局方特殊批准。一般用于地形复杂、空域受限且使用该类程序能够取得明显效益的机场，精度值一般在 0.1 ~ 0.3。RNP AR APCH 只允许使用 GNSS 作为主用导航设施的地区，DME/DME 作为复归能力可以在设施支持所需性能的区域授权进行特殊运行。在已知 GNSS 信号受到干扰的地区，不能使用 RNP AR APCH。该规范不包括相关的通信和监视要求。RNP AR APCH 规定，95% 的飞行时间内，所有运行 RNP AR APCH 程序的航空器的侧向导航误差不能大于适用的精度值（0.1 ~ 0.3 NM）。垂直系统误差包含测高误差；沿航迹误差的影响包含系统计算误差、数据分辨率误差和飞行技术误差。

所有 RNP AR APCH 程序都是基于 GNSS 运行的。在某些未授权的特别指定的程序，当

DME/DME 系统符合导航精度，DME/DME 更新可以在进近或复飞中作为复归模式时，可以使用 DME。此时，制造商必须确定 DME 设施的所有限制，或指定航空器符合该要求的程序。需要注意的是，由于 VOR 系统导航精度相对较低，在 PBN 导航规范中规定，VOR 系统不能用于该 RNP AR APCH。

小于 RNP0.3 的 RNP 进近，通常要求航空器应至少具有以下设备：双路 GNSS 传感器、双路飞行管理系统、双路大气数据系统、双路自驾和一个惯性基准组件。系统设计保证必须符合至少一个 RNP AR APCH 侧向或垂向指引失效的情况下，RNP 小于 0.3 在执行进近时能够避免障碍物和地形。若 GNSS 丧失，航空器必须能够转换到另一种能满足导航精度的导航方式。RNP AR APCH 是特殊授权的程序，对机组、航空器和程序都有很多的要求和规定。

从以上 RNP 与 RNAV 的导航规范可以看出，RNAV 和 RNP 的主要区别是，RNP 运行要求机载系统具有机载性能监视和告警（OPMA）功能，且 RNP 可以实现精度更高的运行，如 RNP1、RNP0.3。RNP AR 能够解决在空域受限和地形环境复杂，导航设施不全的区域的困难，尤其高原机场可以考虑使用该运行。在运行 RNP 时主用 GNSS 系统导航，RNAV 则可选用 GNSS 导航。如图 3-4 所示，不同的 RNP、RNAV 导航规范用于飞行中不同阶段。

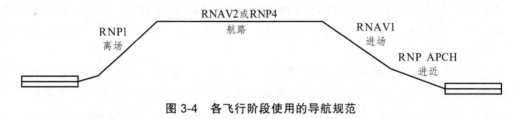

图 3-4 各飞行阶段使用的导航规范

四、PBN 导航应用

导航应用是指按照空域概念，将导航规范和相关导航设备基础设施应用于空中交通服务航路、仪表进近程序和/或规定空域。RNP 应用由 RNP 规范来支持；RNAV 应用由 RNAV 规范来支持。表 3-4 和表 3-5 分别列出了 RNAV 和 RNP 导航应用。

表 3-4 RNAV导航应用

导航应用方式	可用导航设施	性能精度要求	适用飞行阶段	监视要求
RNAV 10	GNSS、DME/DME、VOR/DME	10 nm	洋区和偏远陆地	不需雷达
RNAV 5	GNSS、DME/DME、VOR/DME	5 nm	大陆航路	不需雷达
RNAV 2	GNSS、DME/DME、DME/DME/IRU	2 nm	大陆航路、进场、离场	需要雷达
RNAV 1	GNSS、DME/DME、DME/DME/IRU	1 nm	进场、起始进近、中间进近、复飞、离场	需要雷达

表 3-5　RNP导航应用

导航应用方式	可用导航设施	性能精度要求	适用飞行阶段	监视要求
RNP 4	GNSS	4 nm	洋区和偏远陆地	不需雷达
Basic-RNP 1	GNSS、DME/DME	1 nm	进场、起始进近、中间进近、复飞、离场	不需雷达
RNP APCH	GNSS	0.3 nm	进近、复飞	不需雷达
RNP APCH AR	GNSS	0.1 nm	进近、复飞	不需雷达

从 PBN 的角度来看，导航应用将从 2D 向 3D/4D 过渡。因此，机载性能监视与告警仍需要在垂直平面（垂直 RNP）方面得到发展，而当前工作主要致力于统一纵向和线性性能要求。也可能在未来 PBN 的范围内，还将包括与进近和着陆相关的角性能要求。同样，PBN 也将可能涵盖直升机专用导航规范和悬停功能要求。随着对全球导航卫星系统的日益依赖，空域概念的发展将越来越需要确保导航、通信、空中交通服务监视支持手段的紧密整合。

五、PBN 运行要求

DOC9613 中每一个导航规范都明确了具体的性能要求，所以获得某一 RNP 规范适航审批的航空器，并非就自动获得所有 RNAV 规范的适航审批。同样，能够按照 RNP 或 RNAV 运行的航空器，也不能自动获取低精度要求的运行资格。

导航规范所提供的是技术和运行准则，但是对 PBN 运行来讲，若要实现一定规范的 PBN 运行，必须经过审批合格后才能运行。

无论是 RNP 运行还是 RNAV 运行，若要获得运行资格，需要完成以下几个方面的基本要求。

（1）首先确认航空器设备能够满足所需要的 RNP 或 RNAV 运行的性能要求，并提供相应的文件证明。

（2）PBN 运行使用的导航系统运行程序和导航数据库处理程序必须完备，并且能够提出证明文件。

（3）为 PBN 运行的机组人员和空管人员等相关需要人员提供必要的 PBN 培训。

PBN 导航规范中规定了各 RNAV 和 RNP 运行时航空器所需要具备的性能。PBN 运行中各项导航规范都涉及侧向精度。侧向精度以预期航迹中心线两侧的海里数值表示，要求航空器在 95%的时间内位于预期航迹中心线两侧精度值。航空器的非正常误差，如 RANV 系统故障、选错航路以及航空器和空间信号故障等情况，在运行之前必须考虑到，并做好应对方案。这些航空器的非正常误差，也可称为失误误差，没有列入机载性能监视和告警的要求，因此必须通过机组程序和培训、监视探测等方法进行处理。导航规范中规定了航空器在相应的 PBN 运行中应使用的导航设备和具备的导航设施，也是在 PBN 运行之前必须达到的。

RNP 系统是在 RNAV 基础上提出的新的概念，同时也是具有支持机载性能监视和告警能力的 RNAV 系统。RNP 运行时要求可靠、可重复、可预测的沿规划的地面航迹飞行的能力，包括曲线航迹。并且要求在通过垂直剖面实施垂直引导时，使用仰角或规定的高度来确定所需垂直航径。

RNP 运行能够实现固定半径转弯，其中一种是固定半径至定位点航段，也就是我们常说的 RF 航段。当操作此类 RNP 运行时，转弯的航迹精度保持能力与直线段航迹精度保持能力一样。在程序设计中，要考虑到航空器类型的坡度角限制和高空风的影响。对于地形环境复杂的机场所使用的 RNP 运行，比如林芝机场的 RNP AR 运行，在运行实施之前，不仅仅是航空器需要经过审定合格，运行程序也需要进行严格的设计和规范，才能够保障运行的安全。因此，PBN 运行之前必须保证运行程序的完备。

PBN 运行还应确定导航数据库处理程序是完备的。导航数据库的数据一般来源于测量观察、设备规范/调整或程序设计等方面。这些数据定义的安全性取决于数据的精确性、分辨率和完好性。数据精确性取决于数据生成期间的处理方式。分辨率取决于数据最初生成时和后续处理期间采用的程序。数据的完好性则取决于从生成到使用的完整的航空数据链。航空运行人员在实施 PBN 运行时，应该确保数据的有效性和处理数据的完备性。一般情况下，机载导航数据库的处理周期要求至少在生效之日前 7 天前将数据库送达终端用户。RNAV 系统供应商要求在送达终端用户前至少有 8 天的数据打包时间，导航数据通常可在生效之前 20 天停止变更。20 天截止日期之后提供的数据通常不包括在下一期的数据库中。导航数据无论来自何处，数据的生成和后续处理也应该严格按照规范中规定的程序进行。

PBN 运行还要求运行操作人员按照 RNP 或 RNAV 的相应规定，对飞行人员、机务人员、空管人员进行相应的 PBN 培训。运营人必须确保飞行机组人员按照 PBN 中的规定进行了理论培训和必要的模拟机培训。管制和相应的机务人员等需要对 PBN 运行进行培训。培训内容应该包含针对所涉及的 PBN 导航规范、导航系统、导航性能，以及接收机自主完好性监视、故障探测与排除和完好性告警等。相关人员的培训结束后，应提供相应的培训证明，以便用于审核。PBN 技术在不断地发展，建议运营人应该参照 PBN 发展情况对相关人员进行持续培训。

以上只是说明了 PBN 运行应该具备的基本要求。我国民航运输业的快速发展，大多数航空器基本具备 RNP 或 RNAV 运行能力，并且各大运营人不需要花费太多的资金对航空器进行更改，就可以通过一定的审核，从而实现 PBN 运行。PBN 的众多运行优势也吸引了各运营人积极实施 PBN 运行。

六、中国 PBN 实施线路图

中国根据 ICAO 第 36 届大会决议中指出：“各缔约国应在 2009 年完成 PBN 计划，确保在 2016 年之前，以全球一致和协调的方式过渡到 PBN 运行”，于 2009 年 10 月发布了我国 PBN 实施线路图。该线路图将中国民航 PBN 实施分为三阶段：第一阶段（2009—2012 年），实现 PBN 重点应用；第二阶段（2013—2016 年），实现 PBN 全面应用；第三阶段（2017—2025 年），实现 PBN 与 CNS/ATM 系统整合，成为我国发展“新一代航空运输系统“的基石之一。

（一）第一阶段（2009—2012 年）

（1）航路。根据空中运输需求、监视和通信能力、管制员工作负荷以及机队设备配备情况，在部分海洋和西部地区航路，有选择地应用 RNAV-10 和 RNP-4 导航规范。对于部分繁忙航路，根据通信和监视覆盖情况，有选择地应用 RNAV-2、RNAV-5 导航规范，以实现较小的航路间隔，提高空域利用率。依照 PBN 导航规范重新调整已有的 RNAV/RNP 航路。

（2）终端区。在有雷达覆盖的终端区，利用 GNSS 和陆基导航设施，应用 RNAV-1 导航规范。首先从国际机场和繁忙机场开始实施，允许 PBN 和传统运行并存。2012 年，全国 30%的机场终端区有选择地使用 GNSS 导航实施基本 RNP-1 标准进离场程序。

（3）进近。所有新建机场以及部分现有机场将使用基于 GNSS 的 RNP APCH 程序。配套实施基于 Baro-VNAV 的 APV，作为主用程序或 ILS 精密进近的备份程序，对于某些地形复杂的空域受限机场，在运行需要时，使用 RNP AR 进近程序。2012 年，全国 30%机场仪表跑道具有 RNP 进近能力。在某些特定机场强制实施 RNP APCH 进近或 RNP AR 进近程序。在此阶段，为不具备相应设备能力的航空器保留传统导航设备和传统飞行程序。

（二）第二阶段（2013—2016 年）

（1）航路。在海洋和西部地区航路使用 RNP-4 导航规范，实现更小的横向和纵向间隔（例如基于 ADS-C 和 CPLDC 的 30 NMx30 NM）。随着 RNAV-2 和 RNP-2 航路间隔标准的建立，东部陆地繁忙空域将继续增加 RNAV/RNP 航路，并开辟 RNAV/RNP 平行航路。在 GNSS 或者 DME/DME 充分覆盖的航路，将继续使用 RNAV-2 规范。部分繁忙航路和没有雷达覆盖的航路将使用 RNP-2 导航规范。

（2）终端区。在 2016 年，在全部机场终端区实施 RNAV-1 或 RNP-1 运行。根据运行需求，在部分机场强制使用 RNAV-1 或 RNP-1。在 PBN 和传统运行并存期间，将对应用 PBN 的航空器提供优先权。

（3）进近。推广使用具有 Baro-VNAV 的 RNP APCH 进近程序。到 2016 年，全部机场仪表跑道具有 RNP 进近能力。在有运行需求的机场推广使用 RNP AR 进近程序。计划引入 GNSS 及其陆基增强设备的着陆功能（如 GLS），向高性能进近和着陆过渡。同时考虑使用"北斗"导航系统提供导航服务，进行相关试验。

（三）第三阶段（2017—2025 年）

航路、终端区和进近等所有飞行阶段将以 PBN 运行为主，逐步从混合运行过渡到完全的 PBN 运行。航路运行中，将根据导航能力分隔交通流，对导航性能较好的航空器提供优先航路权。使用 PBN 技术重新规划整理航路结构，将传统航路全面过渡到 PBN 航路。终端区将全面推广 PBN 运行。预计 GNSS 及其增强系统将具有精密进近能力，中国民航计划根据运行价值和商业效益推广使用 GLS 进近。GNSS 将成为 PBN 运行的主要导航设施，中国民航将在多边合作基础上使用监视技术和星基数据链通信系统来增强运行能力，实现与 CNS/ATM 的协同发展。

第四章　航空器和飞行高度层

保证航空器安全、正常、高效地运行是空中交通管制工作的主要任务，对空中航空器配备合理的垂直间隔，是保证空中安全的重要手段。本章第一节讲述我国民航常见航空器的分类情况、航空器标志，第二节和第三节重点讲解飞行高度、飞行高度层和高度表拨正程序的有关规定，既是本章的重点，也是本教材的重点，第四节介绍缩小垂直间隔（Reduce Vertical Separation Minimum，RVSM）空域及要求，第五节简要介绍飞行的分类。

第一节　航空器

航空器是指凡是能从空气的反作用而不是从空气对地面的反作用在大气中获得支承的任何机器，包括气球、飞艇、滑翔机、直升机、飞机等。飞机是指由动力驱动的重于空气的固定翼航空器。航空器的分类如图 4-1 所示。

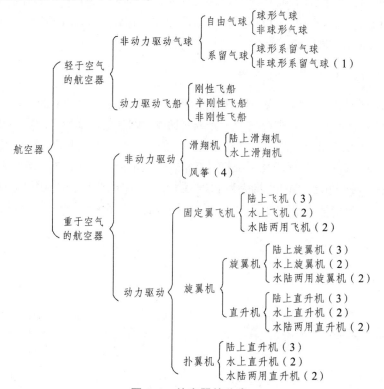

图 4-1　航空器的分类

注：（1）通常称为"风筝-气球"（细长形系留气球）；（2）根据情况可增加"浮筒式"或"船身式"字样；
（3）包括装有雪橇式起落架的航空器（改"陆上"为"雪橇"）；（4）只是为了全面而列入。

一、民用航空器

（一）概　念

按照《中国民用航空法》的规定，民用航空器是指除用于执行军事、海关、警察飞行任务外的航空器。

（二）国籍管理

我国民用航空器实行国籍管理制度。经中华人民共和国国务院民用航空主管部门依法进行国籍登记的民用航空器，具有中华人民共和国国籍，由国务院民用航空主管部门发给国籍登记证书。国务院民用航空主管部门设立中华人民共和国民用航空器国籍登记簿，统一记载民用航空器的国籍登记事项。

下列民用航空器应当进行中华人民共和国国籍登记：

（1）中华人民共和国国家机构的民用航空器；

（2）依照中华人民共和国法律设立的企业法人的民用航空器；企业法人的注册资本中有外商出资的，其机构设置、人员组成和中方投资人的出资比例，应当符合行政法规的规定；

（3）国务院民用航空主管部门准予登记的其他民用航空器。

自境外租赁的民用航空器，承租人符合前款规定，该民用航空器的机组人员由承租人配备的，可以申请登记中华人民共和国国籍，但是必须先予注销该民用航空器原国籍登记。

依法取得中华人民共和国国籍的民用航空器，应当标明规定的国籍标志和登记标志。

民用航空器不得具有双重国籍。未注销外国国籍的民用航空器不得在中华人民共和国申请国籍登记；未注销中华人民共和国国籍的民用航空器，不得在外国办理国籍登记。

航空器的国籍是一项十分重要的法律制度，是航空器与登记国（国籍国）相联系的法律"纽带"。国籍意味着民用航空器能获得所属国在航空运输方面提供的各种优惠。国际航空法则以航空器的国籍来连接航空器国籍国与其他国的关系。

（三）适航管理

适航管理是以保障民用航空器的安全为目标的技术管理，是国务院民用航空主管部门在制定了各种最低安全标准的基础上，对民用航空器的设计、制造、使用和维修等环节进行科学的、统一的审查、监督和管理。适航管理的标准：民用航空器是否始终满足符合其型号设计的要求；民用航空器是否始终处于安全运行状态。适航管理分为初始适航管理和持续适航管理两个阶段。

（四）民用航空器标志

民用航空器标志包括两部分：国籍标志和登记标志。

国际民用航空组织理事会于1949年2月通过了《国际民用航空公约》附件7《航空器国籍标志和登记标志》，这是一个国际标准。1981年7月通过了附件7的第4次修订：各缔约国的规定如与附件7的规定有差异时，应通知国际民航组织备案认可，并在该附件7的附录中加以说明。

1. 国籍标志

国籍标志是识别航空器国籍的标志。国籍标志选定规则：国籍标志须从国际电联分配给登记国的无线电呼叫信号中的国籍代号系列中选择。须将国籍标志通知国际民航组织。

并不是所有国家都使用各自唯一的国籍标志，有一些国家会使用共用标志。国际民航组织理事会于1969年1月通过了附件7第3次修改，引进了"共用标志"、"并用标志登记当局"、"国际经营机构"等词，按《国际民用航空公约》第七十七条规定，预期不以国家形式登记航空器的可以采用共用标志。共用标志的确定规则：共用标志须从国际电联分配给国际民航组织的无线电呼叫信号的代号系列中选定。由国际民航组织给共用标志登记当局指定共用标志。例如，1983年国际民航组织理事会会议决定，阿拉伯航空货运公司（约旦和伊拉克联营）联合登记的航空器具有共用标志4YB，由约旦保存并登记，承担公约规定的登记国的责任。

2. 登记标志

登记标志是航空器登记国在航空器登记后给定的标志。登记标志须是字母、数字或者两者的组合，列在国籍标志之后，第一位是字母的，则国籍标志与登记标志之间应有一短划线。

我国关于民用航空器标志的相关规定：

（1）中国航空器的国籍标志：按照前面所列原则，我国选定拉丁字母"B"为中国航空器的国籍标志，并在我国恢复在国际民航组织中的合法地位不久，便通知了国际民航组织，得到了认可，已载于《国际民用航空公约》附件7的附录中。

（2）中国航空器的登记标志：由数位数字、字母或其组合而成，列在国籍标志B之后，两者之间有一短划。由于目前我国大陆航空器登记标志采用四位阿拉伯数字，台湾地区为五位数字，即登记标志的第一位是数字，与国籍标志之间有一短划，与公约附件7的规定有差异；香港澳门地区采用三位字母，即登记标志第一位也可用字母，其前有一短划，与附件7无差异。另外，《民用航空器国籍登记规定》（CCAR-45部）规定临时登记标志：对于尚未取得国籍登记证的航空器。当用于试验和表演飞行，为支付出口的调机飞行（在国外交付时）以及民航总局认为必要的情况下，可申请临时登记标志。具有临时登记标志的航空器不得从事客货运输及其他经营活动。

（3）按我国民航局颁发的《民用航空器国籍和登记的规定》，凡取得中华人民共和国国籍的民用航空器，必须在其外表标明规定的国籍、登记的标志。国籍和登记标志由中华人民共和国国籍标志（拉丁字母B）和登记标志（数个阿拉伯数字或者阿拉伯数字后缀拉丁字母）组成。在国籍标志（B）和登记标志（阿拉伯数字）之间有一短连接线。

（4）绘制标志必须符合规定：固定翼航空器的国籍和登记标志喷涂在机翼和尾翼之间的机身两侧或垂直尾翼两侧，以及右机翼的上表面、左机翼的下表面；旋翼航空器喷涂在尾梁两侧或垂直尾翼两侧；中国国际航空公司的航空器要在航空器前部适当位置绘制五星红旗。CCAR-45部还对字体、大小、颜色对比等作了详细规定。

登记标志方面以前曾有明确规定：注册编号是唯一的，即每个注册编号只对应一架飞机。如果该机退役、失事过报废等不能再使用，则此编号永远空缺，不再编到其他飞机上。但现在此规定已更改，注册编号可重复使用，但仍遵循国际规定，不出现重号（同时使用）。另外，随着近年来我国航空器数量的快速增长，加之现行国籍登记标志体制存在一些问题，民航局正在进行新的航空器国籍标志编码规则制定。

民航局只对航空器国籍、登记标志进行管理和控制。航空器外部的其他图案（如航徽、彩条、公司名称字样）由企业自行确定，但需将设计图以三面工程图纸的形式上报民航局备案。航徽是航空公司的服务商标，作为服务性标志，与一般商标一样受法律保护。

二、空中交通管制工作中对航空器的分类

在空中交通管制和飞行过程中，管制员和飞行员应根据航空器的大小、产生和承受尾流的大小、入口速度、巡航性能来执行不同的间隔标准和飞行程序。按照飞行和管制的需要，对航空器进行以下分类。

（一）按进近的性能划分

航空器的进近速度直接影响着实施仪表进近程序的各种机动飞行所需的空域和能见度。为了给具体仪表进近程序提供航空器操纵可能性的标准化基础，根据航空器的最大允许着陆重量在着陆形态下失速速度的1.3倍（即在入口的指示空速），ICAO将航空器分为五类：

A类：指示空速小于169 km/h；
B类：指示空速为169 km/h或以上，但小于224 km/h；
C类：指示空速为224 km/h或以上，但小于261 km/h；
D类：指示空速为261 km/h或以上，但小于307 km/h；
E类：指示空速为307 km/h或以上，但小于491 km/h。

目前，我国常见民用航空器按照进近性能分类如表4-1所示。

表4-1 我国常见运行的民用航空器进近性能分类

进近性能分类	常见机型
A	运5、TB20/200、夏延ⅢA、西锐SR20、塞斯纳172R
B	新舟60、Dash-8、ATR72、西门诺尔、
C	B737、B757、A330、A318、A319、A320、C919 ARJ21 CRJ200/700、Do328、ERJ145/190、MD82、MD90
D	B747、B767、B777、B787、A321、A340、A380、MD11、A300、A310
E	我国暂无E类航空器（目前国际上只有Tu-144和协和属于E类）

（二）按巡航的性能划分

按照航空器的巡航速度、上升率、下降率、升限、有无增压舱和氧气设备等航线综合性能，空军在《我国境内民航班机飞行航线和高度层配备规定》（简称1号规定）中将航空器分为A、B、C、D、E五类，鉴于C类飞机较多，性能差异较大，又将C类飞机由小到大分为C4、C3、C2和C1类。具体分类如表4-2所示。

表 4-2　《我国境内民航班机飞行航线和高度层配备规定》对航空器的分类

类别		机　　　型
A		运 11、运 12、肖特 360、双水獭、运五、大篷车、DA40、小鹰 500、西门诺尔、西锐 SR20、塞斯纳 172R、钻石 DA40D
B		萨伯 340、安 24、安 26、运 7、冲 8、美多-23、ATR-72、雅克 40
C	C4	BAe146、安 12、运 8、L100、C130、空中国王 350、道尼尔 328、冲八 400Q（DH80）、福克 50
	C3	福克 70、福克 100、雅克 42
	C2	波音 707、波音 727、波音 737-200、波音 737-300、波音 737-400、波音 737-500、DC9、DC10、MD80、MD82M、MD90、伊尔 86、伊尔 62、伊尔 76、RJ200、奖状、里尔、伊尔 96、豪克 800XP、EMB145、CRJ-200/700、图 134、MD83、安 124、EMB170、首相一号、奖状 525
	C1	A319、A320、A321、波音 737-600、波音 737-700、波音 737-800、波音 737-900、波音 757、C919、奖状 10、湾流 200、图-214、图 154、A300、A310、挑战者 604、图 204、波音 717
D		波音 767、波音 747、波音 777、B787、A330、A340、A380、L1011、MD11、湾流 4
E		暂　　缺

（三）按尾流的强弱划分

航空器产生和承受尾流的强度，随航空器重量的增大而增大，管制员根据不同机型配备安全的尾流间隔，避免后方航空器因受到前方航空器的尾流影响而发生事故。为了规定航空器的尾流间隔标准，按照航空器的最大起飞重量，将航空器分为以下三类：

（1）最大起飞重量 ≥136 t 的航空器为重型机，用大写字母 H 表示；

（2）最大起飞重量 7（不含）~136 t（不含）的航空器为中型机，用大写字母 M 表示；

（3）最大起飞重量 ≤7 t 的航空器为轻型机，用大写字母 L 表示。

目前投入商业运营的最大的民用载客航空器空中客车 A380 最大起飞重量达到起飞全重 560 t，国际民航组织《空中导航服务程序——空中交通管理》（PANS-ATM Doc 4444）中明确规定其机型种类属于重型航空器。然而，A380-800 机型产生的尾流远大于其他重型航空器所产生的尾流，民航管理部门针对 A380 于 2008 年 9 月下发了《空中客车 A380 机型尾流类型及尾流间隔标准规定》（AC-93-TM-2008-03），规范和明确了管制部门为其配备的尾流间隔标准。目前我国运行的民用航空器尾流分类见表 4-3。

表 4-3　我国常见运行的民用航空器尾流分类

尾流分类	常见机型
重型机（H）	B747、B767、B777、B787、A330、A340、A380、MD11、A300、A310、
中型机（M）	B737、B757、C919、A320、A321、A319、CRJ200/700、新舟 60、奖状、湾流 G500/550、ARJ21、夏延ⅢA、MD82、MD90、A318、ATR72、Do328、ERJ145/190、Dash-8
轻型机（L）	西门诺尔、西锐 SR20、塞斯纳 172R、钻石 DA40D、运 5、运 12、TB20/200

值得注意的是，前机是波音 757 机型（尾流为中型）时，应适当加大尾流间隔执行。

近年来 FAA 试行并逐步推广尾流标准重新分类（RECAT）。该技术不仅依据航空器的重量，还参考了进近速度和翼展数据，按尾流强度将航空器分为六类，分别用 A~F 表示，A 表示 A380 类别的超大飞机，F 包括较小型飞机，比如 Cessna Citation 和 Embracer 120。面向尾流间隔标准制定的两种航空器分类包括的航空器型号系列比较如表 4-4 所示。其中左侧标注的是 RECAT 分类，右侧标示的是我国现行的分类方法。

表 4-4　RECAT与我国尾流分类对照表

A	A380，AN-225	
B	B747series，A340series，B777series，A330series C-5	H
C	MD11，B767，A306，C-17	
D	B757series，B737series，A320series，MD80series，E19，DC9series，B717，DH8D，F100，C-130series，GLF5	M
E	AT72，B463，B462，CRJ1/2，CRJ7/9，AT45，AT43，E135/145，RJ85/100，E170，GLF4，SP348A/B/C	
F	E120，E190，C650，H25B，C525	L

除以上三种与飞行和空管密切相关的分类标准外，民航还对航空器进行了其他分类，以适应不同的管理要求。

（四）按航空器的大小划分

我国航空器以航空器的最大起飞重量来划分机型的大小：

（1）大型机：最大起飞重量 60 t（不含）以上的航空器；

（2）中型机：最大起飞重量 20 ~ 60 t（含）的航空器；

（3）小型机：最大起飞重量 20 t（不含）以下的航空器。

（五）按航空器航程的远近划分

航空器的航程在国际上没有统一的划分标准，一般来说：

（1）远程航空器：航程在 8 000 km（不含）以上的航空器；

（2）中程航空器：航程在 8 000 ~ 3 000 km（含）的航空器；

（3）短程航空器：航程在 3 000 km（不含）以下的航空器。

由于这个界定并不明确，有时把航程在 5 000 km 以内的飞机称为中短程客机，5 000 km 以上者称为中远程客机。

（六）按干线、支线划分

我国使用的客机分类方法是把客机分为干线客机和支线客机。

干线客机：用于国际航线和国内主要大城市之间主干航线上的客机，一般在 100 座以上；

支线客机：用于大城市和中小城市之间在一定区域内飞行的客机，一般在 100 座以下。

（七）按机身宽度划分

窄体客机：机身宽度约为 3 m，舱内只有一条通道，一般只能在下舱内装载包装尺寸较小的散货件，如 MD-80、MD90、A318/319/320/321、B707/717/727/737/757 等。

宽体客机：机身宽度不小于 4.72 m，舱内有两条通道，下舱可装载集装箱。如 B767、B777、B747、MD-11、A300、A310、A330、A340。

第二节　气压高度

高度是人们日常生活中经常遇到和使用的物理概念，其基本特点是有两个点或面，是我们需要关心的一个点相对于另外一个参考面（点）之间的垂直距离。人们日常生活中对高度的理解通常指以下两种情形：

（1）物理高度。指物体几何尺寸。例如，楼房高度 20 m，某人身高 176 cm，等等。这些关心点和参考（点）都是在一个物体上。

（2）真实高度。指物体距某一物理面（点）的垂直距离，通常指距离地面（或水面）的垂直距离，简称真高，如图 4-2 所示。例如，雷达天线距离地面 45 m，海鸥在 20 多米的水面上空翱翔，等等。这时候关心的点和参考面（点）通常属于不同的物体。

空中交通管制的主要任务是防止航空器与航空器相撞，防止航空器与障碍物相撞。管制员除了利用水平间隔（纵向和侧向间隔）来调整航空器之间的间隔外，更重要的是利用垂直间隔来避免航空器相撞，尤其是相对飞行、交叉飞行、追赶飞行时，只有利用垂直间隔才能很方便地达到调整飞行冲突的目的。这时候管制员关心的都是航空器真高，也就是航空器飞行时的最低点距它正下面障碍物或航空器的最高点的垂直距离。

根据无线电测距原理，航空器上安装的无线电高度表可以测出航空器的真实高度。如图 4-2 所示，但是，在实际使用中无线电高度表只能作为飞行员在进近着陆阶段的辅助仪表，飞行员不必向管制员报告真高，管制员在任何时候都不能以真高作为调整航空器之间垂直间隔的依据。为什么真高在空中交通管制中不能使用呢？主要由于以下三方面原因：

图 4-2　真实高度

（1）空中不同航空器分布在不同的地理位置，地面障碍物起伏很大，不同的航空器测量的真高是距其正下方地标的垂直距离，假设 10 架航空器报告各自的真高，则存在 10 个不同基准面，对于管制员来说，无法判断 10 架飞机彼此之间是否具备安全的垂直间隔。

（2）飞机在空中是高速运动的，在航线飞行的大飞机速度为 15 km/min 左右，就同一架飞机而言，其下方的地理环境瞬间发生巨变，假定此时飞机一直保持平飞，但是无线电高度表的读数却在无规律地巨幅频繁变化，这样的高度数据对管制员来说没有丝毫意义，飞行员也只是在进近着陆阶段（此时飞机速度稍小，高度较低，地势起伏较小）才把它作为辅助仪表。

（3）虽然电波速度很快，但是，对于飞行高度较高、速度很快的飞机，其向地面发射的电波和接收到的反射信号存在较大误差，高度指示不准。

鉴于真高在飞行和空中交通管制过程中不能满足安全的需要，不具有适用性，因此，必须通过另外的高度测量原理和方法来测量飞行高度，要求这种测量方法不能受航空器飞行状态的影响，同时还要能方便管制员判断航空器与障碍物或与其他航空器的真实高度，再次还需要这种测量方法能方便更换参考面，能很方便测量出航空器相对于不同参考面的高度。气压高度能满足以上三个基本要求，以下将重点介绍气压高度。

一、气压与高度的关系

首先要明确我们想得到的是高度，气压高度是指用测量气压的方式来测量高度，是一种间接测量高度的方法。那么我们就需要寻找气压变化与高度变化之间的对应关系。日常生活中在攀登高山时有这样的体会，随着攀上的高度越来越高，越来越感到胸闷、呼吸困难，是因为随着高度的升高气压逐渐减少，空气中氧气含量也逐渐减少。经研究，在气压变化与高度变化近似满足负指数关系，利用级数展开可进一步简化为近似线性关系，如式（4-1）所示

$$h - 0 = (P_h - P_0) * \gamma \tag{4-1}$$

其中 P_0 是测量基准面（高度为 0）处的气压，P_h 是相对于基准面高度为 h 处的气压，γ 为气压递减率，在大气环境固定不变的情况下，γ 是一常数。可见气压变化与高度变化之间近似满足线性关系，只要知道了气压递减率 γ，就可以通过测量两个地点的气压差来计算两个地点的高度差，气压式高度表正是利用这种线性关系通过测量气压变化来间接测量高度变化的。在标准大气环境时候：

$$\gamma = (h - 0)/(P_h - P_0) = -8.25 \text{ m/hpa} \tag{4-2}$$

此处的负号说明的是气压的变化与高度变化成反比例关系，这说明在标准大气条件下高度每升高 8.25 m，大气压力减少 1 hPa，这正是气压高度表设计时候采用的固定的气压递减率，如图 4-3 所示。根据气压高度表的工作原理，只要测量气压差即可测出高度，在标准大气条件下其计算公式为：

$$\text{高度 } h = （设定基准面气压 P_0 - 所在高度外界气压 P_h）\times 8.25 \tag{4-3}$$

上式中，气压单位为百帕（hPa），高度单位为米（m）。需要注意的是，只有在标准大气环境下，测量原理上是不存在误差，但在非标准大气环境下，会存在测量原理误差。

在飞行和空管中，气压高度表测量的气压高度与无线电高度测量的真实高度相比具有以下突出优点：

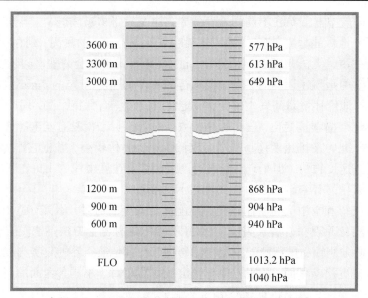

图 4-3　标准大气条件下气压与高度的对应关系

（1）测量气压高度的精度不受飞行高度、速度、地理环境的影响。

（2）非常方便改变基准面。在不同的飞行区域，根据空中交通管制员的要求，飞行员通过转动气压高度表面板上的旋钮改变气压设定基准，就能够快速测出飞机距不同基准面的垂直距离。

（3）非常方便统一基准面。管制员通知飞行员将气压高度表的基准气压设定为某一固定值，如 1 013.2 hPa 或跑道入口处的大气压力值等。高度表感受当时的外界大气压力，就能够测出外界大气压力与高度表设定的基准气压差值，然后转换成高度显示。管制员只要通知空中多架航空器将气压高度表的基准气压设定为同一固定值，就能够保证这些飞机的气压高度表显示的高度使用的是同一基准面，管制员就能够根据飞行员的报告或者二次雷达屏幕上显示的不同航空器的高度值，快速判断航空器之间的垂直距离，而不必关心所设气压值对应的物理面具体在哪里。

二、场面气压高、修正海平面气压高度、标准气压高度

确定航空器在空间的垂直位置需要两个要素：测量基准面和自该基准面至航空器的垂直距离。在飞行中不同的阶段，需要重点关注的航空器高度基准面不同，为能方便区分使用，航空器对应不同的测量基准面，相应的垂直位置具有特定的名称。

为便于后面的学习，首先介绍几个相关的名词定义。

（1）高（height），指自某一个特定基准面量至一个平面、一个点或者可以视为一个点的物体的垂直距离。

（2）高度（altitude），指自平均海平面量至一个平面、一个点或者可以视为一个点的物体的垂直距离，也就是我们俗称的海拔，也称绝对高度。航图和日常使用的地图中标注的山峰、障碍物等高度均指此高度。航空器在起飞离场和进场进近阶段，最需要的是保证安全越障，所以在此阶段飞行的航空器更关心这个高度，必须保证航空器实际高度高出障碍物绝对高度以上一个足够的安全裕量，从而保证航空器越障。

（3）标准气压高度，指以气压为 1 013.2 hPa 对应的物理面为基准面测至某被测点的垂直距离。

（4）飞行高度层（flight level），指以气压为 1 013.2 hPa 等压面所对应的物理面为基准（对应的物理面可能是曲面）建立起来的高度层。层与层之间具有规定的气压差，但是物理面可能是曲面。航空器在巡航阶段一般与障碍物的高度裕量足够了，此时更需要关心的是航空器与航空器之间的高度差，所以在巡航阶段所有航空器都要统一一个基准面来保证垂直间隔，实际飞行中正是使用标准气压面作为基准面的，管制员正是靠分配不同飞行高度层来保证航空器间的垂直间隔的。飞行员按照管制员分配的某一固定高度层飞行时，实际航空器飞的是等压面。

（5）高度表拨正值，将气压高度表的基准气压刻度调整到某一气压值，也就是需要设定的基准面的气压值。可以根据不同飞行阶段的需要，设置不同高度表拨正值。如我们需要知道航空器距离跑道垂直距离（称为场压高或场高），那么高度表拨正值就应该拨正到跑道面场面气压值；表示高度时，应该使用修正海平面气压作为高度表拨正值；表示标准气压高度或飞行高度层时，必须使用标准大气压作为高度表拨正值。

（6）标高（elevation），机场（障碍物）距平均海平面的垂直距离称为机场（障碍物）标高，在航图上注明数值和地理位置，可见标高是机场或障碍物高度的一种特定表示，有时也称高程，严格意义上说应该叫标高度。

（一）场面气压高

场面气压（QFE），简称场压，是指航空器着陆区域最高点的气压。

场面气压高，简称场压高或场高，是指以着陆区域最高点为基准点，上升至某一点的垂直距离。换句话说，标准大气环境下，高度表拨正值设定为场面气压值时，高度表所指示的数值就是场面气压高，如图 4-4 所示。

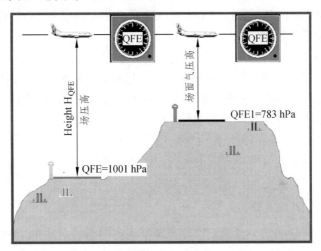

图 4-4　场压高

采用场面气压高的优点：方便判断飞机距跑道的垂直距离。

使用场面气压高的缺点：

（1）因为地图上注明的障碍物标高是指障碍物最高点距平均海平面的垂直距离，而不是距机场跑道的垂直距离，所以使用 QFE 不能给飞行员提供直观的超障参考；

（2）因为高海拔机场的场压很低，一些老式气压高度表的气压刻度窗调不到这么低的气压值，所以在高原机场有些老式气压高度表无法使用 QFE；

（3）终端管制区负责本区内多个机场的航空器进、离场的管制工作，这些机场的标高差异导致场压的差异，如果进出这些机场的航空器使用各自起飞机场的场压作为高度表拨正值，则管制员无法根据不同的基准面来直观判断这些航空器之间是否具备安全的垂直间隔，如果为了统一基准面而指定某一个机场的场压值作为终端管制区内所有飞机的高度表拨正值，则对进出周围其他机场的航空器来说更无优点可言。所以在终端区内不宜使用 QFE。

同理，来自不同机场的飞机在航线上汇聚、交叉，更不宜使用 QFE。场面气压高的使用范围是只能在进近、起飞和着陆阶段使用。鉴于场压高存在诸多不安全因素，欧美国家民用机场一般不使用，但部分军用机场仍然使用。我国过去所有机场都使用 QFE，但现在民航机场也已不再使用，而军用机场和部分军民合用机场还在使用。

（二）修正海平面气压高度

前面提到，航空器在起飞离场以及进场进近阶段最需要关心的是航空器的越障，必须保证足够的高度安全裕量，因航图上障碍物都是以平均海平面为基准物理面标注的高度，也就是标高，即绝对高度。为方便航空器越障其高度测量的基准物理面也应该设为平均海平面，也就是应该将气压高度表拨正值设为平均海平面气压，这样方便飞行员和管制员计算航空器的超障裕量。但是如果将平均海平面气压值作为气压高度表拨正值会有以下问题：

（1）因气压高度表均是按照标准大气环境设计的，也就是气压递减率固定在 – 8.25 m/ hPa，而在实际中绝大部分时候大气环境都不是标准大气，气压递减率就不再是 – 8.25 m/ hPa，那么此时气压高度表指示的高度与实际航空器高度就会差生偏差；

（2）不方便测量平均海平面气压。有的机场标高很高，直接垂直向下测量此处海平面气压不方便。另外，因水平距离相差很远之后，大气环境也会相差很大，所以也不能将甲地测得的平均海平面气压直接拿到乙地使用。

为了解决上述问题，就需要采取一个变通的办法，要求是测量基准面还是平均海平面，同时要能利用气压式高度表固定 – 8.25 m/ hPa 的气压递减率，为此引入修正海平面气压。按照上节气压变化与高度变化的关系，航空器距平均海平面的高度是平均海平面气压与航空器所在位置的气压差和当时该地的气压递减率的乘积。如式（4-4）所示，其中 P_h 是被测点的实际气压，$P_平$ 是平均海平面气压，$\gamma_实$ 是测量地测量时候的气压递减率，h 是被测点高出平均海平面的高度。实际中测得平均海平面气压和实际大气气压递减率都比较困难，因二者经常变动，使用也不方便。

$$h = (P_平 - P_h) * (-\gamma_实) \tag{4-4}$$

因我们需要的是测量的结果反映出被测点距平均海平面的高度 h，将式（4-4）变为式（4-5），其中 P_h 是被测点的实际气压，同式（4-4），$P_修$ 称为修正海平面气压，气压递减率固定为 – 8.25 m/ hPa，要求 h' 和式（4-4）中 h 相等。

$$h' = (P_修 - P_h) * 8.25 \tag{4-5}$$

可见我们可以通过修正平均海平面气压 $P_修$ 作为拨正值，利用气压式高度表来等效测量被测点距平均海平面的气压高度。实际就是将 $\gamma_实$ 固定为 – 8.25 m/ hPa，将式（4-4）中的 $P_平$

修正为式（4-5）中的 $P_{修}$ 来实现的，而保证计算结果 h' 与式（4-4）中 h 相等。为了方便，我们用已知机场标高来进行 $P_{修}$ 的确定。令式（4-5）中 P_h 为场压 QFE，h' 为机场标高，式（4-5）为

$$机场标高 = (P_{修} - QFE) * 8.25 \tag{4-6}$$

$$P_{修} = QFE + 机场标高/8.25 \tag{4-7}$$

$P_{修}$ 称为修正海平面气压，用 QNH 表示，指将观测到的场面气压，按照标准大气条件修正得到的气压，可以将此时 $P_{修}$ 对应的物理面称为修正海平面。实际情况中有三种可能情况存在：

（1）$-\gamma_{实} < 8.25$ m/hPa，可见 $P_{修} < P_{平}$，修正海平面高于平均海平面；

（2）$-\gamma_{实} = 8.25$ m/hPa，即大气是标准大气，$P_{修} = P_{平}$，修正海平面和平均海平面重合；

（3）$-\gamma_{实} > 8.25$ m/hPa，$P_{修} > P_{平}$，修正海平面低于平均海平面。

假设某日标高为 825 m 机场测得场压 QFE 为 900 hPa，气压递减率 $\gamma_{实} = -8.2$ m/hPa，$P_{平} = 1\,000.61$ hPa。经计算 $P_{修} = 1\,000$ hPa。若放在场压测量处的气压式高度表拨正值为 QNH，也就是 1 000 hPa，气压高度表指示的高度正好为机场标高 825 m。可见，只要将航空器气压式高度表拨正值拨正到修正海平面气压 QNH，虽然此时选择的基准面不是平均海平面，但是高度表指示的高度等效为航空器高出平均海平面的高度。这也正是为什么选用修正海压的原因，通过固定气压递减率为 8.25 m/hPa，修正海平面气压并将其作为拨正值来等效测得航空器高出平均海平面的高度，而不需要测量实际气压递减率和实际的平均海平面气压。

需要说明的是 QNH 是通过测量场压，通过机场标高修正得到的，气压高度表放在机场测量标高点处显示的高度值与机场标高是完全相等的。而当航空器升空后，气压高度表拨正值保持 QNH 不变，此时气压高度表指示的高度值与航空器的距平均海平面的实际高度可能存在误差，误差的大小取决于大气实际递减率与 -8.25 m/hPa 差值。差值绝对值越大误差也越大，差值为零时，没有误差。同时航空器距跑道面越高误差也越大。不过在实际运行过程制定各种越障标准时均已考虑到这些误差，故可以认为当气压高度表拨正值为 QNH，高度表指示的高度就等效为航空器高出平均海平面的高度。

采用修正海平面气压高度与采用场压高相比较，有三个优点：

（1）使用 QNH 能方便地判断航空器距障碍物的垂直距离，因为航空器和障碍物有相同的高度测量基准面。

（2）不受高原机场限制。不同季节、不同地区修正海平面气压值通常在 980 ～ 1 040 hPa，几乎所有气压高度表都能调到这个气压范围。

（3）终端区使用 QNH，满足同一空域内的航空器使用统一的气压基准面的要求。因为大气在水平范围不是很大的区域内特性变化不大，终端区内大气状况近似相等，气压垂直递减规律十分接近（QFE 大则机场标高小，QFE 小则机场标高大），根据基本修正公式"QNH = QFE + 机场标高/气压递减率"可以得出：根据终端区内不同机场的 QFE 修正而得到的 QNH 近似相等，如图 4-5 所示。

采用修正海平面气压高度与采用场压高相比较也有几个缺点：

（1）不方便判断飞机距跑道的垂直距离，需要根据公式"场压高 = 修正海平面气压高度 - 机场标高"进行推算。采取以下方法可以避免此项缺点：第一种方法是在航图上标明不同航段

和位置点的飞机应飞修正海平面气压高度；第二种方法是将飞机上另一个高度表短时切换到
QFE 拨正值作为参考。

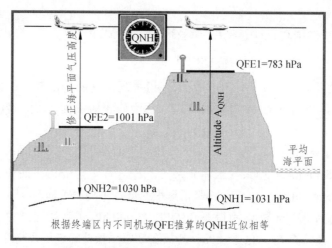

图 4-5　修正海平面气压高度（终端区）

（2）飞机在航线上不能使用 QNH。因为航线飞行距离远大于终端区的范围，相距甚远的
机场大气状况差异可能很大，气压垂直递减规律差异也很大，根据基本修正公式"QNH = QFE
＋机场标高/气压递减率"可以得出：根据相距较远的不同机场的 QFE 修正而得到的 QNH 值
相差很大，不能满足同一管制区内使用统一基准面的要求，如图 4-6 所示。

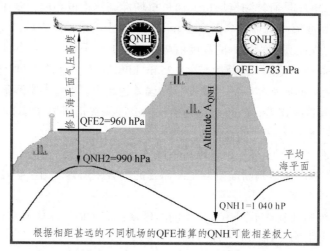

图 4-6　修正海平面气压高度（相距较远的机场）

统筹考虑以上的优缺点，我国民用机场在 2001 年 8 月—2002 年 8 月分三批完成了高度表
拨正程序改革方案，规定在终端区飞行使用 QNH 拨正值。

（三）标准气压高度

标准大气压（QNE）是指在标准大气条件下平均海平面的气压，其值为 1 013.2 hPa（或
760 mmHg）。

标准气压高度是指气压为标准大气压 1 013.2 hPa 处为基准面，上升至某一点的垂直距离。换句话说，气压高度表拨正值为标准大气压值时，高度指针所指示的数值就是标准气压高度。

飞行高度层（flight level）是指以 1 013.2 hPa 气压面为基准的等压面，各等压面之间具有规定的气压差，而其对应的物理面之间的实际距离可能是不同的。

使用标准气压高度的优点是：航线飞行使用 QNE 固定拨正值，满足同一管制区使用统一基准面的要求，方便判断航空器之间的垂直距离差。

使用标准气压高度的缺点是：不方便判断飞机距障碍物的垂直距离。因为地图上注明的障碍物标高是指障碍物最高点距平均海平面的垂直距离，而不是距 QNE 的垂直距离，所以使用 QNE 不能给飞行员提供直观的超越障碍物的参考。通常，标准大气压与修正海平面气压的差值在 − 30 ~ + 30 hPa，判断超障高度的误差在 − 250 ~ + 250 m。同时也不方便用来判断航空器距跑道的距离。

标准气压高度的适用范围是：

（1）主要用于航线飞行。

（2）在高海拔机场进近着陆时也可使用，通过假定零点高度判断飞机距跑道的垂直距离。假定零点高度（零点高度），实际上就是机场跑道平面的标准气压高度，主要用于高原机场，航空器在起飞、着陆时，气压高度表的气压窗口不能显示场面气压而使用标准气压拨正值，管制员向航空器通报零点高度，飞行员根据公式"场压高 ＝ 标准气压高度 − 零点高度"推算飞机距跑道的垂直距离，但不如使用 QNH 安全和方便。在我国民用机场，已经统一使用修正海平面气压拨正值代替 20 世纪的场面气压拨正值和"零点高度"，但我国军用机场和部分军民合用机场仍然继续使用此种方法。

（四）三种气压高、高度的比较

通过上面的分析可以看到：三种气压高、高度的测量都是通过改变气压高度表的拨正值来实现的。三者之间的比较分别如图 4-7 和表 4-5 所示。

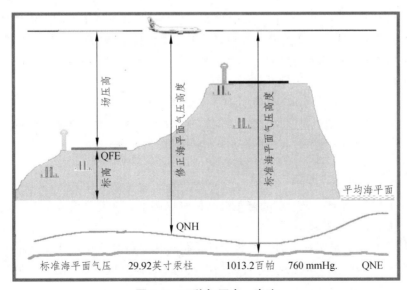

图 4-7　三种气压高、高度

表 4-5　三种气压高、高度比较

名称	拨正值	主要优点	主要缺点	主要适用范围
场压高	QFE	方便测量航空器距跑道垂直距离	不便越障；终端、航线均不宜使用	航空器进近、起飞、着陆阶段
修正海平面气压高度	QNH	方便比较航空器与障碍物的垂直距离	不便判断距跑道垂直距离；航线飞行阶段不宜使用	航空器进场、离场、进近阶段
标准气压高度	QNE	方便判断航空器之间的垂直距离差	不便越障；不便判断距跑道垂直距离	航线飞行阶段

第三节　过渡高度、过渡高度层与高度表拨正程序

一、修正海平面气压（QNH）、标准大气压（QNE）的适用区域

为了保证安全，航空器在不同飞行阶段飞行时，需要重点关注的高度有所不同，从而需要采用不同的基准面测量高度，以方便飞行员和管制员使用。

在地图和航图上，地形和障碍物的最高点都用海拔高度，即标高表示，也就是指地形点或障碍物至平均海平面的垂直距离。为了便于管制员和飞行员掌握航空器的超障余度，航空器在机场附近起飞、爬升、下降和着陆过程中最需要保证的是航空器与其垂直下方的障碍物有足够的高度差余量，避免与障碍物相撞，所以此阶段飞行的航空器和障碍物在垂直方向上应使用同一测量基准，即平均海平面。因此，在机场地区应使用修正海平面气压（QNH）作为航空器的高度表拨正值。

在航路飞行阶段，此时航空器的飞行高度都比较高，与其垂直下方的障碍物已经有非常大的高度差，此阶段航空器最需要关心的是与其他航空器保持足够的高度差，所以需要此阶段飞行的所有航空器统一高度测量基准面。因此，航线飞行时统一使用 QNE 作为高度表拨正值，也就是航线飞行航空器统一使用标准气压高度。

为了便于空中交通管制员和飞行员明确不同高度基准面的有效使用区域，并正确执行高度表拨正程序，高度表拨正值的适用范围在水平方向上用修正海平面气压适用区域的侧向界限作为水平边界，在垂直方向上用过渡高度和过渡高度层作为垂直分界。

（一）修正海平面气压的适用区域

过渡高度（TA）是指一个特定的修正海平面气压高度，在此高度或以下，航空器的垂直位置按照修正海平面气压高度表示。

过渡高度层（TL）是指在过渡高度之上的最低可用飞行高度层。在此高度或以上，航空器的垂直位置按照标准气压高度表示。过渡高度层高于过渡高度，二者之间满足给定的垂直间隔（300～600 m），如图 4-8 所示。

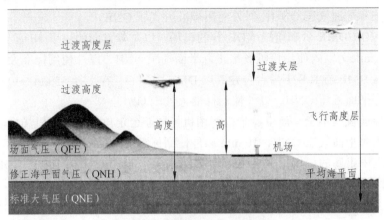

图 4-8　过渡高度和过渡高度层

过渡夹层是指位于过渡高度和过渡高度层之间的空间。

在修正海平面气压的适用区域内,航空器应采用修正海平面气压 QNH 作为高度表拨正值,高度表指示的是航空器的高度,航空器着陆在跑道上时高度表指示机场标高,如图 4-9 所示。

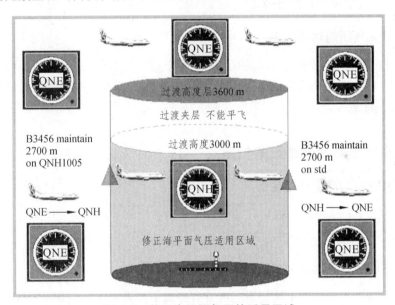

图 4-9　修正海平面气压的适用区域

（二）划定修正海平面气压适用区域的水平边界的方法

除了在垂直方向上需要划定修正海压 QNH 的适用范围外,在水平方向也需要划定其适用范围,划定遵循以下原则:

（1）以机场的 VOR/DME 为圆心,在半径 55 km（30 n mile）以内使用该机场修正海平面气压 QNH,以外使用标准大气压 QNE。

（2）有若干个 VOR/DME 台的机场,则应明确定位的台,在半径 55 km（30 n mile）以内使用该机场修正海平面气压 QNH,以外使用标准大气压 QNE。

（3）没有 VOR/DME 台的机场,以航线 NDB 台为圆心,在半径 55 km（30 n mile）以内使用该机场修正海平面气压 QNH，以外使用标准大气压 QNE。

（4）没有 VOR/DME 台和航线 NDB 台的机场，以主降方向的一个 NDB 台为圆心，在半径 55 km（30 n mile）以内使用该机场修正海平面气压 QNH，以外使用标准大气压 QNE。

（5）如果有 DME 与 ILS 下滑台合建，以 DME 为圆心，在半径 55 km（30 n mile）以内使用该机场修正海平面气压 QNH，以外使用标准大气压 QNE。

（6）机场导航设施不全，航空器难以利用机场导航台定位时，在距机场中心 10 min 以内使用该机场修正海平面气压 QNH，10 min 以外使用标准大气压 QNE。

（7）设置空中走廊的机场，在空中走廊外口之内用机场修整海平面气压 QNH，在空中走廊外口之外使用标准大气压 QNE。

（9）如果上述选择方法不能满足实际需要时，还可以使用以下方法确定使用 QNH 的水平边界：

① 强制报告点；

② 管制交接点；

③ 机场区域范围界限；

④ 管制协调规定中明确的范围。

（三）标准大气压的适用区域

在未建立过渡高度和过渡高度层的区域和航路航线飞行阶段，航空器应当按照规定的飞行高度层飞行。各航空器均采用标准大气压，即 1 013.2 hPa 作为气压高度表拨正值，高度表指示的是标准气压高度。

二、有关气压高度表拨正的规定

（一）使用统一的高度表拨正值

中国民航规定，在全国民用机场区域内统一使用平均海平面作为气压高度的基本面，统一使用当地机场 QNH 作为气压高度表拨正值。

（二）建立机场过渡高度和过渡高度层的原则

（1）过渡高度层高于过渡高度，且二者垂直距离至少为 300 m（300~600 m）；

（2）一般过渡高度层确定后不随气压的变化而变化。

注意：为了确保在气压变化很大的情况下，过渡夹层有安全合理的垂直空间，当机场海平面气压小于 979 hPa（含）时，过渡高度应降低 300 m；当机场的修正海平面气压大于 1 031 hPa 时，过渡高度应提高 300 m。有些机场（如广州白云机场）采用固定过渡高度不变而调整过渡高度层的方式来保证过渡夹层的厚度。

（3）过渡高度不得低于仪表进近程序的起始进近高度。

（4）终端管制区的上限高度应尽可能与过渡高度一致，以便于管制调配。

（5）两个或两个以上机场之间距离较近，需要建立协调程序时，应建立共同的过渡高度和过渡高度层，这个共用的过渡高度和过渡高度层必须是这些机场规划的过渡高度和过渡高度层中最高的。

（三）建立机场过渡高度和过渡高度层的办法

建立机场过渡高度和过渡高度层的规定如表 4-6 所示。

表 4-6　机场过渡高度和过渡高度层的建立办法

机场标高	过渡高度	过渡高度层
1 200 m（含）以下	3 000 m	3 600 m
1 200～2 400 m（含）	4 200 m	4 800 m
2 400 m 以上	视需要定	视需要定

（四）高度表的拨正程序和拨正时机

高度表的拨正程序和拨正时机如图 4-10 和图 4-11 所示。

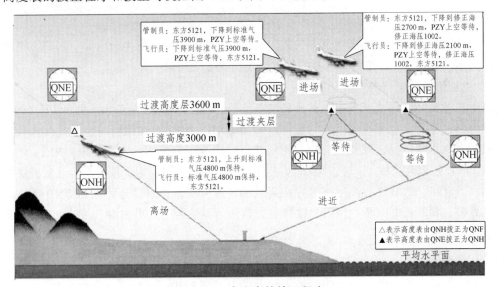

图 4-10　高度表的拨正程序

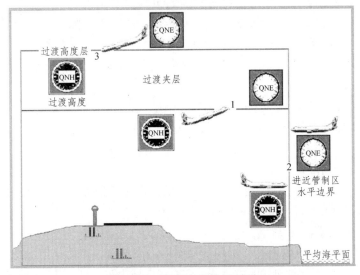

图 4-11　高度表的拨正时机

1. 规定有过渡高度和过渡高度层的机场

1）离场航空器

（1）起飞前在放行许可中必须包括本场 QNH，并将此作为气压高度表拨正值；

（2）离场航空器在爬升过程中，保持本场的 QNH 直至达到过渡高度，在穿越过渡高度时立即将高度表拨正值调到标准大气压 QNE，其后航空器的垂直位置用标准气压高度表示；

（3）离场航空器在爬升过程中，若在过渡高度以下穿越 QNH 适用区域的侧向水平边界，必须立即将高度表气压刻度调到标准大气压 QNE，其后航空器的垂直位置用标准气压高度表示。

2）进场航空器

（1）进场航空器在进场、进近许可或加入起落航线许可中应包括本场 QNH，在过渡高度层或以上飞行时使用标准大气压 QNE 拨正值，垂直位置用标准气压高度表示；

（2）进场航空器在下降穿过机场的过渡高度层，应立即将气压高度表拨正值调到本场 QNH 值，其后航空器的垂直位置用高度表示；

（3）进场航空器在过渡高度以下进入 QNH 适用区域的侧向边界时，应立即将高度表气压刻度调到本场 QNH 值，其后航空器的垂直位置用高度表示。

3）飞越机场的航空器

（1）在过渡高度层或者以上飞越机场的航空器，高度表拨正值使用标准大气压 QNE；

（2）在过渡高度以下飞越机场的航空器，在 QNH 适用区域内飞行时，其高度表拨正值使用 QNH；在 QNH 适用区域外飞行时，使用其高度表拨正值使用标准大气压 QNE；

（3）因在过渡夹层中不同航空器高度表拨正值可能不一致，为保证安全，过渡夹层不得用于平飞。当航路、航线飞行高度层恰好在某机场过渡夹层，且要穿越此机场 QNH 适用区域的水平边界时，管制员必须指令飞行员改变航空器飞行高度层，避开过渡夹层。

2. 规定有过渡高和过渡高度层的机场

1）离场航空器

（1）起飞前在放行许可中必须包括本场 QFE，并将此作为气压高度表拨正值；

（2）离场航空器在爬升过程中，保持本场的 QFE 直至达到过渡高，在穿越过渡高时立即将高度表拨正值调到标准大气压 QNE，其后航空器的垂直位置用标准气压高度表示；

（3）离场航空器在爬升过程中，若在过渡高以下穿越机场区域的侧向水平边界，必须立即将高度表气压刻度调到标准大气压 QNE，其后航空器的垂直位置用标准气压高度表示。

2）进场航空器

（1）进场航空器在进场、进近许可或加入起落航线许可中应包括本场 QFE，在过渡高度层或以上飞行时使用标准大气压 QNE 拨正值，垂直位置用标准气压高度表示；

（2）进场航空器在下降穿过机场的过渡高度层，应立即将气压高度表拨正值调到本场 QFE 值，其后航空器的垂直位置用高表示；

（3）进场航空器在过渡高以下进入机场区域的侧向水平边界时，应立即将高度表气压刻度调到本场 QFE 值，其后航空器的垂直位置用高表示。

3）飞越机场的航空器

（1）在过渡高度层或者以上飞越机场的航空器，高度表拨正值使用标准大气压 QNE；

（2）在过渡高或以下飞越机场的航空器，在机场区域内飞行时，其高度表拨正值使用 QFE；

在机场区域外飞行时，其高度表拨正值使用标准大气压 QNE；

（3）因在过渡夹层中不同航空器高度表拨正值可能不一致，为保证安全，过渡夹层不得用于平飞。当航路、航线飞行高度层恰好在某机场过渡夹层，且要穿越此机场区域的水平边界时，管制员必须指令飞行员改变航空器飞行高度层，避开过渡夹层。

3. 未规定有过渡高或过渡高度和过渡高度层的机场

无论是进场、离场还是飞越航空器，只要在某机场区域的水平、垂直边界范围内飞行，均应使用该机场的 QFE 作为气压高度表拨正值。

4. 高原机场

使用机场场面气压的机场，如果机场标高较高，当航空器气压高度表的气压刻度不能调整到机场场面气压数值时，可以使用假定零点高度。机场的零点高度即该机场平面的标准气压高度。

（1）在放行许可、起飞许可、进场许可、进近许可或加入起落航线许可中应包括本场零点高度；

（2）在此情况下，航空器无论是进场、离场还是飞越，均应使用 QNE 作为气压高度表拨正值，同时应标注该机场的零点高度。

5. 航空器在相邻机场之间飞行

在相邻机场之间飞行的航空器（不含飞越航空器），其高度表拨正程序按照管制移交协议的有关规定执行。

（五）航空器等待高度气压面的确定及等待高度的使用

航空器在过渡高度层（含）以上等待，高度表拨正使用标准大气压 QNE，最低等待高度层为过渡高度层。

航空器在过渡高度（含）以下等待，高度表拨正值使用机场修正海压 QNH，最高等待高度为过渡高度。每间隔 300 m 为一个等待高度，最低等待高度不得低于起始进近高度。

三、有关注意事项

（1）有些国家规定，当修正海平面气压达到一定数值时，要相应调整过渡高度层。而我国大部分是规定过渡高度层不改变，必要时相应调整过渡高度。

（2）管制员在管制过程中，对在修正海平面气压适用区域的侧向边界附近且高度在过渡高度上下运行的航空器要特别注意最低间隔的配备。

（3）管制员提供 QNH 的时机：空中交通管制发给航空器的放行、进场、进近许可和进入起落航线许可中应包括 QNH。

（4）QNH 和 QFE 共存时应注意的问题：当飞行员请求使用场面气压值 QFE 时，管制员可以在进近和着陆许可中提供，但飞行员只能在最后进近阶段使用 QFE。QNH 适用区域内，管制员应以 QNH 为基准在各航空器之间配备垂直间隔。

（5）管制员和飞行员应切记：过渡夹层不得用于平飞。当航路或航线的飞行高度层恰在过渡夹层内，航空器在进入 QNH 适用区域的侧向边界时，应按照管制员的指令调整飞行高度层，以避免在过渡夹层内平飞。

（6）管制员和飞行员均应严格遵守高度表拨正程序，正确掌握高度表拨正时机。

第四节　飞行高度层配备与缩小垂直间隔（RVSM）

为了确保安全和有效利用空域，便于运行管理，需要对航空器在空中飞行时高度配备进行科学规划和配置。

一、飞行高度层配备

（一）巡航高度层配备

航空器进行航路和航线飞行时，应当按照所配备的巡航飞行高度层飞行，我国现行的巡航高度层配备如图 4-12 所示。巡航高度层按照下列方法划分：

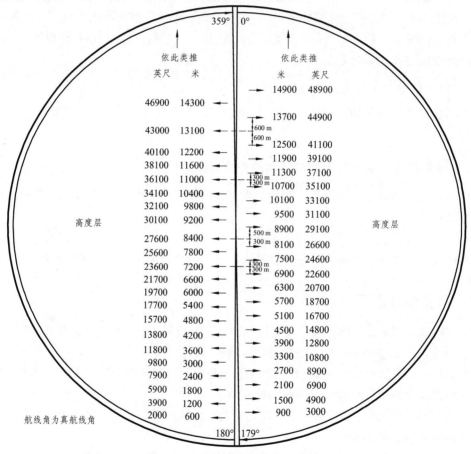

图 4-12　飞行高度层配备示意图

（1）真航线角在 0°～179° 范围内，高度由 900～8 100 m，每隔 600 m 为一个高度层；高度由 8 900～12 500 m，每隔 600 m 为一个高度层；高度在 12 500 m 以上，每隔 1 200 m 为一个高度层。在 12 500 m（含）以下满足"东单"的原则。

（2）真航线角在 180°～359° 范围内，高度为 600～8 400 m，每隔 600 m 为一个高度层；高度由 9 200～12 200 m，每隔 600 m 为一个高度层；高度在 13 100 m 以上，每隔 1 200 m 为

一个高度层。在 12 200 m（含）以下满足"西双"的原则。

（3）巡航高度层应当根据标准大气压条件下假定的海平面计算。真航线角应当从航线起点和转弯点量取，如果航线的个别航段曲折，应当根据该航线总的方向规定。

（二）非巡航高度层配备

（1）机场塔台或进近管制室管制区域内的飞行高度层配备，不论使用何种高度表拨正值，不论航向如何，航空器垂直间隔在 12 500 m 以下不得小于 300 m。

（2）作起落航线飞行的航空器与最低安全高度层上的航空器，其垂直间隔不得小于 300 m。最低飞行高度层不得低于扇区最低安全高度。

（3）机场等待空域的飞行高度层配备，从 600 m 开始，每隔 300 m 为一个高度层。最低等待高度层距离地面最高障碍物的真实高度不得小于 600 m，距离仪表进近程序起始高度不得小于 300 m。

（4）航路等待空域的飞行高度层配备，高度在 8 400 m 以下时，每隔 300 m 为一个高度层；8 400～8 900 m，为一个高度层；高度 8 900～12 500 m，每隔 300 m 为一个等待高度层；12 500 m 以上，每隔 600 m 为一个等待高度层。航路等待空域的最低飞行高度层不得低于航线最低安全高度。

（三）选择巡航高度层应当考虑的因素

（1）只有在航线两侧各 25 km 以内的最高标高不超过 100 m、大气压不低于 1 000 hPa（750 mmHg）时，才能允许在 600 m 的高度层飞行，如果最高标高超过 100 m、大气压低于 1 000 hPa（750 mmHg）时，巡航飞行高度层应当相应提高，以保证飞行的真实高度不低于安全高度；

（2）航空器的最佳巡航高度层；

（3）航线天气状况；

（4）航线最低飞行的安全高度；

（5）航线巡航高度层占用和空闲情况；

（6）飞行任务的性质。

（四）管制员发布高度（层）指令的时机

（1）在指定高度（层）飞行的航空器报告脱离该高度（层）后，可以将该高度（层）指定给其他航空器，但航空器之间的垂直间隔不得少于规定的最低标准；

（2）在下列情况下，在接到脱离指定高度（层）的航空器已到达规定的最低标准以上间隔的高度（层）的报告前，不得将所脱离的高度（层）指定给其他航空器：

① 飞行员报告有强烈颠簸时；

② 指示由飞行员自行决定上升或下降时。

二、缩小垂直间隔和 RVSM 空域

（一）缩小垂直间隔

缩小垂直间隔是相对于常规垂直间隔（Conventional Vertical Separation Minimum，CVSM）而

言的。国际民航组织建议的 RVSM 指 FL290 与 FL410（含）之间将原来的 2 000 ft 垂直间隔最低标准缩减到 1 000 ft。我国根据国情，在 RVSM 中采用的是公制单位，指在飞行高度层 8 900 m（含）~ 12 500 m（含）航空器最小垂直间隔由原来的 600 m 缩减到 300 m。我国于 2007 年 11 月 22 日零时（北京时）起，在我国境内的沈阳、北京、上海、广州、武汉、昆明、兰州、乌鲁木齐情报区以及三亚飞行情报区岛内空域实施 RVSM。在上述飞行情报区及扇区内 8 900 m ~ 12 500 m 定义为 RVSM 空域。目前全球除少数国家尚未实施 RVSM，绝大多数国家和地区都已相继实施。

（二）RVSM 空域

按照国际民航组织的建议，RVSM 空域是指在飞行高度层 29 000 ft（8 850 m）至飞行高度 41 000 ft（12 500 m）之间的空域。获准 RVSM 运行的民用航空器和未获准 RVSM 运行的国籍航空器可以在 RVSM 空域内飞行。未获准的 RVSM 运行的民用航空器除非事先得到管制单位的批准，否则应当在 8 400 m（含）以下或者在 13 100 m（含）以上飞行，不得在 RVSM 空域内运行。实施 RVSM 应当进行实施前和实施后的安全评估，以保证不降低飞行安全水平，符合国际民航组织的安全标准。

三、最低安全高度

飞行安全高度是避免航空器与地面障碍物相撞的最低飞行高度。

（一）航线仪表飞行航空器的最低安全高度

航路、航线飞行或者转场飞行的安全高度，在高原和山区应当高出航路中心线、航线两侧各 25 km 以内的最高标高 600 m；在其他地区应当高出航路中心线、航线两侧各 25 km 以内的最高标高 400 m。

受性能限制的航空器，其航路、航线飞行或者转场飞行的安全高度由有关航空管理部门另行规定。

注意：航线飞行时，600 m 的安全余度已是最小值，高度表拨正值为 QNE，而航图上障碍物标高是以平均海平面为基准面，基准面是不统一的，当 QNH 比 QNE 小 30 多 hPa 时，气压误差已经接近 300 m，飞机距障碍物最高点的真高只有大约 300 m，如果再考虑气压高度表误差和气流颠簸等综合误差因素，真高可能还会更小。因此飞行员和管制员必须严格遵守最低安全高度规定，否则极有可能发生撞山事故。

（二）机场区域内仪表飞行的最低安全高度

以机场归航台为中心，在半径 55 km 范围内，距离障碍物的最高点，平原地区不得少于 300 m，丘陵和山区不得少于 600 m。

航空器利用仪表进近程序图进入着陆的过程中，飞行高度不得低于该程序所规定的最低超障高度。

（三）航线目视飞行的最低安全高度

巡航表速在 250 km/h（不含）以上的航空器，按照航线仪表飞行最低安全高度的规定执行。

巡航表速在 250 km/h（含）以下的航空器，通常按照航线仪表飞行最低安全高度的规定执行；如果低于最低高度层飞行时，距航线两侧各 5 km 地带内最高点的真实高度，平原和丘陵地区不得低于 100 m，山区不得低于 300 m。

（四）机场区域内目视飞行的最低安全高度

巡航表速在 250 km/h（不含）以上的航空器，按照机场区域内仪表飞行最低安全高度的规定执行。

巡航表速在 250 km/h（含）以下的航空器，距离最高障碍物的真实高度不得小于 100 m。

第五节　飞行分类

民用航空飞行，根据任务的性质、气象地理条件的不同，飞行区域、飞行高度和飞行时间的区别，以及领航和驾驶技术的差异等情况，划分为以下七类。

一、按任务性质划分

按飞行任务的性质可分为：公共航空运输飞行（简称为运输飞行）、通用航空飞行、训（熟）练飞行、检查试验飞行和公务飞行，如图 4-13 所示。

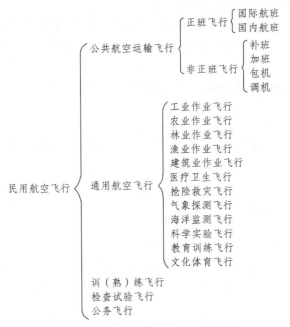

图 4-13　按任务性质对飞行的分类

公共航空运输飞行是民航主要的飞行任务之一，分为正班飞行和非正班飞行。正班飞行分为国际航班和国内航班，是按班期时刻表规定的班次和时刻，并沿固定航线运输旅客、货物和邮件的飞行；非正班飞行是不按班期表的班次和时刻，沿固定航线或沿非固定航线的运输飞行，它包括补班、加班、包机、专机和调机等。

通用航空，是指使用民用航空器从事公共航空运输以外的民用航空活动，包括从事工业、农业、林业、渔业和建筑业的作业飞行以及医疗卫生、抢险救灾、气象探测、海洋监测、科学实验、教育训练、文化体育等方面的飞行活动，其特点是种类繁多、远离基地、流动分散、通信及导航设备简陋、飞行条件和操纵复杂等。

二、按飞行高度划分

按航空器的飞行高度可分为超低空飞行、低空飞行、中空飞行、高空飞行和平流层飞行。

（1）超低空飞行：距离地面或者水面 100 m 以下。

（2）低空飞行：距离地面或者水面 100（含）～1 000 m。

（3）中空飞行：1 000（含）～6 000 m。

（4）高空飞行：6 000（含）～12 000 m。

（5）平流层飞行：12 000 m（不含）以上。

三、按昼夜时间划分

按照昼夜时间划分为昼间飞行、夜间飞行、黄昏飞行和拂晓飞行。

（1）昼间飞行：从日出到日落之间的飞行。

（2）夜间飞行：从日落到日出之间的飞行。

（3）拂晓飞行：从天亮到日出这段时间内的飞行，其性质属夜间飞行。

（4）黄昏飞行 ：日落到天黑这段时间内的飞行，其性质属夜间飞行。

四、按驾驶、领航技术划分

按照驾驶、领航技术可分为目视飞行和仪表。

（1）目视飞行：在可见天地线和地标的条件下，能够目视判明航空器的飞行状态和方位的飞行。

（2）仪表飞行：完全或部分地按照驾驶仪表的指示，测定和判断飞行状态及其位置的飞行。

五、按气象条件划分

按气象条件可分为简单气象条件飞行和复杂气象条件飞行。

（1）简单气象条件飞行：在全航线（包括起飞、着陆）上，安全高度以上能够目视飞行。

（2）复杂气象条件飞行：凡是看不见地面或天地线以及在低云、低能见度条件下，需按仪表飞行的气象条件飞行。

六、按自然地理条件划分

按照自然地理条件可分为平原地区飞行、丘陵地区飞行、高原山区飞行、海上飞行和沙漠地区飞行。

（1）平原地区飞行：在地势平坦且标高差没有超过 100 m 的显著上升、下降的起伏地带的飞行。

（2）丘陵地区飞行：在标高差没有超过 500 m 的上升、下降的起伏地带的飞行。

（3）山区飞行：在地势超过 500 m 的显著上升、下降的起伏地带的飞行。

（4）高原飞行：在海拔 1 500 m 以上的地区的飞行。

（5）海上飞行：离开海岸线在海域上空的飞行，其特点是天气变化不易掌握，备降机场和导航设备少。

（6）沙漠地区飞行：在沙漠地区上空的飞行，其特点是气象资料来源缺乏，地标稀少。

七、按飞行区域划分

按飞行区域可分为机场区域内飞行、航线飞行、作业地区飞行。

机场区域是指机场及其附近地面上空，为航空器在机场上空飞行、加入航线、进入机场和进行降落而规定的空间，包括空中走廊和各种飞行空域。为保障运输飞行和通用航空飞行的安全，在航路和航线上的机场应划定机场区域。机场区域的范围在机场使用细则内予以说明。

第五章　飞行规则

按照驾驶技术和领航技术，飞行分为目视飞行和仪表飞行。对应于这两种不同的飞行类别，分别有相应的飞行规则：目视飞行规则和仪表飞行规则。本章参照的规章较多，主要有《中华人民共和国飞行基本规则》《飞行间隔规定》《中国民用航空空中交通管理规则》，同时还包括国际民航组织附件2《飞行规则》《空中规则与空中交通服务》（DOC4444）。

第一节　目视飞行与仪表飞行

目视飞行是指在可见天地线和地标的条件下，能够判明航空器飞行状态和目视判定方位的飞行。目视飞行机长对航空器间隔、距离及安全高度负责。

目视飞行规则是指在目视气象条件下实施飞行管理的规则。

仪表飞行是指完全或部分地按照航行驾驶仪表，判定航空器飞行状态及其位置的飞行。

仪表飞行规则是指在仪表气象条件下实施飞行管理程序的有关规则。

但需要注意的是，并不是指目视飞行时就不能用仪表来进行辅助导航。两者的主要区别是：6 000 m 以上的飞行必须使用仪表飞行规则。也就是普通的目视飞行是不允许在 6 000 m 以上的航路进行的。

另外就是当跑道视程（RVR）和能见度（VIS）达不到目视标准时，目视飞行的航空器是不允许进行起飞或者降落的。而仪表飞行相对来说，RVR 和 VIS 限度就要小很多。也许同样的低能见度，仪表飞行的航空器可以飞，目视飞行的航空器就不能飞。

第二节　目视飞行规则

一、目视飞行规则适用范围

飞行员初学飞行时通常都是在目视飞行条件下进行的。因此，学习与目视飞行有关的规则，对保障飞行安全是非常必要的。

在进行目视飞行时，飞行员主要通过观察天地线和地标判断飞机的飞行状态，确定飞机方向、位置而飞行。目视飞行时，飞行员以天地线为参照物，根据座舱风挡框与天地线的关系位置，判明飞机的上仰、下俯和倾斜；以地标为参照物，判断飞机的高度、速度，确认飞机的飞行方向和位置。目视飞行是仪表飞行的基础，飞行员能直观地判明飞机的飞行状态与方向、位置，精力消耗比仪表飞行小，但所达到的运动参数的准确性不如仪表飞行，而且受天气等条件的限制较大。

（一）实施目视飞行的条件

一般情况下，只有在昼间，飞行高度在 6 000 m 以下，巡航表速在 250 km/h 以下的飞机，云下飞行低云量不超过 3/8，并且符合规定的目视气象条件时，方可按照目视飞行的最低安全高度和安全间隔的规定飞行。

（二）目视飞行的适用范围

（1）起落航线飞行（速度不限）；

（2）昼间、飞行高度 6 000 m 以下；

（3）巡航表速不大于 250 km/h 的飞行；

（4）通用航空在作业区的飞行；

（5）执行通用航空任务调机到临时机场的飞行；

（6）在特定目视航线上的飞行（速度不限）。

二、基本目视飞行规则的最低天气标准

航空器按照目视飞行规则飞行应当符合以下气象条件：航空器与云的水平距离不得小于 1 500 m，垂直距离不得小于 300 m；高度 3 000 m（含）以上能见度不得小于 8 km，高度 3 000 m 以下能见度不得小于 5 km。

另外，除运输机场空域外，在修正海平面气压高度 900 m（含）以下或离地高度 300 m（含）以下（以高者为准），如果在云体之外，能目视地面，允许航空器驾驶员在飞行能见度不小于 1 600 m 的条件下按目视飞行规则飞行。但必须符合下列条件之一：

（1）航空器速度较小，在该能见度条件下，有足够的时间观察和避开其他航空器和障碍物，以避免相撞；

（2）在空中活动稀少，发生相撞可能性很小的区域。

但是，可以允许旋翼机在飞行能见度小于 1 600 m 的条件下按目视飞行规则飞行。

基本目视飞行规则的最低天气标准见表 5-1。

表 5-1　基本目视飞行规则的最低天气标准

项目	IAS≤250 km/h		IAS>250 km/h	IAS>450 km/h 或飞行高度>6 000 m
能见度要求	≥8 km（3 000 m 含以上）	≥5 km（3 000 m 以下）		
距云水平距离	≥1 500 m			
距云垂直距离	≥300 m			
限制	ATC 批准		ATC 批准、只限于机场起落航线目视飞行	只能仪表飞行

三、特殊目视飞行航线及最低天气标准

特殊目视飞行航线是指地形复杂、导航设备条件差或临时性的非固定航线、规定所有机型

或部分机型只能按照目视飞行规则规定飞行的航线。特殊目视飞行航线主要是受到地形影响，不便于或暂时未设置导航设施以供飞行位置检查或转弯点，只能依靠目视判断地标，进行目视领航。

在运输机场空域修正海平面气压高度 3 000 m 以下，允许按特殊目视飞行规则的天气最低标准和条件实施特殊目视飞行规则飞行，无须满足基本目视飞行规则的最低天气标准。

特殊目视飞行规则天气标准和条件如下：

（1）得到空中交通管制的许可；

（2）云下能见；

（3）能见度至少 1 600 m（旋翼机可用更低标准），或直升机使用更低能见度标准；

（4）除直升机外，驾驶员应满足《民用航空器驾驶员和地面教员合格审定规则》（CCAR-61）部仪表飞行资格要求，航空器安装了在夜间和云上运行的仪表和设备，否则只能昼间飞行。

除直升机外，只有地面能见度（如无地面能见度报告可使用飞行能见度）至少为 1 600 m，航空器方可按特殊目视飞行规则起飞或着陆。

四、目视飞行规则飞行时飞行员应遵守的一般规定

（1）在机场区域内的上升、下降，在严格保持目视飞行安全间隔、距离的情况下，可以穿越其他航空器占用的高度层；

（2）在航线上航空器应按照指定的高度层飞行；

（3）严格禁止飞入云中或者作间断云中飞行；

（4）驾驶员应当进行严密的空中观察。

五、目视飞行规则下的管制工作

（一）目视飞行规则飞行应遵守的规定

在 B、C、D 类空域内按目视飞行规则飞行，应当预先向有关空中交通管制单位申请，并经过批准后方可进行。按目视飞行规则飞行的航空器未经有关空中交通管制单位批准，不得在飞行高度 6 000 m 以上飞行，也不得作跨声速或超声速飞行。在 B、C 和 D 类空域和在机场交通地带按目视飞行规则飞行的航空器，应当遵守下列规定：

（1）飞行前应当预先向有关空中交通管制单位申请，取得空中交通管制单位的放行许可。

（2）飞行中严格按照批准的飞行计划飞行，持续守听空中交通管制单位的频率，并建立双向通信联络。

（3）按要求向有关空中交通管制单位报告飞越每一个位置报告点的时刻和高度层。

（4）航空器按照目视飞行规则飞行，包括按照目视飞行规则在飞行高度 6 000 m（不含）以上作跨音速或者超音速飞行，以及飞行高度 3 000 m（不含）以下且指示空速大于 450 km/h 飞行时，应当经飞行管制部门批准。

（二）目视飞行规则下的守听要求

为便于提供飞行情报、告警服务以及同军事单位之间的协调，按目视飞行规则飞行的航空器，

处于或者进入有关空中交通管制单位指定的区域和航路飞行时，航空器驾驶员应当持续守听向其提供飞行情报服务的空中交通管制单位的有关频率，并按要求向该单位报告飞行情况及位置。

（三）目视飞行规则飞行改为仪表飞行规则飞行要求

按目视飞行规则飞行的航空器要求改为按仪表飞行规则飞行的，应当遵守下列规定：

（1）立即向有关空中交通管制单位报告对现行飞行计划将要进行的更改。

（2）在管制空域内遇到天气低于目视飞行规则的最低气象条件时，能按仪表飞行规则飞行的航空器驾驶员，应当立即向有关空中交通管制单位报告，经空中交通管制单位许可后，改按仪表飞行规则飞行；只能按目视飞行规则飞行的航空器驾驶员，应当立即返航或者去就近机场着陆。

（四）目视飞行规则飞行驾驶员应承担的间隔责任

按目视飞行规则飞行的航空器，驾驶员必须加强空中观察，并对保持航空器之间的间隔和航空器与障碍物之间的安全高度正确与否负责。

六、目视飞行规则条件下燃油要求

（1）飞机驾驶员在目视飞行规则条件下开始飞行前，必须考虑风和预报的气象条件，在飞机上装载足够的燃油，这些燃油能够保证飞机飞到第一个预定着陆点着陆，并且此后按正常的巡航速度还能至少飞行 30 min（昼间）或 45 min（夜间）。

（2）直升机驾驶员在目视飞行规则条件开始飞行前，必须考虑风和预报的气象条件，在旋翼机装载足够的燃油，这些燃油能够保证旋翼机飞到第一个预定着陆点着陆，并且此后按正常巡航速度还能至少飞行 20 min。

（3）在计算本条中所需的燃油和滑油量时，至少必须考虑下列因素：

① 预报的气象条件；

② 预期的空中交通管制航路和交通延误；

③ 失压程序（如适用）或在航路上一台动力装置失效时的程序；

④ 可能延误直升机着陆或增加燃油和/或滑油消耗的任何其他情况。

七、目视飞行间隔标准及使用

航空器在飞行过程中，任何时刻必须保证航空器彼此之间满足至少垂直、纵向、侧向（后两者合成水平间隔）三维中有一维满足规定的间隔标准。

（一）垂直间隔

目视飞行规则飞行航空器与地面障碍物的垂直间隔规定如下：

（1）机场区域内目视飞行规则飞行最低安全高度。

巡航表速 250 km/h（不含）以上的航空器，按照机场区域内仪表飞行规则飞行最低安全高度的规定执行。

巡航表速 250 km/h（含）以下的航空器，距离最高障碍物的真实高度不得小于 100 m。

（2）航线目视飞行规则飞行最低安全高度。

巡航表速 250 km/h（不含）以上的航空器，按照航线仪表飞行规则飞行最低安全高度的规定执行。

巡航表速 250 km/h（含）以下的航空器，通常按照航线仪表飞行规则飞行最低安全高度的规定执行；如果低于最低高度层飞行时，距航线两侧各 5 km 地带内最高点的真实高度，平原和丘陵地区不得低于 100 m，山区不得低于 300 m。

航空器进行航路、航线飞行或转场飞行时，应当按照所配备的飞行高度层飞行，具体参见第四章巡航高度层配备规定。

（二）水平间隔

（1）B、C 类空域内目视飞行航空器的最低纵向和侧向间隔标准应当符合以下规定：

① 同航迹、同高度目视飞行的航空器之间纵向间隔为：指示空速 250 km/h（含）以上的航空器之间，5 km；指示空速 250 km/h 以下的航空器之间，2 km。

② 超越前面航空器时，应当从其右侧，保持 500 m 以上的侧向间隔超越。

（2）D 类空域内目视飞行航空器的最低纵向和侧向间隔标准应当符合以下规定：

① 昼间航空器之间的纵向间隔：A 类航空器不得小于 1.5 km，B 类航空器不得小于 3 km，C、D 类航空器不得小于 4 km，并应当注意航空器尾流的影响。同型航空器之间不得超越。只有经过允许，在三转弯以前，快速航空器方可以从外侧超越慢速航空器。昼间各航空器之间的侧向间隔：A 类航空器不得小于 200 m，B、C、D 类航空器不得小于 500 m。除需被迫着陆的航空器外，不得从内侧超越前面航空器。

② 夜间飞行时，航空器在起落航线或者加入、脱离起落航线时，航空器驾驶员能够目视机场和地面灯光，管制员可允许其作夜间起落航线飞行。在夜间起落航线飞行中，不得超越前面航空器，各航空器之间的纵向间隔不得小于 4 km。

③ 管制员在必要时应当向有关目视飞行航空器提供交通情报，通知其应当使用目视间隔。

（3）目视飞行航空器使用同一跑道起飞、着陆时其最低间隔标准应当符合以下规定：

① 在前面航空器已飞越跑道末端或在跑道上空改变航向已无相撞危险前，或者根据目视或前面航空器报告确认该航空器已脱离跑道前，后面航空器不得开始起飞滑跑；

② 在前面航空器已飞越跑道末端或在跑道上空改变航向已无相撞危险前，或者根据目视或前面航空器报告确认该航空器已脱离跑道前，后面航空器不得飞越跑道进入端。

（4）直升机间隔。

目视飞行的直升机使用同一起飞着陆区起飞、着陆时，最低间隔标准应当符合如下规定：

① 先起飞、着陆的直升机离开起飞、着陆区之前，后起飞的直升机不得开始起飞；

② 先起飞、着陆的直升机离开起飞、着陆区之前，着陆的直升机不得进入起飞、着陆区；

③ 起飞点与着陆点的间隔在 60 m 以上，起飞、着陆航线又不交叉时，可以准许同时起飞、着陆。

（三）目视间隔使用

目视间隔是间隔的一种类型，与管制员提供的程序和雷达管制间隔相比，目视间隔的实质是将保持安全间隔责任委托给航空器驾驶员。此时运行中的航空器的防撞责任回归到航空器机长身上，因此在飞行过程中实施目视间隔时，管制员和飞行员均应遵守同一程序。

（1）在实施目视间隔前，管制员必须通过雷达给驾驶员必要的交通咨询，如相关航空器的方位和距离。

（2）航空器驾驶员目视判明目标接受目视间隔后，管制员可指示航空器驾驶员保持目视间隔接受目视间隔的航空器驾驶员负有以下责任：

① 保持不间断的空中观察；

② 为保持间隔作必要的机动飞行；

③ 避开前方航空器的尾流间隔；

④ 当对相关航空器失去目视时，及时通知管制员，以便重新配备程序或雷达间隔。

（3）目视间隔是管制员为航路、终端和塔台管制空域内运行的航空器配备的一种飞行间隔。目视间隔配备应当考虑以下两种情况：

① 塔台管制员看到相关航空器并为其配备目视间隔，以避免航空器发生飞行冲突。

② 航空器驾驶员看到其他相关航空器并得到管制员保持目视间隔的指令后，通过必要的机动飞行来保持安全间隔，以避免飞行冲突。该情况下的目视间隔可以通过目视跟进或者保持与相关航空器持续能见的方式来建立。

（4）塔台管制员持续目视能见两个相关航空器并为其配备目视间隔时，应当注意以下事项：

① 塔台管制员对所配备的目视间隔负责，应当通知航空器驾驶员正在使用目视间隔。

② 当前行的航空器为重型机或某些特殊机型时，如 B757，此时塔台管制员不得在两航空器之间配备目视间隔。

（5）当航空器驾驶员看到另外一架相关航空器并且管制员指示与其保持目视间隔时，在飞行过程中管制员应注意以下事项：

① 向航空器驾驶员通报另外一架相关航空器的位置、飞行方向、机型、尾流等级和意图。

② 证实航空器驾驶员已经看到另外一架相关航空器。

③ 当航空器驾驶员报告看到另外一架相关航空器并表示能够保持目视间隔，或者管制员向驾驶员证实能否保持目视间隔并得到驾驶员的肯定答复时，可以指示航空器驾驶员与另外一架相关航空器保持目视间隔。

④ 当配备目视间隔的航空器雷达标牌出现汇聚趋势时，管制员应当向航空器驾驶员通报相关交通信息。

⑤ 如有必要，管制员应当向另外一架相关航空器通报交通信息，并告知正在使用目视间隔。

⑥ 当两架航空器相对飞行或小角度汇聚飞行时，管制员应当在双方驾驶员目视证实相遇后再指挥航空器实施高度穿越。

八、目视飞行避让规定

目视飞行的航空器相遇时，应当按照下列规定避让并调整间隔。

（1）两架航空器在几乎同一高度上对头相遇时，应该各自向右避让，相互间保持 500 m以上间隔。

（2）两架航空器在几乎同一高度上交叉相遇时，航空器驾驶员从座舱左侧看到另一架航空器时，应当下降高度；从座舱右侧看到另一架航空器时，应当上升高度。

（3）航空器在几乎同一高度上超越前方航空器，后方航空器航迹与前方航空器对称面夹角小于 70°时，应当从前面航空器右侧保持 500 m 以上的间隔进行，避免小于规定间隔从对方上下穿越或从其前方切过，后方超越的航空器对保持两架航空器之间的间隔负责。

（4）单机飞行的航空器，应当避让编队飞行的航空器。

（5）有动力装置的重于空气的航空器应当避让飞艇、滑翔机或气球。

（6）飞艇应当避让滑翔机及气球。

（7）滑翔机应当避让气球。

（8）有动力装置的航空器，应当避让拖曳物体的航空器。

（9）飞行中的或在地面上、水面上运行的航空器，应当避让正在着陆或正在进近着陆的航空器。

（10）正常飞行的航空器，应当避让已知需被迫着陆的航空器。

（11）重于空气的航空器为了着陆而在同一机场同时进近时，高度较高的航空器应当避让高度较低的航空器；但是，后者不得利用此规定切入另一架正在进入着陆最后阶段的航空器前方或超越该航空器。

（12）滑行的航空器，应当避让正在起飞或即将起飞的航空器。

九、目视飞行计划申请内容

目视飞行计划申请内容包括：目视飞行种类、航空器呼号、航班号、航空器型别和特殊设备、真空速或马赫数、起飞机场、预计起飞时间、巡航高度层、飞行航线、目的地机场、预计飞行时间、航空器登记号码、航空器油量、备降机场、航空器乘载人数及其他。

第三节　仪表飞行规则

一、仪表飞行规则适用范围

在下列情况下必须进行仪表规则飞行：

（1）在仪表气象条件（IMC）（低于目视气象条件）下飞行时；

（2）在云层、云上目视气象条件下飞行时；

（3）夜间飞行时；

（4）高度在 6 000 m 以上飞行时。

仪表飞行的航空器必须具有姿态指引、高度指示、位置判断和时钟等设备，其机长必须具有仪表飞行等级的有效驾驶执照。

二、仪表飞行规则的管制工作

（一）航空器应装备的设备

按照仪表飞行规则飞行的航空器，应当装备仪表飞行所需的设备以及与所飞航路相适应的无线电通信导航设备。

（二）飞行高度规定

按仪表飞行规则飞行的航空器作水平巡航时，应当保持在空中交通管制单位指定的巡航高度层飞行。

（三）航空器驾驶员应报告的事项

航空器按仪表飞行规则飞行时，航空器驾驶员应当在规定频率上持续守听，并向有关空中交通管制单位报告以下事项。

（1）飞越每一个指定报告点的时间和飞行高度，但当该航空器处于雷达管制下时，仅在通过空中交通管制特别要求的那些报告点时才作出报告；

（2）遇到任何没有预报的但影响飞行安全的气象条件；

（3）与飞行安全有关的任何其他信息。

（四）仪表规则飞行改为目视飞行规则飞行

1. 仪表规则飞行改为目视飞行规则飞行条件

（1）航空器驾驶员向空中交通管制单位提出取消其现行仪表飞行规则计划及其飞行计划的变更申请。

（2）空中交通管制单位收到航空器驾驶员提出的飞行规则变更申请后，作出是否同意的决定。对同意飞行规则变更的，管制单位应当通知航空器驾驶员取消仪表飞行规则飞行的时间，并通知相关管制单位。

（3）只有当管制单位收到并同意飞行规则变更申请后，航空器方可转为目视飞行规则飞行。

（4）管制单位不得直接或者暗示性地要求航空器由仪表飞行规则飞行改为目视飞行规则飞行。

（5）管制单位如果掌握到飞行航路上可能出现仪表气象条件的情况时，应当将此情况告知正由仪表飞行规则飞行改为目视飞行规则飞行的航空器驾驶员。

2. 仪表规则飞行改为目视飞行规则飞行的规定

（1）按仪表飞行规则飞行的航空器，要求改为按目视飞行规则飞行的，应当事先向有关空中交通管制单位报告，得到许可后方可改变。

（2）按照仪表飞行规则飞行的航空器在飞行中遇到目视飞行规则的气象条件时，除预计能够长时间、不间断地在目视气象条件下飞行外，不得提出改变原来申请并经批准的仪表飞行规则飞行计划。

（五）仪表规则飞行其他规定

（1）航空器在飞行空域内和仪表进近过程中，必须保持规定的高度，按照仪表进近程序图规定的路线飞行。

（2）进、离机场区域的航空器，必须按照进、离场图的规定，在指定的高度上飞行。

（3）在航线上飞行的航空器，必须保持规定的航线、高度层和速度规定。

航线飞行中，空勤组应当利用机上和地面导航设备准确保持航迹，并随时检查航空器的位置，不论飞行条件如何，机长都必须确知航空器所在位置，并按规定向空中交通管制部门报告航空器的位置、飞行情况和天气情况。

空中交通管制员应严格控制航空器上升、下降的时机并对航空器之间的间隔、距离和高度层配备是否正确负责。

（六）同时有仪表规则飞行和目视规则飞行的规定

同时有仪表规则飞行和目视规则飞行时，只有目视飞行的航空器之间按照目视飞行规则执行，目视飞行与仪表飞行、仪表飞行与仪表飞行的航空器之间按照仪表飞行规则执行。

仪表飞行规则航空器之间的间隔标准详见本书机场管制、程序管制和雷达管制章节。

三、Ⅱ类运行的机场的管制工作内容

Ⅱ类（CATⅡ）运行是指决断高低于 60 m（200 ft）但不低于 30 m（100 ft），跑道视程不小于 350 m 的精密进近和着陆。提供Ⅱ类运行的机场，空中交通管制通常由塔台管制室或进近管制室负责。塔台管制室应当设立起飞、着陆管制席和地面管制席。

提供机场Ⅱ类运行服务的空中交通管制单位除履行应当履行的有关职责外，还应当承担下列工作：

（1）发布实施Ⅱ类运行的通知；

（2）通过监视设备了解、掌握机场场道、灯光和仪表着陆系统的工作状况；

（3）通过机场活动监视和通信设备，掌握和指挥机动区内和仪表着陆系统敏感区内的地面交通活动状况，保证敏感区不受航空器、车辆等物体对航向和下滑信号的侵扰；

（4）指定起飞、着陆跑道和航空器的进离场滑行路线以及机动区车辆的行驶路线；

（5）向航空器及时通报气象、跑道道面和助航灯光以及仪表着陆系统等设施工作状况的信息；

（6）控制地面和空中交通的流量，提供必要的地面交通间的间隔信息。

Ⅱ类运行时，航空器之间的最低间隔标准，应当以程序管制或雷达管制间隔为最低间隔，并且在运行中至少应当满足下列要求：

（1）进离场航空器使用同一跑道时，离场航空器起飞并飞越航向台天线时，进近航空器距接地点的距离应当不小于 10 km；

（2）进近航空器应当在距接地点 19 km 以上切入仪表着陆系统航向道；

（3）对进近航空器应当在其距接地点 4 km 之前发出着陆许可；

（4）跟进进近着陆的航空器间应当保持应有的安全间隔，以保证前机着陆脱离跑道时，后机距接地点的距离不少于 10 km。

四、连续下降最后进近

（一）连续下降最后进近概念

连续下降最后进近（Continue Decenting Final Approach，CDFA）技术是一种与稳定进近相关的飞行技术，在非精密仪表进近程序的最后进近阶段连续下降，没有平飞，从高于或等于最后进近定位点高度/高下降到高于着陆跑道入口大约 15 m（50 ft）的点或者到该机型开始拉平操作的点。

稳定进近的特征是保持恒定俯仰角和下降率的进近垂直航迹直至起始着陆动作。飞越最后进近定位点后，在下降至低于最低稳定进近高度/高之前建立着陆形态、合适的进近速度、推力调定和航迹，例如，在仪表气象条件下飞机高于跑道入口标高 1 000 ft，目视气象条件下高于跑道入口标高（500 ft）至着陆接地区，保持航空器下降率不大于 1 000 ft/in（如果预计下降率将大于 1 000 ft/min，应做一个特殊的进近简令）。稳定进近的更详细内容可参考咨询通告《机组标准操作程序》（AC-121-22）附件 2。

CDFA 技术示意图见图 5-1。

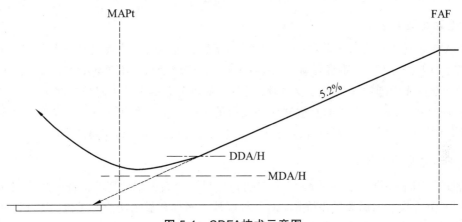

图 5-1　CDFA技术示意图

CDFA 特定决断高度/高（DDA/H）。使用 CDFA 技术进近时，为确保航空器在复飞过程中不低于公布的最低下降高度/高，由运营人确定的在公布的最低下降高度/高以上的某一高度/高（即 DDA/H），当下降至此高度/高时，如果不具备着陆条件，飞行员应开始复飞。

（二）CDFA 技术的优势

相对于航空器在到达最低下降高度/高前快速下降的大梯度下降（快速下降后平飞）进近技术，CDFA 技术具有下述优势：

（1）通过应用稳定进近的概念和标准操作程序降低安全风险；

（2）提高飞行员情景意识并减少工作负荷；

（3）减少大推力状态下的低空平飞时间，提高燃油效率、降低噪音；

（4）进近操作程序类似于精密进近和类精密进近，包括复飞机动飞行；

（5）能够与气压垂直导航（baro-VNAV）进近的实施程序相整合；

（6）减少在最后进近航段中低于超障裕度的可能性；

（7）当处于公布的下降梯度或下滑角度飞行时，航空器姿态更容易使飞行员获得所需的目视参考。

（三）CDFA 技术的适用性

CDFA 技术适用于下列公布了垂直下降梯度或下滑角度的非精密进近程序：VOR，VOR/DME，NDB，NDB/DME，LOC，LOC/DME，GNSS；在境外运行时，还可能包括 LOC-BC，LDA，LDA/DME，SDF，SDF/DME 等。但 CDFA 技术不适用于目视盘旋进近。

（四）CDFA 技术的运行程序和飞行技术

1. 设备要求

除了非精密进近程序所要求的设备外，CDFA 技术不需要特殊的航空器设备。飞行员可以使用基本的驾驶技能、航空器的基本导航性能、航空器飞行管理系统（FMS）或区域导航系统（RNAV）设备等在适用的非精密进近程序中安全实施 CDFA。同时，飞行员可以利用测距仪（DME）定位点、交叉径向线、卫星导航系统（GNSS）提供的航空器至跑道的距离等数据，按照仪表进近图监控航空器在复飞点前的水平和垂直进近航迹。

2. 进近类型要求

CDFA 要求使用仪表进近程序中公布的垂直下降梯度或气压垂直引导下滑角度。安装有飞行管理系统（FMS）、气压垂直导航（baro-VNAV）、广域增强系统（WAAS）或类似设备的航空器，当从数据库中选定仪表进近程序时，通常会提供公布的垂直下降角（VDA）或下滑角度。具有飞行航迹角（FPA）模式的航空器允许飞行员根据公布的垂直下降梯度或下滑角度输入一个电子的下滑角。如果航空器没有这类设备，那么飞行员必须计算需要的下降率。

3. 计算需要的下降率

仪表进近图中提供了下降率表，飞行员可以使用这个表根据地速直接查出或使用插值法计算出使用 CDFA 技术所需要的下降率。对于没有地速测算和显示功能的飞机，飞行员利用表速估算出地速并进一步计算出下降率的方法是可以接受的。

4. 最后进近定位点后包括梯级下降定位点的程序设计

在某些情况下，最后进近定位点后包括梯级下降定位点，仪表进近程序会公布梯级下降定位点和之后相应的垂直下降梯度。对于最后进近定位点后包括梯级下降定位点的程序，其设计目标是公布一个垂直下降梯度或下滑角度，确保垂直航迹不低于梯级下降定位点的超障高度。

对于由最后进近定位点高度/高和梯级下降定位点高度/高确定的下降梯度或下滑角度略小于梯级下降定位点和跑道之间航段所公布的垂直下降梯度或下滑角度的程序，飞行员可以使用两种方法实施进近：

（1）以较小的下降率从最后进近定位点开始下降，从而在梯级下降定位点高度或以上飞越，然后过渡到公布的垂直下降梯度；

（2）从通过最后进近定位点以后的一点开始下降，使航空器以相应公布的垂直下降梯度下降并且在飞越梯级下降定位点时满足高度限制要求。

对于最后进近定位点后包括梯级下降定位点的进近程序，运营人应在其手册和标准操作程序中确定其飞行员应使用何种方法实施进近，并且无论使用哪种方法，在实施进近过程中，飞行员都应该沿着一条满足所有高度限制的连续下降航迹来实施进近。

5. CDFA 特定决断高度/高（DDA/H）

飞行员在使用 CDFA 技术的过程中执行复飞时，不得使航空器下降到最低下降高度/高以下。考虑到航空器在复飞过程中可能的高度损失等因素，运营人应指令他们的飞行员在公布的最低下降高度/高以上的某一高度/高（即 CDFA 特定决断高度/高（DDA/H），例如在公布的最低下降高度/高上增加 50 ft）开始复飞，以确保航空器不会下降到公布的最低下降高度/高以下。

6. 在 CDFA 特定决断高度/高（DDA/H）时决断

沿公布的垂直下降梯度或下滑角度飞行时，航空器将会在复飞点前达到 CDFA 特定决断高度/高（DDA/H），在下降至 CDFA 特定决断高度/高（DDA/H）时，飞行员有且只有两种选择：清楚看到和辨认要求的目视参考并且具备着陆条件时方可继续下降至着陆；执行复飞，且不允许航空器下降到最低下降高度/高以下。

7. 在复飞点前开始复飞

当在复飞点之前执行复飞并且未取得空中交通管制的指令时，应按照公布的复飞程序飞行，在飞越复飞点后才可以起始沿公布的复飞程序转弯。

8. 不使用 CDFA 技术的运营人的能见度最低标准

如果在非精密进近中不采用 CDFA 技术，运营人所确定的其机场运行最低标准应在局方批准的该机场最低标准之上。对于 A、B 类飞机，跑道视程/能见度（RVR/VIS）至少增加 200 m，对于 C、D 类飞机，RVR/VIS 至少增加 400 m（参见《民用航空机场运行最低标准制定与实施准则》（AC-97-FS-2 011-01））。增加上述能见度最低标准，目的是使不采用 CDFA 技术的运营人的飞行员在最低下降高度/高平飞时有足够的裕度来获得恰当的目视参考，并转换至目视下降，以便在接地区着陆。

实施 CDFA 技术前对飞行机组训练、检查要求等可进一步查阅咨询通告《连续下降最后进近（CDFA）》（AC-121/135-FS-2 013-46）。

五、夜间飞行

夜间飞行是指航空器从日落到日出之间的飞行。具体各地每天日出、日没时刻是不同的，可以通过日出、日没时刻表查时刻。

（一）设备要求

在夜间和云上运行的所有航空器除安装仪表飞行规则飞行规定的仪表和设备外，还应当装备：

（1）防撞灯和航行灯；

（2）两个着陆灯（仅装有一个着陆灯但有两个单独供电的灯丝，可认为符合规定），但对于固定翼飞机实施的航空作业运行，可仅安装一个着陆灯；

（3）供飞行组使用的、安全运行所必需的仪表和设备的照明；

（4）客舱灯光；

（5）在每一个机组成员座位处配置一个电筒。

航空器在夜间、云上运行或者局方另外规定的其他期间，应当按规定开启或者显示灯光。

（二）最低安全高度要求

夜间飞行最低安全高度按照仪表飞行规则要求执行。

（三）夜间飞行注意事项

（1）每个飞行员必须配备红白灯光的手电筒；

（2）飞行前检查飞机的内部外部灯光，确保工作正常；

（3）熟悉机场灯光系统；

（4）检查天气报告，关注露点温度差，当露点温度差较小时警惕辐射雾的产生；

（5）滑行前应该打开滑行灯，有必要还应打开着陆灯，滑行时应注意观察；

（6）夜间目视飞行时，机外可用目视参考物有限，驾驶舱灯光应该调至较低亮度，飞行员应能看清驾驶舱设备，又不妨碍对外观察；

（7）夜间目视飞行时，应充分利用机载仪表设备，控制好飞机状态；

（8）夜间进近时，可参考目视进近下滑指示系统（VASI 或 PAPI），防止黑洞效应；

（9）飞行员应做好特殊情况的准备，特别是夜间飞行发动机失效和飞机断电。

第六章　空中交通服务通信

空中交通服务通信是民航事业的重要组成部分，是空中交通部门实施空中交通服务的重要保障。因此，空中交通管制人员应熟悉和掌握空中交通服务通讯业务，对各种通讯设施的性能和所具有的功能了如指掌，对其使用能达到熟练自如的程度。这对于保证飞行安全，提高工作效率有着十分重要的意义。

第一节　航空通信系统

航空通信根据其使用范围、特性而分为两大部分：航空固定通信和航空移动通信（地空通信）。所谓航空固定通信就是在规定的固定点之间进行的单向或双向通信；航空移动通信（地空通信）是航空器电台与地面电台或地面电台某些点之间的双向通信。

航空固定通信是民航通讯的重要组成部分，是在规定的固定点之间进行的单向或双向通信，主要为空中航行安全、正常、有效和经济地运行提供电信服务。

航空移动通信，即地空通信，是航空器电台与地面电台或地面电台某些点之间的双向通信。其根据用途又分为地空数据链通信和地空语音通信。

民用航空对通信的需求有着非常显著的自身特点。首先，航空通信要求覆盖范围广，可以覆盖飞行的全程，既包括大陆地区，也包括偏远的洋区和极地地区；其次，因为所传输的信息关乎飞行安全，所以航空业对通信的可靠性有着非常高的要求，这种高可靠需要在航空器高速飞行过程中、在机载设备和地面系统所处的相对复杂的电磁环境下得以保持；此外，航空通信系统要既能够提供实时的语音通信，也能够提供传输文本指令、图形等信息的数据通信服务。因此，航空通信系统无法使用单一的技术满足诸多的需求，需要依据系统的不同应用范围、对传输质量要求、频率资源和电磁环境等多种因素，采用适当的通信技术。

一、民航固定通信网络

航空固定通信业务是通过平面电报、数据通信、卫星通信、有线通信来进行的，因此，这几种通讯方式也就构成了民航的通讯网络。民航空中交通服务单位必须具有航空固定通信设施（直接电话通信和印字通信，下同），交换和传递飞行计划和飞行动态，移交和协调空中交通服务。空中交通服务单位应具有的固定通信设施要求参见第二章有关内容。

（一）国际通讯网络

国际通讯网络包含两种电路：AFTN 电路和 SITA 电路。

（1）AFTN 电路：国际民航组织航空固定业务通讯网路，是为民航当局之间传递航空业务电报和飞行勤务电报服务的。

（2）SITA 电路：是为传递各航空公司之间运输业务电报服务的。

（二）国内通讯网络

全国民航以中国民航总局为中心，业务通讯遍及全国各个管理局、空管局、航空公司和航站。民航业务通讯通常依靠有线电传和无线电报进行。有线电话是一种重要的辅助通讯方式。

二、空中交通服务单位对固定通信设施的要求

空中交通服务单位对固定通信设施的要求详见第二章第四节。

三、航空通信系统发展规划

（一）ICAO 通信系统发展规划

第 37 届 ICAO 大会上提出了全球 CNS 技术路线图。该技术路线图解决了当前由于各种不同的技术选择所造成的航行系统运作的困难。国际民航组合特别强调当前许多拥有相似名称的 CNS 技术发挥着不同的作用，如何综合利用这些技术来达到最佳的运作效果还不是很清楚。因此，ICAO 分别规划了通信、导航、监视的技术路线图，该技术路线图的提出对于高效处理飞行中遇到的各种问题有实质性的帮助。

对于通信系统，最关键在于发展双向的数据通信，尤其是飞机与地面的通信。通信技术路线图实际上包括 3 种，分别为空地数据链通信、地地通信以及空地语音通信。其技术路线如图 6-1 和图 6-2 所示。每种技术路线图由两部分组成，分别为用于提供链路媒介的技术和使用通信链路的服务，描述了现存的技术标准、正在发展的潜在的技术以及通信服务。

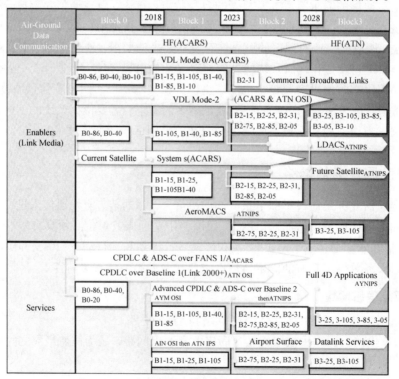

图 6-1　通信技术路线

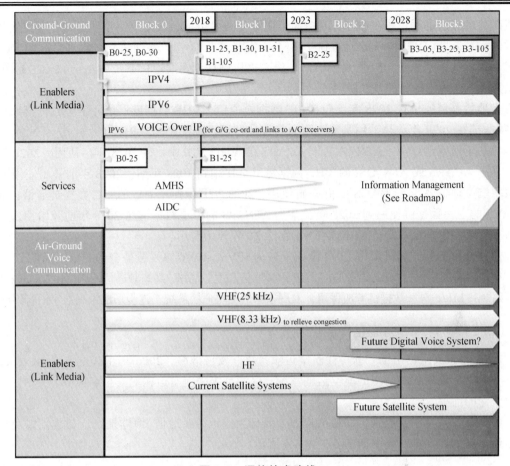

图 6-2　通信技术路线

未来将要发展的新技术主要有以下几项：L 波段数字航空通信系统（LDACS）、卫星数据链通信、数字语音系统以及卫星语音系统。由于每一阶段技术的能力和性能限制使得新技术的不断发展和推进，但是未来将根据当时现状进行特别的考虑，以便决定实际的需求。关于此问题现在主要有两种观点：

（1）持续增长的交通流量。尽管如此，各种发展措施可能抵消这种增长，例如：通过对不同功能空域的合理使用，能够使得 VHF 通信得到最大限度的使用；在未来以数据为中心的环境下，提高语音通信的使用使得对 VHF 频谱的需求减少，从而延长其使用寿命。

（2）运行模式的发展，如基于轨迹的运行模式（TBO）以及广域系统信息管理方式（SWIM），同样需要更大容量的媒介。这些增长需求可以通过以下措施抵消：为了确定交通载荷，现有数据链技术的使用周期，将对运行模式进行严格的审查；考虑到很多新的信息服务不需要与和安全相关的服务保持同样的性能水平，并且能够由一些可用的商业数据网络负载，因此可扩大可用技术的使用周期以及交通安全服务的航空频段。

通信服务也有两点值得注意：一是通信服务本身会随时间变化；二是支持通信服务的技术可能会改变。TBO 以及像间隔管理这样的过渡应用的实施，将需要高标准的审定，这使得技术升级更新变得昂贵。这意味着必须找到允许基于运行经验使系统升级改善的方法，而不是花费大量的审定成本。管制员与飞行员直接链路通信（CPDLC）就是一个基于运行经验使系统升级改善的极好的通信服务例子。支持通信服务的技术可能会改变有一个明显的例子，从基于开放式系统互联（OSI）协议的通信到互联网协议群（IPS）。例如，在通信领域得到发展的 VDL-2 模式，该项技术是基于 OSI 协议，然而，像未来机场场面无线通信系统（Aero MACS）、卫星通信以及 LDACS 将基于 IPS 使用。

空地数据链通信在 2028 年前包括 HF 数据链通信，VHF 数据链通信和卫星数据链通信，HF 数据链在 2028 年前是采用基于飞机通信寻址与报告系统（ACARS）的数据链，2028 年后发展成基于航空电信网（ATN）；基于 ACARS 的 VHF VDL0/A 在 2028 年前使用，2028 年停止，基于 ACARS 或 ATN OSI 的 VHF 数据链继续使用到 2028 年后，2028 年前开始使用 L 波段数字航空通信系统（LDACS），并一直使用；2023 年开始使用商业的宽带数据链通信；基于 ACARS 的卫星数据链使用到 2028 年，基于 ATN IPS 的卫星数据链在 2028 年前开始使用；另外航空移动空港通信系统（AeroMACS）在 2018 年开始使用。

地地通信的互联网协议由 IPV4 全面发展为 IPV6，IPV6 协议覆盖全部的语音通信。

空地语音通信包括 VHF 语音通信，HF 语音通信和卫星通信。甚高频通信的频率由 25 kHz 逐步过渡到 8.33 kHz，高频数据链有所保留，发展未来的卫星通信系统，逐步形成未来数字语音系统。

（二）FAA NextGen 通信发展规划

2003 年，美国提出了"新一代航空运输系统"发展战略，2006 年正式更名为 NextGen，建立一个更加现代化的新型的航空运输系统，以满足未来航空运输对安全、容量、灵活、效率以及安保的需要。

美国新一代空中交通管理的通信规划主要分为空地语音通信、海洋地区通信规划以及空地数据通信规划。技术线路图如图 6-3 和 6-4 所示。

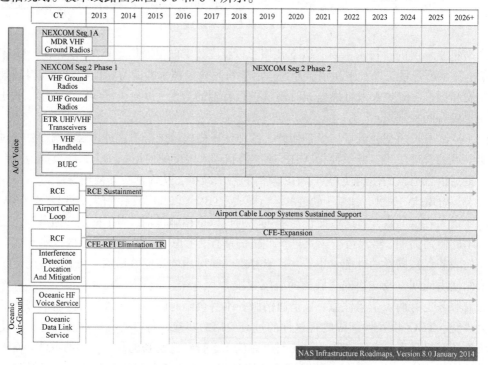

图 6-3　空地语音和海洋地区通信技术路线

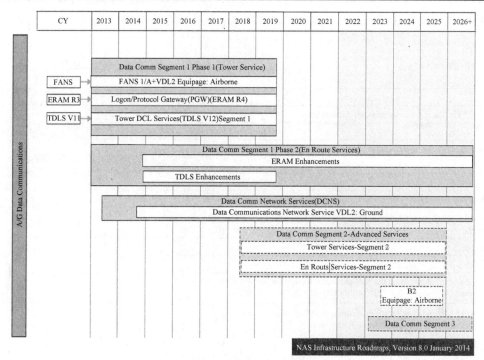

图 6-4 空地数据通信技术路线

图 6-4 表示管制员与飞行员之间的日常通信从语音通信转变为数据通信服务的计划，这能由航路和终端 ATC 自动系统的数据链所转变。数据通信第一阶段第一部分将为 3 种存在的通信协议提供服务。未来航行系统将利用现有的数据链能力，配备有未来航行系统的飞机将和 ATC 设备之间有更为复杂的数据链连接。PGW 从 2012 年开始升级去确保与飞行员传输的安全性。终端数据链系统（TDLS）当前已经用于传输放行许可和其他给予飞机离场的信息，它已经按数据通信第一阶段计划进行升级和优化。数据通信第一阶段第二部分将为飞行员提供航路服务，更为复杂的应用将从当前到 2025 年进行发展。数据通信网络服务 DCNS 将建立必要的地基设备去支持飞机和 FAA 设备之间的通信。数据通信第二、第三阶段将为第一阶段发展的终端和航路能力增加增强型服务。

（三）欧洲 SESAR 通信系统发展规划

欧洲单一天空计划通信服务的总趋势是从模拟通信到数字通信的转变，特别是语音通信。通信技术规划如图 6-5 所示。

到 2020 年，通信技术能够提高系统内工作人员之间的语音与数据交换质量。地地通信：支持所有 ATM 应用和 SWIM 服务的基于地地通信网络的 IP，地面部分的 VOIP，包括空-地语音链接的地面部分的 VOIP；语音通信：8.33 kHz 为语音通信的标准频率间隔；海洋以及偏远地区使用卫星通信；空-地数据链使用 VDL2 模式，建立健全的航空电信网；机场通信：支持场面通信的新机场数据链，使用 IEEE 802.16 导出的协议。

2020 年以后，通信系统将更加完备，能够适应繁忙的空域信息传输。数据链通信成为主要的通信方式。语音通信作为备用方式保留；共用网络传输机制将支持不同种类的数据链，管理端到端服务的质量；新通信组件的实施在 2020 年之后，包括补充 VDL2/航空电信网到陆基

（宽带或窄带）和空基部分上，可以支持新的要求最严格的数据链服务。

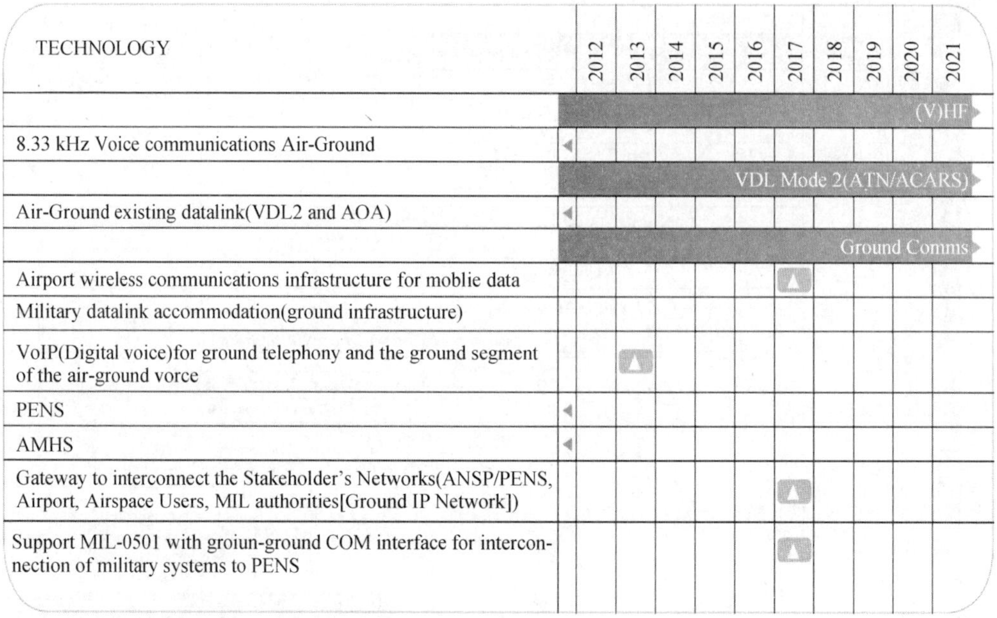

TECHNOLOGY	2012	2013	2014	2015	2016	2017	2018	2019	2020	2021
										(V)HF
8.33 kHz Voice communications Air-Ground	◄									
							VDL Mode 2(ATN/ACARS)			
Air-Ground existing datalink(VDL2 and AOA)	◄									
								Ground Comms		
Airport wireless communications infrastructure for moblie data						▲				
Military datalink accommodation(ground infrastructure)										
VoIP(Digital voice)for ground telephony and the ground segment of the air-ground vorce		▲								
PENS	◄									
AMHS	◄									
Gateway to interconnect the Stakeholder's Networks(ANSP/PENS, Airport, Airspace Users, MIL authorities[Ground IP Network])						▲				
Support MIL-0501 with groiun-ground COM interface for interconnection of military systems to PENS						▲				

图 6-5　通信技术规划

对于通信数据链的频率以及信道规划，国际民航组织也做了特别说明。1995 年，国际民航组织通信协议会议在附件 10 将中 8.33 kHz 双边带调幅系统标准化。1999 年 10 月到 2002 年底，8.33 kHz 的信道将逐步用于欧洲的所有高空空域（24 500 ft 以上）。2005 年到 2007 年，8.33 kHz 的信道将逐步用于欧洲的所有高空空域（19 500 ft 以上）。下一步是计划是在 2 010 至 2014 年将 8.33 kHz 扩大至 19 500 ft 以下的欧洲空域。

（四）我国民航通信系统发展规划

我国民航通信系统发展规划主要分为地空语音通信、地空数据通信以及地地通信。除了与空中飞行的航空器进行通信，地空通信也包括了机场场面通信的部分，因此也被称为航空移动通信；地面通信过程中的各方通常位于固定的位置，所以也称为航空固定通信。其中实施过程规划分为三个阶段，即近期（2016—2020 年）、中期（2021—2025 年）、远期（2025 年以后）。具体路线如图 6-6 所示：

近期（2016—2020 年）：甚高频地空语音通信是主要的地空通信手段，通信频率间隔为 25 kHz，在偏远地区和洋区，则使用高频（HF）或卫星通信完成地空通话。地空数据通信技术主要为面向字符传输的飞机通信寻址与报告系统 ACARS，该系统可以工作在甚高频、高频和卫星通信信道上。地面通信原先使用 X.25 网络和计算机处理系统作为电传技术的航空固定电信网 AFTN 逐渐被淘汰，大力发展航空电信网 ATN，使得地面通信无缝传输。

中期（2021—2025 年）：甚高频地空语音通信仍然是主要的地空通信手段，通信频率间隔由 25 kHz 逐渐向 8.33 kHz 过渡。数据通信方面大力发展更高传输速率、面向比特传输的甚高频数据链模式 2（VDL-2）技术，并且发展民航地空宽带通信系统 ATG，其可为飞行中的飞机提供至少 30Mbps 的通信带宽，地面单基站标准覆盖半径 200 km，支持飞机飞行速度

2 000 km/h。在偏远地区和洋区，使用高频（HF）或卫星通信完成地空通话，同时将数据通信技术有选择地应用。

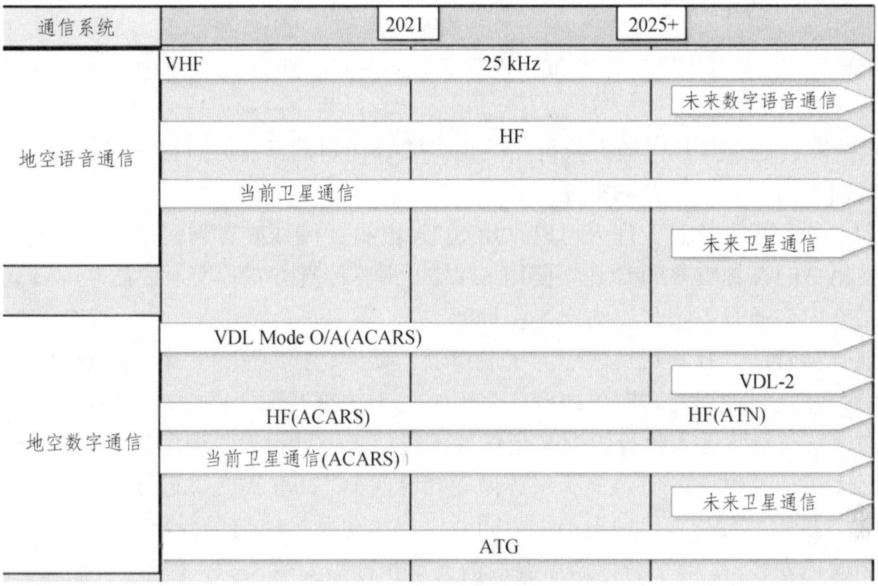

图 6-6　通信系统规划

远期（2025 年以后）：继续发展维护甚高频地空语音通信系统，其通信频率间隔全面应用 8.33 kHz，保留高频 HF 语音通信作为备份。东部地区 6 600 m 以上空域实现双重覆盖，西部大部分地区以及主要航路 6 600 m 以上空域全部实现单重覆盖，部分地区发展双重覆盖试验运行。地空数据通信技术全面应用 VDL-2 模式，ATG 应用做到飞机与地面、飞机与飞机之间的实施数据传输，实时地空双向音频通话。ATN 全面覆盖民航通信，利用异构网络互联技术，实现航空器、空管、航空公司、机场等各方的计算机网络的互联，形成一个全球化无缝隙的互联网络。在偏远地区和洋区，实现卫星通信与数据通信的结合使用，将数据通信的各项技术在该地区进行试验运行，最后全面运行。

第二节　领航计划报（FPL）

AFTN（Aeronautical Fixed Telecommunication Network）

SITA（Societe International de Telecommunications Aeronautiques

《中华人民共和国飞行基本规则》第三十五条规定：所有飞行必须预先提出申请，经批准后方可实施。

领航计划报（filed flight plan message，FPL）是由空中交通服务单位根据航空器运营人或其代理人提交的飞行计划数据，拍发给沿航路所有相关空中交通服务单位的电报。FPL 的飞行计划数据是飞行人员执行飞行任务的操作依据，来源于航空器营运人及其代理人（通常为航空公司运行中心（Airlines Operations Center，AOC）或机长）提交的飞行计划。AOC 提供的数据包含在 SITA 放行电报（CLR）中，其格式及内容与 AFTN 中的 FPL 完全一致；而飞行人员提供的数据则以飞行领航计划表的形式提交。因此，飞行人员必须能准确判读 FPL 电报和填写飞行领航计划表。

一、飞行计划的提交

《民用航空飞行动态固定格式电报管理规定》（AP-93-TM-2012-01）中对飞行计划的提交做出了明确规定：

（1）航空器营运人及其代理人获得相关预先飞行计划批复后方可提交飞行计划。提交飞行计划的内容应当与预先飞行计划批复一致。

（2）航空器营运人及其代理人可以采用 SITA 电报、传真或者当面提交等方式提交飞行计划，不得使用 AFTN 提交飞行计划。使用 SITA 电报、传真方式提交时，航空器营运人及其代理人应当与空中交通服务报告室约定工作程序。

（3）航空器营运人及其代理人应当于航空器预计撤轮挡时间 2 h 30 min 前提交飞行计划。遇有特殊情况，经与计划受理单位协商，最迟不晚于航空器预计撤轮挡时间前 75 min 提交飞行计划。国内航空器营运人执行国内飞行任务不得早于预计撤轮挡时间前 24 h 提交飞行计划；航空器营运人执行其他任务不得早于预计撤轮挡时间前 120 h 提交飞行计划。

（4）航空器营运人及其代理人不得为同一飞行活动重复提交飞行计划。

（5）当已拍发 FPL 的飞行计划需要取消或者预计需要取消时，航空器营运人及其代理人应当及时提交取消申请。需要时，可重新提交新的飞行计划，由管制单位再次拍发 FPL。取消领航计划报（flight plan cancellation message，CNL）的拍发不影响已批准的预先飞行计划。

（6）当航空器飞行计划变化时，航空器营运人及其代理人应当于航空器预计撤轮挡时间前 45 min 提交飞行计划修改，并应在最后通知的预计撤轮挡时间后 3 h30 min 以内提交飞行计划修改。对于已经拍发修订领航计划报（CHG：modification message）的飞行计划，不再重新提交新的飞行计划，管制单位不再拍发新的 FPL。

（7）当航空器飞行计划预计或者已经推迟 30 min 以上时，航空器营运人及其代理人应当立即提交飞行计划延误情况。

（8）当管制单位拍发电报时需要补充信息时，航空器营运人及其代理人应当及时提供。

（9）对于不再执行的预先飞行计划，国内航空器营运人应当于预计撤轮挡时间前将情况报民航局空管局运行管理中心、起飞机场所属地区空管局运行管理中心和起飞机场报告室。

二、领航计划报的拍发

FPL 拍发应当符合以下要求：

（1）电报等级：加急报（FF）。

（2）发报单位：受理飞行计划的管制单位或者被指定的单位。

（3）收报单位：

① 沿航路、航线负责提供空中交通服务的管制单位；

② 目的地机场的报告室；

③ 飞行计划涉及的备降机场的管制单位；

④ 上述单位所从属的地区空管局运行管理中心；

⑤ 民航局空管局运行管理中心；

⑥ 涉及航空器空中二次放行时，负责提供空中交通服务的相关管制单位；

⑦ 其他被指定的管制单位。

（4）拍发时间：在航空器预计撤轮挡时间 2 h 前拍发

国内航空器执行国内飞行任务时，不得早于预计撤轮挡时间前 24 h 拍发；航空器执行其他任务时，不得早于预计撤轮挡时间前 120 h 拍发。对于因特殊原因不能在预计撤轮挡时间 2 h 前收到飞行计划并拍发 FPL 电报的，管制单位应当及时受理和拍发，同时记录情况，并向所在地区空管局汇总报备。

（5）有效时限：在最新预计撤轮挡时间之后 4 h 内未拍发 CHG 或者 DLA 电报，则该 FPL 报失效。

（6）电报正文格式：FPL 电报正文是 AFTN 格式电报中规定了固定格式的几种报文之一，即明确了报文每行编写的内容，其格式如下：

（FPL—编组 7—编组 8

—编组 9—编组 10

—编组 13

—编组 15

—编组 16

—编组 18）

（7）编组格式及内容：

① 编组 7——航空器识别标志和 SSR 模式及编码。

格式：—[A]/[B][C]

数据项 A——航空器识别标志。不应多于 7 个字符，不包含连字符或符号的字母或数字。当国内航空公司执行国内段航班，任务性质为补班时，航空器识别标志最后 1 个字符应用 1 个英文字母对应替代，表示如下：

表 6-1

0——Z	1——Y	2——X	3——W	4——V
5——U	6——T	7——S	8——R	9——Q

航空器识别标志包括以下两类：

① 国际民用航空组织分配给航空器运营人的三字代号后随飞行任务的编号作为航空器识别标志；

例如：KLM511、CCA1501、CES510W（CES5103 的补班）、CSN303X（CSN3030 的补班）

② 航空器的注册标志（例如：B2332、ELAKO、4QBCD、N2567GA）。

a. 无线电话联络时航空器所使用的呼号仅包括此识别标志（例如 00TEK），或将国际民用航空组织航空器运营人电话代号置于其前（例如 SABENA 00TEK）；

b. 航空器未装有无线电设备。

注 1：当 SSR 编码情报未知、对接收单位无意义、在不使用二次监视雷达的区域内飞行时，此编组只含有"A"项。

注 2：无线电话呼号的使用规定参见 Doc4444 附件 10 卷 II 第 5 章。国际民航组织代号和航空器经营人的电话代号参见 Doc8585 号文件《航空器经营人、航空当局和服务部门的代号》。

数据项 B——SSR 模式。用字母 A 表示"数据项 C"的 SSR 模式。

数据项 C——SSR 编码。用四位 8 进制数字表示由空中交通服务部门指定给航空器的 SSR编码。

示例 1：-HDA901　　　　示例 2：-BAW039/A3031　　　　示例 3：-CES510H

② 编组 8——飞行规则及种类。

格式：— | A | B |

数据项 A——飞行规则。用 1 个字母表示如下：

表 6-2

I	表示整个飞行准备按照仪表飞行规则运行
V	表示整个飞行准备按照目视飞行规则运行
Y	表示飞行先按照仪表飞行规则运行，后随对飞行规则的一个或多个相应修改
Z	表示飞行先按照目视飞行规则运行，后随对飞行规则的一个或多个相应修改
如果使用字母 Y 或 Z 时，计划改变飞行规则的各个航路点应按编组 15 的要求填写	

数据项 B——飞行种类。用 1 个字母表示有关空中交通服务当局要求的飞行种类：

表 6-3

G	表示通用航空飞行
M	表示军用飞行
N	表示非定期的航空运输飞行
S	表示定期航班
X	表示除上述之外的其他飞行种类
如果需要表示要求 ATS 特别处理的其他原因，则在编组 18 "RMK/"之后说明原因	

示例 1：-VG　　　　示例 2：-IS

③ 编组 9——航空器数目、机型和尾流等级。

格式：— | A | B | / | C |

数据项 A——航空器数目（如多于 1 架）。此单项应仅用于多架航空器编队飞行中，用 1-2位数字来表示航空器架数。

数据项 B——航空器机型。应用 2~4 个字符表示，按附录二规定的代码填写。如无指定的代码或在飞行中有多种机型，填入"ZZZZ"。当使用字母"ZZZZ"时，应在编组 18 "TYP/"数据项中填入航空器具体机型。

数据项 C——尾流等级。应用 1 个字母表示。

航空器的最大允许起飞重量决定航空器的尾流等级。

H	重型	≥136 t
M	中型	7（不含）～136 t（不含）
L	轻型	≤7 t

示例 1：—B738/M　　　　　　　　示例 2：—B744/H

示例 3：—ZZZZ/M……TYP/J20　　　示例 4：—3ZZZZ/L……TYP/3WZ10

④ 编组 10——机载设备与能力。

格式：— ［ A ］ / ［ B ］

本标准中没有描述的任何数字字符作为保留字符。机载设备与能力由机载设备与能力由"在飞机上存在的相关可用设备"、"与机组成员资格能力相符的设备和能力"以及"经过有关当局授权使用的"等元素组成：

数据项 A——无线电通信、导航及进近助航设备与能力。应填入如下 1 个字母表示：

表 6-4

N	航空器未载有无线电通信、导航、进近设备或此类设备不工作
S	航空器载有标准的通信、导航、进近设备并可工作（注释 1）
如果使用字母"S"，除非有关的空中交通服务当局规定了其他设备的组合，否则甚高频无线电话，全向信标接收机和仪表着陆系统都应视为标准设备	

填入"N"或"S"和（或）下列一个或多个字符（建议按英文字母先后排列），表示可以工作的通信/导航/进近设备与能力：

表 6-5

A	GBAS 着陆系统	J7	管制员驾驶员数据链通信、FANS1/A、卫星通信（铱星）
B	LPV（星基增强系统的垂直引导进近程序）	K	微波着陆系统
C	罗兰 C	L	仪表着陆系统
D	测距仪	M1	空中交通管制无线电话、卫星通信（国际海事卫星组织）
E1	飞行管理计算机、航路点位置报告、航空器通信寻址与报告系统	M2	空中交通管制无线电话（多功能运输卫星）
E2	数据链飞行情报服务、航空器通信寻址与报告系统	M3	空中交通管制无线电话（铱星）
E3	起飞前放行、航空器通信寻址与报告系统	O	全向信标台
F	自动定向仪	P1-P9	保留给所需通信性能
G	全球导航卫星系统	R[b]	获得 PBN 批准
H	高频、无线电话	T	塔康
I	惯性导航	U	特高频无线电话

续表 6-5

J1[a]	管制员驾驶员数据链通信、航空电信网、甚高频数据链模式 2	V	甚高频无线电话
J2	管制员驾驶员数据链通信、FANS1/A、高频数据链	W[c]	获得缩小垂直间隔批准
J3	管制员驾驶员数据链通信、FANS1/A、甚高频数据链模式 4	X	获得最低导航性能规范批准
J4	管制员驾驶员数据链通信、FANS1/A、甚高频数据链模式 2	Y	有 8.33kHz 频道间距能力的甚高频
J5	管制员驾驶员数据链通信、FANS1/A、卫星通信（国际海事卫星组织）	Z[d]	携带的其他设备或能力
J6	管制员驾驶员数据链通信 FANS1/A、卫星通信（多功能运输卫星）		

（1）对于数据链服务、空中交通管制放行和情报、空中交通管制通信管理、空中交通管制麦克风检查，见航空无线电技术委员会、欧洲民航设备组织对航空电信网基线 1 的互用性要求标准（DO-280B/ED-110B）。

（2）如果使用字母"R"，应在编组 18 中 PBN/代码之后填入能够满足基于性能的导航水平。有关对特定为航段、航路和（或）区域适用基于性能导航的指导材料载于《基于性能导航于册》Doc9613 号文件）。

（3）如果在编组 10A 中有 W 项，则编组 18 中不能有 STS/NONRVSM，且如果在编组 18 中有 STS/NONRVSM，则编组 10A 项中不能有 W。

（4）如果使用字母"Z"，应在第 18 项注明所载的其他设备，并视情况冠以 COM/，NAV 和（或）DAT/。

如果使用字母"G"，若有 GNSS 外部增强的类型，应在编组 18 中 NAV/代码之后注明，其间用空格隔开

　　数据项 B——监视设备与能力。用以下 1 个或最多 20 个字符来描述可用的监机载视设备与能力。

　　二次监视雷达 A 和 C 模式如表 6-6 所示。

表 6-6

N	没有应答机
A	应答机 A 模式（4 位数——4 096 个编码）
C	应答机 A 模式（4 位数——4 096 个编码）和应答机 C 模式

　　二次监视雷达 S 模式如表 6-7 所示。

表 6-7

S	应答机 S 模式，具有气压高度和航空器识别的能力
P	应答机 S 模式，具有气压高度，但没有航空器识别的能力
I	应答机 S 模式，具有航空器识别，但无气压高度发射信号的能力
X	应答机 S 模式，没有航空器识别和气压高度能力

续表 6-7

E	应答机 S 模式，具有航空器识别、气压高度发射信号和超长电文（ADS-B）能力
H	应答机 S 模式，具有航空器识别、气压高度发射信号和增强的监视能力
L	应答机 S 模式，具有航空器识别、气压高度发射信号、超长电文（ADS-B）和增强的监视能力
	"A"、"C"、"E"、"H"、"I"、"L"、"P"、"S"、"X" 应只填其一。 增强的监视能力是指飞行器能够下发来自于模式分转发器的数据

广播式自动相关监视如表 6-8 所示。

表 6-8

B1	具有专用 1 090MHz 广播式自动相关监视"发送"能力的广播式自动相关监视
B2	具有专用 1 090MHz 广播式自动相关监视"发送"和"接收"能力的广播式自动相关监视
U1	使用 UAT 广播式自动相关监视"发送"能力
U2	使用 UAT 广播式自动相关监视"发送"和"接收"能力
V1	使用 VDL 模式 4 广播式自动相关监视"发送"能力
V2	使用 VDL 模式 4 广播式自动相关监视"发送"和"接收"能力
	编组 10B 中，"B1"、"B2"只能出现一个，不应同时出现； 编组 10B 中，"U1"、"U2"只能出现一个，不应同时出现； 编组 10B 中，"V1"、"V2"只能出现一个，不应同时出现

契约式自动相关监视如表 6-9 所示。

表 6-9

D1	具有 FANS1/A 能力的契约式自动相关监视
G1	具有航空电信网能力的契约式自动相关监视

注 1：以上未列出的字符属于保留。

注 2：附加的监视应用应在编组 18"SUR/"标记后列出。

示例 1：—ADE3RRV/EB1　　　　　　示例 2：—DFGOV/HU2

⑤ 编组 13——起飞机场和时间。

格式：—

		A		B		

数据项 A——起飞机场。按 Doc7910 号文件《地名代码》的规定指定给该起飞机场的国际民航组织四字地名代码。

如果该机场无四字地名代码，则用"ZZZZ"表示。如果使用"ZZZZ"，应在编组 18"DEP/"数据项中填入起飞机场名称和位置或航路的第一个点或者无线电信标标记。

如果在空中申报飞行计划，则用"AFIL"表示。如果使用"AFIL"，应在编组 18"DEP/"数据项中填入可提供补充飞行数据的空中交通服务单位。

在 CPL、EST、CDN 和 ACP 电报中，该编组内容到此结束。

如果不知道预计撤轮挡时间，在 RQP、ARR 电报中也应到此结束。

数据项 B——时间。用 4 位数字表示如下时间（UTC）：

在起飞前所发的 FPL、CHG、CNL、DLA 和 RQS 电报以及 ARR、RQP 电报中填入起飞机场的预计撤轮挡时间（EOBT）；

在 DEP、ALR 和 SPL 电报中，应填入实际起飞时间；

按数据项 A 中"AFIL"所示，从空中申报飞行计划的，应填写该计划适用的第一个航路点的实际或预计飞越时间。

示例 1：—ZBAA0730　　　　　　　　示例 2：—AFIL1625

⑥ 编组 15——航路。

格式：— [A │ B] （空格） [C]

数据项 A——巡航速度（最多 5 个字符）。飞行中第一个或整个巡航航段的真空速，按下列方式表示：

表 6-10

"K"后随 4 位数字	真空速，单位为千米每小时（km/h）（示例：K0830）
"N"后随 4 位数字	真空速，单位为海里每小时（n mile/h）（示例：N0485）
"M"后随 3 位数字	最近的 1%马赫单位的马赫数（示例：M082） （当有关 ATS 单位有规定时使用）

数据项 B——巡航高度层（最多 5 个字符）。所飞航路的第一个或整个航段计划的巡航高度层，按下列方式表示：

表 6-11

"M"后随 4 位数	表示以 10 m 为单位的海拔高度（示例：M0840）
"S"后随 4 位数 [a]	表示以 10 m 为单位的标准米制飞行高度层（示例：S1130）
"A"后随 3 位数	表示以 100 ft 为单位的海拔高度（示例：A045，A100）
"F"后随 3 位数	表示以 100 ft 为单位的飞行高度层（示例：F085，F330）
"VFR"	表示不受管制的目视飞行规则飞行
a 按有关 ATS 当局规定	

数据项 C——航路。以空格隔开的如下 7 个类别的数据项，不论次序如何，应能够准确地说明可行的航路情况，必要时应加上以下若干个"c"项，每项之前应有空格：

表 6-12

c1	标准离场航线代号，即从起飞机场到拟飞的已确定的航路的第一个重要点的标准离场航路代号； 其后可随以"c3"或"c4"。 若无法确定将使用的标准离场航线，应不加"c1"
c2	空中交通服务航路代号； 其后可随以"c3"或"c4"

续表 6-12

c3	重要点，包括航路加入点、航路退出点、航路转换点、航路和标准进离场航线之间的连接点、空中交通管制单位规定的强制性位置报告点等
c4	重要点、巡航速度或马赫数、申请的巡航高度层； 距一重要点的方位和距离：重要点的编码代号后随 3 位数字，表示相对该点的磁方位度数，再随以 3 位数字表示距离该点的海里数。在高纬度地区，如有关当局确定参考磁方位度数不可行，可使用真方位度数。为使数位正确，需要时插入 "0"。例如距全向信标台（VOR）"DUB" 40 n mile，磁方位 180° 的一点，以 "DUB180040" 表示
c5	简字，表示如下： DCT：当下一个预飞点是在指定航路以外时，用 DCT 表示，除非这些点是用地理坐标或方位及距离表示； VFR：在飞过某点后改为目视飞行规则（仅可跟随）； IFR：在飞过某点后改为仪表飞行规则（仅可跟随 "c3" 或 "c4"）； T：表明航空器的申报航路被压缩，压缩部分应在其他数据中或以前发的领航计划中查找。使用时，T 应是航路编组的结尾
c6	巡航爬高（最多 28 个字符） 在字母 C 后随一斜线 "/"，然后填入计划开始巡航爬高点，后随一斜线 "/"，然后按数据项 A 填写在巡航爬高期间应保持的速度，随以两个高度层（按数据项 B 表示），以确定在巡航爬高期间拟占用的高度夹层，或预计巡航爬升至其以上高度层，后随以 "PLUS"，其间不留空格
c7	标准进场航线代号 即从规定航路退出点到起始进近定位点标准进场航线的代号。若无法确定将使用的标准进场航线，应不加 "c7"

本编组中使用 "DCT" 时应注意：

a. 在设定有标准进离场航线的机场，在航线航路与标准进离场航线间连接点的前后不应填写 "DCT"。当所飞机场没有标准进离场航线与航路相连时，在航线航路加入点之前或退出点之后，可使用 "DCT"。

b. 当飞往下一点的飞行路线是在指定航路以外时，用 "DCT" 连接下一点；在没有连接点的两条航路之间转换时，一条航路的退出点和另一条航路的加入点之间可以使用 "DCT"，除非连接飞行路线的点都是用地理坐标或方位及距离表示。

c. 当空中交通服务部门要求时，应使用 "DCT"。

本编组中填写 "标准进离场航线" 时应注意：

空中交通服务航路包括航线、航路、标准离场航线（SID）和标准进场航线（STAR）等。通常情况下，航路与标准进离场航线是相连接的。在设有标准进离场航线的机场，空中交通管制部门会适时向飞行人员指定适当的标准进离场航线，或通报实施雷达号导等，这些在领航计划报中是无法确定的。在这种情况下，按照国际民航组织有关文件（Doc4444）中的相关说明，在航线航路和标准进离场航线间连接点的前后填写标准进离场航线是不恰当的。否则，不能准确地表述航路情况，也会与空中交通管制部门的要求相违背。

示例 1：—K0882S1010 SGM A599 POU

示例 2：—K082F310 BCN1G BCN UG152N015W 52N035W 49N050W DCT YQX

示例 3：—K0869S1100 CD KR B485 WXI A461 LIG

示例 4：—N04 460F290 LEK2B LEK UA6 XMM/M078F300 UA6N PONUR10N CHW UA5 NTS DCT 4 611N00 412W DCT STG UA5 FTM FATIMIA

示例 5：—M078S1010 URC B215 YBL A596 KM

示例 6：—LN VFR

示例 7：—LN/N0284A050 IFR

⑦ 编组 16——目的地机场和预计总飞行时间，目的地备降机场.

格式：— ☐☐☐☐ A ☐☐☐☐ B ☐☐☐☐ （空格） [C]

数据项 A——目的地机场。Doc7910 号文件《地名代码》规定，应使用国际民航组织规定的四字地名代码。

如果该机场没有四字地名代码，则填入字母"ZZZZ"。若使用"ZZZZ"，在编组 18 "DEST/"数据项中直接填入目的地机场名称或位置。然后，不留空格填写预计飞行总时间。在除 FPL、SPL、ALR 外的其他电报中，本编组到此结束。

数据项 B——预计总飞行时间。从空中申报飞行计划的航空器，预计总飞行时间是指从飞行计划适用的第一航路点开始计算的预计时间至飞行计划终止点的预计时间。

数据项 C——目的地备降机场。必要时空格后可再填入 1 个备降机场，最多可填 2 个备降机场，Doc7910 号文件《地名代码》规定，使用国际民航组织规定的目的地备降机场四字地名代码。

如果该机场没有四字地名代码，则填入字母"ZZZZ"。若使用"ZZZZ"，在编组 18 "DEST/"数据项中填写目的地备降机场名称或位置，不用空格插入总共的飞行时间。

表 6-13

前一组类别或符号	本编组类别用于	下一组类别或符号
15	ALR	18
15	FPL	18
13	CHG	18
13	CNL	18
13	DLA	18
13	DEP	18
13	ARR[a]	17
15	CPL	18
14	EST	）
13	CDN	22
13	ACP	）
13	RQS	18
13	SPL	18
a 仅用于改航备降着陆时使用		

示例 1：—ZSPD0200 ZSHC

⑧ 编组 18——其他情报。

格式 1：— ☐ A ☐

格式 2：— ☐ ☐ （空格）☐ ☐ （空格）☐ ☐ ☐ ☐

本编组无任何信息时，在数据项 A 中填入数字 "0"。

本编组有信息时，应按照下列所示的先后次序，随以一斜线 "/" 填写有关情报。在各数据项中只能出现一次斜线 "/"，且不应再出现其他标点符号，数据项间以空格隔开，若某个数据项无内容，则该项应省略，并且避免某个数据项的重复使用，针对某个数据项有多条信息时，应用同一个数据项标识符，并用空格分隔各条信息。

表 6-14

数据	表 示 内 容
STS/	只有下述的内容可以填写在 STS/ 后面，如有 2 种以上情况需要特别说明的，应以空格分开。其他原因则填写到 RMK/ 后： ALTRV：　按照预留高度运行的飞行； ATFMX：　有关空中交通服务当局批准豁免空中交通流量管理措施的飞行； FFR：　灭火； FLTCK：　校验导航设施的飞行检测； HAZMAT：运载有害材料的飞行； HEAD：　国家领导人性质的飞行； HOSP：　医疗当局公布的医疗飞行； HUM：　执行人道主义任务的飞行； MARSA：军方负责管理的军用航空器最低安全高度间隔飞行，用以标明飞行时效时，要求编组 9 的飞机数量大于 1 架：用以标明从一个特定点开始时，在编组 18 的 RMK 项后紧跟航空器标示和进入作业区的时间； MEDEVAC：　与生命攸关的医疗紧急疏散； NONRVSM：　不具备缩小垂直间隔能力的飞行准备在缩小垂直间隔空域运行； SAR：　从事搜寻与援救任务的飞行； STATE：　从事军队、海关或警察服务的飞行
PBN/	表示区域导航和/或所需导航性能的能力，只能填写指定的字符内容，最多 8 个词条，不超过 16 个符号，词条之间不用空格。 区域导航规范： A1　　RNAV 10（RNP 10） B1　　RNAV 5 所有允许的传感器 B2　　RNAV 5 全球导航卫星系统 B3　　RNAV 5 测距仪/测距仪 B4　　RNAV 5 甚高频全向信标/测距仪

续表 6-14

数据	表 示 内 容
PBN	B5　　RNAV 5 惯性导航或惯性参考系统 B6　　RNAV 5 罗兰 C C1　　RNAV 2 所有允许的传感器 C2　　RNAV 2 全球导航卫星系统 C3　　RNAV 2 测距仪/测距仪 C4　　RNAV 2 测距仪/测距仪/IRU D1　　RNAV 1 所有允许的传感器 D2　　RNAV 1 全球导航卫星系统 D3　　RNAV 1 测距仪/测距仪 D4　　RNAV 1 测距仪/测距仪/IRU 所需导航性能规范： L1　　RNP 4 O1　　基本 RNP 1 所有允许的传感器 O2　　基本 RNP 1 全球导航卫星系统 O3　　基本 RNP 1 测距仪/测距仪 O4　　基本 RNP 1 测距仪/测距仪/IRU S1　　RNP APCH S2　　具备 BAR-VNAV 的 RNP APCH T1　　有 RF 的 RNP AR APCH（需要特殊批准） T2　　无 RF 的 RNP AR APCH（需要特殊批准） 如 PBN/后出现 B1、B5、C1、C4、D1、D4、01 或 04，则 10A 编组应填入 I。 如 PBN/后出现 B1 或 B4，则 10 致编组应填写 0 和 D，或 S 和 D。 如 PBN/后出现 B1、B3、B4、C1、C 详、C4、D1、D3、D4、01、03 或 04，则 10 编组应填写 D。 如 PBN/后出现 B1、B2、C1、C2、D1、D2、01 或 02，则 10A 编组应填写 G
NAV/	除 PBN/规定之外，按有关 ATS 单位要求，填写与导航设备有关的重要数据。在此代码项下填入全球导航卫星增强系统，两个或多个增强方法之间使用空格。 注 1：NAV/GBAS SBAS
COM/	按有关 ATS 单位要求，填写 10A 中未注明的通信用途或能力
DAT/	按有关 ATS 单位要求，填写 10A 中未注明的数据用途或能力
SUR/	按有关 ATS 单位要求，填写 10B 中未注明的监视用途或能力
DEP/	如在编组 13 中填入"ZZZZ"，则应填入起飞机场英文全称、拼音全称或其他代号。 如果在编组 13 中填入"AFIL"，则应填入可以提供飞行计划数据的 ATS 单位的四字地名代码。 对于相关的航行资料汇编未列出的机场，按以下方式填写位置： 以 4 位数字表示纬度数的十位数和个位数分数，后随"N"（北）或"S"（南）。再随以 5 位数字，表示经度数的十位数和个位数分数，后随"E"（东）或"W"（西）。为使数位正确，需要时插入"0"，例如：4 620N07 805W（11 位字符）； 距最近重要点的方位和距离表示如下：重要点的编码代号，后随 3 位数字表示相对该点的磁方位度数，再随以 3 位数字表示距离该点的海里数。在高纬度地区，如有关当局确定参考磁方位度数不可行，可使用真方位度数。为使数位正确，需要时插入"0"； 如果航空器从非机场起飞，填入第一个航路点（名称或经纬度）或无线电指点标

续表 6-14

数据	表 示 内 容
DEST/	如在编组 16 数据项 A 中填入"ZZZZ",则在此填入目的地机场的名称和位置。对于相关航行资料汇编未列出的机场,按上述 DEP/的规定以经纬度填入机场位置或距最近重要点的方位和距离
DOF/	飞行计划执行日期(起飞日期)(YYMMDD,YY 表示年,MM 表示月,DD 表示日)
REG/	当与编组 7 的航空器识别标志不同时,填入航空器的国籍、共同标志和登记标志
EET/	由地区航行协议或有 ATS 当局规定的重要点或飞行情报区边界代号和起飞至该点或飞行情报区边界累计的预计实耗时间。由一个或多个字符串组成。每个字符串是:2-5 个字母、数字、字符或一个地理坐标;后随一个 4 位数的时间,从 0 000 到 9 959(即 0~99 h,0~59 min) 注 2:EET/CAP0745 XYZ0830　　　　　　EET/EINN0204
SEL/	经装备的航空器的选择呼叫编码
TYP/	如在编组 9 中填入了"ZZZZ",则在本数据项填入航空器机型,必要时不留空格前缀航空器数目。其间用一个空格隔开。 注 3:TYP/2F155F53B2
CODE/	按有关 ATS 当局要求的航空器地址(以 6 位 16 进制字符的字母代码形式表示)。 注 4:F00001 是国际民航组织管理的具体模块中所载的最小航空器地址
DLE/	航路延误或等待,填入计划发生延误的航路重要点,随后用时分(小时分)4 位数表示延误时间。航路重要点应与编组 15 数据项 C 中的一致,如果不一致,应进入错误信息处理过程。 注 5:DLE/MOG0030
OPR/	当与编组 7 的航空器识别标志不同时,填入航空器运行机构的 ICAO 代码或名称
ORGN/	如果无法立即识别飞行计划发报人,填入有关空中交通服务当局要求的发报人的 8 字母 AFTN 地址或其他相关联络细节。 在某些地区,飞行计划接收中心会自动插入 ORGN/识别符和发报人 AFTN 地址限定在 8 个字符内
PER/	按有关 ATS 单位的规定,使用《空中航行服务程序——航空器的运行》(PANS-OPS,Doc8168 号文件)第 I 卷——《飞行程序》规定的 1 位字母,填写航空器性能数据。 注 6:A 类:指示空速小于 169 km/h(91n mile/h); B 类:指示空速 169 km/h(91 n mile/h)至 224 km/h(121 n mile/h); C 类:指示空速 224 km/h(121 n mile/h)至 261 km/h(141 n mile/h); D 类:指示空速 261 km/h(141 n mile/h)至 307 km/h(161 n mile/h); E 类:指示空速 307 km/h(161 n mile/h)至 391 km/h(211 n mile/h); H 类:关于直升机的特殊要求
ALTN/	如在编组 16 数据项 C 中填入"ZZZZ",则在此填入目的地备降机场的名称。对于相关的航行资料汇编未列出的机场,按上述 DEP/的规定以经纬度填入机场位置或距最近重要点的方位和距离
RALT/	按 Doc7910 号文件《地名代码》的规定填入航路备降机场的 ICAO 四字代码,或如果未分配代码,填入航路备降机场名称。对于相关的航行资料汇编未列出的机场,按上述 DEP/的规定以经纬度填入机场位置或距最近重要点的方位和距离

续表 6-14

数据	表 示 内 容
TALT/	按 Doc7910 号文件《地名代码》的规定填入起飞备降机场的 ICAO 四字代码，或如果未分配代码，填入起飞备降机场名称。对于相关的航行资料汇编未列出的机场，按上述 DEP/的规定以经纬度填入机场位置或距最近重要点的方位和距离
RIF/	至修改后的目的地机场的航路详情，后随该机场的国际民航组织四字代码。 注 7：RIF/DTA HEC KLAX　　　　RIF/ESP G94 CLA YPPH
RMK/	有关 ATS 单位要求的或机长认为对提供 ATS 有必要的任何明语附注。有别于"STS/"项中填写的内容。如果使用非标准的标识符，应在 RMK/后填写，并且如果在非标准标识符和随后的文本之间有"/"时，应删除该符号。 下列内容应为统一的标注： ACAS Ⅱ 或 TCAS：RMK/ACAS Ⅱ 或 RMK/TCAS； 极地飞行：RMK/POLAR； 不具备 RVSM 能力的航空器获批在 RVSM 空域运行：RMK/APVD NONRVSM； 返航：RMK/RETURN； 备降：RMK/ALTERNATE。 CPL 报中"RMK/"数据项中应体现返航、备降的目的地机场、原目的地机场原因说明，如："RERTURN"、"ALTERNATE ZHHH DUE ZSSS RWY"
若某个数据项无内容，则该项省略	

示例 1：—0

示例 2：—RMK/ALTERNATE ZSPD DUE ZSNJ RUNWAY MAINTENANCE

示例 3：—EET/ZGZU0020 VHHK0110 REG/B8012 OPR/PLAF RMK/NO POSITION REPORT SINCE DEP PLUS 2 MINUTES

⑨ 编组 19——补充情报。

格式：— [　　] （空格）[　　] （空格）[　　] … [　　]

本编组包括一连串可获得的补充情报，数据项间由空格分开。按照下列所示的先后次序，随以一斜线"/"填写有关情报。若某个数据项无内容，则该数据项省略。

表 6-15

数据项	填入内容
E/	后随四位数字，表示以小时及分计算的续航能力
P/	当有关空中交通服务单位要求填写本项时，用 1～3 位数字表示机上总人数
R/	后随以下一个或多个字母，其间无空格： -U 有特高频 243.0 MHz 频率； -V 有甚高频 121.5 MHz 频率； -E 有紧急示位信标

续表 6-15

数据项	填入内容
S/	后随以下一个或多个字母，其间无空格： -P 有极地救生设备； -D 有沙漠救生设备； -M 有海上救生设备； -J 有丛林救生设备
J/	后随以下一个或多个字母，其间无空格： -L 救生衣配备有灯光； -F 救生衣配备有荧光素； -U 救生衣配备无线电特高频电台，使用 243.0 MHz 频率； -V 救生衣配备无线电甚高频电台，使用 121.5 MHz 频率
D/	后随以下一个或多个内容，其间用 1 个空格分开： -2 位数字表示救生艇的数目； -3 位数表示所有救生艇可载总人数； -C 表示救生艇有篷子； -用 1 个英文单词表求救生艇的颜色（如 RED 表示红色）
A/	后随以下一个或多个明语内容，其间用 1 个空格分开： -航空器的颜色； -重要标志（包括航空器注册标志）
N/	后随以明语，以示所载任何其他救生设备以及其他有用附注
C/	后随以机长姓名

示例：—E0745 R/VE S/M J/L D/2 8 C YELLOW

（8）完整报文示例。

示例 1：

（FPL-CCA1532-IS

-A332/H-SDE3FGHIJ4J5M1RWY/LB1D1

-ZSSS2035

-K0859S1040 PIKAS G330 PIMOL A593 BTO W82 DOGAR

-ZBAA0153 ZBYN

-STS/HEAD PBN/A1B2B3B4B5D1L1 NAV/GBAS REG/B6513 EET/ZBPE0112 SEL/KMAL
PER/C RIF/FRT N640 ZBYN RMK/ACAS Ⅱ

说明：

领航计划报

-航空器识别标志 CCA1532

-仪表飞行、正班

-机型 A330-200/重型机

-机载有标准的通信/导航/进近设备并工作正常；测距仪；起飞前放行和航空器通信寻址与报告系统（ACARS）；自动定向仪；全球导航卫星系统；高频无线电话；惯性导航设备；管制员驾驶员数据链通信（CPDLC）、FANS1/A、甚高频数据链模式 2；管制员驾驶员数据链通信（CPDLC）、FANS1/A、卫星通信（国际海事卫星组织）；空中交通管制无线电话（国际海事卫星组织）；获得 PBN 批准；获得缩小垂直间隔批准；有 8.33 kHz 间隔的甚高频；S 模式应答机、具有航空器识别、气压高度发射信号、超长电文（ADS-B）和增强的监视能力；具有专用1 090MHz 广播式自动相关监视"发送"能力的广播式自动相关监视；具有 FANS1/A 能力的契约式自动相关监视。

-起飞机场虹桥、起飞时间 2 035（UTC）

-巡航速度 859KM/H、巡航高度 10 400 M；航路构成 PIKAS G330 PIMOL A593 BTO W82 DOGAR

-目的地机场北京、预计总飞行时间 01：53；目的地备降场太原

-其他情报：国家领导人性质的飞行；PBN 的能力 A1B2B3B4B5D1L1；全球导航卫星增强系统 GBAS；航空器登记标志 B6513；起飞至飞行情报区边界的预计时间 ZBPE0112；航空器选择呼号 KMAL；航空器进近类别 C；至修改后的目的地机场的航路详情 FRT N640 ZBYN；机上载有 ACAS II 防撞设备。

示例 2：

（FPL-CCA1532-IS

-A332/H-SDE3FGHIJ4J5M1RWY/LB1D1

-ZSSS2035

-K0859S1040 PIKAS G330 PIMOL A593 BTO W82 DOGAR

-ZBAA0153 ZBYN

-STS/HEAD PBN/A1B2B3B4B5D1L1 NAV/ABAS REG/B6513 EET/ZBPE0112 SEL/KMAL PER/C RIF/FRT N640 ZBYN RMK/TCAS）

第三节　无线电陆空通话

无线电陆空通话是当前科技条件下,地空信息交互的一种主要方式和手段,如何利用简洁、规范、准确的通话用语高效地进行信息交流是相关从业人员必须掌握的。由于与之相关的规范起源于英文，而在相关课程中已解决英语的规范表述方式，本节采用中英文对照的方式，让相关从业人员掌握中文的规范表述。

一、无线电通话的一般规则

（一）一般通话程序

（1）无线电通话用语指应用于空中交通服务单位与航空器之间的话音联络，它有自己特殊的发音，语言简洁、严谨，经过严格的缩减程序，多使用祈使句。

（2）通话结构。

① 联系时应采用下列通话结构：对方呼号+己方呼号+通话内容；

②　首次通话以后的各次通话,空中交通管制员可采用下列通话结构:对方呼号+通话内容;飞行员可采用下列通话结构：对方呼号+己方呼号+通话内容;

③　空中交通管制员肯定航空器驾驶员复诵的内容时可仅呼对方呼号,当空中交通管制员认为有必要时,可具体肯定。

（3）通话技巧:

①　先想后说,在发话之前想好说话内容;

②　先听后说,避免干扰他人通话;

③　通话速率保持适中,在发送需记录或重要信息时降低速率;

④　通话时发音应清楚、明白,保持通话音量平稳,使用正常语调;

⑤　在通话中的数字前应稍作停顿,重读数字以较慢的语速发出,以便于理解;

⑥　避免使用"啊、哦"等犹豫不决的词;

⑦　熟悉掌握送话器的使用技巧,为保证通话内容的完整性,应在开始通话前就按下发送开关,待发话完毕后再将其松开。

（4）在通话过程中,一旦出现话筒按钮被"卡住"的情况,就会危及正常的无线电通信。因此,发话者应在通话结束后,立即松开按钮,并将其放在适当的位置,以免无意中接通开关。

（二）航空移动业务的种类、优先顺序及无线电信号（见表 6-16）

表 6-16

电报种类及其优先顺序	无线电信号
遇险呼叫,遇险电文及遇险活动	MAYDAY
紧急电报包括含有医务飞行信号的电报	PAN, PAN 或 PAN, PANMEDICAL
与定向相关的通信	—
飞行安全电报	—
气象报	—
飞行正常性电报	—

（三）通话规则

1. 字母读法

（1）标准字母的发音（见表 6-17）。

表 6-17

LETTER	WORD	PRONUNCIATION
A	Alpha	AL FAH
B	Bravo	BRAHVOH
C	Charlie	CHAR LEE or SHAR LEE
D	Delta	DELL TAH
E	Echo	ECK OH

续表 6-17

LETTER	WORD	PRONUNCIATION
F	Foxtrot	FOKS TROT
G	Golf	GOLF
H	Hotel	HOH TELL
I	India	IN DEE AH
J	Juliett	JEW LEE ETT
K	Kilo	KEY LOH
L	Lima	LEE MAH
M	Mike	MIKE
N	November	NO VEM BER
O	Oscar	OSS CAH
P	Papa	PAH PAH
Q	Quebec	KEH BECK
R	Romeo	ROW ME OH
S	Sierra	SEE AIR RAH
T	Tango	TANG GO
U	Uniform	YOU NEE FORM or OO NEE FORM
V	Victor	VIK TAH
W	Whiskey	WISS KEY
X	X-ray	ECKS RAY
Y	Yankee	YANG KEY
Z	Zulu	ZOO LOO

注：划线的部分为重读音节

（2）特殊字母的读法。

在不影响准确接收和理解电文的情况下，为提高通信速度，可直接按国际音标拼读而无需使用上述规定的字母拼读法拼读字母或字母组，如 NDB、ILS、QNH 等。

机场识别代码（Airport Identifiers）的读法：按英文字母逐一读出。

表 6-18

机场识别代码	英语读法	汉语读法
RJTY	ROMEO JULIET TANGO YANKEE	ROMEO JULIET TANGO YANKEE
ZBAA	ZULU BRAVO ALFA ALFA	北京

全向信标台（VOR）和无方向信标台（NDB）的读法：在中文中，VOR 台和 NDB 台按照航图中的地名读出。英文读法按照台识别代码字母发音读出。[对于 VOR 和 NDB 导航台名称相同，不建在一起且距离较远时，应在台名后加 NDB 或 VOR（例如怀柔 VOR 和怀柔 NDB）]。

表 6-19

全向信标台	英语读法	汉语读法
SIA	SEE AIR RAH IN DEE AH AL FAH VOR	西安
VYK	VICTAH TANKEE KILO VOR	大王庄 VOR
VM	VIKTAH MIKE VOR	石各庄 VOR
SX	SEE AIR RAH ECKS RAY VOR	南浔 VOR

航路点的读法：如航路点是五个英文字母，则中英文的读法相同，按照一个单词的英语发音读出，如航路点是 P 和数字组成，则汉语按照 P + 数字读出，英语按照字母和数字的发音读出；

表 6-20

航路点	汉语读法	英语读法
BUBDA	按音标读出	按音标读出
ANDIN	按音标读出	按音标读出
P23	P 两三	PAPA TOO TREE

航路的读法：航路由航路代号和编码组成，分别按照数字和字母的发音读出，航路代号前有 U、K、S 时，U 读 UPPER，K 读 KOPTER，S 读 SUPERSONIC，其分别表示英文单词 upper，helicopter，supersonic。标准进离场航线汉语按导航台名称 + 有效代号 + 航路代号 + 进场或离场读出；英语按照字母和数字的发音，后加 arrival、departure 读出。

表 6-21

航路、进离场航线	汉语读法	英语读法
G595	G595/GOLF 五九五	GOLF FIFE NINER FIFE
J325	J325/JEW LEE ETT 三两五	JEW LEE ETT TREE TOO FIFE
VYK-01A	大王庄洞幺号进场	VIK TAH YANG KEY KEY LOH ZERO WUN ARRIVAL
NHW-2D	南汇两号离场	NO VEM BER HOH TELL WISS KEY TOO departure

2. 数字的读法

（1）数字的标准发音（见表 6-22）。

表 6-22

数字	英文的读法	中文的读法
0	ZE-RO	洞
1	WUN	幺
2	TOO	两
3	TREE	三
4	FOW-er	四
5	FIFE	五

续表 6-22

数 字	英文的读法	中文的读法
6	SIX	六
7	SEN-en	拐
8	AIT	八
9	NIN-er	九
10	WUNZE-RO	幺洞
.	DAY-SEE-MAL、POINT	点
100	HUN-dred	百
1000	TOU-SAND	千

（2）高度的读法。

高度层的读法：公制高度层的中文读法见下表，英语读法按照国际民航组织的发音通常按照整百、整千读出，为了避免和英制单位混淆，后面统一加上 meters；英制高度层的读法按照国际民航组织的读法读出，如：FL270 的中文读法为"两万七千英尺"，英语读法为"FL TWO SEVEN ZERO FEETS"。

表 6-23

高度层	中文读法	高度层	中文读法
600	六百	900	九百
1200	幺两或一千二	1500	幺五或一千五
1800	幺八或一千八	2100	两幺或两千一
2400	两四或两千四	2700	两拐或两千七
3000	三千	3300	三千叁
3600	三千六	3900	三千九
4200	四千二	4500	四千五
4800	四千八	5100	五千一
5400	五千四	5700	五拐或五千七
6000	六千	6300	六千三
6600	六千六	6900	六千九
7200	拐两或七千二	7500	拐五或七千五
7800	拐八或七千八	8100	八千一
8400	八千四	8900	八千九
9200	九千二	9500	九千五
9800	九千八	10100	幺洞幺
10400	幺洞四	10700	幺洞拐
11000	幺幺洞	11300	幺幺三
11600	幺幺六	11900	幺幺九
12200	幺两两	12500	幺两五

　　凡不符合我国高度层配备标准的高度读法：应按照数字的一般读法读出。鉴于非高度层配备标准的高度多应用于进近、起落航线、通用航空飞行和使用半数高度层等情况，其读法应全读，以对方能够明确理解、不易与固定高度混淆为前提，高度的后面应读出单位，如"米"。

表 6-24

高度	汉语读法	英语读法
100 m/QNH	修正海压一百米 QNH1001	ONE HUNDRED METERS QNH1001
450 m/QNE	标准气压四百五十米	FOWER FIFE ZEERO METERS ON STANDARD
700 m/QNH	修正海压七百米 QNH1001	SEVEN HUNDRED METERS QNH1001
1 210 m/QNE	标准气压幺两幺洞米	WUN TOO WUN ZEERO METERS ON STANDARD
8 000 m/QNE	标准气压八千米	EIGHT TOUSAND METERS ON STANDARD
7 100 m/QNE	标准气压七千一百米	SEVEN TOUSAND WUN HUNDRED METERS ON STANDARD

　　当高度指令涉及气压基准面转换时：空中交通管制员应当在通话中指明新的气压基准面数值，以后可以省略气压基准面。当上升到 1 013.2 hPa 为基准面的高度时，符合高度层的，在高度数字前加上标准气压，不符合的按上条执行；当以修正海平面气压为基准面时，在高度数字前加上修正海压，在高度数字后加上"修正海压/QNH（number）"；当以场面气压为基准面时，在高度数字前加上场面气压，在高度数字后加上"场面气压/QFE（number）"。

　　最低下降高度/决断高度的读法：汉语读法为最低下降高度/决断高度+数字，数字的读法按照数字的一般读法，后加"米"。英语读法为英文全名+数字，数字的读法按照数字的一般读法，后加"米"。

　　机场标高的读法：按照机场标高 + 数字 + 单位的方式读出，数字按照数字的一般读法读出；英语读法为 elevation +（number）+ unit 读出。

　　（3）时间的读法：一般只读出分钟，如果跨越整点时，通常读出小时和分钟，按照数字的读法逐位读出。

表 6-25

时间	英文发音	中文发音
0 803	ZERO TREE 或 ZERO AIT ZERO TREE	洞三或洞八洞三

　　（4）气压的读法：数字应当逐一读出。汉语读法为气压的气压面名称+数字的汉语读法；英语读法为气压的 Q 字简语+数字的英语读法。

　　（5）航向的读法：航向后应当跟三位数并逐一读出数值。

　　（6）速度的读法：使用 n mile/h 作为速度单位时，逐一读出数值，中文读法后不加单位；使用公里/小时作为速度单位时，后面应当加上单位；使用马赫数作为速度单位时，读作"马赫数点××"或"马赫数×点××"；速度的英语读法按照数字的一般读法读出，后加速度单位。

表 6-26

速度	汉语读法	英语读法
280 n mile/小时	两八洞	TOO AIT ZERO
450KM/H	四百五十公里小时	FOWER FIFE ZERO Kilometers per hour
M0.85	马赫数点八五	Mach NUMBER point AIT FIFE
7 m/s	七米秒	SEVEN meters per second

（7）频率的读法：汉语中，频率应当逐一读出。英语读法按照数字的一般读法读出。

（8）跑道的读法：跑道编号应当按照数字的汉语或英语发音逐一读出，跑道编号后的英文字母 R、L、C 分别表示 right、left、center，汉语按照右、左、中读出，英语分别按照 right、left、center 读出。

（9）距离应当逐一读出，后面应当加上单位。

表 6-27

距离	汉语读法	英语读法
18 n mile	幺八海里	WUN EIGHT MILES
486 km	四百八十六公里	FOWER AIT SIX kilometers

（10）活动通报中方位的读法：按照时钟的习惯读法读出，汉语读作："××点钟方位"，英语读作"（number）O'CLOCK"。

（11）应答机编码的读法：应答机/Squawk 后跟四位数并逐一读出。

（12）航空器机型的读法：航空器机型通常按照飞机制造商注册的方式发音，汉语发音时机名按照翻译的汉语名称读出，型号按照汉语发音习惯，英语的发音按照习惯读法。

（13）有关气象方面的数字如能见度等的读法按照气象部门的规定读出。

3. 标准单词和发音（见表 6-28）

表 6-28

中 文	英 语	含 义
请认收	ACKNOWLEDGE	请告你是否收到并理解这份通报
是的，同意	AFFIRM	"是"或"同意"
同意，准许	APPROVED	准许或承认所要求的事项
BREAK BREAK	BREAK BREAK	用以区分在繁忙环境下发给不同航空器的信息
取消	CANCEL	取消先前发给的许可等
检查	CHECK	请检查装置或程序（通常不期待答复）
准许，可以	CLEARED	附有条件的许可或承认
请证实	CONFIRM	我方收到的以下通报是正确的吗？ 或你正确地收到了这份通报了吗？
请联系	CONTACT	请与……进行联系
中 文	英 语	含 义

续表 6-28

正确	CORRECT	发送的话是正确的
更正	CORRECTION	送话中有错误，正确的是
作废	DISREGARD	取消已发送的电文
听我声音怎样	HOW DO YOU READ	听我声音怎样
我重复一遍	I SAY AGAIN	为了明确或强调起见，我再讲一遍
请守听	MONITOR	请守听（频率）
不对，不同意	NEGATIVE	不对、不准或不正确
再见	OUT	通信结束，再见（通常 VHF〃UHF 通信中不使用）
回答	OVER	我已讲完，请回答（通常 VHF〃UHF 通信中不使用）
请复诵	READ BACK	请全部或部分复诵我发的通报
重新许可	RECLEARED	对先前发出的指令全部或部分做出更改
报告	REPORT	请报告以下情报
请求	REQUEST	要求以下情报，或请要求以下情报
明白	ROGER	我已全部收到你的发话（要求复诵时，要用"是的"或"不是"来回答时，不使用）
重复	SAY AGAIN	请再讲一遍
讲慢一些	SPEAK SLOWER	请再讲慢一些
稍等	STANDBY	在我呼叫之前，请等待（我的发话）
不行	UNABLE	我无法满足您的要求或遵从您的指令
照办	WILCO	我已明白你的通报，将照办
请发送两遍	WORDS TWICE	通信困难，每字或每句请讲两遍
发送两遍	WORDS TWICE	因通信困难，通报中的每字或每句发送两次

4. 呼　号

1）管制单位的呼号

管制单位的名称由管制单位所在地的名字和后缀组成，后缀表明提供何种服务或单位类型，如表 6-29 所示。

表 6-29

管制单位或服务	后缀汉语简呼	后缀英语简呼
区域管制中心（Area control center）	区调	CONTROL
进近管制（Approach control）	进近	APPROACH
进场雷达管制（Approach control radar arrival）	进场	ARRIVAL
离场雷达管制（Approach control radar departure）	离场	DEPARTURE
机场管制（Aerodrome control）	塔台	TOWER
地面管制（Surface movement control）	地面	GROUND
放行许可发布（Clearance delivery）	放行	DELIVERY
飞行情报服务（Flight information service）	情报	INFORMATION
机坪管制/管理服务（Apron control/management service）	机坪	APRON
公司签派（Company dispatch）	签派	DISPATCH

　　航空器和管制单位初次联系时，应全呼航空器和管制单位的全称，在建立双向联系以后的各次通话中，可以简呼地名，管制单位或服务也可省略。

　　2）航空器的呼号

　　航空器的呼号的全称应使用下列方式之一：

　　（1）航空器注册号，如 G-ABCD，Cessna G-ABCD。

　　（2）经营者无线电代码后随航空器注册号的后四位，如 FASTAIR DCAB。

　　（3）经营者无线电代码后随航班号，如 CA981。

　　注：在呼号中，航空器制造商或机型型号可放在 A 航空器注册号的前面。

　　在建立联系后，且不会造成混淆的情况下，航空器呼号可按下列原则进行简化：

　　（1）航空器注册号的第一个字母和至少最后两个字母，如 G-CD。

　　（2）经营者无线电代码后随航空器注册号的至少最后两个字母，如 FASTAIR AB。

　　（3）无简化形式。

　　航空器无线电呼号全称及其简化形式对照表见表 6-30。

表 6-30

	①	②	③
全称	G-ABCD	SPEEDBIRD GABCD	CLZPER 100
简化形式	G-CD	SPEEDBIRD CD	无简化形式

　　只有当管制单位缩减了航空器的呼号后，航空器才可以使用缩减后的呼号；当由于存在相似的呼号而可能产生混淆时，航空器在飞行中不得改变或更换呼号，管制单位可以临时指令航空器改变呼号；如果航空器是重型航空器，在第一次呼叫塔台或进近管制单位时在呼号后紧跟 HEAVY。

　　5. 通　话

　　（1）陆空通讯中使用汉语普通话或英语，时间采用协调世界时；

　　（2）空中交通管制员发出的指令应当保证含义清楚和完整，避免发出让飞行员无所适从或无法操作的指令；

　　（3）当建立首次通信联系时，航空器应当使用航空器和管制单位或服务单位的全称；

　　（4）如果地面电台想广播信息或情报，可以在信息或情报前加上"全体注意"或"ALL STATIONS"；

　　（5）如果某一航空器想对周围的航空器广播信息或情报，可以在信息或情报前加上"全体注意"或"ALL STATIONS"；

　　（6）如果对收到的信息存在疑问，可以要求重复全部信息或其中的一部分，使用下列术语：

表 6-31

中　文	英　文	含　义
请重复	Say Again	重复全部电文
请重复…（项目）	Say Again…（item）	重复指定内容
请重复…之前（后）	Say Again All Before（after）	重复部分内容
请重复…和…之间	Say Again All between…&…	重复…和…之间的内容

（7）如果被呼叫单位不能确定谁呼叫自己，被呼叫单位可以要求对方重复呼号直至建立联系："Station calling（unit），say again your callsign（哪个呼叫（单位），请重复呼号）"；

（8）如果空中交通管制员或航空器驾驶员在发布指令或报告的过程中出现错误并立即更正，应当说"更正（CORRECTION）"，重复更正后的正确部分；

（9）如果空中交通管制员或航空器驾驶员在通话过程中发现前面的内容有错误，但由于发布的内容较多，立即更正会使对方很难确定哪部分有错误，通过重复全部指令或报告能更好地更正错误，这时空中交通管制员或航空器驾驶员使用"更正，我再讲一遍（CORRECTION，I SAY AGAIN）"术语；

（10）当空中交通管制员或航空器驾驶员认为对方接收可能有困难或有必要时，通话中的重要内容应当重复。

6. 通信移交

（1）当航空器需要从一个无线电频率转换到另一个频率时，管制单位应当通知航空器转换频率。如果管制单位没有通知，航空器驾驶员在转频之前应当提醒空中交通管制员。

（2）当其他空中交通服务单位需要和航空器进一步通话时，可以指示航空器"在某频率上等待（standby（frequency））"，也可以指令"监听某广播频率（monitor（frequency））"。例如：

APPROACH：CES5325，standby 118.9 for tower.

进近：CES5325，在塔台 118.9 频率上等待。

7. 许可的发布和复诵要求

（1）当航空器驾驶员需要记录，同时为避免无谓的重复，空中交通管制员应当缓慢、清楚地发布许可，航路许可尽可能在开车前发布给航空器驾驶员，不允许在航空器驾驶员对正跑道和实施起飞动作时发布许可；

（2）空中交通管制航路许可不是起飞和进入使用跑道的指令，"起飞（TAKE OFF）"一词只能用于允许飞机起飞或取消起飞许可，在其他情况下，使用"离场（DEPARTURE）"或"离地（AIRBORNE）"表达起飞的概念；

（3）航空器驾驶员必须向空中交通管制员复诵通过话音传送的 ATC 放行许可和指示中涉及安全的部分，应当复诵下述内容：

① 空中交通管制航路放行许可；

② 在跑道上进入、着陆、起飞、穿越跑道和沿跑道上的方向滑回的许可和指令；

③ 正在使用的跑道、高度表拨正值、二次监视雷达（SSR）编码、高度指令、航向与速度指令和空中交通管制员发布的或 ATIS 广播包含的过渡高度层。

（4）航空器驾驶员应当以呼号终止复诵；

（5）空中交通管制员肯定航空器驾驶员复诵的内容正确时，可仅呼叫对方的呼号；

（6）如果航空器驾驶员复诵的指令或许可错误，空中交通管制员应当明确发送"错误（NEGATIVE）"后跟更正的内容；

（7）如果对航空器驾驶员能否遵照执行许可和指令有疑问，空中交通管制员在许可和指令后加短语"如果不能通知我（IF UNABLE ADVISE）"发送，随后发布其他替换指令，在任何时候航空器驾驶员认为接收到的许可和指令不能遵照执行时，应当使用短语"无法执行（UNABLE）"并告知原因；

（8）空中交通管制员应当注意收听飞行员的复诵，发现有错误时应当立即予以纠正；

（9）重新发布放行许可时，不得使用"可以沿飞行计划的航路飞行（CLEARED VIA FLIGHT PLANNED ROUTE）"；

（10）有关附条件用语，例如"在航空器着陆之后"或"在航空器起飞之后"，不得影响起飞和着陆航空器对跑道的正常使用，但当有关空中交通管制员和航空器驾驶员看见有关航空器或车辆时除外，附条件放行许可按下列次序发出，包括：

① 识别标志；

② 条件；

③ 许可；

④ 条件的简要重复。

（11）"立即（IMMEDIATELY）"应当用在必须马上执行的指令中，如果不执行指令将会造成严重的飞行冲突。在其他情况下，可以使用"现在开始（执行的动作）[COMMANCING（ACTION）NOW]"；

（12）除非有关 ATS 当局另有规定，否则不要求用话音复诵 CPDLC 电文。

8. 无线电检查程序

（1）无线电检查程序应当采用下列形式：

① 对方电台呼号；

② 本方电台呼号；

③ "RADIO CHECK"（中文可省略）；

④ 使用频率。

（2）无线电检查回答时应按照下列形式：

① 对方电台呼号；

② 本方电台呼号；

③ 发射信号的质量。

（3）发射信号的质量按照表 6-32 所列的标准划分。

表 6-32

通话质量	中文描述	英文描述
不清楚	不清楚或 1 个	1
可断续听到	可断续听到或 2 个	2
能听清但很困难	能听清但很困难或 3 个	3
清楚	清楚或 4 个	4
非常清晰	非常清晰或 5 个	5

9. 术语的有关规定和说明

（1）文中带*号部分为航空器驾驶员使用的语言；

（2）文中[ ]内的内容根据需要可进行取舍，（ ）中的内容应以实际情况进行替换；

（3）文中的高度如果没有特别注明均为泛指，可代表各种高度。

二、术　语

（一）高度的描述（用"高度"或"level"表示）

高度 Level（泛指各种气压高度）

场压高度 Height

海压高度 Altitude

飞行高度层 Flight Level

（二）高度指令

（1）上升/下降。

① 上升/下降到（高度）。

Climb/descend to（level）.

② 在/到（时间/重要点）上升/下降到达（高度）。

Climb/descend to reach（level）at/by（time/significant point）.

③ 离开/到达/通过（高度）报告。

Report leaving/reaching/passing（level）.

④ 通过单/双数高度报告。

Report passing odd/even levels.

⑤ 上升或下降率每分钟（最大/最小）（数值）米/秒。

At（number）meters per second（maximum/minimum）.

（2）梯级上升（航空器识别标志）在你上面/在你后面。

Step climb（aircraft identification）above/behind you.

（3）在（时间/重要点）向（单位）请求改变高度。

Request level change from（name of unit）at（time/significant point）.

（4）在（高度）停止上升/下降。

Stop climb/descent at（level）.

（5）继续上升/下降到（高度）。

Continue climb/descent to（level）.

（6）[在通过（高度）之前]加大上升率/下降率。

Expedite climb/descent[until passing（level）].

（7）准备好上升/下降到（高度），离开（高度）报告。

When ready climb/descend to（level），report leaving（level）.

（8）预期在（时间）下降。

Expect descent at（time）.

（9）在规定的时间或地点实施指令。

① 立即上升/下降。

Climb/descend immediately.

② 通过（重要点）后立即上升/下降。

Immediately climb/descend after passing（significant point）.

③ 在（时间/重要点）上升/下降。

Climb/descend at（time/significant point）.

（10）保持高度。

Maintain（level），如有必要，后接 followed as necessary by：

① 到（重要点）to（significant point）

② 直到通过（重要点）until passing（significant point）

③ 直到（时间）until（time）

④ 直到收到进一步指令　until further advised

（11）要求航空器在上升/下降期间自行保持间隔和目视气象条件。

① 以（高度）、在（时间或）之后/之前飞越（重要点）。

Cross（significant point）at/at or above/at or below（level）.

② 飞越（重要点）在（时间）或之后/之前在（高度）。

Cross（significant point）at（time）or later/before at（level）.

③ 飞越（距离）（方位）（DME 台的代号）在/不低于/不高于（高度）。

Cross（distance）（direction）（name of DME station）DME at/at or above/at or below（level）.

（12）在（高度）以上/以下自行保持间隔和目视条件或自行保持间隔和目视气象条件到（高度）。

Maintain own separation and VMC above/below/to（level）.

（13）使用 TCAS 时航空器驾驶员和空中交通管制员之间的通话用语。

当航空器驾驶员执行 TCAS 指令上升或下降后，航空器驾驶员和空中交通管制员之间的通话：

*TCAS 上升或下降

*TCAS CLIMB（or DESCENT）

收到

（acknowledgement）

（14）当 TCAS 冲突消除以后航空器驾驶员和空中交通管制员之间的通话。

*正在返回（原来的管制许可）

RETURNING TO（assigned clearance）

收到（或其他管制指令）

（acknowledgement）（or alternative instructions）

（15）　TCAS 排除冲突后航空器驾驶员和空中交通管制员之间的通话。

*TCAS 上升或下降，正在返回（原来的管制许可）

TCAS CLIMB（or DESCENT）RETURNING TO（assigned clearance）

（认收）（注：认收方式为"明白"或"收到"英语用 ROGER）（或其他管制指令）

（acknowledgement）（or alternative instructions）

（16）当 TCAS 排除冲突后已经返回到原来的许可，空中交通管制员和航空器驾驶员之间的通话。

*TCAS 上升或下降结束，已经回到（原来的管制许可）

*TCAS CLIMB（or DESCENT），COMPLETED；（assigned clearance）RESUMED

（认收）（注：认收方式为"明白"或"收到"）（或替代管制指令）

（acknowledgement）（or alternative instructions）

（17）当 TCAS 提示无法执行管制指令时空中交通管制员与航空器驾驶员之间的通话。

*TCAS 提示，不能执行你的指令

*UNABLE，TCAS RESOLUTION ADVISORY.

（三）管制移交及转换频率指令

（1）[现在]联系（单位呼号）（频率）。

Contact（unit callsign）（frequency）.

（2）在/过（时间/地点）联络（单位呼号）（频率）。

At/over（time/place）contact（unit callsign）（frequency）.

（3）如果联系不上（备份指令）。

If no contact（instructions）.

（4）在（单位呼号）（频率）上等待。

Stand by（frequency）for（unit callsign）.

（5）同意改频。

Frequency change approved.

（6）在（单位呼号）（频率）上守听。

Monitor（unit callsign）（frequency）.

（7）准备好，联系（单位呼号）（频率）。

When ready contact（unit callsign）（frequency）.

（8）保持现频率。

Remain this frequency.

（四）呼号的改变

（1）（在得到进一步通知前）将你的呼号改为（新呼号）。

Change your callsign to（new callsign）until[further advised].

（2）[在（重要点）]恢复到飞行计划中的呼号（呼号）。

Revert to flight plan callsign（callsign）[at（significant point）].

（五）活动通报（Traffic Information）

（1）传送活动情报。

① 活动（情报）。

Traffic（information）.

② 没有得到活动报告。

No reported traffic.

（2）活动情报的确认。

① 飞行活动通报（情报内容）。

traffic（information）.

② *正在观察。

Looking out

③ *看到了。

Traffic in sight.

④ *没有看到（原因）。

Negative contact（reason）.

（3）还有（方向）飞行的活动、（机型）（高度）、预计/过（重要点）（时间）。

Traffic（direction）bound（type of aircraft）（level）estimated/over（significant point）at（time）.

（六）气象情报（Weather Condition）

（1）风应用平均风向风速以及风向风速的重大变化来表达，见表6-33。

表6-33

（数值）（度风）	（数值）	（单位）
Wind（number）	Degrees（number）	（Units）

（2）能见度（距离）。

Visibility（distance）.

（3）适用于多点观测跑道视程的情况。

多点观测的跑道视程分别代表接地段、中间段、滑离段/停止端的跑道视程。

[（号码）跑道]跑道视程（第一段）（距离），（第二段）（距离），（第三段）（距离）

RVR[runway（number）]（first position）（distance），（second position）（distance），（third position）（distance）.

（4）现行天气（详细内容）。

Present Weather（details）

（5）（云量）[云状]云（高度）/晴空。

Cloud（amount，[type]and height of base）/sky clear

（6）CAVOK 读作 CAV-O-KAY。

（7）温度[负]（数值），露点[负]（数值）。

Temperature[minus]（number），dew point[minus]（number）.

（8）QNH/QFE（数值）（单位）。

QNH/NFE（number）（units）.

（9）（云中）中度/严重积冰/颠簸（区域）。

Moderate/severe icing/turbulence[in cloud]（area）.

（10）报告飞行条件。

Report flight conditions.

（七）位置报告（Position Reporting）

（1）位置报告通常应包含下列内容：

① 航空器呼号；

② 位置；

③ 时间；

④ 高度；

⑤ 下一位置点和过该点预计时间。

（2）下一次在（重要点）报告。

Next report at（significant point）.

（3）[在（规定）之前]省略位置报告。

Omit position reports[until（specify）].

（4）恢复位置报告。

Resume position reporting.

（5）通过（重要点）报告。

Report passing（significant point）.

（6）离（DME 台名称）DME（距离）报告。

Report（distance）from（name of DME station）DME.

（7）通过（VOR 名称）VOR（三个数字）径向线报告。

Report passing（three digits）radial（name of VOR）VOR.

（8）报告离（重要点）的距离。

Report distance from（significant point）.

（9）报告离（DME 台名称）DME 的距离。

Report distance from（name of DME station）DME.

（八）机场情报（Aerodrome Conditions）

（1）（号码）跑道（情况）。

Runway（number）（condition）.

（2）着陆道面（情况）。

Landing surface（condition）.

（3）注意（地点）的施工。

Caution construction work（location）.

（4）注意跑道右侧/左侧/两侧（说明原因）。

Caution（specify reason）right/left/both sides/of runway（number）.

（5）注意正在施工/障碍物（位置及必要的建议）。

Caution work in progress（or obstruction）（position and any necessary advice）.

（6）（观测时间）报告、（号码）跑道（凝结物种类）达到（沉积物厚度）毫米，刹车效应好/较好/中/较差/差/不可靠[刹车系数（设备及数值）]。

Runway report at（observation time）runway（number）（type of precipitant）up to（depth of deposit）millimeters, braking action good/medium to good/medium/medium to poor/poor/unreliable, [and/or braking coefficient（equipment and number）].

（7）（机型）在（时间）报告的刹车效应好/中/差。

Braking action reported by（aircraft type）at（time）good/medium/poor.

（8）跑道/滑行道是湿的[潮的，有块状积水，被水淹没（厚度）/（在可能的情况下说明长度和宽度）积雪已清除/已经处理/被块状干雪/湿雪/硬雪/雪水/冻雪水/冰/冰和雪覆盖]。

Runway（or taxiway）wet[or damp, water patches, flooded（depth）, or snow removed（length and width as applicable）, or treated, or covered with patches of dry snow（or wet snow, or compacted snow, or slush, or frozen slush, or ice, or ice and snow）].

（9）（号码）跑道（目视/非目视助航设备说明）（不正常工作情况描述）。

（Specify visual or non-visual aid）runway（number）（description of deficiency）.

（10）（类别）灯光（不能提供服务）。

（Type）lighting（unserviceability）.

（11）（类别）ILS（工作状况）。

ILS category（category）（serviceability state）.

（12）滑行道灯光（不正常工作情况说明）。

Taxiway lighting（description of deficiency）.

（13）（号码）跑道的（目视进近坡度指示器类别）（不正常工作情况说明）。

（Type of visual approach slope indicator）runway（number）（description of deficiency）.

（14）没有备份电源。

Secondary power supply not available.

（九）航站自动情报服务（ATIS）

在有必要降低空中交通服务甚高频（VHF）陆空通信波道通信负荷的机场，应提供航站自动情报服务通播。

1. 频 率

一般情况下，航站自动情报服务通播应在一个单独的甚高频频率上进行，如果无法达到此项要求，可以在一个最恰当的航站导航设备（最好是一个 VOR 台）的话波上进行播发。当然，所用导航设备应具备足够的作用范围和可听度，并且该设备的识别标志应与通播依次排列，使得通播内容不受影响。航站自动情报服务通播不得在 ILS 的话波上进行。

2. 要 求

（1）通播的情报应仅限于一个机场；

（2）通播应有持续性和重复性；

（3）通播情报应随重大变化的出现而立即更新；

（4）空中交通服务部门负责准备和发布航站自动情报服务电文；

（5）在电文不是由负责向航空器提供进场、着陆和起飞服务的空中交通服务部门准备的情况下，现行通播所包括的情报应立即通知该服务部门；

（6）航站自动情报应按拼读字母的形式予以识别，连续性航站自动情报服务电文的代码应按字母表的顺序依次排列；

（7）航空器应在与提供进近和机场管制的单位建立起始联络时，确认已收到通播；

（8）在回答上述"7"中的电文时，空中交通服务单位应向航空器提供现行高度表拨正值，进场航空器则可根据有关空中交通服务当局规定的时间提供。

3. 注意事项

（1）在因天气要素急剧变化，而使航站自动情报服务无法将天气报告包括在内时，航站自动情报服务电文应表明有关天气情报，将在第一次与空中交通服务单位联络时，由该单位提供。

（2）如果有关航空器已确认收到有效的航站自动情报服务通播中包含的情报，那么，除高度表拨正值以外，其他各项不必再包括在向航空器直接发送的通话内容之中。

（3）如果航空器确认收到的航站自动情报服务通播已经过时，那么，情报中需要更新的项目应当立即发送给航空器。

4. 通播时间

（1）航站自动情报服务通播应在机场开放期间每半小时播发一次。

（2）播发时间应定在正点以后 10 min 和 30 min 进行，每次播发根据内容长短，持续 30～60 s，其后的通播在下一小时开始新的循环前进行重复和持续播发。

5. 进离场航空器通播

进场和离场航空器的航站自动情报服务通播，既包括进场又包括离场的航站自动情报服务通播电文，应包括下列各项情报，并且按所列顺序播发：

（1）机场名称。

Aerodrome.

（2）代码。

Information（ICAO Letter）.

（3）观测时间（如有必要）。

Time of weather observation（if necessary）.

（4）预期进近类别。

Instrument/visual approach in use.

（5）使用跑道。

Runway in use.

（6）重要的跑道道面情况（必要时），刹车效应。

Significant runway conditions（if necessary）Braking action.

（7）过渡高度层（如有可能）。

Transition level（if available）.

（8）其他必要的运行情报。

Other essential operational information.

（9）地面风向风速，包括重要变化。

Surface wind, including direction, velocity and gusts.

（10）能见度，跑道视程（可能时）。

Visibility, RVR（if available）.

（11）现行天气。

Weather information.

（12）低于 1 500 m 的云、积雨云、浓积云。

Cloud below 1 500 meters，Cumulonimbus，towering cumulus.

（13）大气温度。

Temperature.

（14）露点。

Dew point.

（15）高度表拨正值。

QNH or QFE.

（16）航行通告和飞行员报告/重要气象情报的通知。

NOTAM's and notification of PIREP's/SIGMET's.

（17）初始联系时，报告你已收到（代码）通播。

ADVISE ON INITIAL CONTACT YOU HAVE INFORMATION（ICAOLETTER）.

6. 应用举例

北京首都机场情报通播 A，0 130 预期 36 号左跑道 ILS 进近，跑道道面是湿的，36 号左跑道入口附近正在施工，P 号滑行道关闭。地面风 350° 6 m/s，CAVOK，温度 30，露点 24，场压 1 015，无重大变化，在首次与管制员联系时，通知你已收到 A 通播。

Beijing capital airport ATIS info alpha，zero one three zero hours expect ILS approach runway-in-use three six left，runway surface wet. Work in progress near beginning of runway three six left. Taxiway P closed，wind three five zero degrees six meters per second，CAVOK，temperature three zero，dew point two four，QFE one zero one five，NO SIG，advise on initial contact you have info alpha.

下面就机场管制、进近管制、区域管制、雷达管制、ADS 和 RVSM 相应的无线电用语分别介绍，紧急情况下的用语将在告警服务一章中介绍。

三、机场管制用语

（一）开车及推出（Engine Start and Push Back）

通话用语如下：

（1）同意开车。

START UP APPROVED.

（2）在（时间）开车。

START UP AT（time）.

（3）预计在（时间）开车。

EXPECT START UP AT（time）.

（4）开车时间自行掌握。

START UP AT OWN DISCRETION.

（5）预计起飞时间（时间），开车时间自行掌握。

EXPECT DEPARTURE（time）START UP AT OWN DISCRETION.

（6）同意推出。

PUSH BACK APPROVED.

（7）稍等。

STANDBY。

（8）推出时间自行掌握。

PUSH BACK AT OWN DISCRETION.

（9）因为（原因）预计推迟（数字）分钟。

EXPECT（number）MINUTES DELAY DUE TO（reason）.

（二）滑　行

滑行许可中应包括：许可界限；滑行路线；风向风速；场压。在有 ATIS 通播的机场，在滑行许可中可省略风向、风速和场压等项。

许可界限通常是使用跑道外的等待点，但也可以是其他任一点。

通话用语如下：

（1）滑到（数字）等待点（号码）跑道。

TAXI TO HOLDING POINT（number）RUNWAY（number）.

（2）通过（路线）滑到（数字）等待点（号码）跑道。

TAXI VIA（route to follow）TO HOLDING POINT（number）RUNWAY（number）.

（3）滑到（数字）等待点（适用的机场条件）。

TAXI TO HOLDING POINT（number）（aerodrome information as applicable）.

（4）前面第（数字）道口（转弯方向）。

TAKE（number）（direction）.

（5）沿（滑行道）滑行。

TAXI VIA（identification of taxiway）.

（6）沿（号码）跑道滑行。

TAXI VIA RUNWAY（number）.

（7）滑到（某个位置）。

TAXI TO（location）.

（8）沿（号码）跑道反向滑行。

BACKTRACK RUNWAY（number）.

（9）一直往前滑。

TAXI STRAIGHT AHEAD.

（10）滑行时注意。

TAXI WITH CAUTION.

（11）给（另外航空器的位置和描述）让路。

GIVE WAY TO（description and position of other aircraft）.

（12）跟在（另外的航空器或车辆的描述）后面。

FOLLOW/TAXI BEHIND（description of other aircraft or vehicle）.

（13）加速滑行（原因）。

EXPEDITE TAXI（reason）.

（14）注意，滑慢一点（原因）。

CAUTION TAXI SLOWER（reason）.

（15）可以穿越（号码）跑道。

CROSS RUNWAY（number）.

（16）快点穿越（号码）跑道，五边（距离）公里有飞机。

EXPEDITE CROSS RUNWAY（number）TRAFFIC（aircraft type）（distance）（on）FINAL.

（17）脱离（号码）跑道。

VACATE RUNWAY（number）.

（18）原地等待。

HOLDING POSITION.

（19）因（原因）等待。

HOLD FOR（reason）.

（20）继续沿（路线）向（方向）滑行至（位置）。

CONTINUE TAXING（direction）VIA（route）PROCEED TO（location）.

（21）在（位置）外等待。

HOLD SHORT OF（position）.

（22）立即开始滑行。

TAXI WITHOUT DELAY.

（23）注意喷流。

CAUTION JET BLAST.

（三）起飞程序

通话用语如下：

（1）联系塔台（频率）。

CONTACT TOWER ON（frequency）.

（2）取消起飞许可（原因）。

CANCEL TAKEOFF CLEARANCE（reason）.

（3）准备好起飞时报告。

REPORT WHEN READY FOR DEPARTURE.

（4）准备好（起飞）（吗）？

ARE YOU READY FOR DEPARTURE?

（5）进跑道能否立即起飞?

ARE YOU READY FOR IMMEDIATE DEPARTURE?

（6）等待（原因）。

WAIT（reason）.

（7）进跑道（数字）。

LINE UP RUNWAY（number）.

（8）进跑道，做好立即离场准备。

LINE UP.BE READY FOR IMMEDIATE DEPARTURE.

（9）进跑道等待。

LINE UP AND WAIT.

（10）可以起飞（离地报告）。

CLEARED FOR TAKEOFF（REPORT AIRBORNE）.

（11）立即起飞，否则退出跑道。

TAKEOFF IMMEDIATELY OR VACATE RUNWAY.

（12）立即起飞，否则跑道头等待。

TAKEOFF IMMEDIATELY OR HOLD SHORT OF RUNWAY.

（13）原地等待，取消起飞许可，再说一遍，取消起飞许可（原因）。

HOLD POSITION，CANCEL TAKEOFF CLEARANCE，I SAY AGAIN，CANCELTAKEOFF CLEARANCE（reason）.

（14）立即中断起飞，（重复航空器呼号）立即中断起飞。

STOP IMMEDIATELY（repeat aircraft callsign）STOP IMMEDIATELY.

（15）因尾流而等待。

HOLD FOR WAKE TURBULENCE.

（16）地面风（风向、风速）可以起飞。

WIND（surface wind in direction and velocity）.CLEARED FOR TAKEOFF.

（四）起落航线

通话用语如下：

（1）加入（起落航线的位置）（号码）跑道（地面）风（方向和速度）温度（摄氏度）（高度表拨正值）。

JOIN（position in circuit）（runway number）（SURFACE）WIND（direction and speed）TEMPERATURE（degrees in Celsius）（altimeter）.

（2）直线进近（号码）跑道地面风（方向和风速）温度（摄氏度）（高度表拨正值）。

MAKE STRAIGHT-IN APPROACH RUNWAY（number）（SURFACE）WIND（direction and speed）TEMPERATURE（degrees in Celsius）（altimeter）.

（3）加入（起落航线的位置）（号码）跑道（高度表拨正值）。

JOIN（position in circuit）RUNWAY（number）（altimeter）.

（4）跟在（航空器的机型和位置）后面，第（数字）个落地。

NUMBER（number），FOLLOW（aircraft type and position）.

（5）做个小航线。

MAKE SHORT APPROACH.

（6）做个大航线。

MAKE LONG APPROACH.

（7）延长三边。

EXTEND DOWNWIND.

（8）（四边或五边或长五边）报告。

REPORT（BASE or FINAL or LONG FINAL）.

（9）继续进近。

CONTINUE APPROACH.

（10）加入（左或右）四边。

JOIN（LEFT or RIGHT）BASE.

（11）可以直接进近。

STRAIGHT-IN APPROVED.

（12）绕场飞行。

CIRCLE THE AERODROME.

（13）从现在的位置向左/右转圈。

ORBIT（RIGHT or LEFT）FROM PRESENT POSITION.

（14）左或右转 360°（原因）。

MAKE A THREE-SIXTY TURN（LEFT/RIGHT）（reason）.

（15）再做一次起落航线飞行。

MAKE ANOTHER CIRCUIT.

（五）进近和着陆

通话用语如下：

（1）可以着陆。

CLEARED TO LAND.

（2）可以落地，（号码）跑道（多条跑道时）。

CLEARED TO LAND RUNWAY（number）.

（3）可以连续。

CLEARED TOUTH AND GO.

（4）做全停。

MAKE FULL STOP.

（5）可以低空通场，（号码）跑道（高度限制）（复飞指令）。

CLEARED LOW PASS RUNWAY（number）（altitude restriction if required）（go around instruction）.

（6）可以低空拉升，[跑道（号码）]，[（高度限制）（复飞指令）]。

cleared low approach[runway（number）]，[（altitude restriction if required）（go around instruction）].

（7）复飞。

GO AROUND.

（8）起落架看上去已放下。

LANDING GEAR APPEARS DOWN.

（9）右（左或前）轮看上去已收上（或放下）。

RIGHT（or LEFT or NOSE）WHEEL APPEARS UP（or DOWN）.

（10）轮子看上去已收上。

WHEELS APPEAR UP.

（11）注意尾流。

CAUTION WAKE TURBULENCE.

（六）地面车辆的移动

通话用语如下：

（1）沿（名称）滑行道开到（位置）。

PROCEED TO（location）VIA TAXIWAY（identifier）.

（2）给（航空器型号、位置）让路，然后开到（位置），注意喷流。

GIVE WAY TO THE（aircraft type）（position）THEN PROCEED TO（location）CAUTION JET BLAST.

（3）沿（路线）开到跑道头并等待。

PROCEED VIA（route）HOLD SHORT OF RUNWAY（number）.

（4）允许沿（路线）把航空器拖到（名称）停机位。

TOW APPROVED TO GATE（identifier）VIA（route）.

（5）原地等待。

HOLD POSITION.

（6）开回（位置），不准穿越（名称）跑道（或滑行道）。

RETURN TO（location）DO NOT CROSS RUNWAY（or TAXIWAY）（identifier）.

（7）立即停下来。

STOP IMMEDIATELY.

四、进近管制用语

（一）离场指令

（1）离场后，右转/左转，航向（三位数）。

After departure turn right/left heading（three digits）.

（2）右转/左转，航向（三位数）。

Turn right/left heading（three digits）.

（3）在（时间/或到达定位点/重要点/高度）前[改变航向前]，以（三个数字）度[磁/真]航迹飞向/离开（重要点）。

Track（three digits）degrees [magnetic/true]to/from（significant point）until time/reaching（fix/significant point/level）[before setting heading].

（4）在（时间）改变航向，或在（时间）前/后改变航向。

Set heading at/before/later than（time）.

（5）在（时间）改航飞行/直飞（重要点），或在（时间）以前/改航飞向/直飞（重要点）。

Set heading to/direct（significant point）at/before/later than（time）.

（6）到达/通过（高度/重要点）后，改航[直飞]（重要点）。

After reaching/passing（level/significant point），set heading [direct]（significant point）.

（二）进近指令

（1）可以沿（航线代号）飞行。

Cleared via（designation）.

（2）可以沿（航线代号）到（许可界限）。

Cleared to（clearance limit）via（designation）.

（3）可以沿（所飞航线的详细描述）。

Cleared via（details of route to be followed）.

（4）可以（进近类别）进近[（号码）跑道]。

cleared（type of approach）approach[runway（number）].

（5）可以进近，[（号码）跑道]。

Cleared approach[runway（number）].

（6）（时间）开始进近。

Commence approach at（time）.

（7）可以直接进近，[（号码）跑道]。

Cleared straight-in approach，[runway（number）].

（8）能见报告。

Report visual.

（9）看到跑道[灯]报告。

Report runway[lights] in sight.

（10）可以能见进近，（号码）跑道。

Cleared visual approach，runway（number）.

11.（重要点）[入航/出航]报告。

Report（significant point[outbound/inbound].

（12）自行保持间隔。

Maintain own separation.

（13）保持目视气象条件。

Maintain VMC.

（14）你熟悉（名称）进近程序吗?

Are you familiar with（name）approach?

（三）等待指令

（1）在（位置）[上空]/（两个显著地标）间目视等待。

Hold visual[over]（position）/between（two prominent landmarks）.

2.（高度）在（重要点/导航设施/定位点）等待，预计（时间）进近/发布进一步许可。

Hold at（significant point，name of facility or fix）（level）expect approach/further clearance at（time）.

（3）在（导航设备名称）（如有必要，呼号及频率）等待，（高度），向台航迹（三位数）度，右/左航线，出航时间（数值）分钟（如有必要，发布其他指令）。

Hold at (name of facility)(callsign and frequency, if necessary)(level), inbound track (three digits) degrees, right/left/hand pattern, outbound time (number)minutes, (additional instructions, if necessary).

（4）在（名称）VOR（如有必要，呼号及频率）（三个数字）径向线 DME（距离）处等待，或，DME（距离）和（距离）之间等待，（高度），向台航迹（三位数），右/左航线（如有必要，发布其他许可）。

Hold on the (three digits) radial of the (name) VOR (callsign and frequency, if necessary) at (distance) DME/between (distance) and (distance) DME, (level), inbound track (three digits), right/left hand pattern (additional instruction, if necessary).

（四）预期进近时间

（1）没有延误。

No delay expected.

（2）预计进近时间（时间）。

Expected approach time (time).

（3）修改预计进近时间到（时间）。

Revised expected approach time (time).

（4）延误时间不定（原因）。

Delay no determined (reasons).

五、区域管制用语

（一）管制许可

1. 管制许可指令应包括以下几项内容：

（1）航空器识别标志（Aircraft Identification）；

（2）许可界限（Clearance Limit），即航空器被允许飞经的地点；

（3）飞经航路（Route of Flight）；

（4）飞行高度（Level Assignment），全部或部分航路的飞行高度以及高度的变化；

（5）其他内容（Additional Items），有关其他方面的必要的指令和信息。例如：二次雷达编码、进离场的机动飞行、通讯情况以及管制许可的时限等。

2. 管制许可指令的发布

（1）（航空器识别标志），允许沿（飞经航路）飞经（许可界限）（飞行高度）（其他内容）。

(Aircraft identification) cleared (clearance limit) Via (Route of Flight) (level assignment) (Additional Items).

（2）如由其他管制单位转发，则用如下形式：

（管制单位名称）允许（航空器识别标志）沿（飞经航路）飞往（许可界限）（飞行高度）（其他内容）

(Name of ATC unit) clears (Aircraft Identification) (Clearance Limit) Via (Route of Flight) (Level Assignment) (Additional Items).

（二）许可界限及飞经航路

（1）从（某地）到（许可界限/某地）。

From（place）to（clearance limit/place）

（2）直飞，或经（某点、某航路），或经计划航路，飞经（许可界限/某地）。

To（clearance limit/place）（followed as necessary by）

* direct

* via（route and/or reporting points）

* via flight planned route

（3）因（原因）（某高度或航路）不能使用，建议使用备用的（高度或航路）。

（level or route）Not available due（reason），Alternative（s）is/are（level or route）Advise.

（三）其他内容

（1）（离港时）两次雷达编码（编码）。

（For Departure）Squawk（SSR code）.

（2）起飞后径直爬升/右转/左转航向（三位数字）。

After departure，climb straight ahead/turn right/left heading（three digits）.

（3）离开/到达/通过（某高度）报告。

Report leaving/reaching/passing（level）.

（4）通过奇数/双数高度层报告。

Report passing odd/even levels.

（5）如果在（某时间）之前未起飞指令取消。

Clearance cancels if not airborne by（time）.

（四）管制许可的更改（Modification Clearance）

（1）更改管制许可（更改后的具体指令）。

Recleared（amended clearance details）.

（2）更改管制许可（更改后的部分航路）到（重要点或原定航路）。

Releared（amended route portion）to（significant point or original route）.

（3）在（某重要点）（某高度）（某时间）加入（特定航路）。

Join（specify）at（significant point）at（level）[at（time）].

（五）时间和速度指令

（1）预计进一步指令/进近指令时间在（时间）。

Expect Further/Approach Clearance at（time）.

（2）能否在（时间）飞越（重要点），请告知。

Advise if unable to cross（significant point）at（time）.

（3）保持马赫数（数字）。

Maintain Math（number）.

六、雷达管制用语

（一）雷达识别

通话用语如下：

（1）应答机 IDENT/STANDBY/LOW/NORMAL/MAYDAY/（编码）。

SQUAWK IDENT/STANDBY/LOW/NORMAL/MAYDAY/（SSR code）.

（2）关掉应答机。

STOP SQUAWK.

（3）重拨应答机（模式）（编码）。

RECYCLE（SSR mode）（SSR code）.

（4）雷达已识别（位置）。

IDENTIFIED（position）.

（5）为了识别，左/右转航向（三位数）。

FOR IDENTIFICATION TURN LEFT/RIGHT HEADING（three digits）.

（6）为了识别发送信号并报告航向。

TRANSMIT FOR IDENTIFICATION AND REPORT HEDING.

（7）雷达看到了[位置]。

RADAR CONTACT[position].

（8）（机动飞行）观察到了，雷达已识别（位置）（指令），此处的（位置）是，到某重要点的距离和方位或飞越/正切某重要点。

（maneuver）OBSERVED.IDENTIFIED（position）（instructions）where（position）is：

POSITION（distance）（direction）OF（significant point），or POSITIONOVER/ABEAM（significant point）.

（9）雷达没有识别。

NOT IDENTIFIED.

（10）短期内将失去雷达识别（适当指令或情报）。

WILL SHORTLY LOSE IDENTIFICATION（appropriate instructions or information）.

（11）失去雷达识别（指令）。

IDENTIFICATION LOST（instruction）.

（12）雷达服务/管制中止（原因）（位置）。

RADAR SERVICE/CONTROL TERMINATED[DUE（reason）][position].

（13）没有识别[原因]，[恢复/继续自主领航]。

NOT IDENTIFIED [reason]，[RESUME（or CONTINUE）OWN NAVIGATION].

（二）模式 C 高度报告

通话用语如下：

（1）应答机 C 模式。

SQUAWK CHARLIE.

（2）检查高度表拨正值并证实高度。

CHECK ALTIMETER SETTING AND CONFIRM LEVEL.

（3）关掉应答机 C 模式，显示有误。

STOP SQUAWK CHARLIE，WRONG INDICATION.

（4）核实高度。

VERIFY（level）.

（三）通信中断条件下的用语

通话用语如下：

（1）如无线电联络中断（具体指令）。

IF RADIO CONTACT LOST（instructions）.

（2）如（数字）分/秒内没有收到指令（具体指令）。

IF NOT RECEIVED TRANSMISSION FOR（number）MINUTES/SECONDS（instructions）.

（3）没有听到回答（具体指令）。

REPLY NOT RECEIVED（instructions）.

（4）如能听到我（具体指令）。

IF YOU READ（instructions）.

（5）（机动飞行）观察到了，现在位置在（航空器位置），我将继续发出指令。

（maneuver）OBSERVED POSITION（position of aircraft）WILL CONTINUE TO PASS INSTRUCTIONS.

（四）一般雷达管制用语

1. 一般用语

（1）保持现在航向。

CONTINUE PRESENT HEADING.

（2）保持航向（三位数）。

CONTINUE HEADING（three digits）.

（3）左/右转航向（三位数）。

TURN LEFT/RIGHT HEADING（three digits）.

（4）航向（三位数）。

FLY HEADING（three digits）.

（5）左/右转（数值）度。

TURN（number）DEGREES LEFT/RIGHT.

（6）停止转变航向（三位数）。

STOP TURN HEADING（three digits）.

（7）左/右转 360°（原因）。

MAKE A THREE-SIXTY TURN LEFT/RIGHT[reason].

（8）左/右转一圈（原因）。

ORBIT LEFT/RIGHT[reason].

（9）恢复自主导航（航空器位置）（相应指令）。

RESUME OWN NAVIGATION（position of aircraft）（specific instructions）.

2. 引导目的

开始雷达引导时，应通知飞行员引导的目的。

（1）雷达引导到（重要点或航路）。

VECTOR TO（significant point or airway）.

（2）雷达引导切入（某航段）。

VECTOR TO INTERCEPT（route portion）.

（3）雷达引导穿越（航向道或航路）。

VECTOR ACROSS（localizer or route）.

（4）雷达引导避让冲突。

VECTOR FOR TRAFFIC.

（5）雷达引导调整间距。

VECTOR FOR SPACING.

（6）雷达引导做延时飞行。

VECTOR FOR DELAYING ACTION.

（7）雷达引导到三边/四边/五边。

VECTOR FOR DOWNWIND/BASE/FINAL.

（8）雷达引导做（进近类别）进近，（号码）跑道。

VECTOR FOR（type of approach）APPROACH RUNWAY（number）.

（9）雷达引导做目视进近，（号码）跑道。

VECTOR FOR VISUAL APPROACH RUNWAY（number）.

（10）雷达引导到五边进近航迹。

VECTOR TO FINAL APPROACH COURSE.

（五）进近引导用语

通话用语如下：

（1）雷达引导，做监视雷达进近，（号码）跑道。

VECTORING FOR SURVEILLANCE RADAR APPROACH RUNWAY（number）.

（2）在距接地点（距离）时，不再提供进近指令。

APPROACH INSTRUCTIONS WILL BE TERMINATED AT（distance）FROM TOUCHD.

（3）这是（数值）跑道监视雷达进近，在接地点前（数值）公里终止，超障高度/高（数值）米，注意最低下降高度/高[如复飞（指令）]。

THIS WILL BE A SURVEILLANCE RADAR APPROACH RUNWAY（number），TERMINATING AT（distance）FROM TOUCHDOWN，OBSTACLE CLEARANCE[IN CASE OF GO AROUND，（instructions）].

（4）你已穿过航向道，（立即）左/右转回到航向道。

YOU HAVE CROSSED THE LOCALIZER COURSE.TURN LEFT/RIGHT [IMMEDIATELY] AND RETURN TO LOCALIZER COURSE.

（5）即将切入（无线电设备或五边航迹），距（重要点或接地点）（距离）。

YOU WILL INTERCEPT（radio aid or track）（distance）FROM（significant point or touchdown）.

（6）预期雷达引导横穿（航向道）（原因）。

EXPECT VECTOR ACROSS（localizer course）（reason）.

（7）这个转弯将使你通过（导航台）[原因]。

THIS TURN WILL TAKE YOU THROUGH（aid）[reason].

（8）现在开始下降[保持（数值）度下滑道]。

COMMENCE DESCENT NOW[TO MAINTAIN A（number）DEGREE GLIDE PATH].

（9）距接地点（距离），高度/高应为（数值和单位）。

（distance）FROM TOUCHDOWN, ALTITUDE/HEIGHT SHOULD BE（number and units）.

（10）建立下滑道报告。

REPORT ESTABLISHED ON GLIDE PATH.

（11）飞越跑道头。

OVER THRESHOLD.

（12）能见报告/看到跑道[灯光]报告。

REPORT VISUAL/RUNWAY[LIGHTS]IN SIGHT.

（13）保持能见，否则复飞（复飞程序）。

CONTINUE VISUALLY OR GO AROUND（missed approach instructions）.

（14）立即复飞（复飞程序）[原因]。

GO AROUND IMMEDIATELY（missed approach instructions）[reason].

（15）（原因）不能做（进近类别）进近（指令）。

（Type of approach）approach not available due（reason）（alternative instructions）.

（16）此后通话，请勿回答。

Don't acknowledge further transmissions.

（六）机载方向仪表不可靠时的用语

（1）收到指令后立即做标准转弯/半标准转弯率转弯/按指定转弯率转弯。

MAKE ALL TURNS RATE ONE/RATE HALF/（number）DEGREES PER SECOND. EXECUTE INSTRUCTIONS IMMEDIATELY UPON RECEIPT.

（2）现在左/右转。

TURN LEFT/RIGHT NOW.

（3）现在停止转弯。

STOP TURN NOW.

（七）活动通报（Traffic Information）

活动通报通常包括活动的时钟、方位、相对距离、活动方向、机型、高度等。根据机长的要求，管制员可引导飞机，但如活动已无影响，应通知机长。

（1）行活动（数值）点方位、（距离）（活动方向）（其他信息）。

TRAFFIC（number）O'CLOCK（distance）（direction of flight）（other information）.

其中，其他信息可以是：

① 高度未知。

ALTITUDE/LEVEL UNKNOWN.

② 相对/同向。

OPPOSITE/SAME DIRECTION.

③ 超越。

OVERTAKING.

④ 从左到右/从右到左。

CROSSING LEFT TO RIGHT/RIGHT TO LEFT.

⑤ 机型。

TYPE AIRCRAFT.

⑥ 高度。

LEVEL.

⑦ 正在上升/下降。

CLIMBING/DESCENDING.

（2）要不要雷达引导？

DO YOU WANT VECTOR?

（3）活动解除（相应指令）。

CLEAR OF TRAFFIC[appropriate instruction].

七、告警用语

1. 低高度告警

（航空器呼号）低高度告警，立即检查高度，QNH（数值）（单位）最低飞行高度（高度）。

（aircraft call sign）LOW ALTITUDE WARNING, CHECK YOUR ALTITUDE IMMEDIATELY, QNH IS（number）[（units）], [THE MINIMUM FLIGHT ALITITUDE IS（altitude）.

2. 近地告警

（航空器呼号）近地告警（如可能，建议航空器驾驶员的行动）。

（aircraft call sign）TERRAIN ALERT（suggested pilot action, if possible）.

八、自动相关监视（ADS）术语

ADS（或者自动相关监视）失效（必要的其他信息）。

ADS（or AUTOMATIC DEPENDENT SURVEILLANCE）OUT OF SERVICE（appropriate information as necessary）.

九、RVSM 运行术语

1. 管制员和飞行员之间的术语

（1）管制员确认航空器的 RVSM 状态。

（航空器呼号）证实 RVSM 已批准。

（CALL SIGN）CONFIRM RVSM APPROAVED.

（2）*不是 RVSM。

*NEGATIVE RVSM

注：此术语用于飞行员报告 RVSM 未批准，在 RVSM 空域的频率上首次呼叫（管制员将复诵相同的短语）及，在申请所有有关 RVSM 空域的飞行高度层改变时，在复诵所有有关 RVSM 空域的飞行高度层许可时。

此外，除国家航空器外，飞行员在复诵涉及垂直穿越 FL290 或 FL410 的飞行高度层许可时应当包含该短语。

（3）*是 RVSM。

*AFFIRM RVSM.

（4）*不是 RVSM 的国家航空器。

*NEGATIVE RVSM STATE AIRCRAFT.

注：用于非 RVSM 准许的国家航空器的飞行员在回答"（CALL SIGN）CONFIRM RVSM APPROAVED"时，报告非 RVSM 准许状态。

（5）不能进入 RVSM 空域，保持[上升或下降到]高度层（数字）。

（CALL SIGN）UNABLE CLEARANCE INTO RVSM AIARSPACE，MAINTAIN [or DESCEND TO，or CLIMB TO] FLIGHT LEVEL（NUMBER）.

（6）*由于颠簸，不能保持 RVSM。

*UNABLE RVSM DUE TURBULENCE.

（7）*由于设备原因不能保持 RVSM。

*UNABLE RVSM DUE EQUIPMENT.

此术语用于飞行员报告航空器的设备等级已经降低到 RVSM 空域内飞行所要求 MASPS（最低飞机系统性能规范）以下。（该短语用来表示不符合和 MASPS，既用于起始时也用于在问题消除之前或航空器脱离 RVSM 空域之前，在 RVSM 空域的侧向界限之内的所用频率上的首次联络时）

（8）能够恢复 RVSM 报告。

REPORT ABLE TO RESUME RVSM.

此术语用于管制员确认航空器已经再次取得 RVSM 准许的状况，或确认飞行员已经准备好恢复 RVSM 飞行。

2. ATS 部门之间的协调

（1）非 RVSM 或非 RVSM 的国家航空器。

NEGATIVE RVSM or NEGATIVE RVSM STATE AIRCRAFT.

口头补充未能自动传输的第 18 项飞行计划信息的自动化预计电报交换。

（2）非 RVSM 或非 RVSM 的国家航空器。

NEGATIVE RVSM or NEGATIVE RVSM STATE AIRCRAFT.

口头补充 RVSM 准许航空器的预计电报。

（3）由于颠簸[设备]，不能保持 RVSM。

UNABLE RVSM DUE TURBULENCE [or EQUIPMENT].

有关航空器由于严重颠簸或严重的天气现象[设备失效]造成的不能进行 RVSM 飞行的原因。

3. TCAS（TRAFFIC ALERT AND COLLISION AVOIDANCE SUSTEM）RESOLUTION ADVISIORIES（RS）空中交通警告和防撞系统决定解决报告

（1）当飞机在你的管制之下通知你响应 TCAS 解决报告时，航空器驾驶员人员通常实施解决报告程序，空中交通管制员不能发布跟解决报告程序（RESOLUTION ADVISIORIES PROCEDURE）相反的管制指令，空中交通管制员应提供涉及地形、障碍物和交通的安全警告，这些地形、障碍物和交通通常引起 M 程序。空中交通管制员也应提供在你管制之下的其他有关航空器。

（2）除非别的航空器通知空中交通管制员它也响应解决报告程序（TCAS RA PROCEDURE），否则不能假定在响应 TCAS 解决报告程序飞机附近的其他航空器也牵涉到解决报告机动飞行或知道响应飞机想作的机动飞行。继续向这些飞机发布管制指令、安全警告和交通报告。

（3）一旦响应飞机根据 RA 已开始机动飞行，空中交通管制员不再负责根据 RA 的响应飞机和任何别的飞机、地形和障碍物之间提供标准的间隔。当下面条件中的任何一个满足时，继续恢复提供标准的间隔。

① 响应飞机已回到指定的高度；

② 航空器驾驶员成员通知你 TCAS 机动飞行已完成且你观察到标准的间隔已重新建立；

③ 响应飞机已实施了备份指令且你观察到标准的间隔已重新建立。

当飞机配备 TCASII 时，建议飞机航空器驾驶员在 TCAS 事件中使用下列术语通知空中交通管制员，当 TCAS 解决报告（RA）可能影响到管制许可时，尽可能早地在实施机动飞行之初通知空中交通管制员；当解决报告（RA）解除后，航空器驾驶员应通知 ATC 他们正返回开始指定的许可或随后修改的许可。

例：PIL：NEW YORK CENTER，UNITED 321，TCAS CLIMB.

CTL：UNITED 321 NEW YORK CENTER ROGER，TRAFFIC L O'CLOCK CROSSING LEFT TO RIGHT.（LATE）

PIL：NEW YORK CENTER，UNITED 321，CLEAR OF CONFLICT，RETURNING TO ASSIGNED ALTITUDE.

第七章　飞行组织与实施

飞行的组织与实施，包括飞行预先准备、飞行直接准备、飞行实施和飞行讲评四个阶段。各航空公司、管制运行单位、机场管理机构、航空油料公司等部门应当积极组织协调，保证飞行安全、有效地进行。

第一节　民用航空飞行计划

一、民用航空预先飞行计划

航空营运人通过民航局相关部门审定达到运行标准后，首先要依法取得航线经营许可以及该许可航线的航班安排，然后需要向民航局相关部门报备，提交预先飞行计划，并遵守航班管理要求。

为保障民用航空飞行活动的安全和顺畅，航空营运人在中华人民共和国领空以及中华人民共和国缔结或者参加的国际条约规定由中华人民共和国提供空中交通管制服务的公海上空实施定期航班飞行，加班飞行，包机、调机、公务等不定期民用航空飞行活动前，应按照《民用航空预先飞行计划管理办法》规定申请和获得批复。

预先飞行计划是指航空营运人为达到其飞行活动的目的，预先制定的包括运行安排和有关航空器、航路、航线、空域、机场、时刻等内容的飞行活动方案。预先飞行计划应当在领航计划报（FPL）发布之前获得批准。

民航局对民用航空飞行活动预先飞行计划实施统一管理。

民航地区管理局依照《民用航空预先飞行计划管理办法》的规定负责监督本辖区预先飞行计划的审批工作。

民航局空中交通管理局和民航地区空中交通管理局依照《民用航空预先飞行计划管理办法》的规定负责民用航空飞行活动预先飞行计划审批的具体工作。

（一）预先飞行计划申请

1. 定期航班预先飞行计划申请

1）外国航空营运人和中国港澳台地区航空营运人

在航班换季前，外国航空营运人和中国港澳台地区航空营运人在中国境内机场起飞或降落的新航季定期航班，相对于前一年同一航季没有增加航班或者变更预先飞行计划内容，无论航班时刻是否调整，预先飞行计划申请可以与经营许可的申请一并提出，但申请内容应当包括航班时刻（协调世界时）。

（1）外国航空营运人和中国港澳台地区航空营运人在中国境内机场起飞、降落或飞越中国领空的定期航班，其预先飞行计划申请属于下列情形的，应当以 SITA 电报、航空固定业务电报或者民航局接受的其他方式单独提出：

① 在航班换季前，提出相对于前一年同一航季有增加航班或者变更预先飞行计划内容的申请的；

② 在航季运行期间，提出定期航班预先飞行计划申请的。

（2）申请应当包括下列内容：

① 航空器所有人、经营人及其联系方式；

② 航空器型号、型别；

③ 经营人两字和三字代码、航班号、无线电通话和通信呼号；

④ 机载电子设备，是否装有机载防撞系统和航路、航线有特殊要求的机载电子设备；

⑤ 航空器的最大起飞重量和最大着陆重量；

⑥ 起降地点、起降时刻（协调世界时）、班期、航线走向、飞行高度和进出中国飞行情报区的航路点代码及时刻（协调世界时）；

⑦ 航班性质；

⑧ 计划起止日期（协调世界时）；

⑨ 其他需要说明的事项。

2）中国航空营运人

在航班换季前，中国航空营运人新航季定期航班预先飞行计划申请应当与航班时刻的申请一并提出，申请的方式和内容应当符合航班时刻申请的有关要求。在航季运行期间，中国航空营运人提出的预先飞行计划申请，应当以传真、SITA 电报、航空固定业务电报或者民航局接受的其他方式提出。

（1）申请应当包括下列内容：

① 航空器所有人、经营人及其联系方式；

② 航空器型号、型别；

③ 起降地点、起降时刻（北京时间）、班期；

④ 航班性质；

⑤ 计划起止日期（北京时间）；

⑥ 其他需要说明的事项。

（2）在航班换季前和航季运行期间，中国航空营运人提出的预先飞行计划申请，使用的航空器型号和型别、飞行高度以及航线走向超出现行规定范围的，应当事先提出包括下列适用内容的申请：

① 航空器型号、型别及飞行性能数据；

② 新的飞行高度；

③ 新的航线走向。

（3）定期航班预先飞行计划申请的时限应当符合下列规定：

① 在航班换季前，航空营运人应当按照民航局规定的时限提交新航季定期航班预先飞行计划申请。

② 在航季运行期间，航空营运人提出预先飞行计划申请的，应当不迟于航班执行前 5 个工作日提出。

2. 加班和不定期飞行预先飞行计划申请

1）外国航空营运人和中国港澳台地区航空营运人

外国航空营运人和中国港澳台地区航空营运人在中国境内机场起飞或者降落的加班和包机预先飞行计划的申请，应当以 SITA 电报、航空固定业务电报或者民航局接受的其他方式与经营许可申请一并提出。

（1）加班和不定期预先飞行计划的申请时限应当符合中华人民共和国缔结或者参加的国际条约的规定；加班、不定期飞行和包机预先飞行计划的申请应当于飞行前至少 7 个工作日提出。申请中有关预先飞行计划的部分应当包括下列内容：

① 航空器所有人、经营人及其联系方式；

② 航空器国籍和登记标志，航空器型号、型别；

③ 航空器的无线电通话和通信呼号；

④ 机载电子设备，是否装有机载防撞系统和航路、航线有特殊要求的机载电子设备；

⑤ 航空器的最大起飞重量和最大着陆重量；

⑥ 航空器起降地点、起降时刻（协调世界时）、执行日期（协调世界时）、航线走向、飞行高度和进出中国飞行情报区的航路点代码及时刻（协调世界时）；

⑦ 飞行目的，并承诺航空器上未载有武器弹药、军事物资以及侦察或者电子干扰设备等特殊物品；

⑧ 其他需要说明的事项。

（2）外国航空营运人和中国港澳台地区航空营运人在中国境内机场起飞或者降落的公务飞行，应当于飞行前至少 7 个工作日以 SITA 电报、航空固定业务电报或者民航局接受的其他方式提出预先飞行计划申请。

申请除上述 8 条内容外，还应当包括下列内容：

① 机组成员和旅客名单、出生日期、护照号及国籍；

② 国内接待单位名称、地址及联系办法。

2）中国航空营运人

中国航空营运人进行加班和不定期飞行，使用的航空器型号和型别、飞行高度以及航线走向不超出现行规定范围的，应当于飞行前至少 3 个工作日以传真、SITA 电报、航空固定业务电报或者民航局接受的其他方式提出预先飞行计划申请。

申请应当包括下列内容：

① 航空器所有人、经营人及其联系方式；

② 航空器呼号、航空器型号和型别、起降机场、起降时刻（北京时）和执行日期（北京时）；

③ 航线走向和飞行高度；

④ 预计执行日期；

⑤ 其他需要说明的事项。

中国航空营运人进行加班和不定期飞行，使用的航空器型号和型别、飞行高度以及航线走向超出现行规定范围的，应当于飞行前至少 5 个工作日以传真、SITA 电报、航空固定业务电报或者民航局接受的其他方式提出预先飞行计划申请。申请内容同上。

紧急情形下的加班和不定期飞行应当说明理由，预先飞行计划申请的时限不受限制。

（二）预先飞行计划申请的受理

外国航空营运人和中国港澳台地区航空营运人与经营许可一并提出的预先飞行计划申请，应当向民航局国际运输管理部门提交，并同时抄送民航局空中交通管理局。

中国航空营运人加班和不定期飞行预先飞行计划的航线走向在同一飞行管制区内的，预先飞行计划申请由该飞行管制区飞行管制部门所在地的民航地区空中交通管理局受理；飞行管制区飞行管制部门另有规定的，从其规定。

中国航空营运人的定期航班预先飞行计划申请，航线走向在同一管理局辖区内的，由该地区空中交通管理局受理。

其他情况的预先飞行计划的申请由民航局空中交通管理局受理。

预先飞行计划受理部门收到申请，需要申请人补齐申请材料的，应当立即通知申请人；不予通知的，视为受理申请。

（三）预先飞行计划的批准

1. 定期航班预先飞行计划的批准

1）外国航空营运人和中国港澳台地区航空营运人

在航班换季前，外国航空营运人和中国港澳台地区航空营运人在中国境内机场起飞或者降落的新航季定期航班，相对于前一年同一航季没有增加航班或者变更预先飞行计划内容，无论航班时刻是否调整，预先飞行计划申请与经营许可的申请一并提出的定期航班预先飞行计划申请，由受理部门批准并抄送民航局空中交通管理局备案。民航局空中交通管理局提出调整意见的，应当在航班开始执行之日前至少 5 个工作日通过 SITA 电报、航空固定业务电报或者其他方式通知申请人。

在航班换季前，外国航空营运人和中国港澳台地区航空营运人在中国境内机场起，或者降落的新航季定期航班，相对于前一年同一航季有增加航班或者变更预先飞行计划内容，无论航班时刻是否调整，预先飞行计划申请与经营许可的申请一并提出的定期航班预先飞行计划申请，在航班换季前单独提出的定期航班预先飞行计划申请，受理部门在航班开始执行之日前至少 5 个工作日做出决定并通过 SITA 电报、航空固定业务电报或者其他方式通知申请人；不予批准的，应当说明理由。

在航班换季前，外国航空运营人和中国港澳台地区航空营运人飞越中国领空的定期航班预先飞行计划申请，受理部门在航班开始执行之日前至少 5 个工作日做出决定并通过 SITA 电报、航空固定业务电报或者其他方式通知申请人；不予批准的，应当说明理由。

在航季运行期间，外国航空营运人和中国港澳台地区航空营运人飞越中国领空的定期航班预先飞行计划申请，受理部门在航班开始执行之日前至少 3 个工作日做出决定并通过 SITA 电报、航空固定业务电报或者其他方式通知申请人；不予批准的，应当说明理由。

2）中国航空营运人

在航班换季前，中国航空营运人新航季定期航班预先飞行计划申请与航班时刻的申请一并提出的定期航班预先飞行计划申请，以民航局定期航班计划文件的方式批准；不予批准的，应当说明理由。

在民航局定期航班计划文件下发之日至新航季开始期间以及航季运行期间，中国航空营运人提出的定期航班预先飞行计划申请，受理部门在航班开始执行之目前至少 3 个工作日做出决定并通过 SITA 电报、航空固定业务电报或者其他方式通知申请人；不予批准的，应当说明理由。

2. 加班和不定期飞行预先飞行计划的批准

1）外国航空营运人和中国港澳台地区航空营运人

对于外国航空营运人和中国港澳台地区航空营运人在中国境内机场起飞或者降落的加班与经营许可申请一并提出的加班预先飞行计划申请，受理部门应当于飞行前至少 2 个工作日做出决定并通过 SITA 电报、航空固定业务电报或者其他方式通知申请人；不予批准的，应当说明理由。

对于外国航空营运人和中国港澳台地区航空营运人在中国境内机场包机与经营许可申请一并提出的包机预先飞行计划申请，受理部门应当于飞行前至少 3 个工作日做出决定并通过 SITA 电报、航空固定业务电报或者其他方式通知申请人；不予批准的，应当说明理由。

预先飞行计划的申请，预先飞行计划和经营许可的批准由受理部门一并答复。

对于外国航空营运人和中国港澳台地区航空营运人在中国境内机场起飞或者降落的公务飞行和不定期飞行预先飞行计划申请，受理部门应当于飞行前至少 3 个工作日做出决定并通过 SITA 电报、航空固定业务电报或者其他方式通知申请人；不予批准的，应当说明理由。

2）中国航空营运人

中国航空营运人进行加班和不定期飞行，无论使用的航空器型号和型别、飞行高度以及航线走向是否超出现行规定范围的飞行预先飞行计划申请，受理部门于飞行前至少 1 个工作日做出决定并通过 SITA 电报、航空固定业务电报或者其他方式通知申请人；不予批准的，应当说明理由。

紧急情形下的加班和不定期飞行的飞行预先飞行计划申请，受理部门应当立即与国家有关机关协调并在做出决定后通过 SITA 电报、航空固定业务电报或者其他方式通知申请人；不予批准的，应当说明理由。

二、飞行计划

飞行计划是由航空器使用者（航空公司或驾驶员）在飞行前按规定时限提交给空中交通服务当局，经批准后方可实施的关于这次飞行的详细说明，是用于计划飞行、飞行管制及导航目的的书面文件或电子数据文件。该计划是根据飞机性能、运行限制、计划航路及预计着陆机场条件，为安全组织及实施飞行而制定，其中包括：航班号、航段、飞机类型、注册号、计划航路、计划高度、备降机场及航程所需燃油。

飞行管制部门依据飞行计划制定空中交通管制飞行计划，进行飞行调配，掌握飞行动态，监督飞行活动，保证飞行安全。对于空中交通管制系统而言，飞行计划具有十分重要的意义，表现在：一是空中交通服务单位根据批准的计划对航空器提供管制、情报等服务；二是在航空器发生事故时，飞行计划是搜索和救援的基本依据。

（一）飞行计划的内容及飞行计划表

1. 飞行计划的内容和实施

（1）飞行计划的内容。

飞行计划的内容分为一般信息、使用特性信息、飞行航路信息、事件和区段信息、与雷达航迹相关信息、使用更改信息和索引信息等部分。

一般信息包括飞行计划的类型（重要、一般）、编号、日期、航班号、二次代码、飞机号、机长姓名、气象条件、起飞机场、备降机场、降落机场及飞机本身的重要参数（巡航高度、巡航速度、载油量、载客人数等）。

使用特性信息是指目前飞行计划的状态，包括有效状态（预实施状态、实施状态）、存在状态（计划已收到存在计算机内，但还没有被预实施）和取消状态（飞行计划已被使用过，与本次飞行计划有关的事件已结束或计划被取消）。

飞行航路信息包括航路号，飞行航线上各报告点的地名代码，飞行经过各报告点的时间及高度，进入本管制区前的第一个报告点地名代码、时间、高度，离开本管制区后的第一个报告点的地名代码、时间及高度，进入管制区边界的时间，以及离开管制区边界的时间。

事件和区段信息包括已输出的飞行进程单类型（预实施进程单或实施进程单）和时间，目前飞机正由哪个区段管制，上一区段移交下一区段的时间，飞机实际离开本管制区的时间、高度、速度等信息。

与雷达航迹相关信息是指请求/未请求与雷达航迹相关的标志、代码/呼号相关或不相关标志以及相关后的航迹号等。

使用更改信息指明管制员（管制席号）在什么时间对飞行计划的哪一个项目进行过修改，以及修改前和修改后的信息。

索引信息是为了存取飞行计划文件而生成的索引文件，例如呼号/预激活时间对照表、地名代码/地标数据对照表、呼号/飞行计划磁盘地址对照表等。

（2）飞行计划的实施。

飞行计划实施过程分为预实施过程和实施过程。

预实施过程：飞行计划中规定的飞机进入本管制区边界的时间为 ETE，飞行计划中规定的飞机起飞时间为 ETD。当飞机延误起飞的电报在预实施该份飞行计划前收到，则在飞行数据席上修改这份飞行计划；若该飞行计划已被实施，则在管制席上更改这份飞行计划。

实施过程：当管制中心的第一区段收到站调发来的飞机起飞电报（DEP），或收到移交飞行的邻近管制中心发来的到达本管制区边界的估计时间电报（EST）时，管制员将这个时间输入计算机，人工修改或计算机自动修改相应的计划，然后由系统完成其他工作。

飞行计划提前一天交于空中交通管制部门，飞机起飞后由始发机场通过航空电信网发至所经飞行情报中心、相关的区域管制中心和目的地机场的管制单位，飞机到达目的地机场时，要立即向机场空管当局做出到达报告，至此，飞行计划结束。

2. 飞行计划的特点

飞行计划的特点是：信息源渠道多，信息量大，易受影响（包括飞机本身的状况、气象条件、起降机场及航线的环境等），改动频繁。随着航空运输业的不断发展，飞行计划处理的工作量越来越大，用计算机自动处理代替人工处理已成为必然。

当需要改变飞行计划时，须经过审批该次飞行的机关批准。国际飞行计划应当注明航空器注册的国籍、识别标志、无线电呼号、频率范围，以及预计飞入、飞出国（边）境点的位置和时间等。

3. 飞行计划的来源

飞行计划主要来源于以下三个方面。

（1）AFTN 接收的飞行计划电报（FPL）。

（2）管制席或飞行数据编辑席上输入的飞行计划信息。

（3）航空公司定期以电报形式或其他形式发来的固定航班飞行计划。该计划经脱机处理，以文件形式存储于计算机中，称为重复性飞行计划（RPL）。

计算机对以上三种方式接收到的飞行计划进行必要的检查，变换成计算机使用的"机器飞行计划"，存储在数据库中。无论是 RPL、FPL 还是人工输入的飞行计划都可从计算机中调出并加以修改，然后重新存储。

飞行计划的接收存储过程如图 7-1 所示。

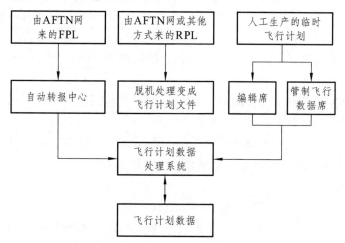

图 7-1 飞行计划接收存储过程

4. 飞行计划表

领航计划报（FPL）是由空中交通服务单位在航空器预计撤轮挡时间 2 h 前拍发（不应早于预计撤轮挡时间 24 h），根据航空器运营人或代理人提交的飞行计划数据，拍发给沿航路有关空中交通服务单位的电报。向空中交通管制部门申报飞行计划是飞行签派员组织航空器的飞行和运行管理工作的重要职责之一，是飞行计划制定过程中不可缺少的一环，其目的是通过向 ATC 的申报，取得航路运行的各种安全保障和许可。飞行计划表如表 7-1 所示，填写飞行计划表要严格遵守数据所规定的格式和方式。具体可以参见《民用航空飞行动态固定格式电报管理规定》（AP-93-TM-2 012-01）或上一章领航计划报的拍发。

表 7-1 飞行计划表

电报等级 收电地点和单位
PRIORITY ADDRESSEE(S)

<<⦿FF

申报时间　　　　　　发电地点和单位
FILLING TIME　　　　ORIGINATIOR　　　　　<<⦿

收电和（或）发电地点和单位全称
SPECIFIC IDENTIFICATION OF ADDRESSEE(S)AND/OR ORIGINATIOR

报类　　　　航空器识别标志　　　　　　　飞行规则　　　　飞行种类
3 MESSAGE TYPE　7 AIRCRAFT IDENTIFICATION　　8 FLICHT RULES　TYPE OF FLIGHT

<<⦿(FPL —　　　　　　　　—　□　　□　<<⦿

架数　　　航空器型别　　　按尾流分类　　　　　　　设备
9 NUMBER　TYPE OF AIRCRAFT　WAKE TURBULENCE CAT　10 EQUIPMENT　/　<<⦿

起飞机场　　　　时间
13 DEPARTURE AERODROME　TIME　<<⦿

巡航速度　　　高度层　　航路
15 CRUISING SPEED　LEVEL　ROUTE

<<⦿

目的地机场　　　　预计经过总时间TOTAL EET　　备降机场　　　第二备降机场
16 DESTINATION AERODROME　小时·分钟 HR MIN　ALTN AERODROME　2ND ALTN AERODROME

其他情报
18 OTHER INFORMATION

REG/

<<⦿

补充情报（在领航计划电报中不发）
SUPLEMENTARY INFORMATION(NOT TO BE TRANSMITTED IN FPL MESSAGE)

续航能力　　　　　　　　　　　　　　　　　应急无线电
19 ENDURANCE　　　　　　　　　　　　　　　EMERGENCYRADIO

小时·分钟　　　机上人数　　　　　　UHF　VHF　ELBA
HR MIN　PERSONS ON BOARD　　R/　U　V　E

E/　　　R/

救生设备　　　　　　　　　　　救生衣
SURVIVAL EQUIPMENT　　　　　JACKETS

极地　沙漠　海洋　森林　　　　灯光　荧光
POLAR　DESERT　MARITME　JUNGLE　　LIGHT　FLUORES　UHF　VHF

D/　P　D　M　J　J/　L　F　U　V

数量　载量　篷　颜色
NUMBER　CAPACITY　COVER　COLOUR

D/　　　　<<⦿

航空器颜色和标志
AIRCRAFT COLOUR AND MARKING

A/

附注
REMARKS

N/　　　<<⦿

机长
PILOT IN COMMAND

C/　）<<⦿

申报人 FILED BY

填写其他要求的空格 SPACE RESERVED FOR ADDITIONAL REQUIREMENTS

（二）飞行计划的提交和接收

1. 飞行计划的申请

航空公司的定期航班飞行计划目前已不需要事先向空中交通管制单位提出申请，而是由空管部门直接向民航局获取，除非所申请的航班不在定期航班时刻表上，比如航班发生了延误、返航等。对于事先向空中交通管制单位提出的飞行预报申请，未经批准的飞行预报不得执行。新型航空器首次投入航班飞行前，航空器的经营人、所有人应当向空中交通管制单位提供航空器的有关性能数据。

航空器的经营人、所有人或者航空器驾驶员，应当于飞行实施前一日 15 时前，向当地机场飞行服务中心提交飞行预报申请。

抢险救灾等紧急飞行任务，可以不受时限的限制随时申请，但应当在得到批准后，方可执行。

航空器营运人及其代理人应当于航空器预计撤轮挡时间 2.5 h 前提交飞行计划。国内航空器营运人执行国内飞行任务不得早于预计撤轮挡时间前 24 h 提交飞行计划；航空器营运人执行其他任务不得早于预计撤轮挡时间前 120 h 提交飞行计划。航空器营运人及其代理人不得为同一飞行活动重复提交飞行计划。

飞行计划的内容应当包括：飞行任务性质、航空器呼号、航班号、航空器型别、机载设备、真空速或马赫数、起飞机场、预计起飞时间、巡航高度层、飞行航线、目的地机场、预计飞行时间、航空器国籍和登记标志、航空器携油量、备降机场等。

空中交通管制单位应当根据飞行流量和机场、航线保障设备等情况在航空器预计起飞时间 5 h 前批复飞行预报。如果在规定时间内未收到批复，视为该计划已被批准。对临时飞行任务，不论是否同意其飞行计划，都应当及时批复，未经批复不得飞行。

2. 飞行计划的提交与变更

离场前除已另外做出提交重复性飞行计划的安排外，在离场前提交的飞行计划应该向离场机场的飞行服务中心提交。如果离场机场未设立这种单位，飞行计划应该向为离场机场服务或者被指定为其服务的单位提交。具体提交要求可参见第六章第二节。

飞行中拟在飞行中提交的飞行计划，通常应发送给负责该航空器所飞入或飞越，或希望飞入或飞越的飞行情报区、管制区、咨询区或咨询航路的 ATS 单位或为有关空中交通服务单位提供服务的航空通信台站。当不能按此执行时，飞行计划应按要求提交给另一 ATS 单位或按要求提交给航空通信台站转发至有关空中交通服务单位。

有关 ATS 当局应对在飞行中向高、中密度空域提供服务的 ATC 单位提交飞行计划的条件和/或限制作出规定。

注：如提交飞行计划是为了取得空中交通管制服务，在继续向前飞行之前，航空器则需在要求符合空中交通管制程序期间，等待获得一份空中交通管制放行许可。如提交飞行计划是为了取得空中交通咨询服务，航空器则须等待取得提供此种服务单位的认收。

3. 飞行计划的接收

最先收到飞行计划，或随后对其变更的 ATC 单位必须做到以下几点：

（1）检查其是否符合格式和数据的书写规范；

（2）检查其是否填写完整，是否尽可能准确；

（3）如有必要采取措施，使空中交通服务予以接收；

（4）通知申报者接收其飞行计划或随后的更改。

第二节　飞行服务中心的工作

随着民航空管体制改革的推进，我国绝大多数空管分局和航站将原报告室和情报室合并，成立新的飞行服务中心。

飞行服务中心负责组织实施飞行前和飞行后空中交通服务，组织协调管辖范围内塔台管制室、进近管制室与航空器经营人航务部门之间飞行工作的实施；先期管理本场范围内的飞行流量，通报不正常情况；承办专机飞行的有关协调保障工作，掌握有重要客人和执行特殊任务的飞行；为有关协议航班提供航行情报服务、航务代理服务和延伸服务等。

一、飞行服务中心运行职能

（1）对进、离本场的航空器的飞行预报和飞行计划进行审理和申报。

（2）编制飞行计划，并向有关管制室和单位通报飞行动态。

（3）搜集和通报本机场及航路开放和关闭情况。

（4）搜集本场及周围相关机场的天气情况。

（5）依照外站航务服务协议为有关航空公司提供外站航务服务及上机延伸服务工作，协助航空公司办理航空器离场手续。

（6）向有关单位、组织通报紧急情况，协助机组处理不正常情况，并协助处理本管制区域内搜寻、援救工作。

（7）收集各有关业务部门提供的航行情报原始资料。

（8）发布本机场航行通告、雪情通告。

（9）接收处理国际、国内一、二级航行通告。

（10）向有关机组提供飞行前和飞行后航行情报服务。

（11）管理航行资料、航空地图。

（12）协助有关部门做好机场起降航班延误原因的调查和统计。

（13）协同机场管理部门，监护机场净空。

（14）负责开具加入机组的登机证明。

（15）承办上级领导交办的其他任务。

二、岗位设置及工作程序

根据机场航班量、人员的配备、设备的保障能力、服务方式及与相关单位之间的协调等因素，飞行服务中心应当设置动态处理岗位、计划编辑岗位、航行通告岗位、资料管理岗位、延伸服务岗位。

（一）动态处理岗位工作程序

1. 班前准备

（1）了解全国天气形势、各机场和航路天气情况。

（2）掌握本场及周边备降场天气实况以及演变趋势。

（3）阅读重要航行通告。

（4）认真阅读各类交班记录本和传阅文件。

（5）听取交班人员的交班汇报。

2. 值班工作

（1）认真阅读各类电报，接听各种电话并认真填写飞行动态，及时向各有关单位通报各类航班动态信息和机场、航路开放关闭情况。

（2）受理并及时拍发机长或其代理人航空公司航务部门提交的各类航务电报。

（3）及时主动了解各类不正常动态信息，通报各有关部门，并在航班动态信息栏中填入不正常原因。

（4）发现航班计划有错漏时，应及时主动了解清楚，将信息反馈计划编辑岗位。

（5）与计划编辑相关的电报应及时交计划编辑岗位处理。

（6）及时将前方站机场关闭信息通报有关保障部门和机场指挥中心。

（7）及时将各类专机、重要任务的飞行信息报告航务管理部总值班和有关部门。

（8）对于各类特殊情况和不正常情况认真做好记录，并立即通报航务管理部总值班，协助其按照相关处理程序进行处理。

3. 交接班

（1）将特殊情况及处理经过进行记录。

（2）各种重要信息记录在交班记录本并与接班人员交接。

（3）交接班过程应重叠 10 min 以上，经交接双方确认、签字后方可结束。

（二）计划编辑岗位工作程序

1. 班前准备

（1）认真阅读交班本和各类文件。

（2）了解前一日飞行计划执行情况。

（3）听取交班人员的交班通报。

2. 计划编制

（1）航班换季之前（每年 3 月和 10 月的最后一个星期日），依据民航局批复的航班时刻制定长期正班计划表。

（2）根据上级部门的批文及时修改或添加航班计划表。

（3）根据航班计划表、各公司签派室或其代理人申报的飞行预报、有关管制室发来的飞行预报及军航飞行计划，编制次日飞行计划，注明专机飞行和各类重要飞行。

3. 计划审理

（1）受理各航空公司签派室或其代理人申报的飞行预报，核准时刻。

（2）受理各通用飞行计划，审核是否有民航及空军的批复和保障协议。

（3）受理军航的飞行计划，做好登记工作并报航务管理部总值班。

（4）本场临时计划报航务管理部领导审批，并按规定和航务管理部总值班进行处理。

（5）受理上级布置的专机任务以及其他特殊飞行任务。

4. 计划通报

（1）给塔台管制室、进近管制室、气象服务室、延伸服务岗位和机场指挥中心分发次日飞行计划。

（2）次日飞行计划有新增或修改等变动应及时补报给上述相关单位。

（3）专机、VIP 飞行等各类重要飞行按规定提前通报上述有关单位及航务管理部总值班。

（4）本场次日的中低空飞行计划需电话通知进近管制室。

5. 计划登记

（1）各类长期加班和不定期加班等计划批文做好登记工作。

（2）专机飞行和各类重要飞行做好登记工作。

（3）做好交接班登记工作。

（三）航行通告岗位工作程序

1. 班前准备

（1）了解内容包括：

① 航行通告处理情况，缺漏报的补报情况，处理结果；

② 工作通知、传阅文件等情况；

③ 航行情报动态信息管理系统（CNMS）数据库的备份情况；

④ 临时性航班航线的建立和需提供 PIB 航班的有关信息；

⑤ 冬季下雪天气时雪情通告的处理和拍发情况；

⑥ 本场拍发的 D 系列航行通告的到期情况和到期 EST 报的情况；

⑦ 火山灰通告和公务电报的接收和处理；

⑧ 航行情报动态信息管理系统（CNMS）和各类设备的运行情况；

⑨ 重要航行通告（机场关闭、航路炮射、夜航关闭、其他涉及天气标准的设施/程序改变的航行通告）的通报情况；

⑩ 航行资料状况和修订通知及换页情况；

⑪ 其他航行情报综合业务的进展情况。

（2）查阅最新各类文件，阅读完新收到的文件后签字进行确认。

（3）填写当日航行情报运行的记录。

（4）用自己的账户登陆航行情报动态信息管理系统。

2. 值班工作

（1）航行通告的日常处理。

① 按规定时限及时收集、处理和发布航行通告，根据协议向有关航空公司飞行机组提供 PIB。

② 查询航班信息处理系统（FDD）中的飞行动态，在航班预计起飞前 1.5 h 打印 PIB。

③ 整理重要的航行通告夹。当收到机场关闭、空中禁航、炮射等重要危险动态信息时，航行通告岗位应按有关协议进行通报。

④ 发现有缺漏报的情况，应向上一级航行情报中心拍发 RQN 格式的电报索要，如上一级航行情报中心数据库无此电报，应打电话要求其向民航局航行情报中心索取，并记录电报索取的情况。

⑤ 每月 1 日，拍发本室的 D 系列航行通告的校核电报。收到航行通告的校核电报后，应对航行情报动态信息管理系统（CNMS）中的数据库进行校核，填写校核记录，有缺漏报的情况，及时补全。

⑥ 出现航行情报动态信息管理系统（CNMS）的应急情况，按应急处理规定执行。

（2）航行情报动态信息管理系统（CNMS）的监控。

① 航行通告岗位应每 30 min 观察系统的电报分拣与自动处理单元、接口单元是否打开、正常工作。

② 观察系统接口单元时应在收报监控部分检查电报的流水号是否连续，定检电报接收是否正常。

③ 观察电报分拣与自动处理单元时应注意检查当前正在处理的电报与接口单元最后收到的电报流水号是否一致，若不一致表明系统处理电报不正常或已死机，应重新启动系统。

④ 航行通告岗位应随时观察系统的打印机工作是否正常，确保打印 PIB 时打印机工作正常。

3. 交接班

（1）做好特殊情况及处理经过的登记工作。

（2）填写航行情报工作的相关记录，并签名。

（3）各种重要信息记录在值班记录本中，并与接班人员交接。

（4）交接班过程应重叠 10 min 以上，经交接双方确认、签字后方可结束。

第三节　航班正常情况统计

提高航班正常性不仅是民航高质量运行的关键环节，同时也成为广大航空消费者最为关注的焦点。民航局也适时对《民航航班正常统计办法》进行修订，使之更加科学、合理，更为符合民航发展的需要。

一、相关概念

（1）航段班次：航班每一次起降为一个航段班次。航班正常统计以航段班次为统计单位。

（2）计划离港时间：航班时刻管理部门批准的离港时间。

（3）实际离港时间：机组得到空管部门推出或开车许可后，地面机务人员实施撤去航空器最后一个轮挡这一动作的时间，实际统计过程中以机组松刹车时飞机自动拍发的 ACARS 电报为准。

（4）计划到港时间：航班时刻管理部门批准的到港时间。

（5）实际到港时间：飞机在机位停稳后，地面机务人员实施挡上航空器第一个轮挡这一动作的时间，实际统计以机组收刹车时飞机自动拍发 ACARS 电报为准。

（6）航班起飞、落地时间：空管部门拍发起飞、落地电报中所标注的时间。

（7）机场放行班次：每一个航班离港起飞为一个放行班次。机场放行统计以放行班次为统计单位。

（8）计划过站时间：前段航班到达本站计划到港时间至本段航班计划离港时间之间的时段。

（9）实际过站时间：前段航班到达本站实际到港时间至本段航班实际离港时间之间的时段。

（10）机型最少过站时间：对应某种机型计划过站需要的最少时间。

（11）始发航班：同一注册号飞机停场超过 4 h，计划离港时间在当日 06：00（含）以后，实际执行的第一段离港航班。

二、统计范围

（1）民航航班正常统计范围为国内外运输航空公司执行的客货运航班，包括正班、加班、包机。港澳台地区及国际航班的国内段，按地区航班或国际航班统计。

（2）机场放行正常统计范围为国内外运输航空公司在国内机场离港的客货运航班，包括正班、加班、包机，其中每日零时至 6 时执行的货运航班不计入统计。

（3）航班正常和机场放行正常月度统计以自然月为周期，每月 1 日零时（北京时，下同）起至当月最后一日 24 时止。每日统计从当日零时起至当日 24 时止。跨日航班按计划离港时间所在日期统计。

（4）航空公司提前一日取消的次日航班或次日补班计划，不列入航班正常和机场放行正常统计范围，当日取消的航班不计入机场放行正常统计。

三、统计标准

（一）航班正常统计

1. 正常航班

符合下列条件之一的航班判定为正常航班：

（1）在计划离港时间后 10 min（含，下同）之内离港，不发生滑回及起飞后不发生返航、备降等特殊情况；

（2）不晚于计划到港时间后 10 min 到港。

2. 不正常航班

凡有下列情况之一，则该航班判定为不正常航班：

（1）不符合正常航班全部条件的航班；

（2）当日取消的航班；

（3）未经批准，航空公司自行变更预先飞行计划的航班。

备注：当航班备降时，如备降机场与计划目的地机场属同一城市，且实际离港（或到港）时间较计划离港（或到港）时间在规定范围内，为正常航班。

3. 航班正常率

航班正常率是反映航班运行效率的指标，即正常航段班次与计划航段班次之比，用百分比表示。

计算公式：航班正常率=正常航段班次/计划航段班次

4. 航班延误时间

航班延误时间是反映航班延误程度的指标，即实际离港时间晚于计划离港时间 10 min 之后的时间长度，以分钟为单位。

计算公式：航班延误时间 = 实际离港时间 −（计划离港时间 + 10 min）。

当发生返航、备降、取消等不正常情况，不统计航班延误时间。

5. 航班平均延误时间

航班平均延误时间是反映航班总体延误程度的指标，即延误班次总延误时间与计划航段班次之比，以分钟为单位。

计算公式：航班平均延误时间=延误班次延误总时间/计划航段班次

备注：（1）航班延误总时间等于所有延误航班对应的延误时间之和，发生备降、返航、取消的航班延误情况用"无延误时间"表示。

（2）当日航班计划总数包括当日已执行航班和当日取消航班两部分。

6. 航空公司自身原因延误比率

航空公司自身原因延误比率即航空公司原因造成的不正常航班班次与计划航段班次之比，用百分比表示。

（二）始发航班离港正常统计

1. 始发航班离港正常

始发航班在计划离港时间后 10 min 之内离港，且起飞前不发生滑回等特殊情况，则该始发航班离港正常。

2. 始发航班离港不正常

如有下列情况之一，则该始发航班判定为离港不正常。

（1）不符合始发航班离港正常条件的航班；

（2）未经批准，航空公司自行变更预先航班计划的航班。

备注：始发航班离港正常仅考虑航班是否在规定的时间内离港，如果在起飞后发生返航、备降等特殊情况，该航班仍判定为始发航班离港正常。当日取消的航班不计入始发航班起飞正常统计。

3. 始发航班离港正常率

始发航班离港正常率是反映始发航班在离港机场运行效率的指标，即始发航班离港正常架次与始发航班架次之比，用百分比表示。计算公式：

始发航班离港正常率=始发航班离港正常架次/始发航班架次

（三）机场放行正常统计

1. 放行正常航班

符合下列条件之一的航班判定为放行正常航班。

（1）航班在计划离港时间后 10 min 之内离港；

（2）当前段航班实际到港时间晚于计划到港时间，在计划过站时间内完成服务保障工作并离港。

2. 机场放行正常率

机场放行正常率是反映机场保障能力的指标，即机场放行正常班次与机场放行总班次之比，用百分比表示。计算公式：

机场放行正常率=放行正常班次/放行总班次

（四）机场平均滑行时间统计

1. 航班滑行时间

航班滑行时间是反映单个航段班次地面运行效率的指标，分为滑出时间和滑入时间。滑出时间指从实际推出时间至实际离港时间之间的时间；滑入时间指从实际到港时间至实际滑入时间之间的时间。航班滑行时间以分钟为单位，计算公式如下：

$$滑出时间 = 航班起飞时间 - 实际离港时间$$
$$滑入时间 = 实际到港时间 - 航班落地时间$$

2. 机场平均滑行时间

机场平均滑行时间是反映机场航空器地面运行效率的指标，分为机场平均滑出时间和机场平均滑入时间。机场平均滑出时间是离港航班滑出总时间与离港航段班次之比；机场平均滑入时间是到港航班滑入总时间与到港航段班次之比。计算公式如下：

$$机场平均滑出时间 = 离港航班滑出总时间/离港航段班次$$
$$机场平均滑入时间 = 到港航班滑入总时间/到港航段班次$$

备注：（1）离港航班滑出总时间等于所有离港航班滑出时间之和；到港航班滑入总时间等于所有到港航班滑入时间之和。

（2）对发生滑回、中断起飞、备降、返航的航班在发生上述事件的机场不进行滑行时间统计。

四、统计单位及职责

（1）航空公司和空管部门（含机场空管部门）为航班统计信息收集、填报和航班延误原因界定的责任主体。

（2）机场和其他相关保障单位辅助完成航班延误原因的界定工作。

（3）地区管理局（监管局）负责监督检查辖区内各运行保障单位航班正常统计工作。当不同单位对统计数据或航班延误原因界定存在分歧时，由地区管理局负责进行裁定。

（4）地区管理局（监管局）可以委托辖区内的单位进行航班正常统计的裁定工作，并对裁定结果最终负责。

（5）民航局负责汇总和发布航班正常相关数据。航班正常相关数据由"民航航班正常统计系统"（以下简称统计系统）自动统计，统计系统由民航局负责开发及日常维护。

五、统计数据采集

（1）航空公司负责记录、汇总和报告：航班实际关舱门和开舱门时间、离港航班松刹车时间、进港航班入位后收刹车时间。

以上数据航空公司应通过 ACARS 电报自动采集，执行航班的航空器或起降机场无 ACARS 通信能力时，由执行航班的航空公司人工收集填报，并对数据真实性负责。

（2）空管部门负责记录、汇总和报告：航班报告准备好申请推出（开车）时间、管制员许可航班推出（开车）时间、航班起飞和落地时间、航班报告滑行入位时间。

以上数据空管部门应通过空管自动化管理系统记录，执行航班的起降机场空管部门无空管自动化管理系统时，空管部门应人工收集填报，并对数据真实性负责。

六、延误原因界定

（1）航班延误须填写延误原因。延误原因采取"一通到底"的原则进行判定。即一架飞机执行多段任务，当出现首次延误并导致后续航段全部延误时，后续原因均按首次延误时原因填写。如果后续某航段转为正常，但其后续航段又再次延误，则后续延误原因按正常航段后发生的首次延误原因填写。前段航班晚到的，其延误原因由航空公司及时了解情况，并负责通知本段起飞机场空管统计部门。

（2）机场放行延误须填写延误原因，机场放行延误只统计在本站放行发生的延误原因，与前段航班是否晚到无关。

（3）延误航班如果在计划离港时间（含）之前关好舱门的，其延误原因以起飞机场空管部门为主进行界定；如果在计划离港时间（不含）之后关好舱门的，其延误原因以航空公司为主进行界定。

（4）实施协同决策系统（CDM）放行的航班延误，若前段航班晚到，按照"一通到底"的原则判定航班延误原因。始发航班或者航班在本站发生首次延误，航班在 CDM 系统提示的计算撤轮挡时间（COBT）前离港的，由航空公司标注"CDM"放行字样后，由该航班起飞机场的空管部门负责填写航空公司以外的原因；未按 CDM 系统提示时间离港的，由航空公司填写除天气、军事活动、航班时刻安排和空管以外的其他原因。

七、核对裁定机制

为了厘清航班延误原因，使处于航班运行各保障环节的单位根据自身掌握的信息充分表达意见，提高民航航班正常统计数据的客观性、准确性和公正性，建立航班正常统计核对机制和裁定机制。

（1）航班正常统计核对机制是以相关航空公司和空管单位为主，机场和其他保障单位参与的方式，对航班运行相关数据和延误原因的界定进行相互比对和协调的过程。

数据报告责任主体单位应当在规定时间内完成数据填报工作，以供其他单位比对；其他单位对数据报告责任主体单位所报告的数据有异议时，应当在规定的时间内主动与数据报告责任主体单位进行沟通协调，如有必要应当主动出示证据。

（2）各单位在进行数据核对后仍不能达成一致意见时，可以向民航地区管理局提出裁定申请，地区管理局应当在规定时间内使用民航航班正常统计系统完成裁定工作。

八、统计工作时限

（1）航空公司、机场和空管部门应当于每日 18：00 前完成前日航班正常统计的汇总、报告和核对工作，对统计数据不能达成一致意见的应当最迟于次日 24：00 前提出裁定申请。

（2）地区管理局应当及时受理辖区内机场起飞航班的裁定申请，并于下月第 3 日的 24：00 前完成区内上月所有存在争议航班正常统计数据和延误原因的裁定工作。

九、延误原因分类

（一）天　气

（1）天气条件低于机长最低飞行标准；
（2）天气条件低于机型最低运行标准；
（3）天气条件低于机场最低运行标准；
（4）因天气临时增减燃油或装卸货物；
（5）因天气造成机场或航路通信导航设施损坏；
（6）因天气导致跑道积水、积雪、积冰；
（7）因天气改变航路；
（8）因高空逆风造成实际运行时间超过标准航段运行时间；
（9）航空器进行除冰、除雪检查或等待除冰、除雪；
（10）天气原因造成航班合并、取消、返航、备降；
（11）因天气原因（发展、生成、消散等阶段）造成空管或机场保障能力下降，导致流量控制；
（12）其他天气原因。

（二）航空公司

（1）公司计划；
（2）运行保障；
（3）空勤组；
（4）工程机务；
（5）公司销售；
（6）地面服务；

（7）食品供应；

（8）货物运输；

（9）后勤保障；

（10）代理机构；

（11）擅自更改航班时刻；

（12）计划过站时间小于规定的机型最小过站时间；

（13）其他航空公司原因。

（三）航班时刻安排

（1）预先飞行计划安排超过局方公布的容量标准；

（2）航班时刻编排的计划航段运行时间与局方下发的标准航段运行时间偏差大于 15 min。

（四）军事活动

（1）军航训练、转场、演习、科研项目等限制或禁止航班飞行，造成保障能力下降；

（2）军方专机禁航；

（3）军事活动导致流量控制；

（4）其他军事活动原因。

（五）空　管

（1）空管人为原因；

（2）空管系统所属设备故障造成保障能力下降；

（3）气象服务未及时提供；

（4）航行情报服务未及时提供或有误；

（5）擅自降低保障能力或者提前关闭扇区等原因导致流量控制；

（6）空管所属通信、导航、监视设备校验造成保障能力下降；

（7）空管自身原因导致的流量控制；

（8）其他空管原因。

（六）机　场

（1）机场跑道、滑行道等道面损坏或灯光故障；

（2）机场活动区有异物；

（3）人、畜、车辆进入跑道或滑行道；

（4）发生在起飞阶段 100 m 或者进近阶段 60 m，或与机组确认为机场责任范围内发生的鸟害；

（5）机场所属设施、设备故障；

（6）等待停机位或登机口分配；

（7）机场原因导致飞机、保障车辆等待；

（8）候机区秩序；

（9）机场运行信息发布不及时；

（10）未及时开放、增开安检通道或安检设备故障；

（11）机场施工造成保障能力下降；

（12）机场净空条件不良或跑道、滑行道、停机坪构型不合理造成保障能力下降；

（13）机场或跑道宵禁造成保障能力下降；

（14）机场所属拖车等保障设备到位不及时；

（15）跑道查验；

（16）机场所属设备校验造成保障能力下降；

（17）其他机场原因。

（七）联　检

（1）因联检单位（边防、海关、检验检疫）原因未及时为旅客办理手续，造成旅客晚登机；

（2）其他联检原因。

（八）油　料

（1）未按计划供油；

（2）油品质量不符合规定要求；

（3）加油设施设备故障；

（4）加油时损坏飞机；

（5）其他油料原因。

（九）离港系统

（1）离港系统故障不能办理旅客登机手续，或离港系统运行效率降低造成旅客办理乘机手续时间延长；

（2）其他离港系统原因。

（十）旅　客

（1）旅客晚到；

（2）登机手续不符合规定；

（3）旅客突发疾病；

（4）旅客丢失登机牌，重新办理手续；

（5）旅客登机后要求下机，重新进行客舱及行李舱安全检查；

（6）旅客拒绝登机或前段航班旅客霸占飞机；

（7）其他旅客原因。

（十一）公共安全

（1）因举办大型活动或发生突发事件，造成保障能力下降或安检时间延长；

（2）航班遭到劫持、爆炸威胁；

（3）发生可能影响飞行安全的事件，如机场周边燃放烟花导致能见度下降，发现不明飞行物、气球、风筝；

（4）地震、海啸等自然灾害；

（5）公共卫生事件；

（6）其他公共安全原因。

十、机型最少过站时间

根据机型不同及机场流量不同，统计办法规定了不同的过站时间，具体见表7-2。

表7-2　最少过站时间表

单位：min

座位数	代表机型	机场	
		两条及以上跑道或年旅客吞吐量超2 000万	其他机场
60座以下	EMB145、ATR72、CRJ200等	40	30
61～150座	CRJ700、E190、A319、B737（700型以下）等	55	40
151～250座	B737（700型含以上）B757-200、A310、A320、A321等	65	45
251～500座	B747、B777、A300、A330、A340、MD11等	75	65
500座以上	A380	120	120

第四节　通用航空

按照《中华人民共和国民用航空法》定义，通用航空是指使用民用航空器从事公共航空运输以外的民用航空活动，包括从事工业、农业、林业、渔业和建筑业的作业飞行以及医疗卫生、抢险救灾、气象探测、海洋监测、科学实验、教育训练、文化体育等方面的飞行活动。通用航空和运输航空组成民用航空的两大主体。

一、我国通用航空概况

我国通用航空始于1951年，由于受到各部门的普遍欢迎，得到了较快发展。1980年通用航空飞行作业时间达到了42 700 h，但从1980年一直到2000年，年作业小时量徘徊在40 000 h左右。进入21世纪，通用航空有了较大发展，特别是最近几年发展比较迅速。根据2014年度民航发展统计公报，我国通用航空几个具体指标如下：

1. 作业时间

2014年全行业完成通用航空生产作业飞行67.5万小时，比上年增长14.2%。其中：工业航空作业完成8.43万小时，比上年降低12.6%；农林业航空作业完成3.82万小时，比上年增长12.0%；其他通用航空作业完成55.25万小时，比上年增长20.0%。

2. 通用航空企业

截至2014年年底，获得通用航空经营许可证的通用航空企业239家，其中：华北地区6家家，中南地区 48 家，华东地区 44 家，东北地区 24 家，西南地区 32 家，西北地区 19 家，新疆地区 7 家。

3. 机队规模

2014 年底，通用航空企业适航在册航空器总数达到 1 798 架，其中教学训练用飞机 486 架。实际在运行的通用及小型运输航空公司 160 多家，从业飞行人员 2 191 名，航空器 1 177 架。基于运行特点，将其分为以下几种类型：

A 类：仅按照 CCAR-91 运行的公司，主要从事航空作业；

B 类：仅按照 CCAR-135 运行的公司，主要从事小型运输，包括通勤和商务包机；

C 类：A+B 混合运行；

D 类：按照 CCAR-91 部运行，依据 CCAR-141 部训练的飞行学校；

E 类：同时具有 CCAR-91、CCAR-135 和 CCAR-141 运行的公司。

我国通用航空在最近 10 年有了较大发展，但是和世界发达国家以及部分发展中国家相比，我国的通用航空发展水平还存在相当大的差距。通用航空的现状远远不能满足社会发展需求。

二、通用航空飞行管制服务

针对通用航空和运输航空的不同，《中华人民共和国民用航空法》、《中华人民共和国飞行基本规则》以及《通用航空飞行管制条例》对通用航空组织运营、飞行服务等作了明确规定和要求。主要包括以下内容：

飞行管制部门按照职责分工，负责对通用航空飞行活动实施管理，提供空中交通管制服务。相关飞行保障单位应当积极协调配合，做好有关服务保障工作，为通用航空飞行活动创造便利条件。在中华人民共和国境内从事升放无人驾驶自由气球和系留气球活动，适用《通用航空飞行管制条例》的有关规定。

（一）飞行空域的划设与使用

从事通用航空飞行活动的单位、个人使用机场飞行空域、航路、航线，应当按照国家有关规定向飞行管制部门提出申请，经批准后方可实施。

1. 临时飞行空域的申请

从事通用航空飞行活动的单位、个人，根据飞行活动要求，需要划设临时飞行空域的，应当向有关飞行管制部门提出划设临时飞行空域的申请。划设临时飞行空域的申请应当包括下列内容：

（1）临时飞行空域的水平范围、高度。

（2）飞入和飞出临时飞行空域的方法。

（3）使用临时飞行空域的时间。

（4）飞行活动性质。

（5）其他有关事项。

2. 划设临时飞行空域的批准权限

（1）在机场区域内划设的，由负责该机场飞行管制的部门批准。

（2）超出机场区域在飞行管制分区内划设的，由负责该分区飞行管制的部门批准。

（3）超出飞行管制分区在飞行管制区内划设的，由负责该管制区飞行管制的部门批准。

（4）在飞行管制区间划设的，由中国人民解放军空军批准。

（5）批准划设临时飞行空域的部门应当将划设的临时飞行空域报上一级飞行管制部门备案，并通报有关单位。

（6）划设临时飞行空域的申请，应当在拟使用临时飞行空域7个工作日前向有关飞行管制部门提出；负责批准该临时飞行空域的飞行管制部门应当在拟使用临时飞行空域3个工作日前作出批准或者不予批准的决定，并通知申请人。

（7）临时飞行空域的使用期限应当根据通用航空飞行的性质和需要确定，通常不得超过12个月。因飞行任务的要求，需要延长临时飞行空域使用期限的，应当报经批准该临时飞行空域的飞行管制部门同意。通用航空飞行任务完成后，从事通用航空飞行活动的单位、个人应当及时报告有关飞行管制部门，其申请划设的临时飞行空域即行撤销。

（8）已划设的临时飞行空域，从事通用航空飞行活动的其他单位、个人因飞行需要，经批准划设该临时飞行空域的飞行管制部门同意，也可以使用。

（二）飞行活动的管理

从事通用航空飞行活动的单位、个人实施飞行前，应当向当地飞行管制部门提出飞行计划申请，按照批准权限，经批准后方可实施。

1. 飞行计划申请内容

飞行计划申请内容包括以下10个方面：

（1）飞行单位。

（2）飞行任务性质。

（3）机长（飞行员）姓名、代号（呼号）和空勤组人数。

（4）航空器型别和架数。

（5）通信联络方法和二次雷达应答机代码。 .

（6）起飞、降落机场和备降场。

（7）预计飞行开始、结束时间。

（8）飞行气象条件。

（9）航线、飞行高度和飞行范围。

（10）其他特殊保障需求。

2. 提交任务批件的情形

从事通用航空飞行活动的单位、个人有下列情形之一的，必须在提出飞行计划申请时提交有效的任务批准文件：

（1）飞出或者飞入我国领空的（公务飞行除外）。

（2）进入空中禁区或者国（边）界线至我方一侧10 km之间地带上空飞行的。

（3）在我国境内进行航空物探或者航空摄影活动的。

（4）超出领海（海岸）线飞行的。

（5）外国航空器或者外国人使用我国航空器在我国境内进行通用航空飞行活动的。

3. 使用临时飞行空域、临时航线的批准权限

使用机场飞行空域、航路、航线进行通用航空飞行活动，其飞行计划申请由当地飞行管制部门批准或者由当地飞行管制部门报经上级飞行管制部门批准。使用临时飞行空域、临时航线进行通用航空飞行活动，其飞行计划申请按照下列规定的权限批准：

（1）在机场区域内的，由负责该机场飞行管制的部门批准。

（2）超出机场区域在飞行管制分区内的，由负责该分区飞行管制的部门批准。

（3）超出飞行管制分区在飞行管制区内的，由负责该区域飞行管制的部门批准。

（4）超出飞行管制区的，由中国人民解放军空军批准。

飞行计划申请应当在拟飞行前 1 天 15:00 前提出；飞行管制部门应当在拟飞行前 1 天 21:00 前作出批准或者不予批准的决定，并通知申请人。执行紧急救护、抢险救灾、人工影响天气或者其他紧急任务的，可以提出临时飞行计划申请。临时飞行计划申请最迟应当在拟飞行前 1 h 提出；飞行管制部门应当在拟起飞时刻 15 min 前作出批准或者不予批准的决定，并通知申请人。

在划设的临时飞行空域内实施通用航空飞行活动的，可以在申请划设临时飞行空域时一并提出 15 天以内的短期飞行计划申请，不再逐日申请；但是每日飞行开始前和结束后，应当及时报告飞行管制部门。

使用临时航线转场飞行的，其飞行计划申请应当在拟飞行前 2 天向当地飞行管制部门提出；飞行管制部门应当在拟飞行前 1 天 18:00 前作出批准或者不予批准的决定，并通知申请人，同时按照规定通报有关单位。

飞行管制部门对违反飞行管制规定的航空器，可以根据情况责令改正或者停止其飞行。

（三）飞行保障

（1）通信、导航、雷达、气象、航行情报和其他飞行保障部门应当认真履行职责，密切协同，统筹兼顾，合理安排，提高飞行空域和时间的利用率，保障通用航空飞行顺利实施。

（2）通信、导航、雷达、气象、航行情报和其他飞行保障部门对于紧急救护、抢险救灾、人工影响天气等突发性任务的飞行，应当优先安排。

（3）从事通用航空飞行活动的单位、个人组织各类飞行活动，应当制定安全保障措施，严格按照批准的飞行计划组织实施，并按照要求报告飞行动态。

（4）从事通用航空飞行活动的单位、个人，应当与有关飞行管制部门建立可靠的通信联络。在划设的临时飞行空域内从事通用航空飞行活动时，应当保持空地联络畅通。

（5）在临时飞行空域内进行通用航空飞行活动，通常由从事通用航空飞行活动的单位、个人负责组织实施，并对其安全负责。

（6）飞行管制部门应当按照职责分工或者协议，为通用航空飞行活动提供空中交通管制服务。

（7）从事通用航空飞行活动需要使用军用机场的，应当将使用军用机场的申请和飞行计划申请一并向有关部队司令机关提出，由有关部队司令机关作出批准或者不予批准的决定，并通知申请人。

（8）从事通用航空飞行活动的航空器转场飞行，需要使用军用或者民用机场的，由该机场管理机构按照规定或者协议提供保障；使用军民合用机场的，由从事通用航空飞行活动的单位、

个人与机场有关部门协商确定保障事宜。

（9）在临时机场或者起降点飞行的组织指挥，通常由从事通用航空飞行活动的单位、个人负责。

（10）从事通用航空飞行活动的民用航空器能否起飞、着陆和飞行，由机长（飞行员）根据适航标准和气象条件等最终确定，并对此决定负责。

（11）通用航空飞行保障收费标准，按照国家有关国内机场收费标准执行。

（四）升放和系留气球的有关规定

按《通用航空飞行管制条例》中的分类方法，气球一般分为无人驾驶自由气球和系留气球。无人驾驶自由气球是指无动力驱动、无人操纵、轻于空气、总质量大于 4 kg 自由飘移的充气物体。系留气球是指系留于地面物体上、直径大于 1.8 m 或者体积容量大于 3.2 m³、轻于空气的充气物体。针对升放和系留气球主要有如下规定：

（1）无人驾驶自由气球和系留气球的分类、识别标志和升放条件等，应当符合国家有关规定。

（2）进行升放无人驾驶自由气球或者系留气球活动，必须经设区的市级以上气象主管机构会同有关部门批准。具体办法由国务院气象主管机构制定。

（3）升放无人驾驶自由气球，应当在拟升放 2 天前持批准文件向当地飞行管制部门提出升放申请；飞行管制部门应当在拟升放 1 天前作出批准或者不予批准的决定，并通知申请人。

（4）升放无人驾驶自由气球的申请，通常应当包括下列内容：

① 升放的单位、个人和联系方法；

② 气球的类型、数量、用途和识别标志；

③ 升放地点和计划回收区；

④ 预计升放和回收（结束）的时间；

⑤ 预计飘移方向、上升的速度和最大高度。

（5）升放无人驾驶自由气球，应当按照批准的申请升放，并及时向有关飞行管制部门报告升放动态；取消升放时，应当及时报告有关飞行管制部门。

（6）升放系留气球，应当确保系留牢固，不得擅自释放。系留气球升放的高度不得高于地面 150 m，但是低于距其水平距离 50 m 范围内建筑物顶部的除外。系留气球升放的高度超过地面 50 m 的，必须加装快速放气装置，并设置识别标志。

（7）升放的无人驾驶自由气球或者系留气球中发生下列可能危及飞行安全的情况时，升放单位、个人应当及时报告有关飞行管制部门和当地气象主管机构：

① 无人驾驶自由气球非正常运行的；

② 系留气球意外脱离系留的；

③ 其他可能影响飞行安全的异常情况。

加装快速放气装置的系留气球意外脱离系留时，升放系留气球的单位、个人应当在保证地面人员、财产安全的条件下，快速启动放气装置。

（8）禁止在依法划设的机场范围内和机场净空保护区域内升放无人驾驶自由气球或者系留气球，但是国家另有规定的除外。

违反上述有关规定需要承担的法律责任具体可参见《通用航空飞行管制条例》。

三、特技飞行

特技飞行是指驾驶员有意作出的正常飞行所不需要的机动动作,这些动作中包含航空器姿态的急剧变化、非正常的姿态或非正常的加速度。

(一)从事飞行表演活动的特技飞行员的特殊要求

(1)从事飞行表演的特技飞行员应按照咨询通告《飞行表演》(AC-91-FS-2 015-17R1)的要求取得相应的资质。

(2)真高1 000 m以下实施特技飞行表演的飞行经历要求:

① 对于拟在真高1 000 m(含)以下进行特技飞行表演的飞行员,其在12个月内至少应有过3次特技飞行经历;

② 对于拟在真高500 m(含)以下进行特技飞行表演的飞行员,其在30天内至少有过最低高度达到或低于真高500 m的特技飞行经历;

③ 对于拟在真高300 m(含)以下进行特技飞行表演的飞行员,其在30天内至少有过最低高度达到或低于真高300 m的特技飞行经历。

(二)特技飞行的安全规定

(1)除经局方批准外,任何人不得在下列情况下驾驶航空器进行特技飞行:

① 在任何城市、集镇或居住地的人口稠密区上空;

② 在露天的人员集会地点上空;

③ 在任何局方指定的区域内;

④ 在任何航路中心线两侧10 km范围之内;

⑤ 距地面450 m以下;

⑥ 飞行能见度低于5 km时。

(2)特技飞行只能在昼间目视气象条件下飞行。

(3)特技飞行的飞机必须符合相关适航规定,否则禁止飞行员在该飞机上进行特技飞行。

(4)严禁在飞行手册规定的速度以上作快滚;

(5)在进行特技飞行时,飞行员必须确保:

① 在飞机上没有松散的物品;

② 锁好飞机上所有舱门;

③ 固定好空座位上的安全带;

④ 乘客不会干扰飞行员操纵,并且能够与飞行员保持沟通;

⑤ 所有人都必须系好安全带。

有关特技飞行的其他要求可以进一步查阅咨询通告《特技飞行》(AC-91-FS-2013-19)。

四、空中牵引

(一)牵引滑翔机

使用民用航空器牵引滑翔机必须符合下列要求:

（1）牵引滑翔机的航空器的机长满足 CCAR-61 部 61.87 条要求。

（2）牵引滑翔机的航空器装备有牵引连接装置并按局方批准方式安装。

（3）所用牵引绳的断裂强度不小于该滑翔机经审定的最大使用重量的 80%，且不大于这一重量的两倍。但是，在满足下列条件时，所用牵引绳的断裂强度可以大于该滑翔机经审定的最大使用重量的两倍：

① 牵引绳与滑翔机的连接点处有安全接头，其断裂强度不低于该滑翔机经审定的最大使用重量的 80%，且不大于该使用重量的两倍；

② 牵引绳与牵引滑翔机的航空器的连接点装有安全接头，其断裂强度比牵引绳在滑翔机一端的安全接头的断裂强度大，但是不超过 25%，并且不超过该滑翔机经审定的最大使用重量的两倍。

（4）在机场空域内进行任何牵引操作之前，机长应通知管制塔台。

（5）在飞行前，牵引滑翔机的航空器和滑翔机的驾驶员应当做好协调，协调工作包括起飞和释放信号、空速和每个驾驶员的应急程序。

（6）除紧急情况外，滑翔机在空中脱离牵引，必须经牵引滑翔机的航空器驾驶员同意。航空器驾驶员在滑翔机脱钩后释放牵引绳时，不得危及他人生命或财产的安全。

（二）牵引滑翔机以外物体

除经局方批准外，民用航空器的驾驶员不得使用该航空器牵引滑翔机以外的任何其他物体。

第五节 外国民用航空器在我国领空飞行管理

民用航空的一大特点就是具有国际性，特别是在我国民航业作为国家对外开放的一个窗口，是我国联系国际的重要外交大门，也是进行国际贸易、人员往来的重要途径。作为国际民航组织一类理事国，我国民航业的服务水平和服务质量关系到我国在国际上的声誉。

随着改革开放的不断推进，越来越多的国家和地区（含中国港澳台地区）航空公司进入我国领空飞行。针对外国民用航空器的飞行管理，我国制定了一整套相对完善的管理规章。主要包括行政法规中的《中华人民共和国飞行基本规则》、《外国民用航空器飞行管理规则》、民航规章中的《外国公共航空运输承运人运行合格审定规则》（CCAR-129）、《外国航空运输企业常驻代表机构审批管理办法》（CCAR-212）、《外国航空运输企业不定期飞行经营许可细则》（CCAR-119TR-R1）、《外国航空运输企业航线经营许可规定（附英文译稿）》（CCAR-287）等。

外国民用航空器只有根据中华人民共和国政府同该国政府签订的航空运输协定或者其他有关文件，或者通过外交途径向中华人民共和国政府申请，在得到答复接受后才准飞入或者飞出中华人民共和国国界和在中华人民共和国境内飞行。

外国民用航空器及其空勤组成员和乘客，在中华人民共和国境内飞行或者停留时，必须遵守中华人民共和国的法律和有关入境、出境、过境的法令规章。外国民用航空器飞入或者飞出中华人民共和国国界和在中华人民共和国境内飞行，必须服从中国民用航空局各有关的空中交通管制部门的管制，并且遵守有关飞行的各项规章。

一、管制有关规定

外国民用航空器飞入或者飞出中华人民共和国国界前 20～15 min,其空勤组必须向中国民用航空局有关的空中交通管制部门报告航空器的呼号、预计飞入或者飞出国界的时间和飞行的高度，并且取得飞入或者飞出国界的许可。没有得到许可，不得飞入或者飞出国界。

外国民用航空器飞越中华人民共和国国界和中华人民共和国境内规定的位置报告点,应当立即向中国民用航空局有关的空中交通管制部门作位置报告，位置报告的内容包括：

（1）航空器呼号；

（2）位置；

（3）时间；

（4）飞行高度或者飞行高度层；

（5）预计飞越下一位置的时间或者预计到达降落机场的时间；

（6）空中交通管制部门要求的或者空勤组认为需要报告的其他事项；

外国民用航空器飞入或者飞出中华人民共和国国界后，如果因为天气变坏、航空器发生故障或者其他特殊原因不能继续飞行，允许其从原航路及空中走廊或者进出口返航。此时，空勤组应当向中国民用航空局有关的空中交通管制部门报告航空器呼号，被迫返航的原因，开始返航的时间，飞行的高度，以及返航后预定降落的机场。在中华人民共和国境内，如果没有接到中国民用航空局有关的空中交通管制部门的指示，通常应当在原高度层的下一反航向的高度层上返航；如果该高度层低于飞行的安全高度，则应当在原高度层的上一反航向的高度层上返航。

外国民用航空器在没有同中国民用航空局有关的空中交通管制部门沟通无线电联络以前，禁止飞入或者飞出中华人民共和国国界和在中华人民共和国境内飞行。

外国民用航空器在中华人民共和国境内飞行时，在任何情况下，都不准飞入中华人民共和国划定的空中禁区。中国民用航空局对飞入空中禁区的外国民用航空器的机长，将给予严肃处理，并且对该航空器飞入空中禁区所产生的一切后果，不负任何责任。

飞入或者飞出中华人民共和国国界的外国民用航空器，必须在指定的设有海关、检疫和边防检查站的机场降落或者起飞。

二、外国航空运输企业航线经营许可规定

中国民用航空局负责外国航空运输企业（以下简称外航）航线经营许可的统一管理。外航应当在其本国政府通过外交途径对其正式指定后依据《外国航空运输企业航线经营许可规定》向我国民航局申请经营外国地点和中华人民共和国地点间规定航线的经营许可。民航地区管理局负责对本地区运营的外航航线航班进行监督管理。

民航局审批外航经营许可实行互惠对等的原则。外国政府航空主管部门对中华人民共和国航空运输企业申请经营中华人民共和国地点和外国地点间规定航线的经营许可进行不合理限制的，民航局采取对等措施。

（一）经营许可申请程序

外航申请经营许可应当在计划开航之日 60 天前向我国民航局提出。外航申请经营许可不符合时限规定的，民航局不予受理，但双方航空运输协定或有关协议另有规定的除外。

外航申请经营许可应当向民航局递交由该外航总部法定代表人或者经其书面授权的人员使用中文或者英文签发的申请书及其附带材料。申请书应当包括以下内容：

（1）计划开通的外国地点和中华人民共和国地点间的规定航线；

（2）开航日期；

（3）航班号和代码共享航班号；

（4）每周班次和班期；

（5）本企业所有或者以湿租方式租赁的飞机机型和航空器登记号。

外航随申请书一并提交的附带材料包括：

（1）外国政府指定该外航经营外国地点和中华人民共和国地点间规定航线的文件复印件；

（2）外国政府航空主管部门为该外航颁发的从事公共航空运输的航空经营人许可证（AOC）复印件；

（3）企业注册证明复印件；

（4）企业章程或由法定企业登记机构出具的，载有企业主要营业地、企业性质（国有或者私有）、股份结构、投资方国籍及董事会成员姓名和国籍的证明文件；

（5）企业的客、货运输条件；

（6）企业的正式中、英文名称，企业简介（包括成立时间、机队规模、航线网络等），总部及在中华人民共和国境内的联系人及其地址、电话、传真、电子邮件地址，国际民航组织为该公司指定的三字代码和国际航空运输协会为该公司指定的两字代码；

（7）使用湿租的航空器的，还应当提供湿租协议复印件以及双方航空运输协定或有关协议就使用湿租航空器经营的问题要求提供的文件；

（8）民航局根据法律、法规、双边协议要求外航提交的其他资料或者文件。

外航根据民航局颁发的经营许可开始经营外国地点和中华人民共和国地点间规定航线后要求经营新航线的，应当向民航局申请新航线的经营许可。

（二）经营许可的审查和批准

民航局对外航提交的申请材料进行形式审查。民航局认为必要的，可以进行实质性审查。外航对其所提交的全部申请材料的真实性负责。申请材料齐全、符合法定形式的，民航局受理外航的申请。申请材料不齐全或者不符合法定形式的，民航局在 5 个工作日内一次性通知该外航需要补充的全部内容，逾期不通知的，自收到申请材料之日起即为受理。外航按要求补齐全部材料后，民航局受理申请，申请材料经补正后仍不符合要求的，民航局不予受理，并出具不予受理的书面凭证。

除双方航空运输协定或有关协议另有规定外，民航局自受理申请之日起 20 个工作日内作出是否批准的决定。民航局在 20 个工作日内不能作出决定的，经民航局局长批准，可以延长 10 个工作日，并将延长期限的理由告知外航。

民航局依法做出批准决定后，自做出批准决定之日起 10 个工作日内向外航颁发经营许可。民航局依法做出不予批准决定的，向外航出具书面决定并说明理由。

（三）经营许可的延长和变更

外航应当在经营许可规定的有效期满前 30 天向民航局提出延长经营许可的申请。逾期提出且没有正当理由的，民航局做出不予受理的书面决定。外航在经营许可有效期满后未提出延续申请的，民航局注销其经营许可。

外航申请延长经营许可，应当提供下列文件：

（1）需延长的经营许可复印件；

（2）外国地点和中华人民共和国地点间规定航线的航线表。

外航申请改变所持经营许可内容的，应当以书面形式向民航局提出，并详细列明需要改变的内容及原因。民航局对外航提出延长或者变更经营许可的申请的批准决定期限与对经营许可的批准期限相同。

（四）经营许可的管理

外航应当在经营许可允许的范围和有效期内经营外国地点和中华人民共和国地点间规定航线。

外航应当采取有效措施，妥善保管民航局颁发的经营许可，防止损坏或者遗失。外航不得涂改、转让、租赁、买卖民航局颁发的经营许可。经涂改、转让、租赁、买卖的经营许可无效。

外航损坏或者遗失经营许可的，应当立即向民航局书面报告，并提出补发经营许可的申请。

（五）航班计划申请和批准

外航依照民航局颁发的经营许可经营航线的过程中，应当按照夏秋和冬春两个航季申请航班计划，并在每个航季开始前 60 天按规定的格式及内容向民航局提出。民航局根据本规定对航班计划进行审核后，做出批准或者不批准的决定。外航未按规定时限提出航班计划申请的，按照停航处理。

航班计划包括航线、班次、班期、航班号、机型、是否使用湿租航空器及是否利用代码共享的方式经营航班等内容。

外航在每个航季的航班经营过程中，不得随意更改航班计划。因商业原因需要更改航班计划的，外航应当在拟更改日 30 天前向民航局提出申请，获得批准后方可执行。

因天气、飞机故障等原因需要临时更改航班计划的，外航应当立即向民航局提出申请，获得批准后方可执行。

外航应当按照民航局批准的航班计划经营外国地点和中华人民共和国地点间的规定航线。外航因商业原因计划停止执行全部或部分规定航线的，应当书面通知民航局并说明理由。外航擅自停航的，民航局对其提出的新航季航班计划不予批准。

因市场需求需要安排临时加班飞行的，外航应当在拟加班日 5 个工作日前向民航局提出申请，获得批准后方可经营，双方航空运输协定或有关协议另有规定的除外。

除特殊情况外，外航申请的每周加班数量不得超过定期航班的数量。民航局不批准外航提出的固定加班的申请。

（六）运输业务量统计资料

外航依照经营许可的规定开始经营规定航线后，应当在每月 15 日前按《外国航空公司运输业务量统计表》的要求，向民航局提供上月航线运输业务量统计资料，并对资料内容的准确性、真实性和完整性负责。

三、外国航空运输企业不定期飞行经营许可

外国航空运输企业不定期飞行经营许可是指外航在外国和中华人民共和国大陆之间从事旅客、行李、货物、邮件运输的不定期飞行经营许可。除定期飞行和加班飞行以外的商业航空运输飞行，包括非固定团体包机、综合旅游包机、公共包机、社会团体包机、同益包机、特殊活动包机、学生包机、自用包机、货运包机、客货混合包机、合用包机等种类。

外航在外国和中华人民共和国之间从事不定期飞行，应当向中国民航局提出申请。取得经营许可并按照《外国公共航空运输承运人运行合格审定规则》完成运行审定后方可飞行。

民航局对不定期飞行的经营许可实行互惠对等的原则。外国政府航空主管部门对中华人民共和国民用航空运输企业从事至该国的不定期飞行经营许可进行不合理限制的，民航局也将给予该国航空运输企业同等限制。

（一）不定期飞行经营许可的申请

申请不定期飞行经营许可，申请人应在预计飞行日 7 天前向民航局提出申请，不符合此时限要求的，民航局不予受理，但有关航空运输协定或安排中另有规定的除外。遇灾害运送救援人员或物资等紧急和特殊情况，在说明理由后，申请人一般可在预计飞行日 3 天前向民航局提出申请。

申请不定期飞行经营许可，申请人应当说明拟运营的不定期飞行经营许可的种类。申请不定期飞行经营许可，可以直接申请，也可委托代理人提出申请。申请一般应通过电报的方式提出，发往以下 SITA 地址：BJSSKCA、BJSZGCA；或者发往以下 AFTN 地址：ZBBBYAYX。

1. 申请人应提供说明下列情况的文件

（1）航空器所有人和经营人名称及其地址；

（2）航空器的无线电通话和通信呼号；

（3）航空器上无线电台使用的频率范围；

（4）航空器的机型及最大起飞重量和最大落地重量，可利用座位数或者吨位数；

（5）航空器预计起飞、到达地点、日期、时刻（UTC 时间）、航路和进出中华人民共和国大陆边境的航路进出点；

（6）航班号和飞行架次；

（7）包机人、担保人、接待单位的名称、地址、联系人和联系方式；

（8）为包机提供代理服务的已获得相应资质的代理人名称、地址、联系人和联系方式；

（9）为包机提供地面服务的机场地面服务公司的名称、地址、联系人和联系方式；

（10）包机合同。

2. 首次申请不定期飞行经营许可，除提交上述 10 条规定的文件外还应当同时提供下列文件

（1）该航空运输企业所在国（地区）有关主管部门为其颁发的可从事公共航空运输的航空运输营业许可证及运行规范复印件；

（2）航空器国籍登记证、适航证、航空器上无线电台使用许可证及噪音证书复印件；

（3）投保机身、旅客、货物、对地面第三者责任等险种的保险证明复印件；

申请材料齐全、符合法定形式的，民航局受理申请；申请材料不齐全或者不符合法定要求的，当场或 3 天内一次告知申请人需要补正的全部内容，逾期不告知申请人的，自收到申请材料之日起即为受理。

（二）不定期飞行经营许可的决定

民航局自受理申请之日起 4 天内进行审查，并作出许可或不许可的书面决定。申请人的申请符合规定的条件和标准的，民航局应当依法作出许可的决定。民航局作出不许可的决定时，应当说明理由，并告知该申请人享有依法申请行政复议或者提起行政诉讼的权利。

四、外国公共航空运输承运人运行合格审定

随着我国民用航空市场的扩大，在我国境内运行的外国航空公司也逐渐增多，成为影响我国境内的飞行安全和地面人员、财物安全的一个重要因素。《外国公共航空运输承运人运行合格审定规则》的颁布实施，旨在规范外国航空公司在我国境内的运行，保证运行安全。

各国民航当局和航空公司的安全管理水平参差不齐，国际民航组织除了要求各国达到国际民航组织制定的最低安全标准外，还要求航空公司在国外运行时遵守运行所在国家的法规和标准。国际民航组织的北亚办公室为包括中国在内的北亚四个国家草拟了对外国航空公司进行安全审批的建议法规；美国等多个航空大国已经或正在制定对外国航空公司进行安全审定的法规。因此，对外国航空公司进行安全审批和安全监督，已经成为国际上的通行做法。《外国公共航空运输承运人运行合格审定规则》的出台，填补了中国民用航空规章在管理外国航空公司运行安全方面的空白。

《外国公共航空运输承运人运行合格审定规则》建立了对外国航空公司进行运行合格审定的行政许可制度。外国航空公司应当通过我国民航局指定管辖权的民航地区管理局实施的运行合格审定，取得民航地区管理局签发的《外国公共航空运输承运人运行规范》，方可在中国境内实施公共航空运输飞行。对外国航空公司设立行政许可制度，符合《行政许可法》第十二条第（一）项的行政许可设定范围要求，也符合保证外国航空器运行安全的实际需求。《外国公共航空运输承运人运行合格审定规则》同时规定了运行规范的申请条件和申请的程序、期限等《行政许可法》要求政府在设定行政许可项目时明确的内容。

民航地区管理局颁发的运行规范是外国航空公司在中国境内实施运行的批准文件，该文件详细规定局方批准公司实施的运行的范围、类型和需遵守的限制条件。外国航空公司在中国境内运行时，除遵守适用法规中规定的标准外，还必须严格按照运行规范的批准范围实施运行。

美国的 FAR 第 129 部同时适用于飞入美国境内的航空承运人和在美国境外由外国航空公司营运的美国登记的航空器；国际民航组织北亚办公室的建议稿中建议仅适用于飞入本国的外国公共航空运输承运人。为方便管理，我国采纳国际民航组织的意见，将适用范围限于飞入中国、在中国境内起降的外国航空公司。

某些航空公司可以不按照运行规范，而是按照民航局颁发的特别批准文件飞入中国。美国对于每年飞行次数少于 6 次的外国航空公司不要求其申请运行规范；国际民航组织建议航空公司能达到同等安全水平并且从事非定期运输时不需要接受审定。现在《外国公共航空运输承运人运行合格审定规则》中对于不需要申请运行规范的外国航空公司设定了两个条件，一个条件

是每年的飞行次数少于 10 次或出于特殊任务在特定时间段内实施运行（如奥运会、世界博览会期间），另一个条件是达到同等安全。

关于对外国航空公司的管理，我国认同国际民航组织的基本思路，即保证全球航空安全的基本途径是各国管好自己国家的航空公司，尽量满足公约附件的标准。在此基础上各国可以对飞入本国的外国航空公司进行监管，但不建议在公约附件要求的基础上增加过多高于附件标准的技术要求；此外，应当尽量简化审定和监督的程序，许可审定以书面审查为主，可以对外国航空公司设在我国境内的机构和设施进行实地检查，在通过上述审查无法确认外国航空公司的安全运行能力时，可以要求外国航空公司接受基地检查和航路检查。日常的监督检查一般不应影响外国公司的日常运行（如不要造成飞机延误）。

对于外国航空公司的审定步骤，我国没有按照对国内航空公司实施审定的 5 个步骤进行设定，而是大致分为 3 个阶段：将预先申请和正式申请合并为一个"申请、受理"阶段，文件审查和验证检查合并为"审查"阶段，加上作出许可决定和颁发运行规范的"许可、颁发"阶段。

（一）运行合格审定和监督检查的基本要求

（1）民用航空器承运人应当通过中国民用航空局指定管辖权的民航地区管理局按照本规则实施的运行合格审定，取得民航地区管理局签发的《外国公共航空运输承运人运行规范》，方可在中国境内实施公共航空运输飞行；

（2）外国公共航空运输承运人运行规范的持有人在中国境内实施公共航空运输飞行必须遵守下列文件中的相应规定：

① 颁发的运行规范；

②《国际民用航空公约》附件 6《航空器运行》及其修订内容；

③《中华人民共和国飞行基本规则》和中国民用航空规章中对外国民用航空器进行运行管理和空中交通管制的相关规定；

④ 从事危险品运输时，中国民用航空规章《中国民用航空危险品运输管理规定》（CCAR-276）；

⑤ 其他相关法律、法规和规章。

（3）运行规范持有人所在国民用航空管理当局为其颁发的航空营运人合格证或等效文件中所规定的运行条件和限制，同样适用于运行规范持有人在中国境内的运行。民航地区管理局颁发的运行规范所批准的运行范围不得超出这些合格证或等效文件中批准的范围。运行规范持有人所在国民用航空管理当局颁发的航空营运人合格证或等效文件的内容发生变化，需要对运行规范作相应修改时，运行规范持有人应当立即通知相应的民航地区管理局，并在 5 个工作日内申请运行规范的修改；

（4）运行规范持有人在中国境内运行时，应当接受中国民用航空局、民航地区管理局对其航空器和人员实施的监督检查；

（5）对于《国际民用航空公约》附件 6《航空器运行》和附件 18《空运危险品的安全运输》规定的标准和建议措施，如果运行规范持有人所在国的民用航空管理当局已经向国际民航组织通知了差异，运行规范持有人可以向民航地区管理局提交相应的豁免或偏离申请。民航地区管理局经评估认为其能够达到同等安全水平后，可以批准其豁免或偏离申请。

（二）运行合格审定的条件和程序

1. 运行规范的申请

（1）运行规范的申请人应当向中国民用航空局指定管辖权的民航地区管理局提交申请书。

（2）申请人提交的文件包括：申请人所在国民用航空管理当局为其颁发的航空营运人合格证或等效文件，在这些文件中应当载明批准其实施的运行范围和运行种类等事项；计划飞入中国境内的航空器的清单，清单中应当载明航空器的型号、国籍和登记标志；证明其得到飞入中国境内的经济批准的文件或相应的申请文件，该文件应当载明其计划飞行的机场、航路和区域，以及相应的飞行频次；运行规范申请书。申请人提交的上述文件应使用中文或英文版本，并如实提交有关材料和反映真实情况，并对申请材料实质内容的真实性负责。

2. 申请的受理

（1）对于材料不齐全或者不符合格式要求的申请，民航地区管理局应当在收到申请之后的5个工作日内书面通知申请人需要补正的全部内容。逾期不通知即视为在收到申请之日受理。申请人按照民航地区管理局的通知提交全部补正材料的，民航地区管理局应当受理申请。

（2）民航地区管理局受理或不予受理申请，应当向申请人出具加盖管理局印章并注明日期的书面凭证。

3. 审查和决定

（1）民航地区管理局应当自受理申请之日起20个工作日内对申请人的申请材料进行审查并作出许可决定。民航地区管理局组织实施检验、检测和专家评审的时间不计入前述20个工作日的期限。

（2）民航地区管理局完成实质内容的审查核实，包括对航空公司相应机构的实地检查后，认为申请人符合下列全部条件，则为该申请人颁发运行规范，批准其实施所申请的运行：

① 申请人所在国民用航空管理当局为其颁发的航空营运人合格证或等效文件中，允许申请人实施所申请的运行；

② 申请人了解运行合格审定和监督检查的基本要求规定的所有文件的要求，并能按照这些要求安全实施运行；

③ 从事危险品运输时，得到申请人所在国民用航空管理当局允许其进行危险品运输的批准文件。

（3）民航地区管理局经审查认为申请人不符合上述所列条件，可以拒绝为其颁发运行规范，也可以根据实际的审查情况，为申请人颁发批准其部分申请的运行规范。民航地区管理局在作出前述决定之前，应当告知申请人享有依法申请行政复议或提起行政诉讼的权利。

4. 运行规范的内容

运行规范至少包含下列内容：

（1）运行规范持有人的名称；

（2）运行规范持有人与民航地区管理局进行业务联系的机构的名称和通信地址；

（3）运行规范的编号和生效日期；

（4）管辖该运行规范持有人的民航地区管理局内设机构的名称；

（5）被批准的运行种类，在本规则中分为定期载客运行、不定期载客运行和全货机运行；

（6）说明经审定，该运行规范持有人符合本规则的相应要求，批准其按所颁发的运行规范实施运行；

（7）对每种运行的实施规定的权利、限制和主要程序；

（8）每个级别和型别的航空器在运行中所需要遵守的其他程序；

（9）批准使用的每架航空器的型号、系列编号、国籍标志和登记标志，运行中需要使用的每个正常使用机场、备降机场和加油机场，除发生需要备降的紧急情况外，运行规范持有人不得使用未列入运行规范中的任何航空器或机场；

（10）批准运行的航线和区域及其限制；

（11）机场的限制；

（12）民航局颁发的豁免和民航地区管理局批准的偏离；

（13）民航地区管理局按规定批准的危险品运输资格；

（14）民航地区管理局认为必需的其他内容。

5. 运行规范的有效期限

（1）除发生下列情况失效或效力中止外，运行规范长期有效：

① 运行规范持有人自愿放弃；

② 局方暂扣、吊销该运行规范；

③ 运行规范持有人所在国民用航空管理当局为其颁发的航空营运人合格证或等效文件失效；

④ 运行规范持有人连续 12 个月停止中国境内的运行。

（2）运行规范被暂扣、吊销或因其他原因而失效时，运行规范持有人应当在 5 个工作日将运行规范交还局方。

（三）监督检查

中国民用航空局和民航地区管理局可以对运行规范持有人设在中国境内的与航空器运行相关的分支机构和代理人进行检查；运行规范持有人的航空器在中国境内停留时，中国民用航空局和民航地区管理局可以在不事先通知的情况下登机检查。如果按照前述方法无法确认运行规范持有人的安全运行能力，中国民用航空局和地区管理局可以在必要时对运行规范持有人设在其本国境内的基地实施检查，以及进入运行规范持有人的航空器驾驶舱实施航路检查。运行规范持有人应当配合检查。

中国民用航空局和民航地区管理局应当对运行规范持有人的运行情况进行全面检查，包括对各种手册和文件的检查；登机检查时，可以对航空器的适航状态、航空器携带的文件资料以及航空人员的证件进行检查。

运行规范持有人飞入中国境内的航空器上至少应当携带下列文件：

（1）航空器的国籍登记证、适航证和无线电电台执照。

（2）运行手册中与机组人员所履行的职责相关的部分，其中与飞行的实施直接相关的部分，应当放置在机组成员值勤时易于取用的位置。

（3）航空器飞行手册或等效资料。

（4）包含航空器维修信息的飞机飞行记录本。

此外，还应当根据运行的实际情况，在航空器上携带与运行的类型和区域相适应的下列文件：装载舱单；飞行计划或包含飞行计划的签派放行单；航行通告、航空信息服务文件和相应的气象资料；装运特殊货物（包括危险品）的通知单；适用于运行区域的航图。

飞行机组成员应当携带适用于该次运行的航空人员执照和体检合格证。

运行规范持有人的航空器发生由中国民用航空局负责调查的事故或事故征候后，应当按照中国民用航空局的要求保留飞行记录器所记载的数据。

第八章　机场管制

第一节　机场管制塔台的职能

机场可分为非管制机场和管制机场。非管制机场是指未设置管制塔台或相应管制单位的机场,航空器驾驶员在这些机场运行时,没有管制员向其发布管制指令或许可。为了维护飞行安全,航空器驾驶员一方面需要遵循标准运行程序,另一方面需要保持严密的空中观察,通过目视"观察-避让"的方法来避免冲突。

当机场的流量增加到一定程度,或者机场空域比较复杂时,为了保障机场及机场附近空域空中交通的安全,提高运行效率,我们就需要为机场设置空中交通管制单位,为在其内运行的机场交通提供空中交通管制服务。在管制机场运行的航空器驾驶员需要遵循管制员的指令或许可。

机场管制塔台是设置在机场的空中交通管制单位,其主要任务是向本塔台管辖范围内航空器的推出、开车、滑行、起飞、着陆和与其有关的机动飞行提供空中交通服务。

本节主要介绍机场管制塔台的职能以及与机场管制塔台职能相关的几个基本概念。

一、基本概念

(一)机场区域(Aerodrome Area)

机场区域是指机场和为该机场划定的一定范围的设置各种飞行空域的空间。

机场区域应当根据机场周围的地形,使用该机场的航空器的型别和任务性质,邻近机场的位置和跑道方向,机场附近的国(边)境、空中禁区、对空射击场或者发射场、航路和空中走廊的位置,以及公众利益和安全保障等因素划定。

(二)管制机场(Controlled Aerodrome)

管制机场是指有管制单位为在其内运行的机场交通提供有机场管制服务的机场。

(三)机场管制服务(Aerodrome Control Service)

机场管制服务是为机场交通提供的空中交通管制服务。

空中交通管制服务包括区域管制服务、进近管制服务和机场管制服务,其中区域管制服务可根据情况由区域管制中心或进近管制室提供;进近管制服务可根据情况由区域管制中心或进近管制室或机场管制塔台提供;而机场管制服务则必须由机场管制塔台提供。

（四）机场管制塔台（Aerodrome Control Tower）

机场管制塔台是为机场交通提供空中交通管制服务而设置的单位，如图 8-1 所示。

（五）机场交通（Aerodrome Traffic）

机场交通是指在机场机动区内的一切交通以及在机场附近所有航空器的飞行，如图 8-2 所示。在机场附近所有航空器的飞行是指已加入、正在进入和脱离起落航线的航空器的飞行。

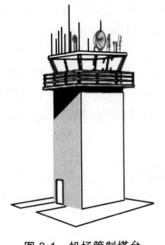

图 8-1　机场管制塔台

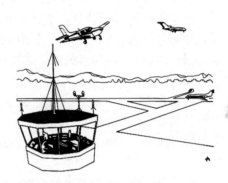

图 8-2　机场交通

（六）机场起落航线（Aerodrome Traffic Pattern）

航空器在机场附近飞行时规定的飞行路线称为机场起落航线。机场起落航线一般由五个边和四个转弯组成，如图 8-3 所示。

关于机场起落航线，将在后面进行专门介绍，这里只介绍它的基本概念。

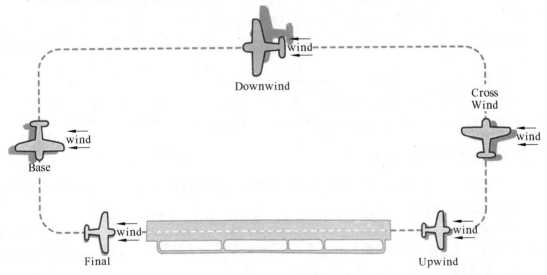

图 8-3　机场起落航线

二、机场管制塔台的职能

塔台管制员应当目视或者借助监视设备持续观察机场机动区内航空器、车辆、人员活动，以及起落航线和机场周边航空器的活动，并向其责任区内的机场交通提供空中交通服务，包括机场管制服务、飞行情报服务及告警服务。

（一）提供机场管制服务

为使在机场内和机场附近的空中交通安全、有序和迅速地流通，机场管制塔台管制员必须向在其管制下的航空器提供情报及发布空中交通管制许可，以防止在其管制下的航空器与航空器之间、航空器与地面车辆之间及航空器与地面障碍物之间发生碰撞。

（1）防止在塔台指定的职责范围内，包括起落航线上飞行的航空器与航空器之间发生碰撞。

塔台管制员应正确掌握其职责范围内航空器的位置，采用正确、有效的方法调整航空器与航空器之间的间隔，及时向有关航空器发布其他相关航空器的位置情报，使航空器与航空器之间保持安全的间隔。

（2）防止在机动区内运行的航空器与航空器之间发生碰撞。

塔台管制员应作好预案，合理地安排航空器在地面的滑行路线，为航空器与航空器之间提供安全的滑行间隔，并密切注视滑行航空器的动向，确保机动区内的交通安全、有序和迅速地流动。

（3）防止着陆航空器与起飞航空器之间发生碰撞。

塔台管制员发布起飞或者着陆许可前，需确认跑道上无其他航空器和障碍物，同时应当注意观察跑道附近及其邻近滑行道上航空器、车辆和人员的位置及其对起飞和着陆航空器的影响，适时向着陆航空器发布着陆许可或复飞指令，向起飞航空器发布进跑道许可或起飞许可或指示其在跑道外按正确方法进行等待，防止着陆航空器与起飞航空器发生碰撞。

（4）防止在机动区内运行的航空器和车辆之间发生碰撞。

在有关车辆和人员进入机动区之前，塔台管制员应适时发布进入许可或禁止进入的指令，合理地安排车辆在地面的运行路线，提供正确的间隔标准，随时与在机动区内使用的车辆之间保持双向无线电通信，密切注视在机动区内活动的航空器及车辆的动态，有效防止碰撞事故的发生。

（5）防止机动区内的航空器与该区内的障碍物发生碰撞。

当航空器在机动区内靠近有关障碍物滑行时，应提醒航空器驾驶员注意观察，并向其通报有关障碍物的位置，防止其与机动区内的障碍物发生碰撞。

（二）提供飞行情报服务

在实施机场管制过程中，塔台管制员应向飞行中的航空器提供有益于安全和有效地实施飞行的建议和情报的服务。

飞行情报服务的内容主要包括：重要气象情报；使用的导航设备的变化情况；机场和有关设备的变动情况（包括机场活动区内的雪、冰或者有相当深度积水的情况）以及可能影响飞行安全的其他情报。

向航空器提供有关机场情况的重要情报，对于航空器的安全运行有着非常重要的作用。机场情报涉及机动区及其有关设施的状态,它们的状态可能对某一航空器构成危险,因此要求及时报告这种情报以确保航空器安全地运行。机场情报具体包括:

(1)在活动区内或其紧邻区域内的修建或维修工程;

(2)跑道、滑行道或停机坪上不平或破裂的道面(无论有无标志);

(3)跑道、滑行道或停机坪表面的积水;

(4)跑道、滑行道或停机坪表面的雪、雪水或冰;

(5)吹积或堆积在跑道、滑行道或停机坪附近的雪堆或吹雪;

(6)其他暂时的危险,包括停放的航空器及地面和空中的鸟群;

(7)全部或部分机场灯光系统的失效或不正常工作;

(8)任何其他有关情报。

塔台管制员收到机场有关助航设施和设备失效或者不正常情况报告时,应当及时通知将受到影响的航空器。

塔台管制员观察到或者收到航空器出现不正常状态和状况的报告时,应当及时将有关情况通知相关航空器。航空器出现不正常状态和状况包括起落架没有放下或者部分放下,航空器的任何部位出现不正常的烟雾等。图 8-4 所示是一架航空器右主起落架未放下的情况。

图 8-4 一架航空器右主起落架未放下的情况

(三)提供告警服务

当航空器遇险,或航空器及所载人员的安全有令人担忧的情况时,塔台管制员应及时向有关组织发出需要搜寻援救航空器的通知,并根据需要协助该组织或协调该项工作的进行。

1. 发布告警

当发生下列情况时,塔台管制员应当按照规定的程序负责向救援和消防服务部门发布告警:

(1)在机场或附近发生了航空器事故;

(2)收到接受其管辖或者即将接受管辖航空器的安全可能或者已经受到危害的报告;

(3)航空器驾驶员要求;

(4)其他认为必要的情况。

航空器被移交给机场管制塔台后未向塔台报告,或报告一次后即失去无线电联络,或在任一情况下，在预期着陆时间之后 5 min 尚未着陆，机场管制塔台必须向进近管制单位、区域管制中心或飞行情报中心报告。

2. 告警的主要内容

塔台管制员向救援和消防服务部门发布告警时，应明确向救援和消防服务部门提供的情报种类，包括航空器的机型和紧急情况的类型。如有可能，还应提供机上人员的数量和航空器所载危险品的情况，如图 8-5 所示。

图 8-5　告警服务

（四）实施流量管理

为了避免机动区的交通拥挤和减少延误，按照有关流量管理的规定或者实际需要，机场管制塔台应当制定航空器开车时间程序，明确计算并发布开车时间的标准和条件。

对航空器进行流量管理时，塔台管制员应当根据分配给航空器的起飞时刻通知其预计开车时间。

（五）起飞线塔台的职能

当机场有训练、熟练等飞行活动时，除机场管制塔台外，可根据需要设置起飞线塔台。

（1）在只有训练、熟练飞行的机场，应当由组织训练、熟练飞行单位的飞行指挥员负责飞行的组织和指挥。飞行指挥员应当熟悉管制规则和航空器性能。飞行指挥员由航空公司或者飞行院校指定。

（2）在同一机场，同时有训（熟）练飞行和运输飞行时，飞行指挥员只负责训（熟）练航空器的技术动作的指挥，而所有航空器包括训（熟）练航空器的管制和间隔均由该机场的塔台管制员负责。飞行指挥员和塔台管制员之间应密切配合保证飞行安全。

（3）军民共用机场内军用航空器和民用航空器同时飞行，并由塔台管制单位派出管制员，协同军航指挥员实施管制。

（4）航空器发生特殊情况，并由航空公司派出有经验的航空器驾驶员协助航空器驾驶员处置。

三、机场管制塔台职能的划分

为了适应交通量的增长和提高空中交通服务效率，机场管制塔台可以根据规定，将其责任区域分为若干管制扇区，并为管制扇区设置相应管制席，由各管制席位分担机场管制塔台的空中交通服务工作。管制席直接对本管制区（扇区）航空器实施空中交通管制服务的工作。

（一）机场管制塔台管制席位的分类

1. 机场管制席

机场管制席负责为机场管制地带内活动的航空器提供空中交通管制服务。关于机场管制地带，将在本章第二节中介绍。

2. 地面管制席

地面管制席负责对除跑道外的机场机动区内活动的航空器、车辆、人员实施管制。

3. 放行许可发布席

放行许可发布席负责向离场航空器发布放行许可。

4. 通报协调席

通报协调席负责向有关单位通报飞行动态信息和计划，并进行必要的协调。

5. 主任席

主任席负责机场管制塔台现场运行工作的组织管理和监督，以及与其他单位的总体协调。

6. 军方协调席

军方协调席负责本管制单位与飞行管制部门之间的协调。

（二）机场管制塔台管制席的设置

（1）机场管制塔台应当设置机场管制席；

（2）年起降架次超过 40 000 架次或者实施仪表着陆系统 II 类运行的机场，应当在其管制塔台增设地面管制席；

（3）年起降架次超过 100 000 架次的机场，应当在其管制塔台增设放行许可发布席；

（4）机场管制塔台应当设置主任席；

（5）机场管制塔台应当根据实际情况设置通报协调席；

（6）机场管制塔台可以根据机场使用跑道的数量和滑行道的复杂程度，增设机场管制席和地面管制席。

机场管制塔台应当根据规定和需要开放、合并工作席位和扇区，并明确管制席及扇区的工作时间，并按规定对外公布。机场管制塔台管制席位的分类及设置见表 8-1。

表 8-1　机场管制塔台管制席位的分类及设置

机场管制塔台管制席位的分类	机场管制塔台管制席位的设置
机场管制席	必须设置
地面管制席	按需设置
放行许可发布席	按需设置
通报协调席	按需设置
主任席	必须设置
军方协调席	按需设置

第二节　机场管制塔台的管制范围

机场管制塔台的主要职能之一就是向机场交通提供机场管制服务。这里的机场交通包含在机场机动区内的一切交通以及在机场附近所有航空器的飞行，包括已加入、正在进入和脱离起落航线的航空器的飞行。那么机场管制塔台的管制责任范围具体包含哪些呢？我们将在这一节向大家介绍。

一、基本概念

（一）管制空域（Controlled Airspace）

管制空域是依据空域分类，对按仪表飞行规则飞行规则和目视飞行规则飞行的航空器提供空中交通管制服务而划定的空间。

管制空域可分为管制区和管制地带。

（二）管制区（Control Area）

管制区是自地球表面之上的规定界限向上延伸的管制空域。

管制区可分为区域管制区、终端区和航路（航线）。

（三）机场交通地带（Aerodrome Traffic Zone）

机场交通地带是为保护机场交通而环绕机场划定的空域。

（四）管制地带（Control Zone）

管制地带是从地球表面向上延伸至规定上限的管制空域。

二、机场管制塔台的管制范围

为了便于机场管制塔台提供空中交通管制服务，我们需要明确其管制范围。

　　一般情况下，机场管制塔台的管制范围包括机场起落航线、第一个等待高度层（含）以下地球表面以上的空间和机场机动区。

　　机场管制塔台的管制范围的划设应便于其提供空中交通服务。由于每个机场的实际情况有差异，相应机场管制塔台的实际管制范围可能不尽相同，具体机场的管制塔台的管制范围在其机场使用细则中有详细的规定。

（一）机场起落航线

　　航空器在机场附近飞行时规定的飞行路线称为机场起落航线。其设置的目的是在目视飞行气象条件下，保证机场上空的飞行秩序。航空器沿机场起落航线可进行起飞后的上升、飞离机场加入航线或由航线进入机场作目视起落航线着陆以及在机场上空训练、试飞等。

　　1. 机场起落航线的构成

　　机场起落航线是以航空器起飞至着陆为顺序，分别由一边（UPWIND）、一转弯、二边（CROSSWIND）、二转弯、三边（DOWNWIND）、三转弯、四边（BASE）、四转弯、五边（FINAL）组成，如图 8-6 所示。

　　（1）一边（Upwind）。

　　一边就是起飞边，它是跑道起飞方向的延伸，航空器起飞后可通过一边来上升高度。由于航空器通常逆风起飞，我们也可把一边叫作逆风边。

　　（2）二边（Crosswind）。

　　在起落航线上飞行时，航空器可通过一个 90°的转弯进入二边。由于此时飞行航迹线与跑道垂直并大体和风向交叉，我们也可把二边叫作侧风边。

　　（3）三边（Downwind）。

　　若航空器继续向三边飞行，就需要再做一个 90°的转弯。这样飞机就会与跑道平行，并沿着与着陆航向相反的方向飞行。由于飞机在此边上顺风飞行，所以三边也叫作下风边。

　　（4）四边（Base）。

　　三边上飞行的航空器进入最后进近前，还需要通过一个与三边成 90°一条边来过渡到最后进近航线。我们称之为四边，四边也可叫作基线边。

　　（5）五边（Final）。

　　五边是跑道中心延长线上着陆方向的部分航迹。航空器可通过五边来完成最后进近，我们也可把五边叫作最后进近边。

　　2. 机场起落航线的类型

　　机场起落航线按照飞机顺沿跑道起降方向，可分为左起落航线和右起落航线。标准起落航线应为左起落航线。

　　（1）左起落航线：航空器在起落航线上飞行，如果航空器驾驶员操纵航空器以左转弯加入起落航线各边时，该起落航线为左起落航线，如图 8-6 所示的 27 号跑道的左侧部分。

　　（2）右起落航线：航空器在起落航线上飞行，如果航空器驾驶员操纵航空器以右转弯加入起落航线各边时，该起落航线为右起落航线，如图 8-6 所示的 27 号跑道的右侧部分。

　　机场起落航线属于机场管制塔台的管制范围，起落航线范围的大小，视机型的不同而有所区别。

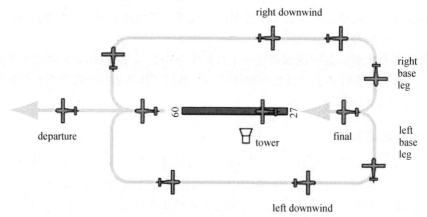

图 8-6　左起落航线和右起落航线

（二）第一等待高度层

当有多架航空器到达机场需要进近着陆时，管制员需要为这些航空器安排进近着陆次序。由于间隔等原因，有些航空器不能按照其预计到达时间进近着陆，为了维护交通安全和秩序，管制员需要安排航空器加入机场等待空域内的等待航线飞行，减缓其进近着陆时间，如图 8-7 所示。

图 8-7　等待空域

1.等待空域的设置

等待空域一般设置在机场上空或机场附近的某个导航台上空。航空器在等待空域内的飞行轨迹如图 8-8 所示，我们将其称为等待航线。

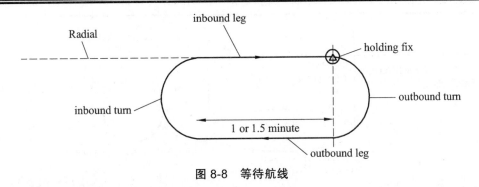

图 8-8　等待航线

标准的等待航线为右起落航线，由出航边、入航边及两个 180° 转弯组成。航空器在等待航线上飞行时，出航时间在 4 250 m（19 000 ft）以上一般为 1 min 30 s，在 4 250 m 以下一般为 1 min，作 180° 转弯时的转弯坡度平均为 25°。

2. 等待空域内飞行高度层的配备

等待空域内配备有不同的飞行高度层，即等待高度层。当有多架航空器在一个等待空域飞行时，管制员需要为其分别配备不同的等待高度层，以保证安全间隔。

机场等待空域内的飞行高度层配备，从 600 m 开始。第一个等待高度层距离地面最高障碍物的真高不能小于 600 m，距离仪表进近程序起始进近高度不能小于 300 m。机场区域等待高度层一般以设置四至五层为宜，每一等待高度层之间的垂直间隔不能小于 300 m。为了避免与过往航空器发生冲突，规定的最高等待高度层，应与过往航空器的航线巡航高度层有不少于 300 m 的垂直间隔。

机场区域内，第一个等待高度层（含）以下地球表面以上的空间属于机场管制塔台的管制范围。

（三）机场机动区

机场机动区是机场内供航空器起飞、着陆和滑行的那一部分区域，但不包括停机坪。机场机动区属于机场管制塔台的管制范围。

对于设置有起飞线塔台的机场，起飞线塔台的管制范围为从跑道等待点至航空器起飞后开始转弯或者上升至高度 200 m，以及从最后进近定位点至航空器着陆后脱离跑道时止。军民共用机场起飞线塔台的管制范围，按照双方的协议执行。

三、机场管制地带和机场管制塔台的管制范围

根据国际民航组织（ICAO）的相关文件的规定，空中交通服务空域可分为飞行情报区（Flight Information Region，FIS）、管制区（Control Areas，CTA）和管制地带（Control Zones，CTR），而管制区又可分为区域管制区、终端管制区（Terminal Control Area，TMA）和航路（Airways，AWY）。管制区和管制地带都是管制空域。

一个空域的空域结构可根据需要来确定，图 8-9 所示是一个典型空中交通服务空域的空域结构。

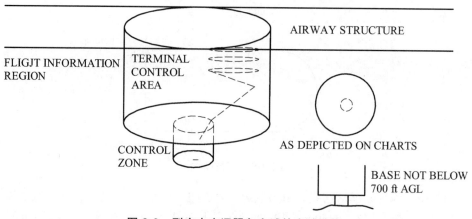

图 8-9　型空中交通服务空域的空域结构

根据我国民用航空空域设置管理的有关规定，我国民航设置的管制空域包括：高空管制空域、中低空管制空域、进近管制空域和机场塔台管制地带。

管制地带是从地球表面向上延伸至规定上限的管制空域。民用机场应当根据机场及其附近空中飞行活动的情况建立机场管制地带，以便在机场附近空域内建立安全、顺畅的空中交通秩序，如图 8-10 所示。一个机场管制地带可以包括一个机场，也可以包括 2 个或者 2 个以上位置紧靠的机场。

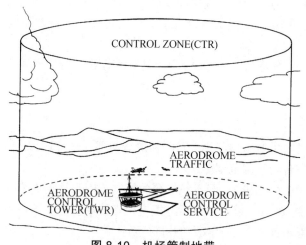

图 8-10　机场管制地带

设立管制塔台的机场应当划设机场塔台管制范围。机场塔台管制范围应当包含机场管制地带，如果机场在终端（进近）管制区的水平范围内，则机场塔台管制范围通常与机场管制地带的范围一致。若机场塔台管制范围与机场管制地带的范围不一致时，应当明确机场管制地带以外空域的类型。

机场管制地带通常包括起落航线和最后进近定位点之后的航段以及第一个等待高度层（含）以下至地球表面的空间和机场机动区。在机场管制地带内飞行的航空器，可以按照仪表飞行规则飞行，并接受空中交通管制服务；对符合目视气象条件的，经航空器驾驶员申请，并经塔台管制室批准，也可以按照目视飞行规则飞行，并接受空中交通管制服务。

（一）管制地带的垂直界限

机场管制地带的下限应当为地面或者水面，上限通常为终端（进近）管制区或者区域管制区的下限，如图 8-11 所示。

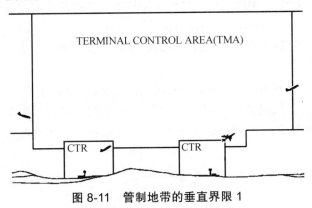

图 8-11　管制地带的垂直界限 1

如果机场管制地带的上限需要高于终端（进近）管制区或者区域管制区的下限，或者机场管制地带位于终端（进近）管制区或者区域管制区的水平范围以外，则机场管制地带的上限应当取某个飞行高度层为其值，如图 8-12 所示。

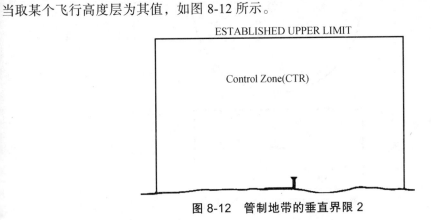

图 8-12　管制地带的垂直界限 2

（二）机场管制地带的侧向界限

机场管制地带应当包括所有不在管制区内的仪表进离场航线，并考虑机场能够运行的所有类型航空器的不同性能要求。划设机场管制地带，不得影响不在机场管制地带内邻近机场的飞行活动。

机场管制地带通常是圆形或者椭圆形的；但是如果只有一条跑道或者是为了方便目视推测领航而利用显著地标来描述机场管制地带的，也可以是多边形的。机场管制地带的水平边界通常按照下列办法确定：

（1）对于可供 D 类和 D 类以上航空器使用的机场，如果为单跑道机场，则机场管制地带为以跑道两端入口为圆心、3 km 为半径的弧和与两条弧线相切的跑道的平行线围成的区域；如果为多跑道机场，则机场管制地带为以所有跑道的两端入口为圆心、13 km 为半径的弧及相邻弧线之间的切线围成的区域。该区域应当包含以机场管制地带基准点为圆心、半径为 13 km 的圆。如果因此使得跑道入口为圆心的弧的半径大于 13 km，则应当向上取值为 0.5 km 的最小整数倍。

（2）对于仅供 C 类和 C 类以下航空器使用的机场，其机场管制地带水平边界的确定办法与上述可供 D 类和 D 类以上航空器使用的机场的方法相同。但是该项中以跑道两端入口为圆心的弧的半径以及应当包含的以机场管制地带基准点为圆心的圆的半径应当为 10 km。

（3）对于仅供 B 类和 B 类以下航空器使用的机场，其机场管制地带的水平边界为以机场管制地带基准点为圆心、以 10 km 为半径的圆。

（4）对于需要建立特殊进近运行程序的机场，其机场管制地带的水平边界可以根据需要适当放宽。

根据国际民航组织（ICAO）相关文件的规定，管制地带的侧向界限，至少必须包括不在管制区内的，但是在仪表气象条件（IMC）下 IFR 飞行所使用的进场和离场的航径的那部分空域。管制地带的侧向界限需向有关机场(一个或几个)中心向可以作进近的方向延伸至少 9.3 km（5 nm），如图 8-13 所示。

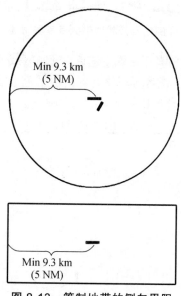

Min 9.3 km
(5 NM)

Min 9.3 km
(5 NM)

图 8-13　管制地带的侧向界限

第三节　机场交通信号

一、灯光和信号弹信号

遇有陆空无线电通信失效时，塔台管制员应当使用灯光或者信号弹信号，对起飞、降落或者在机场机动区内活动的航空器进行管制。遇有下列情况时，塔台管制员应当向航空器、车辆和行人发出警告信号：

（1）航空器互相接近，有相撞危险；

（2）航空器与障碍物有相撞危险；

（3）航空器机体情况异常；

（4）跑道积水、结冰或者松软；

（5）航空器未经批准将进入危险区、限制区、禁区；

（6）管制员认为必要的其他情况。

昼间或者夜间发出的警告信号均为从地面以 10 s 的间隔发射信号弹，每弹在爆炸时，应当发出红光、绿光或者白光。

机场灯光和信号弹信号的类别和含义见表8-2。

表8-2 机场灯光和信号弹信号的类别和含义

序号	信号类别	信号含义	
		飞行中的航空器	地面上的航空器
1	绿色灯光指向航空器	可以着陆	可以起飞
2	红色灯光指向航空器	避让其他航空器 并继续盘旋	停止
3	一连串绿色闪光指向航空器	返回着陆	可以滑行
4	一连串红色闪光指向航空器	机场不安全，不要着陆	滑离机场起点
5	一连串白色闪光指向航空器	在此机场着陆并 滑行到停机坪	滑回机场起点
6	红色信号弹	暂不要着陆	

航空器驾驶员收到管制员发给的灯光或者信号弹信号后，应当给予回答。航空驾驶员、管制员观察到或者收到目视信号后，应当按信号表明的意义采取行动。航空器驾驶员收到空中交通管制塔台发出的灯光或信号弹信号后，应当使用下列方法予以确认：

（1）飞行中的航空器应当：

昼间，摇摆航空器的机翼；

夜间，闪烁航空器的着陆灯两次或开关航行灯两次。

（2）地面滑行的航空器应当：

昼间，摇动副翼或尾翼；

夜间，闪烁航空器的着陆灯两次或开关航行灯两次。

二、目视地面信号

当管制员禁止或允许航空器在跑道或滑行道上运行时，有时采用一些目视地面信号。目视地面信号有以下 10 种。

1. 禁止着陆

一块平放在信号区的红色正方形板，上面有两条黄色对角线，表示禁止在该机场着陆，并且禁止着陆时间可能会延长，如图8-14所示。

2. 进近或着陆时要特别小心

一块平放在信号区的红色正方形板，上面有一条黄色对角线，表示由于机场机动区情况不良或其他原因，在进近或着陆时须特别小心，如图8-15所示。

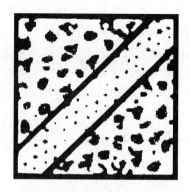

图 8-14　禁止着陆目视地面信号　　　图 8-15　进近或着陆时要特别小心目视地面信号

3. 跑道和滑行道的使用

一块平放在信号区的白色哑铃状的信号，表示航空器只许在跑道及滑行道上起飞、着陆和滑行，如图 8-16 所示。

一个平放在信号区的白色哑铃形状的信号，但是两头圆形部分各有一条与哑铃柄垂直的黑条，表示航空器只许在跑道上起飞和着陆。但其他操作则不限定在跑道或滑行道上进行，如图 8-17 所示。

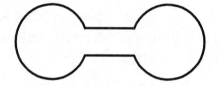
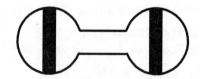

图 8-16　跑道和滑行道的使用目视地面信号 1　　　图 8-17　跑道和滑行道的使用目视地面信号 2

4. 跑道或滑行道关闭

单一而颜色鲜明的十字（黄色或白色），平放在跑道和滑行道或其某一部分上，表示有关区域不宜航空器活动，如图 8-18 所示。

5. 着陆或起飞方向

一个平放的白色或橙色 T 字布，表示航空器须沿 T 字长臂向短臂方向着陆或起飞，如图 8-19 所示。

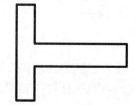

图 8-18　跑道或滑行道关闭目视地面信号　　　图 8-19　着陆或起飞方向目视地面信号

6. 起飞磁航向

在机场管制塔台或其附近垂直悬挂的一个两位数字信号，向机动区内的航空器表示起飞磁航向，以 10°为单位（个位数四舍五入），如图 8-20 所示。

7. 右起落航线

在信号区或在使用跑道或简易跑道头平放一个颜色明显的右转箭头，表示航空器在着陆前及起飞后要作右转弯，如图 8-21 所示。

图 8-20　起飞磁航向目视地面信号

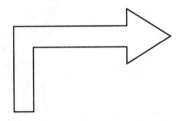

图 8-21　右起落航线目视地面信号

8. 空中交通服务报告室

一个垂直悬挂的黄底黑色"C"字，表示该处为空中交通服务报告室，如图 8-22 所示。

9. 滑翔机飞行活动

一个白色双十字平放在信号区，表示滑翔机在使用机场并进行滑行飞行，如图 8-23 所示。

图 8-22　空中交通服务报告室目视地面信号

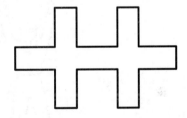

图 8-23　滑翔机飞行活动目视地面信号

三、地面指挥引导信号

航空器进出港，自滑行进入停机坪，必要时应设引导员。引导员应当在航空器滑出滑行道的正前方，引导航空器按规定的路线滑行，将航空器引导至机位滑行道上。在机群密集、转弯处和翼尖附近应设监护员。监护员负责监视观察在机位滑行道和停机位上障碍物的变化是否有足够的空间供航空器滑行，并告示信号员。白天的指挥工具为一面涂黄色、一面涂红黄相间方形小块图案的信号板；夜间的指挥工具为能发红色光的指挥棒。信号员也可根据指挥现场的具体情况（如天气和能见度）来选择使用以上工具。信号员、监护员的位置如图 8-24 所示。

图 8-24　信号员、监护员的位置

1. 请按信号滑行

右臂上举，左右挥动，左臂向下斜伸，如图 8-25 所示。

图 8-25 请按信号滑行地面指挥引导信号

2. 请在我面前停机

面向使用的停机位置，两臂上举，如图 8-26 所示。此信号发出后，应连续发出"请向前滑行"信号。

图 8-26 请在我面前停机地面指挥引导信号

3. 请向前滑行

两臂上举并稍分开，前后连续挥动，如图 8-27 所示。

图 8-27 请向前滑行地面指挥引导信号

4. 请向左转弯

右臂向下斜伸，左臂上举，前后连续挥动，以手臂运动的速度表示转弯的快慢，如图 8-28 所示。

图 8-28　请向左转弯地面指挥引导信号

5. 请向右转弯

左臂向下斜伸，右臂上举，前后连续挥动，以手臂运动的速度表示转弯的快慢，如图 8-29 所示。

图 8-29　请向右转弯地面指挥引导信号

6. 请停住

两臂上举，连续交叉挥动，手臂挥动速度表示要求停住的快慢，如图 8-30 所示。注意：白天，用红黄色方块信号板。

图 8-30　请停住地面指挥引导信号

7. 放轮挡

两臂向下，信号板（棒）向内，由外向内摆动，如图 8-31 所示。

图 8-31　放轮挡地面指挥引导信号

8. 取轮挡

两臂放下，信号板（棒）向外，由内向外摆动。如图 8-32 所示。

图 8-32　取轮挡地面指挥引导信号

9. 起动发动机

右手与头部齐平，做划圈动作，同时左臂指向所需起动的发动机（也可同时用手指数目表示），如图 8-33 所示。

图 8-33　起动发动机地面指挥引导信号

10. 减小各发动机转速

两臂向下，然后上下缓缓运动数次，如图 8-34 所示。

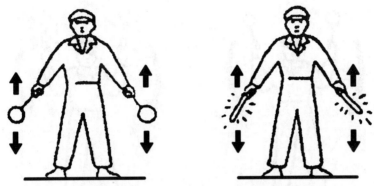

图 8-34　减小各发动机转速地面指挥引导信号

11. 减小所指一边发动机转速

两臂向下，然后缓缓上下挥动左臂或右臂数次。挥动右臂表示左边发动机应减速，挥动左臂表示右边发动机应减速，如图 8-35 所示。

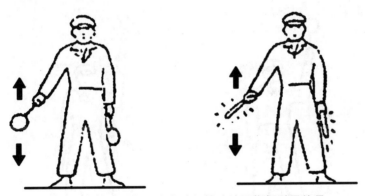

图 8-35　减小所指一边发动机转速地面指挥引导信号

12. 关闭发动机

左臂下垂，右臂与肩部相平并左右运动（通过喉部），如图 8-36 所示。

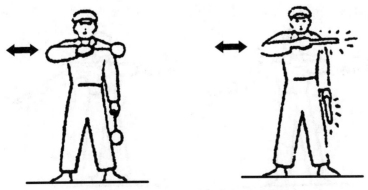

图 8-36　关闭发动机地面指挥引导信号

13. 向后倒退（向尾部运动）

两臂上举至肩部高，然后向前、向下连续摆动数次，如图 8-37 所示。

图 8-37　向后倒退地面指挥引导信号

14. 一切就绪

右臂向上，左臂下垂，如图 8-38 所示。

图 8-38　一切就绪地面指挥引导信号

15. 出港-可以滑出

左臂或右臂伸开，指滑行方向，另一臂在胸部同一平面内摆动，如图 8-39 所示。

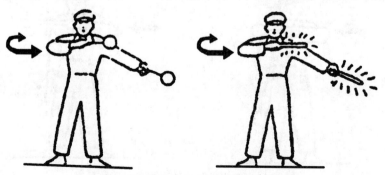

图 8-39　出港-可以滑出地面指挥引导信号

16. 悬 停

两臂向两边水平伸直不动，如图 8-40 所示。

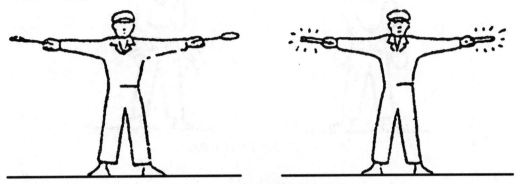

图 8-40 悬停地面指挥引导信号

17. 向上运动

两臂向两边伸直，两臂向上运动，运动速度表示上升的快慢，如图 8-41 所示。

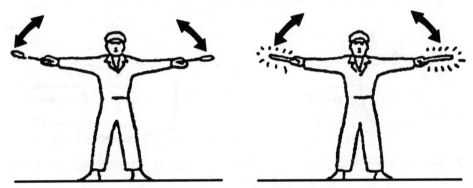

图 8-41 向上运动地面指挥引导信号

18. 向下运动

两臂向两边水平伸直，两臂向下运动，运动速度表示下降的快慢，如图 8-42 所示。

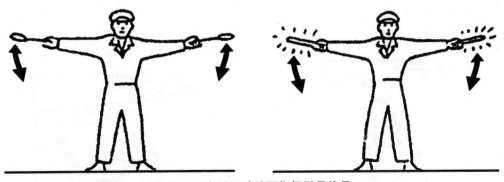

图 8-42 向下运动地面指挥引导信号

19. 着 陆

两臂在身体前面交叉，如图 8-43 所示。

图 8-43　着陆地面指挥引导信号

20. 刹 车

举起一只手臂，手指在面前水平伸开，然后握拳，如图 8-44 所示。

21. 松刹车

举起一只手臂，手握拳水平放在面前，然后伸开手指，如图 8-45 所示。

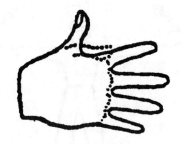

图 8-44　刹车地面指挥引导信号　　　　图 8-45　松刹车地面指挥引导信号

22. 插上电源

伸出左臂，手心向下，右手伸出三个手指（拇指、食指和中指）对着左手心，由下向上运动数次，如图 8-46 所示。

23. 拔去电源

伸出左臂，手心向下，右手握拳于左手下，然后向下运动数次，如图 8-47 所示。

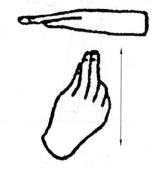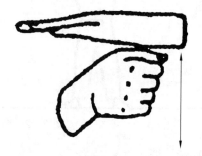

图 8-46　插上电源地面指挥引导信号　　　　图 8-47　拔去电源地面指挥引导信号

24. 放轮挡

两臂伸出，手心向内（相对），然后两手由外向内移动相交，如图 8-48 所示。

图 8-48 放轮挡地面指挥引导信号

25. 取轮挡

两臂伸出，手心向外（手背相对），然后由内向外移动，如图 8-49 所示。

26. 准备起动发动机

伸出一只手，用手指数目表示准备起动第几台发动机，如图 8-50 所示。

图 8-49 取轮挡地面指挥引导信号

图 8-50 准备起动发动机地面指挥引导信号

27. 要求滑行

伸出一只手，向地面人员示意要求滑出，如图 8-51 所示。夜间还可打开滑行灯和驾驶舱操控灯，伸出一只手向地面人员示意要求滑行。

28. 可以滑行

伸出一只手，指向滑行的方向，示意机上人员可以滑出，如图 8-52 所示。

图 8-51　要求滑行地面指挥引导信号

滑行方向

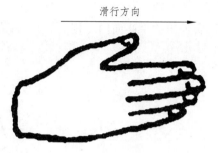

图 8-52　可以滑行地面指挥引导信号

第四节　地面管制

本节将介绍地面管制的具体管制范围、地面管制席和放行许可席的职责、地面管制的间隔标准、航空器滑行与牵引的规定、放行许可的发布内容和地面管制工作程序，最后对地面管制的管制程序进行情景模拟，从而让读者对地面管制过程有一个较清楚的了解。

一、地面管制的范围

地面管制是机场管制的一个组成部分，由地面管制席位或机场管制席位提供该部分的管制服务。机场管制塔台内是否需要单独设立地面管制席位，主要取决于该机场的繁忙程度，我国民航规定年起降架次超过 40 000 架次或者实施仪表着陆系统 II 类运行的机场，应当在其管制塔台增设地面管制席。地面管制的范围主要包括机场机动区除去跑道区域以外的区域。

地面管制主要负责对航空器的推出、开车和滑行进行管制，同时，负责对在机场机动区内部分区域运行的人员与车辆进行管制。地面管制的职能是防止在有关机动区内运行的航空器与航空器之间、航空器与车辆之间及航空器与该区内的障碍物发生相撞。地面管制由地面管制席负责，地面管制席位的职责主要是对航空器、车辆及人员在该区域运行的管制。地面管制席具体职责如下：

（1）负责对本机场除跑道外的机场机动区和活动区内的航空器的推出、开车、滑行提供管制服务；

（2）负责除跑道外的机场机动区和活动区车辆、人员的运行管理；

（3）在能见范围内，协助机场管制席观察跑道与跑道连接处的航空器活动情况；

（4）负责向本机场除跑道外的机场活动区内航空器通报有关气象、通信、导航设施、道面等情报；

（5）负责实施出港航班流量控制；

（6）负责填写、传递进程单。

二、地面管制的间隔标准

地面管制的间隔标准主要是指在滑行道上滑行的航空器与航空器之间的纵向间隔标准。另外，航空器在跑道外等待以及航空器在滑行道交叉处进行等待时应保持的正确的等待位置。

（一）滑行中航空器之间的纵向间隔标准

在制定滑行中航空器之间的最低间隔标准时，主要考虑前方航空器所产生的尾流对后方航空器所造成的影响。航空器的最大允许起飞重量越大，其后方一定范围内所产生的尾流越大，从而对后方航空器所造成的影响就越大。

1. 用于尾流间隔的航空器分类

根据航空器的最大允许起飞重量，可以将航空器分为三类，即重型（H）、中型（M）和轻型（L）。

（1）重型机：最大允许起飞全重等于或大于 136 t 的航空器；

（2）中型机：最大允许起飞全重大于 7 t，小于 136 t 的航空器；

（3）轻型机：最大允许起飞全重等于或小于 7 t 的航空器。

前机是波音 757 型时，按照前机为重型机的尾流间隔执行。

2. 地面滑行航空器产生的尾流

航空器在运行中所产生的尾流有几种，但其在地面运行中对后方航空器造成影响的，主要是航空器发动机在其后产生的喷流，如图 8-53 所示。

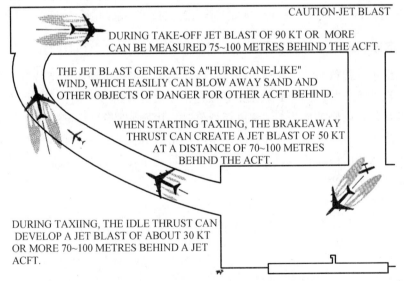

图 8-53　航空器在地面运行中产生的喷流

发动机喷流类似于飓风，很容易卷起一些碎石及其他物体，从而对其后滑行的航空器造成危害，因此航空器在跟进滑行时，后方航空器与前方航空器之间必须保持一定的安全间隔，方可避免这种危害。据测定，当重型航空器在开始滑行时，在其后 70~100 m 的喷流速度达 93 km/h（50 nm/h）以上；在滑行中，发动机处于慢车状态时，在其后 70~100 m 的喷流速度达 56 km/h（30 nm/h）以上；在起飞滑跑过程中，在其后 75~100 m，喷流速度达 167 km/h（90 nm/h）以上。

3. 最低间隔标准

两架以上航空器跟进滑行，后航空器不得超越前航空器，后航空器与前航空器的距离不得小于 50 m。直升机滑行涉及的有关间隔如表 8-3 所示。

表 8-3　直升机地面和空中滑行间隔

	地面滑行	空中滑行	障碍物	直升机停机位
地面滑行	2 倍最大宽度（边缘之间）	4 倍最大宽度（中心线之间）	1 倍最大宽度（边缘到物体）	2 倍最大宽度（边缘之间）
空中滑行	4 倍最大宽度（中心线之间）	4 倍最大宽度（中心线之间）	1.5 倍最大宽度（中心线到物体）	4 倍最大宽度（中心线到边缘）

注：以直升机旋翼转动时的最大宽度的倍数表示

空中交通服务当局，还应充分考虑用于地面交通的监视设备和可用管制设备的特点、机场布局的复杂性及使用机场内运行的航空器的特点，为每个机场制定适用于该机场的滑行纵向间隔标准。

（二）滑行中航空器在滑行道交叉处的等待位置

在滑行道交叉处，不得允许在滑行道上的航空器或车辆在滑行道等待位置限制点内侧等待。等待位置限制是由许可横排灯、停止横排灯或符合有关技术要求的滑行道交叉标志而划定的。

（三）航空器在跑道外等待时的等待位置

航空器在跑道外等待时，应在标示的滑行道与跑道交叉处的滑行等待位置等待。当地面运行的车辆在跑道外等待时，同样必须按上述规定的正确的等待方法进行等待。车辆和航空器，不得在跑道等待位置内侧停放等待。跑道等待位置，由强制性指令标记牌和跑道等待位置标志指明，在某些情况下，由跑道警戒灯和停止排灯补充指明。标记牌、标志和指示灯有助于航空器和车辆驾驶员看清滑行道和跑道之间的边界以及标定不得侵入的关键区域。跑道等待位置标志和标记牌如图 8-54 所示。

图 8-54　跑道等待位置标志和标记牌

三、航空器滑行与牵引的规定

航空器驾驶员开车滑行，必须经空中交通管制员或者飞行指挥员的许可。航空器在地面、水面及空中滑行或者牵引时，应当遵守下列规定：

（1）航空器应当按照管制员指定路线滑行或者牵引。管制员在安排滑行路线时，通常不准航空器对头滑行；航空器对头相遇，应当各自靠右侧滑行，并保持必要的安全间隔；航空器交叉相遇，航空器驾驶员自座舱的左侧看到另一架航空器时应当停止滑行，主动避让。

（2）航空器滑行时，航空器驾驶员应遵守飞行手册和驾驶守则中关于滑行速度的限制。航空器滑行速度不得超过 50 km/h，牵引速度不得超过 10 km/h；在停机坪和障碍物附近，只准慢速滑行，速度不得超过 15 km/h，保证随时能使航空器停住；翼尖距离障碍物小于 10 m 时，应当有专人引导或者停止滑行。

（3）两架以上航空器跟进滑行，后航空器不得超越前航空器，后航空器与前航空器的距离不得小于 50 m。

（4）具有倒滑性能的航空器进行倒滑时，应当有地面人员引导.

（5）需要通过着陆地带时，航空器驾驶员在滑进着陆地带前，应当经过塔台管制员许可并判明无起飞、降落的航空器。

（6）夜间滑行或者牵引时，应当打开航行灯和滑行灯，或者间断地使用着陆灯，用慢速滑行。

（7）直升机可以在地面效应作用下，用 1～10 m 的高度慢速飞行代替滑行，并注意对附近航空器、设施和人员的影响。

（8）滑行和空中滑行时，航空器驾驶员应当注意观察，发现障碍物应当及时报告管制员，并采取有效措施。

（9）管制员不得指示小型航空器或者直升机接近正在滑行的直升机，并且应当考虑到正在滑行的直升机产生的湍流对进场和离场轻型航空器的影响。单座驾驶的直升机在悬停或者空中滑行时，管制员应当避免向该直升机发出改变通信频率的指令。

（10）直升机在停机坪上起飞和着陆时，直升机驾驶员应当按照飞行手册的要求，并遵守下列规定：

① 不妨碍其他航空器的起飞和着陆；

② 与其他航空器、障碍物水平距离大于 10 m；

③ 不准顺风垂直起飞或者着陆；

④ 没有可被旋翼气流卷起的漂浮物；

⑤ 在机场上空飞越障碍物的高度不得低于 10 m，飞越地面航空器的高度不得低于 25 m。

（11）水上航空器在滑行或者牵引中，按以下规定运行：

① 航空器在水上着陆、起飞时，应当远避船舶，以免妨碍其航行；

② 水上航空器在滑行或者牵引中，与船只对头或者交叉相遇，应当按照航空器滑行或者牵引时相遇的避让方法避让；

③ 航空器水上起飞、着陆以前的有关空中交通管制服务，按照有关陆上起飞、着陆航空器的规定提供。

四、空中交通管制放行许可

空中交通管制放行许可是批准航空器按照空中交通管制单位规定的条件进行活动的许可。空中交通管制放行许可的发布及其流量管理将增强塔台管制室应对航班大面积延误的保障能力，提高航班正点率，减少地面等待时间，为航空公司和机组提供更优质的服务。

（一）放行许可发布席岗位职责

（1）负责对已申请仪表飞行规则飞行计划的航空器发布空中交通管制放行许可，通报其延误情况和原因以及其他特殊的管制信息，并填写相关信息；

（2）负责维护空管自动化系统中出港的飞行计划、处理与飞行计划相关事项；

（3）在地面管制席位的授权下，负责实施实时流量控制；

（4）负责分发和传递打印出的进、出港进程单；

（5）负责相关统计工作。

（二）机场管制塔台的实时流量管理

1. 放行顺序确定原则

执行不同任务的航空器或者不同机型的航空器同时飞行时，应当根据具体情况，安排优先起飞的顺序。通常情况下，允许执行紧急或者重要任务的航空器、定期航班或者速度大的航空器优先起飞，安排航空器放行顺序应当考虑下列因素：

（1）具有优先权的航空器；

（2）航空器的机型及其性能；

（3）飞行航路；

（4）航空器之间的最低间隔；

（5）尾流间隔的最低标准；

（6）空中交通流量管理的有关要求。

当多架离场航空器延误时，通常管制员应当按照延误航空器的预计起飞时间次序放行。为了减少延误航空器的平均延误时间，管制员可以对航空器的起飞次序进行调整。

管制员应当按照以下优先顺序安排飞行，发布管制许可和指令：

（1）一切飞行让战斗飞行；

（2）其他飞行让专机飞行和重要任务飞行；

（3）国内一般任务飞行让班期飞行；

（4）训练飞行让任务飞行；

（5）场内飞行让场外飞行；

（6）场内、场外飞行让转场飞行。

2. 延误后的通知规定

当可预计航空器延误将超过 30 min 时，塔台管制单位应当尽可能通知航空器驾驶员。

3. 实时流量管理各阶段定义

（1）绿色响应阶段——预测未来 1 h 内，本场航班起降架次合计在 30 架次（含）以内。

（2）黄色响应阶段——预测未来 1 h 内，本场航班起降超过 30 架次（不含）但在 35 架（含）次以内。

（3）橙色响应阶段——预测未来 1 h 内，本场航班起降合计在 36 架次以上；同时，与塔台放行席取得联系并等待开车的航班数量在 15 架次（含）以内。

（4）红色响应阶段——本场出现大面积航班延误，导致等待开车航班数量在 15 架次以上，且平均等待时间超过 60 min。

4. 实时流量管理各阶段运行措施

（1）绿色阶段。

塔台在此阶段应充分利用好每一个放飞间隔，对无其他限制的航班做到有序放飞，积极协调受航路或目的地限制原因导致等待的航班。

（2）黄色阶段。

与进近适时协调五边着陆间隔，尽量做到"一起一落"；积极协调受航路或目的地限制原因导致等待时间过长的航班。

（3）橙色阶段。

向进近发布"五边移交距离大于 13 km，且地速低于 380 km/h"的限制，确保跑道按照"一起一落"的最优效率运行，减少航班地面等待时间，防止进入红色阶段，同时对等待航班进行相应解释。

（4）红色阶段。

按照塔台《处置航班大面积延误工作预案》实施，加快放飞速度；开放计划处理席，实施"双放行"工作模式，以提高运行工作效率，并做好对于延误航班的解释工作。

5. 流量控制实施过程中或在解除后的恢复阶段，在安排航班放行顺序时优先考虑航班

（1）有记录的 VIP 航班；

（2）延误时间超过 2 h 的航班；

（3）国际航班；

（4）航空公司请求特别协调的航班（如机组超时、目的地机场禁航等）。

6. 放行许可席工作程序

（1）参加本班组的岗前准备工作，听取有关安全的指示精神及工作要求；

（2）按照交接班工作程序接班；

（3）放行许可发布席预计开放前 20 min，了解天气情况，检查设备，开机守听，了解航空器放行情况并准备好进程单；

（4）放行许可发布席预计开放前 15 min 向协调监控席索取离场程序和空中交通管制放行许可；

（5）向航空器发布空中交通管制放行许可，并按规定填写相关飞行进程单，将出港进程单传递给地面管制席管制员；

（6）负责流量控制时，当离港航空器驾驶员请求开车时，根据航路间隔、席位开放等情况，决定开车顺序，并适时向航空器发布转频指令；

（7）维护空管自动化系统中出港的飞行计划，处理与飞行计划相关事项；

（8）对本席位范围内的不正常情况按照通报程序报告；

（9）按照交接班工作程序进行岗位交接；

（10）参加班后讲评会。

7. 放行许可的内容和格式

1）放行许可的内容

塔台管制单位根据批准的飞行计划和机场、航路情况以及有关管制单位的情报，对离场航空器发出放行许可。放行许可包括下列内容：航空器识别标志；管制许可的界限，包括定位点或者目的地；批准的离场程序；飞行的航路或者航线；飞行高度/高度层；应答机编码；离场程序中未规定的必要的管制指令或者情报。

（1）航空器识别标志。

航空器无线电呼号由下列形式之一组成：

① 经营人代码后加上航班号；

② 航空器国籍标志和登记标志；

③ 航空器机型后加上航空器登记标志；

④ 经营人代码后加上航空器登记标志。

（2）管制许可的界限，包括定位点或者目的地。

空中交通管制放行许可是允许某一航空器继续向前飞行的依据，某一放行许可究竟可以允许某一航空器继续飞行到什么时候为止，必须要有一个界限，这个界限必须以规定的有关报告点的名称或机场或管制空域的边界来说明，既可以是一个定位点，也可以是该航空器降落的第一个目的机场。

当与航空器行将受管制的单位已事先协调，或者如果可以合理地保证在其承担管制之前尚有富裕时间，则放行许可的界限必须为目的机场；如果上述情况不可能，则为某一适当的中途点，同时必须加速协调，以便尽快取得飞往目的机场的放行许可，在此情况下，有关的区域管制中心将负责尽快签发到目的机场的修订的放行许可；如果目的机场在管制区域之外，负责航空器飞经的最后一个管制区域管制中心，必须签发至该管制区界限的放行许可。放行许可中有关许可界限的常用陆空通话术语如下：

① "可以飞至（机场）"

"Cleared to（Aerodrome）"

② "可以飞至（定位点）"

"Cleared to（fix）"

③ "可以飞至（VOR/DME）的（度数）径向线上（数值）km 处"

"Cleared to（VOR/DME）（Specified）radial（number）kms fix"

（3）批准的离场程序。

发布放行许可时，应指明被批准的航空器的离场程序。如果有关空中交通服务当局规定了标准的离场程序并已在《航行资料汇编》或《机场使用细则》中予以公布，则可直接使用其明语代号向航空器发布。发布离场程序的常用的陆空通话术语如下：

"经（明语代号）离场"

"Via（designation）departure"

（4）飞行的航路或者航线。

当认为有需要时，在每次放行许可中均必须详细说明飞行航路。如果某一航路或其中一段与飞行计划中所填报的是一致的话，并且有充分的航路说明可使航空器肯定沿该航路飞行时，术语"许可沿飞行计划的航路飞行（Cleared Via flight planne route）"可以用来说明任一航路或其中的一段，这样做的目的也是为了通话的简捷；此时，应在放行许可中，指明该航空器加入飞行计划航线的方法和位置报告点，如"经由英德 1 号离场至飞行计划航路（Via VB1 departure flight plane route）"。当给航空器发布经修订后的放行许可时，不得使用"许可沿飞行计划的航路飞行（Cleared Via flight planne route）"这一术语。发布放行许可时，有关飞行航路的常用的陆空通话术语如下：

① "直飞"

"Direct"

② "经（航路及/或报告点）"

"Via（route and/or reporting point）"

③ "经飞行计划航路"

"Via flight planned route"

④ "经（DME 台名称）DME（方向）弧（距离）"

"Via（distance）ARC（direction）of（name of DME station）DME。"

（5）飞行高度/高度层。

发布放行许可，给航空器指定的飞行高度或飞行高度层，通常是该航空器在飞行计划中申请的巡航飞行高度或巡航飞行高度层，必要时，可说明跨越指定重要报告点的高度层、开始爬升或下降的地点或时间、爬升率或下降率、有关起飞或进近高度层的具体指示。发布放行许可时，有关飞行高度/高度层的陆空通话术语如下：

① "巡航高度层标准气压高度（数值）m"

"cruising level（number）metres on standard"

例如："巡航高度层标准气压高度 8 900 m（cruising level 8 900 metres on standard）"。

② "修正海压高度（数值）m"

"（number）metres on QNH"

例如："修正海压高度 900 m（900 metres on QNH）"。

（6）应答机编码。

应答机编码发布举例如下：

"应答机（编码）"

"Squawk（code）"

例如："应答机 2 312"（"Squawk 2312"）。

（7）离场程序中未规定的必要的管制指令或者情报。

其他必要的管制指令和情报包括起飞后的机动飞行情况、放行的截止时间（如超过该时间飞行尚未开始，原放行许可自动取消）等，此外如离场航空器起飞后需要立即和机场管制以外的空中交通服务单位联系，也可在此通知航空器。一些常见的其他情报的通知举例如下：

① "离地后，右/左转，航向（三位数），上升至修正海压高度（数值）m 保持"

"After departure, turn right/left, head（three digits）, climb and maintain（number）metres on QNH"

② "离地后，联系（空中交通服务单位）（频率）"

"When airborne, contact（ATS units）（frequency）"

2）放行许可的格式

空中交通管制放行许可发布的一般格式如下：

（1）国内航班："航班号可以放行至目的地，离港程序号，起始高度，【其他高度要求】，飞行航路或航线，航路高度/高度层，应答机编码，离港频率。"

（2）国际航班："航班号 CLEARED TO DESTINATION 目的地，离港程序号，FLIGHT PLAN ROUTE，INIATIAL LEVEL 起始高度，【其他高度要求】，CRUISE LEVEL 航路高度，SQUAWK 应答机编码，DEPARTURE FREQUNCE 频率。"

注：【 】中的内容根据需要确定。

3）放行许可的有关规定

空中交通管制放行许可的内容应当及时、明确、简洁，并使用标准用语。对通过话音传输的空中交通管制放行许可，航空器驾驶员应当向管制员复述下列重要内容：

（1）航路许可；

（2）进入跑道、着陆、起飞、跑道外等待、穿越跑道或者在跑道上调头的许可和指令；

（3）正在使用的跑道、高度表拨正值、二次雷达应答机编码、高度层指令、航向与速度指令以及管制员发布或者机场自动终端情报服务通播的过渡高度层。

管制员应当监听航空器驾驶员的复述，以确定航空器驾驶员正确收到管制许可或者指令。发现航空器驾驶员复述有误，管制员应当予以纠正。

4）空中交通管制放行许可应用举例

（1）"南方 3403 可以经由飞行计划航路飞往成都，BH3D 标准离场程序离场，巡航高度层标准气压 9 200 m，应答机编码 A2101。"

"China Southern 3 403 cleared to Chengdu via flight planned　route，BH three departure，cruising level 9 200 metres on standard，squawk A2101。"

（2）"南方 301 可以经由 LQ1D 标准离场程序和石龙导航台飞往 R 点，巡航高度层标准气压高度 3 000 m，应答机编码 A3101。"

"China southern 301 cleared to R point via LQ one departure and LQ NDB，cruising level 3 000 metres on standard.squawk A3101。"

（3）"国航 4102 可以经飞行计划航路飞往成都，巡航高度层标准气压高度 9 800 m，应答机编码 A0631，起飞后保持跑道方向上升修正海压高度 900 m 保持，离地后联系（北京）进近 129.0。"

"China southwest 4 102 cleared to Chengdu via flight planned route，cruising level 9 800 metres on standard，squawk A0631，after departure maintain runway heading，climb and maintain 900 metres on QNH. Contact（Beijing）approach 129.0，when airborne。"

五、地面管制的工作程序

（一）对航空器管制的一般工作程序

地面管制席管制员对进、离场的航空器实施管制时，一般按照下列程序工作：

（1）航空器预计起飞或者着陆前 30 min，了解天气情况，校对时钟，检查风向风速仪，校正高度表。

在无 ATIS 的机场，航空器驾驶员通常会在开车前向地面管制员询问当时的机场数据或起飞条件。起飞条件的内容一般包括起飞跑道、地面风向风速、修正海压、温度、露点温度、能见度或跑道视程等。同样，航空器在着陆之前，亦需要上述有关条件。地面管制员进行这项准备工作的目的是为了适时或当航空器驾驶员请求时，将最新、最准确的有关情报通知给航空器驾驶员。

（2）航空器预计起飞或者着陆前 20 min，开机守听，填写飞行进程单。

对有关航空器的提前守听具有十分重要的意义。由于航空器驾驶员对有关管制单位的呼叫不具有时限性，提前守听可以避免因航空器驾驶员提前呼叫，而有关管制员又不在其位所造成的严重后果。根据有关管制单位提供的有关航空器的动态或根据自己所掌握的有关动态信息，填写飞行进程单的有关内容，准确掌握有关飞行动态。

（3）了解进、离场航空器的停机位置。

根据有关地面人员安排的即将进入着陆的航空器的停机位或根据即将起飞的航空器驾驶员所报告的停机位，并充分考虑其与其他航空器或地面车辆的相对位置，安排好航空器起飞前或着陆后合理的滑行路线，防止地面相撞事故的发生。

（4）向进近或者区域管制单位索取离场程序和放行许可。

航空器起飞以后的飞行航径（即离场程序），应由进近管制室或区域管制室根据其与在进近管制或区域管制区内飞行航空器的冲突情况做出限制。而这一限制如等航空器起飞后与进近或区域管制室取得联系后才由进近管制员或区域管制员发布，很有可能为时已晚，而造成飞行冲突。因此地面管制员必须提前向进近管制室或区域管制室索取有关航空器的离场程序，在有关航空器起飞前，适时发布，确保航空器起飞后按进近管制室或区域管制室所限定的条件飞行，防止危险接近和相撞事故的发生。

（5）通知航空器驾驶员放行许可、起飞条件和离场程序。

放行许可和起飞条件由放行许可发布席发布；无该席位的，由地面或者机场管制席发布。离场航空器起飞后需要立即和塔台管制单位以外的管制单位联系的，塔台管制单位应当在发出放行许可和离场情报后通知航空器。

① 放行许可。

如未单独设立放行许可席，放行许可由地面管制席位承担，地面管制员应根据飞行计划、机场、航路以及其他有关情报，对离场航空器发布放行许可。

② 起飞条件。

为了便于航空器起飞、离场，向其适时发布起飞条件，对保证航空器起飞及起飞以后的飞行安全是很有必要的，如图 8-55 所示。地面管制员应当根据情况向离场航空器发布包括如下内容的情报和指示：

　　a. 使用的跑道；

　　b. 风向、风速、能见度，必要时通报云高；

　　c. 高度表拨正值；

　　d. 标准时间；

　　e. 地面滑行路线；

f. 机场有自动观测系统的，应当按规定通知本机场的跑道视程；

g. 机场装有低高度风切变警告系统的，应当通知低高度风切变的情况；

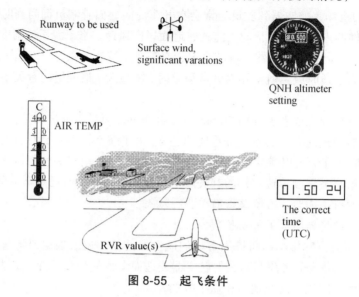

图 8-55　起飞条件

h. 其他必要的情报。

离场航空器报告已经从机场自动终端情报服务系统广播收到上述有关情报的，可以不包括在内。

气象服务机构所提供的气象情报与塔台管制单位观察到的气象实况有差异时，塔台管制单位应当将该情况通知气象服务机构。

下面我们将介绍向航空器发布起飞条件所使用的陆空通话术语。

a. 使用的跑道。

"使用跑道"是指机场管制服务单位认为在某一时间内对准备在机场内起降的某些类型航空器适用的跑道。地面管制员向离场航空器发布起飞使用跑道时，应使用"（起飞）跑道（跑道号码）/（Departure）runway（runway number）"这一术语。

b. 风向、风速、能见度，必要时通报云高。

地面管制员向航空器通报地面风的情况时，应用平均风向、风速及风向、风速的重大变化来表达。

a）"地面风（数值）度（数值）（单位）"

"Wind（number）°（number）（units）"

例如："地面风 290°，4 m/s（Wind 290 degrees 4 m/s）"。

b）"地面风向不定，风速（数值）（单位）"

"Wind variable（number）（units）"

例如："地面风向不定，风速 2 m/s（Wind variable 2 m/s）"。

c）"地面风（数值）度（数值）（单位），最大阵风（数值）（单位）"

"Wind（number）°（number）（units），gusty to（number）（units）"

例如："地面风 330°，5 m/s，最大阵风 12 m/s（Wind 330 degrees 5 m/s, gusty to 12 m/s）"。

d）"能见度（距离）"

"Visibility（distance）"

例如："能见度 5 km（Visibility 5kms）"。

e）"（云量）（云高）"

"（cloud）（base）"

例如："多云 600 m（broken 600 metres）"。

c. 高度表拨正值。

在我国，一般情况下只向航空器提供修正海压，场压仅在航空器驾驶员有此项要求时提供。

a）"修正海压（数值）"

"QNH（number）"。

例如："修正海压 1024（QNH 1024）"。

b）"场压（数值）"

"QFE（number）"

例如："场压 1022（QFE 1022）"。

d. 标准时间。

在空中交通服务中所使用的时间是 24 h 制的协调世界时（UTC——Coordinate Universal Time）。在起飞条件中向航空器通知标准时间的目的是为了校队。此时，时分用四位数字，秒以最近的 30 s 表示；在其他情况下通知航空器有关时间（如预计开车时间、预计起飞时间等），只通知时分，超过 30 s 即作为下一分钟，在不发生误解的情况下，时数也可省略。不论是和航空器校对时间，还是向其通知有关时间，时间中的各数字要逐个读出。例如，时间 0 803 应读为"洞三或洞八洞三（zero three or zero eight zero three）"，再如 11 时 55 分 18 秒应读为"幺幺五五三洞（one one five five and half）"。

e. 地面滑行路线（在后面的内容中将介绍）。

f. 机场有自动观测系统的，应当按规定通知本机场的跑道视程。

通知跑道视程常用的术语如下：

a）"（跑道号码）跑道跑道视程（距离）"

"Runway visual range runway（runway number）（distance）"

例如："36 号跑道跑道视程 1 000 m（Runway visual range runway 36, 1 000 metres）"。

b）"（跑道号码）跑道跑道视程接地段（数值）米，中间段（数值）米，滑离段（数值）米。"

"Runway visual range runway（runway number）touch down（number）metres, midpoint（number）metres, stop end（number）metres."

例如："04 号跑道跑道视程接地段 550 m，中间段 600 m，滑离段 650 m（RVR runway 04 touchdown 550 metres, midpoint 600 metres, stop end 650 metres）。"

g. 机场装有低高度风切变警告系统的，应当通知低高度风切变的情况。

h. 其他必要的情报。

③ 离场程序。

离场程序可在向航空器发布放行许可时，作为放行许可的一部分一并向航空器发布，也可在航空器起飞前一适当时机由地面管制员或塔台管制员向航空器发布。

a. "离地后，沿（标准离场航路明语代号）飞往（定位点名称）"。

"After departure, follow (plain language designator of standard departure route) proceed to (fix)."

例如："离地后,沿英德 1 号离场飞往英德（After departure, follow VB 1 departure proceed to VB）。"

b."离地后,（由进近管制室或区域管制中心发布的指令）"。

"After departure, (instructions issued by APP or ACC)."

例如："离地后,保持一边航向,上升修正海压高度 900 m 后右转。（After departure, climb straight ahead until 900 m on QNH before turning right.）。"

（6）航空器驾驶员请求开车、滑行时,根据飞行申请和管制范围内航空器活动情况和放行许可等,决定开车顺序,指示滑行路线。

为了便于空中交通管制员制定预案及避免因在地面等待而过多地消耗燃油,通常要求驾驶员在准备开车时报告,驾驶员在请求开车时,应同时通报其停机位,以便于管制员识别。在设有 ATIS 的机场,驾驶员还应在请求开车时向管制员申明是否收到 ATIS 通播。当航空器请求开车时,地面管制员是否同意驾驶员开车,取决于该航空器与有关管制区（主要是本机场所在的进近管制区及区域管制区）及机场管制区范围内有关航空器的冲突情况、该航空器的飞行预报及放行许可等,如果不能同意立即开车,管制员应向该航空器驾驶员通知预计起飞时间。当航空器开好车请求滑出时,管制员应向该航空器指明其具体的滑行路线。

① 开车程序。

a. 航空器驾驶员请求起动发动机。

a）"（航空器停机位）请求开车"

"(Aircraft location) request start up"

b）"（航空器停机位）已收到（ATIS 的代码）通播,请求开车"

"(Aircraft location) request start up, information (ATIS identification)"

b. 管制员的回答。

a）"可以开车"

"Start up approved"

b）"在（时间）开车"

"Start up at (time)"

c）"预计在（时间）开车"

"Expect start up at (time)"

d）"开车时间自己掌握"

"Start up at own discretion"

c. 应用举例。

航空器驾驶员(P):北京地面,国航 911,停机位 30,请求开车,收到通播 B。(Beijing ground, Air china 911, stand 30, information B, request start up)

地面管制员（C）:国航 911,预计离场时间 50,开车时间自己掌握。(Air china 911, expect departure 49, start up at own discretion)

② 推出程序。

在有些机场,当有大型航空器在其内运行时,为了节省停机时间,航空器在停机时,通常机头都朝向候机楼，因此当航空器开始滑行之前，必须让拖车将其推出。航空器的推出具体由空中交通管制部门、机坪管制还是由机坪管理服务部门负责，取决于该机场的运行程序。有倒退功能的航空器应在专人引导下倒退。发布推出指令必须考虑是否和滑行中的飞机有冲突，如果存在冲突，给滑行中的飞机发布等待指令后或冲突解决后再推出。

　　a. 航空器驾驶员请求推出。

　　"（航空器位置），请求推出"

　　"（Aircraft location），request push back"

　　b. 管制员回答。

　　a）"同意推出"

　　"push back approved"

　　b）"稍等"

　　"Stand by"

　　c）"推出时间自己掌握"

　　"Push back at own discretion"

　　d）"因为（原因）预计推迟（数值）分钟"

　　"Expect（number）minutes delay due（reason）"

　　c. 应用举例。

　　P：北京地面，国航 4102，停机位 27，请求推出（Beijing ground，CCA4102，stand 27，request pushback）"。

　　C：国航 4102，稍等一分钟，后面有一架波音 757 在滑行（CCA4102，standby. Expect one minute delay due B757 taxing behind）"。

　　此外，航空器在推出时，需和有关地面人员（G）进行协调，下面是一段航空器驾驶员与地面人员在推出协调时的典型通话举例：

　　P：准备推出（Ready for pushback）

　　C：松刹车了吗?（Confirm brakes released）

　　P：松刹车了（Brakes released）

　　G：开始推出（Commencing pushback）

　　G：推出完毕，刹车（Pushback completed，confirm brakes set）

　　P：刹住了（Brakes set）

　　G：松拖把，向左看，等我的信号（Disconnecting，standby for visual signal at you left.）

　　P：收到（Roger）

　　③ 滑行程序。

　　管制员发布滑行许可前应当确定航空器的停放位置。滑行许可应当包含给航空器驾驶员的简明指令和相关的情报以帮助其沿正确的滑行路线滑行并避免与其他航空器或物体相撞，并将航空器侵入正在使用跑道的可能性降至最低限度。当航空器需要滑行穿越跑道时，滑行许可应当包含明确的穿越许可，或者在穿越该条跑道之前等待的指令。

　　管制单位可根据运行的实际需要制定航空器标准滑行路线，并在航行资料中公布。未公布标准滑行路线的机场，管制员应当使用滑行道和跑道的号码指示滑行路线。

　　航空器滑行（空中滑行）应当经过地面管制席或者机场管制席许可。管制员发布的航空器滑行（空中滑行）许可应当包括下列内容：

　　a. 滑行及空中滑行路线；

　　b. 必要时，起飞顺序；

　　c. 进入跑道的等待点；

　　d. 使用跑道；

　　e. 进近管制单位和区域管制单位对离场航空器的有关要求；

　　f. 其他事项。

　　当航空器需要滑行穿越跑道时，滑行许可应当包含明确的穿越许可，或者在穿越该条跑道之前等待的指令。

　　当航空器已推出并开好车，请求滑行时，地面管制员应给予其滑行许可。地面管制员向航空器驾驶员发布的滑行许可，一般情况下应包括许可界限，即航空器滑至那一点必须停止以等待进一步运行的许可。对于离场航空器，滑行许可界限一般是起飞使用跑道外的等待点，但也可能由于机场现行的交通状况，会是机场内的其他位置。此外，必要时或驾驶员请求时，滑行许可中还应包括详细的滑行路线。

　　a. 航空器驾驶员请求滑行。

　　a）"（航空器机型，如果尾流种类为重型）（航空器位置），请求滑行"

　　"（Aircraft type，if "heavy"）（aircraft location），request taxi."

　　b）"（航空器机型，如果尾流种类为重型）（航空器位置），请求详细的滑行指示"

　　"（Aircraft，if "heavy"）（aircraft location），request detailed taxi instructions."

　　b. 管制员发布滑行许可。

　　a）"滑到（跑道号码）跑道外等待点"

　　"Taxi to holding point runway（runway number）."

　　b）"通过（滑行路线）滑行道到（跑道号码）跑道外等待点"

　　"Taxi via taxiway（specific routing to be followed）to holding point runway（runway number）."

　　c）"通过（滑行路线）到（等待点编号）等待点，跑道（跑道号码）"

　　"Taxi via taxiway（specific routing to be followed）to holding point（number）runway（runway number）."

　　c. 应用举例。

　　P：北京地面，国航 1405，请求滑出。（Beijing ground，CCA1405，request taxi）

　　C：国航 1405，可以滑出，经 M 和 C 号滑行道到 36 左跑道外等待点，地面风 330°，6 m/s，修正海压 1022。（CCA1405，request approved，taxi via taxiway M and C to holding point runway 36L，wind 330 degrees 6 m/s，QNH1022）

　　P：滑行道 M 和 C 号，36 号左跑道外等待点，场压 1022，国航 1405。（M and C to holding point runway 36L，QFE1022，CCA1405）

　　（7）离场航空器滑行时，密切注意航空器位置和滑行方向，直到等待点或者移交点。

　　① 向滑行中航空器发布适当的指令和提供足够的情报。

　　地面管制员应当向正在滑行的航空器提供跟随或者避让航空器的相关信息，密切注意航空器的位置和滑行动向，必要时发出有关指示，提醒航空器按规定路线滑行及避免与地面运行的其他航空器、车辆和有关障碍物发生相撞。与其相关的常用指令如下：

　　a. "前面第一/二个道口左/右转"

"Take the first/second turn left/right "

b. "一直往前滑"

"Taxi straight ahead"

c. "给（其他航空器的描述及位置）让路"

"Give way to（description and position of other aircraft）"

d. "跟在（另外的航空器或车辆的描述）后面"

"Follow（description of other aircraft or vehicle）"

e. "滑快一点（原因）"

"Expedite taxi（reason）"

f. "滑慢一点（原因）"

"Taxi slower（reason）"

g. "注意（地点）的施工"

"Caution construction work（location）"

h. "注意正在施工/障碍物（位置及必要的建议）"

"Caution work in progress/obstruction（position and any necessary advice）"

i. "注意跑道/滑行道右侧/左侧/两侧（说明原因）"

"Caution（specify reason）right/left/both sides of runway/taxiway（runway/taxiway number）"

航空器在地面滑行时，驾驶员的视界是受限制的。为了帮助驾驶员确定正确的滑行路线并防止与其他航空器或障碍物发生相撞，机场管制员向滑行中航空器驾驶员发布简明指令和提供充分的情报是十分重要的。例如：

a. C：国航 1405，原地等待，给从左向右滑行的 B747 让路。（CCA1405，hold position，give way to B747 passing left to right）

P：原地等待，国航 1405。（Holding position，CCA1405）

b. C：东方 5102，注意 M 号滑行道上工作的机动清扫车，慢速滑行。（CES5102，caution the mote-sweeper in operation on taxiway M，taxi slower）

P：滑慢点，东方 5102。（Taxiing shower，CES5102）

c. C：北方 6102，滑快一点，有架 B737 在你后面。（CSN6102，expedite taxi，B737 behind you）

P：滑快了，北方 6102。（Expediting，CSN6102）

② 可以允许航空器在使用跑道上滑行。

跑道是供航空器完成起飞和着陆使用的那部分活动区域，通常情况下只供航空器起、降使用，但有时为了加速空中交通的流动，在对起降航空器不造成延误或危险后果的情况下，可以允许航空器在使用跑道上滑行。航空器在使用跑道上的滑行通常由机场管制塔台的塔台管制员负责管制，而不是由地面管制员负责，因此，有关航空器在使用跑道上滑行的管制程序和术语，将在后面的内容中作进一步介绍。

③ 滑行航空器在跑道上或跑道外等待。

航空器在地面滑行过程中，在进入某一条跑道之前必须征得机场管制塔台管制员的许可。塔台管制员是否允许即将离场的航空器进入使用跑道准备起飞还是跑道外等待，主要取决于该使用跑道五边进近方向上有无正在作最后进近即将进入着陆的航空器；是否允许正在滑行的航空器穿越跑道滑行至机场内某一地点，主要取决于该航空器在穿越该跑道时，是否对正在使用该跑道起降的航空器造成危险的后果或延误。关于这项内容,将在后面的内容中作进一步介绍。

④ 受非法干扰的航空器在地面的滑行及停放。

如果已知或确信某一航空器受到了非法干扰或由于其他原因（如炸弹恐吓等），需要使该航空器与机场的正常活动隔离时,必须指挥该航空器滑行到指定的隔离停机位置。如果没有指定的隔离停机位置或者指定的隔离停机位置无法使用时,必须指挥该航空器滑行到事先与机场部门商量经过选择的地区。地面管制员应合理地安排该航空器的滑行路线,尽可能减少对于机场上的公共安全、其他航空器、设施和人员等的危害。

⑤ 航空器滑行管制工作中应注意的问题。

a. 航空器在大风条件下滑行。

地面有大风时,滑行方向较难控制,此时在安排航空器的滑行路线时,应尽量提供道面较宽、转弯较小的滑行路线,向航空器驾驶员提供有关情报,提醒航空器驾驶员操纵要柔和,防止航空器在滑行过程中偏出滑行道。

b. 滑行道被雪或冰覆盖。

当滑行道被雪或冰覆盖时,滑行路线不容易被滑行中航空器的驾驶员所识别。被发动机吹起的雪易对航空器发动机和机体造成损坏,寒冷的天气和潮湿的环境也容易使航空器有关部位形成结冰。在这种条件下,地面管制员除通知和协助机场当局尽快清除道面的积雪及积冰外,同时通知有关地面人员对已被冰雪覆盖的道面进行标志,并加强对滑行中航空器的地面引导,必要时提醒航空器驾驶员注意防冰或实施除冰。

c. 航空器在降雨或降雪条件下滑行。

降雨或降雪时,能见度变差,影响滑行中航空器驾驶员的视线,此时地面管制员应加强对航空器的滑行引导,同时提醒机组注意对地面其他交通及障碍物的观察,防止因视界不良而造成地面交通事故。大气温度较低时,还应提醒航空器驾驶员注意防冰。

d. 大型喷气航空器的滑行路线的安排。

在安排大型喷气航空器的滑行路线时,要求其所经路线的滑行道道面及其两侧清洁,无碎石、纸屑和高草,以防止吸入进气道造成堵塞或打坏发动机叶片。

e. 安排航空器滑行时,不应让其从试大车的航空器后面通过。必须通过时,应指示试大车的航空器减小油门,避免吹坏甚至吹翻滑行的航空器。

（8）离场航空器滑行至等待点或者认为无影响时,通知航空器驾驶员转换频率联络机场管制席,并将进程单移交给机场管制席,航空器其后的管制工作由机场管制席负责。

航空器由某一管制区进入相邻管制区之前,管制室之间应当进行管制移交。管制移交应当按规定和双方协议进行,如果因为天气或机械故障等原因不能按规定或协议的条件进行时,移交单位应当按照接受单位的要求进行移交,接受单位应当为移交单位提供方便。

管制移交的接受单位需要在管辖空域外接收移交,应当得到移交单位的同意。在此情况下,移交单位应当将与该航空器有关的情报通知接受单位。接受单位需在管辖空域外改变该航空器的航向、高度等条件时,应当得到移交单位的同意。

当航空器飞临管制移交点附近,如果陆空通信不畅或者因某种原因不能正常飞行时,移交单位应当将情况通知接受单位并继续守听,直至恢复正常为止。

管制移交的工作通常分为两大部分。一是管制室之间对拟将移交的航空器的接受条件进行管制协调,协调的内容一般包括航空器呼号、飞行高度、行将移交的位置（移交/接受点）及预计飞越该点的时间。管制协调在行将移交的航空器不迟于飞越交接点前的一定时限进行，一般区域管制室之间不迟于 10 min，短距航线不迟于 5 min；区域管制室与进近管制室之间不迟于 5 min；进近管制室与机场管制塔台之间不迟于 3 min；机场管制席与地面管制席之间一般情况下无需进行移交前的协调工作。二是管制责任移交，管制协调完毕后，移交方管制员应按双方最终达成的移交条件调整即将进入接收方管制区航空器的飞行状态和动态，并指挥该航空器将频率改向接受方管制室，在驾驶员准确复述频率以后，如果没有收到进一步通信联络，则表明通信移交已经完成，当该航空器飞越管制移交点，则完成管制责任移交。

在管制移交中常使用的术语如下：

P：北京地面，国航 1405，接近 36 左跑道外等待点。（Beijing ground, CCA1405, approaching holding point runway 36L）

C：国航 1405，联系塔台 130.0。（CCA1405, contact tower 130.0）

P：130.0，再见。（130.0, goodbye）

（9）进场航空器已着陆并与地面管制取得联络，由地面管制员通知航空器具体的滑行路线，航空器到达停机位置或者由地面人员开始引导后，与航空器脱离联络。

当航空器完成着陆滑跑并按塔台管制员指定的道口脱离跑道后，由地面管制室负责其在地面运行的管制工作，同对将离场航空器地面运行的管制一样，要合理安排着陆航空器在地面的滑行路线，密切注视其位置和滑行动向，必要时发布有关指令，调配地面滑行冲突，防止相撞，直到航空器滑至规定的停机位置或开始由地面引导人员引导为止。此时，地面管制员可与航空器脱离通信联系。

向着陆航空器发布滑行指令时，同向将离场航空器发布一样，应指明具体的滑行路线和许可的界限，无论安排着陆航空器沿什么样的路线滑行，滑行许可界限一般情况下应该是候机楼或停机坪某一供航空器停靠或停放的停机位置或由地面人员开始引导的那一点。关于滑行指令的术语，在前面已详细介绍过了，这里将针对向着陆航空器发布的滑行指令举例如下：

P：北京地面，国航 982，脱离跑道。（Beijing ground, CCA982, runway vacated）

C：国航 982，经 K 号滑行道滑到停机位 27。（CCA982, taxi via taxiway K to stand 27）

P：K 号滑行道，国航 982。（Taxiway K, CCA982）

P：北京地面，国航 982，看见地面指挥，再见。（Beijing ground, CCA982, marshal man in sight, goodbye）

C：再见。（goodbye）

（二）对机动区内人员和车辆的管制

（1）所有人员和车辆需要在机动区内活动时，必须经机场管制塔台的准许。

机场机动区内人员与车辆的管制工作由机场管制塔台（塔台管制员或地面管制员，视人员与车辆在机动区内活动的区域而定）负责。因此，人员和车辆在进入机动区之前必须获得机场管制塔台的许可，并且在机动区内的一切活动必须按机场管制塔台指定的路线运行。人员和车辆获得机场管制塔台的许可，在机动区内活动，在进入跑道或跑道升降带或要改变经过准许的运行时，必须获得机场管制塔台进一步的许可。

当机场管制塔台允许车辆进入机动区活动时，应将有关车辆在机动区内活动的情况显示在塔台内的车辆位置板上，其主要目的是随时提醒机场管制员，在机动区内的有何种车辆在哪一位置运行，使机场管制员随时掌握车辆的动态，防止地面运行的航空器与车辆发生相撞事故。

（2）一般情况下，在机动区内活动的所有车辆应与机场管制塔台保持双向无线电通信。

为了便于机场管制塔台更好地管制好在机动区内活动的人员和车辆，双方保持无线电通信联络是很有必要的。人员和车辆携带无线电通信设备，可以更好地保持与机场管制塔台的联络，以便适时从机场管制塔台获得在机动区内活动的有关许可。

在下述几种情况下，可以考虑机场管制塔台与机动区内的人员或车辆不需要无线电通信联络：

① 当认为用目视信号系统进行联络已经足够；

② 车辆在机动区内只偶尔使用，并且由带有必备通信功能的车辆伴随或机场管制塔台预先制定的计划使用；

③ 施工或维修人员按照与机场管制塔台事先制定的计划作业。

（3）当使用跑道上有航空器起降时，机场管制员应指挥拟将进入使用跑道的车辆在跑道外按规定的等待位置进行等待（正确的等待方法将在以后的内容中作进一步介绍）。

（4）对某车辆在机动区进行管制的应用举例。

如图 8-56 所示的是一机场的平面图，"消防队 101"需要经过机动区从货机楼运行至消防站 A，下面是机场管制塔台对"消防队 101"的整个管制过程：

V（Vehicle）：地面，消防队 101。（Ground，Fire Brigade 101）

C：消防队 101，请讲。（Fire brigade 101，go ahead）

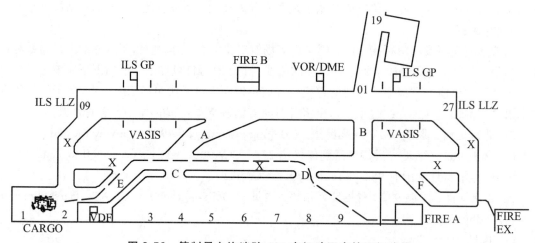

图 8-56　管制员允许消防 101 在机动区内的运行路线

V：消防队 101，位置货机楼，我可以到消防站吗？（Fire Brigade 101，position Cargo Terminal. May I proceed to Fire station A）

C：消防 101，经由滑行道 E、X 和 D 到消防站 A。（Fire Brigade 101，proceed via taxiway E、X and D to Fire station A）

V：可以经由滑行道 E、X and D 到消防站 A，消防 101。（Proceeding via taxiway E、X and D to Fire station A，Fire Brigade 101）

C：正确。（that's correct）

V：地面，消防 101 到消防站 A。（Ground，Fire Brigade 101 at Fire station）

C：收到。（Roger）

六、地面管制情景模拟

（一）背　景

（1）机场：武汉机场（虚拟）。

（2）管制单位：武汉地面管制。

（3）航空器：国航 4308。

（4）停机位：6 号停机位。

（5）滑行路线：滑行道 C3 和滑行道 A1。

（6）放行许可的信息（见表 8-4）。

表 8-4　放行许可信息

目的地	成都双流机场
飞行航路	与申报飞行计划中的航路一致
巡航高度	标准气压 9 800 m
离场程序	TM-11A
应答机编码	A3435

（7）起飞条件（见表 8-5）：

表 8-5　起飞条件

使用跑道	36
地面风	80°，6 m/s
能见度	3 km
云量、云底高	满天云 600 m
修正海压	1 023Hpa

（二）管制过程情景模拟

1. 情景 1

国航 4308 在 6 号停机位，已关好舱门，还有 10 min 开车。

管制通话过程：

P：武汉地面，国航 4308，目的地成都，还有 10 min 开车，请求放行许可。（Wuhan ground, CCA4308, 10 minutes before start up, destination Chengdu, request ATC clearance）

C：国航 4308，可以经由飞行计划航路飞往成都，飞行高度层标准气压 9 800 m，应答机编码 A3435。起飞后保持跑道方向上升至修正海压高度 900 m 保持，离地后，联系进近 119.1。（CCA4308 is cleared to Chengdu via flight planned route, cruising level 9 800 metres on standard, squawk A3435. After departure maintain runway heading, climb and maintain 900 metres on QNH. contact Wuhan approach 119.1 when airborne.）

P：（驾驶员复述，略）。

C：复诵正确（或纠正驾驶员复述中出现的错误）。（That's correct）

P：武汉地面，国航 4308，请求起飞条件。（Wuhan ground，CCA4308，request departure information）

C：国航 4308，起飞使用跑道 36，地面风 80°，6 m/s，能见度 3 km，满天云 600 m，修正海压 1023。（CCA4308，departure runway 36，wind 80 degrees 6 m/s，visibility 3 kms，overcast 600 metres，QNH1023）

P：跑道 36，修正海压 1023。国航 4308。（Runway 36，QNH1023，CCA4308）

P：武汉地面，国航 4308，停机位 6 号，请求推出开车。（Wuhan ground，CCA4308，stand 6，request push back and stand up）

C：国航 4308，可以推出开车，温度 23°。（CCA4308，push back and start up approved，temperature 23）

P：地面，国航 4308，请求滑出。（Ground，CCA4308，request taxi）

C：国航 4308，可以滑出，经滑行道 C3 和 A1 到 36 号跑道外等待点。（CCA4308，taxi via taxiway C3 and A1 to holding point runway 36）

P：滑行道 C3 和 A1，跑道 36，国航 4308。（Taxiway C3 and A1，runway 36，CCA4308）

2. 情景 2

国航 4308 接近 36 号跑道外等待点。

管制通话过程：

P：地面，国航 4308，接近 36 号跑道外等待点。（Ground，CCA4308，approaching holding point runway 36）

C：国航 4308，联系塔台 130.0。（CCA4308 contact tower 130.0）

P：塔台 130.0，国航 4308。（Tower 130.0，CCA4308）

3. 管制程序说明

（1）离场程序可与放行许可一并向航空器驾驶员提供，也可在航空器起飞之前某一适当时机通知。

（2）在没有 ATIS 的机场，起飞条件可根据航空器驾驶员的请求，即可以和放行许可一起通知，也可单独通知；如果航空器驾驶员没有主动请求，管制员应主动适时向驾驶员通知，如在发布开车许可或滑行许可时通报。

（3）对航空器进行管制移交时，航空器应在什么位置，取决于某一机场管制塔台内塔台管制与地面管制的内部协议；如机场管制塔台没有单独将地面管制划设出来，则无需进行管制移交。

第五节　起飞管制

机场管制塔台的地面管制员将拟离场航空器移交给塔台管制员后，由塔台管制员负责该航空器的管制工作，直到该航空器起飞以后，将其移交给进近管制室管制为止。塔台管制室对离场航空器在这一运行阶段的管制为起飞管制。

本节将按照起飞管制阶段的范围和机场管制席位的职责分别介绍起飞管制阶段的具体范

围、机场管制席的职责、起飞管制阶段的间隔标准、起飞管制阶段的有关规定、起飞管制工作程序及有关常用的陆空通话术语，最后对起飞管制阶段的管制程序进行情景模拟，让读者对起飞管制过程有一个较清楚的了解。

一、起飞管制的范围

起飞管制是机场管制的一个组成部分，由机场管制席位提供该部分的管制服务。起飞管制阶段的范围从跑道外等待点开始到航空器升空后移交给进近为止。

起飞管制主要负责航空器进跑道、起飞和移交实施管制，同时，负责对在跑道区域运行的人员与车辆进行管制，防止起飞航空器之间、起飞航空器与着陆航空器之间、起飞航空器与车辆和人员之间以及航空器与跑道区域内的障碍物发生相撞。机场管制席起飞管制的具体职责如下：

（1）负责对本机场跑道区域内的航空器的进跑道、起飞和移交提供管制服务；

（2）负责跑道区域内车辆、人员的运行管理；

（3）观察跑道与跑道连接处的航空器活动情况；

（4）负责向跑道区域内航空器通报有关气象、通信、导航设施、道面等情报。

二、起飞航空器之间的间隔标准

民用航空运输飞行中，为保证航空器安全的运行，禁止航空器使用同一跑道对头、并排、编队和跟踪起飞，这就要求起飞航空器之间必须保持一定的间隔，这个间隔通常用时间来衡量。作为一名机场管制员，必须熟练掌握起飞航空器之间间隔标准的规定，确保起飞航空器之间保持安全的间隔标准。起飞航空器之间的间隔标准有两种：一种是未考虑尾流影响下的间隔标准，也就是管制安全间隔标准；一种是考虑尾流影响下的间隔标准，也就是尾流间隔标准。

（一）未考虑尾流影响的起飞间隔标准

1. 目视飞行航空器之间的起飞间隔标准

目视飞行规则飞行航空器使用同一跑道起飞，其最低间隔标准规定为：在前面先起飞航空器已飞越跑道末端或在跑道上空改变航向已无相撞危险，或者根据目视或前方着陆航空器报告，确认着陆航空器已脱离跑道后，后方航空器可以开始起飞滑跑。如图8-57所示。

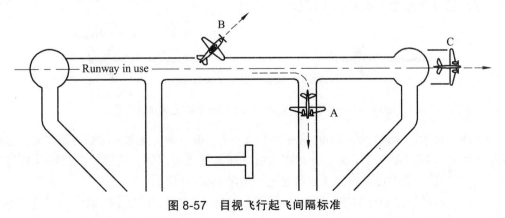

图8-57　目视飞行起飞间隔标准

2. 仪表飞行航空器之间的起飞间隔标准

1）同速航空器之间

（1）同一机场连续放行数架同速度的航空器，前、后航空器同航迹同高度飞行时，在严格控制速度的条件下，前一架航空器起飞后 10 min，可允许后一架航空器起飞。如图 8-58 所示。

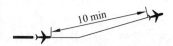

图 8-58　同速度、同航迹、同高度航空器之间 10 min 间隔

（2）同一机场连续放行数架同速度的航空器，前、后航空器同航迹不同高度飞行时，前一架航空器起飞后 5 min，可允许后一架航空器起飞。如图 8-59 所示。

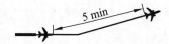

图 8-59　同速度、同航迹、不同高度航空器之间 5 min 间隔

（3）同一机场连续放行数架同速度的航空器，前、后航空器在不同航迹上飞行，航迹差大于 45°，起飞后立即实行横向间隔，前一架航空器起飞后 2 min，可允许后一架航空器起飞，如图 8-60 所示；但若同一走廊飞出时，起飞间隔不得小于 5 min。如图 8-60 所示。

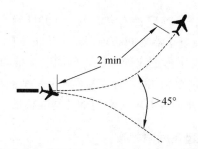

图 8-60　同速度航空器之间 2 min 间隔

2）不同速航空器之间

（1）同一机场连续放行数架同航迹不同速度的航空器，航迹相同，前面起飞的航空器速度比后面起飞航空器的速度大 80 km/h 以上时，速度较快的航空器起飞后 2 min，可允许后一架速度较慢的航空器起飞。如图 8-61 所示。

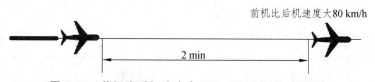

图 8-61　前机比后机速度大 80 km/h以上 2 min 间隔

（2）同一机场连续放行数架不同航迹、不同速度的航空器，速度大的航空器在前，速度小的航空器在后，航迹差大于 45°，并在起飞后立即实行横向间隔，速度较快的航空器起飞后 1 min，可允许后一架速度较慢的航空器起飞。如图 8-62 所示。

（3）同一机场连续放行数架不同航迹、不同速度的航空器，速度小的航空器在前，速度大的航空器在后，航迹差大于 45°，并在起飞后立即实行横向间隔，速度较慢的航空器起飞后 2 min，可允许后一架速度较快的航空器起飞。如图 8-63 所示。

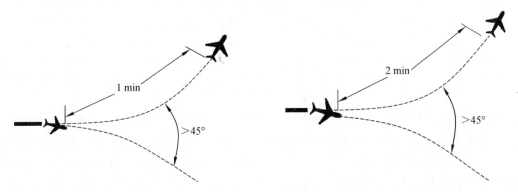

图 8-62　前快后慢，起飞后立即实行航迹差大于 45°横向间隔，1 min间隔　　　图 8-63　前慢后快，起飞后立即实行航迹差大于 45°横向间隔，2 min间隔

（4）航迹相同，速度较快的航空器后起飞。

① 速度小的航空器在前，速度大的航空器在后，速度大的航空器穿越前方速度小的航空器的高度层并到达速度小的航空器的上一个高度层时，应当有 5 min 的纵向间隔。如图 8-64 所示。

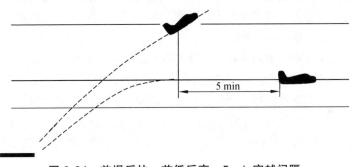

图 8-64　前慢后快、前低后高，5 min穿越间隔

② 速度小的航空器在前，速度大的航空器在后，如果同高度飞行，应当保证在到达着陆机场上空或者转入另一航线或者改变高度层以前，后航空器与前航空器之间应当有 10 min 的纵向间隔。如图 8-65 所示。

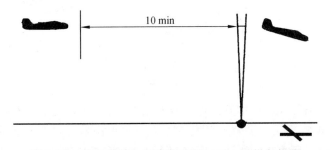

图 8-65　前慢后快、同高度飞行，10 min纵向间隔

综上所述，仪表飞行航空器之间的起飞间隔标准可归纳为如表 8-6 所示。

表 8-6　仪表飞行航空器之间的起飞间隔标准（未考虑尾流）

同速度		不同速度	
同航迹、同高度	10 min	前快后慢，同航迹	2 min
同航迹、不同高度	5 min	前快后慢，不同航迹	1 min
不同航迹（航迹角>45°）	2 min	前慢后快，不同航迹	2 min
		前慢后快，同航迹	前低后高穿越 5 min（同高度 10 min）

当有多架航空器在同一机场等待离场时，塔台管制员必须充分考虑航空器的预计离场时间、航路、离场程序、巡航高度、机型以及安全间隔等因素，确定最优放行顺序，在确保安全的条件下，使运行成本（平均延误）最低。

（二）航空器起飞尾流间隔标准

1. 尾流的形成及其影响

尾流是航空器在飞行过程中在其尾部形成的气流。尾流包括由于螺旋桨飞机的螺旋桨高速旋转而产生的滑流、飞机机翼表面由于横向流动的气流而产生的紊流、喷气发动机飞机的发动机产生的高温高速喷流以及飞机机翼翼尖处产生的翼尖涡流等。上述几种尾流都在不同程度上影响尾随航空器的飞行。当航空器在地面滑行时，主要考虑前方航空器发动机喷流对后方航空器的影响，而航空器在空中飞行时，对后方航空器产生影响的尾流主要是翼尖涡流。翼尖涡流是航空器在飞行过程中形成的尾流的主体部分。由于机翼翼尖处有自下向上翻动的气流，从而以翼尖为中心形成高速旋转并向后、向下延伸的螺旋形气流。机翼两翼尖形成的两股涡流的旋转方向相反，在两股涡流内侧形成强大的下降气流，外侧形成强大的上升气流，从而对其后通过的航空器造成影响，如图 8-66 所示。尤其是在航空器起飞、起始爬升、最后进近和着陆阶段影响最大。

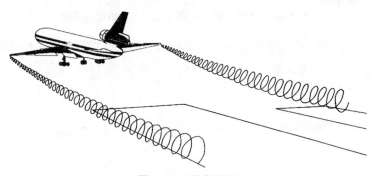

图 8-66 翼尖涡流

翼尖涡流在航空器起飞时抬前轮的那一点开始形成，直至该航空器着陆时前轮接地的那一点开始消失，如图 8-67 所示。因此机场管制员在安排航空器起飞、降落时，必须考虑在其前面起飞或降落的航空器所形成的尾流对即将起飞或着陆的航空器的影响。

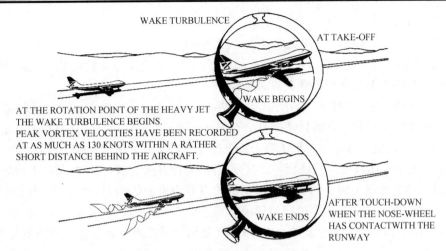

图 8-67　翼尖涡流的形成与消失

2. 起飞尾流间隔标准

1）非雷达尾流间隔

当使用下述跑道时，前后起飞离场的航空器为重型机和中型机、重型机和轻型机、中型机和轻型机，其非雷达间隔的尾流间隔不得少于 2 min，如图 8-68、图 8-69 所示；前后起飞离场的航空器为 A380-800 型机和中型机、A380-800 型机和轻型机，其非雷达间隔的尾流间隔不得少于 3 min；前后起飞离场的航空器为 A380-800 型机和其他重型机时，其非雷达间隔的尾流间隔不得少于 2 min。

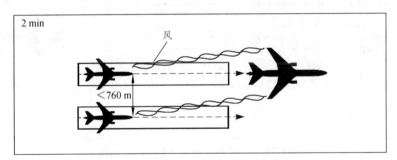

图 8-68　小于 760 m 平行跑道 2 min 尾流间隔

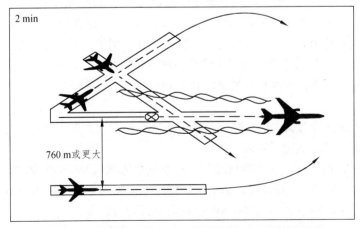

图 8-69　交差及大于 760 m 平行跑道 2 min 尾流间隔

（1）同一跑道；

（2）平行跑道，且跑道中心线之间距离小于 760 m；

（3）交叉跑道，且后方航空器将在前方航空器的同一高度上，或者低于前方航空器且高度差小于 300 m 的高度上穿越前方航空器的航迹；

（4）平行跑道，跑道中心线之间距离大于 760 m，但是，后方航空器将在前方航空器的同一高度上，或者低于前方航空器且高度差小于 300 m 的高度上穿越前方航空器的航迹。

第（1）条所述航空器在进行训（熟）练飞行连续起落时，除后方航空器驾驶员能保证在高于前方航空器航径的高度以上飞行外，其尾流间隔时间应当在现行标准基础上增加 1 min。

当使用下述跑道起飞时，前后起飞离场的航空器为重型机和中型机、重型机和轻型机、中型机和轻型机，其非雷达间隔的尾流间隔不得小于 3 min，如图 8-70 所示；前后起飞离场的航空器为 A380-800 型机和中型机、A380-800 型机和轻型机，其非雷达间隔的尾流间隔不得少于 4 min。

（1）同一跑道的中间部分；

（2）跑道中心线之间距离小于 760 m 的平行跑道的跑道中间部分。

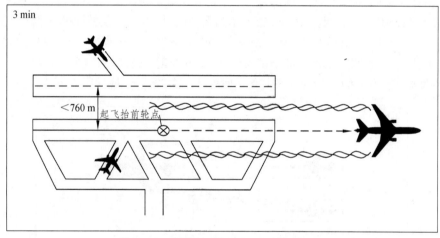

图 8-70　中间部分起飞 3 min 尾流间隔

在正侧风风速大于 3 m/s 时，起飞和着陆航空器之间的尾流间隔时间不得少于 1 m 20 s，但是仍应当遵守本章第七节关于起落航线上尾随飞行和交叉飞行的有关规定。

当使用入口内移跑道时，在下列情况下，轻型或者中型航空器和重型航空器之间，以及轻型航空器和中型航空器之间的非雷达间隔的尾流间隔不得小于 2 min：

（1）当轻型或者中型航空器在重型航空器着陆后起飞，或者轻型航空器在中型航空器着陆后起飞；

（2）当飞行航迹预计有交叉时，轻型或者中型航空器在重型航空器起飞之后着陆，以及轻型航空器在中型航空器起飞之后着陆。

当使用入口内移跑道时，在下列情况下，轻型航空器和 A380-800 型航空器之间，以及中型航空器和 A380-800 型航空器之间的非雷达间隔的尾流间隔不得小于 3 min：

（1）当轻型或中型航空器在 A380-800 型航空器着陆后起飞；

（2）当飞行航迹交预计有交叉时，轻型或者中型航空器在 A380-800 型航空器起飞之后着陆。

在下述情况中，当较重的航空器正在作低空通场或者复飞时，轻型或者中型航空器与重型航空器之间的非雷达间隔的尾流间隔时间不得小于 2 min，如图 8-71、图 8-72 所示；在轻型航空器与 A380-800 型航空器之间、中型航空器与 A380-800 型航空器之间的非雷达间隔的尾流间隔时间不得小于 3 min。

（1）较轻的航空器使用反向跑道起飞；

（2）较轻的航空器同一跑道作反向着陆；

（3）较轻的航空器在间隔小于 760 m 的平行反向跑道着陆。

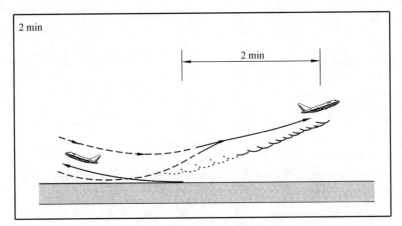

图 8-71　反向运行的非雷达尾流间隔 2 min

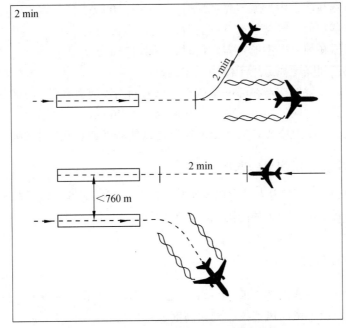

图 8-72　反向跑道着陆 2 min 尾流间隔

2）雷达尾流间隔

前后起飞离场或者前后进近的航空器，其雷达间隔的尾流间隔最低标准应当按照下列规定，如图 8-73 所示。

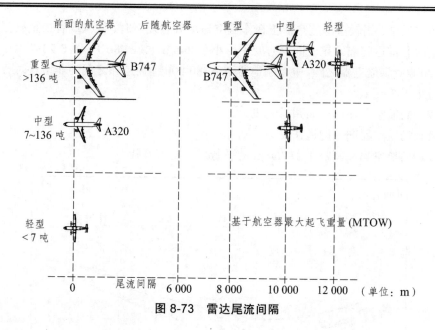

图 8-73　雷达尾流间隔

（1）前机 A380-800 型航空器，后机为非 A380-800 型的重型航空器，不少于 12 km；

（2）前机 A380-800 型航空器，后机为中型航空器时，不少于 13 km；

（3）前机为 A380-800 型航空器，后机为轻型航空器时，不少于 15 km；

（4）前、后航空器均为重型航空器时，不小于 8 km；

（5）重型航空器在前，中型航空器在后时，不小于 10 km；

（6）重型航空器在前，轻型航空器在后时，不小于 12 km；

（7）中型航空器在前，轻型航空器在后时，不小于 10 km。

以上规定的尾流间隔距离适用于使用下述跑道：

（1）同一跑道，一架航空器在另一架航空器以后同高度或者在其下 300 m 内飞行；

（2）两架航空器使用同一跑道或者中心线间隔小于 760 m 的平行跑道；

（3）交叉跑道，一架航空器在另一架航空器后以同高度或者在其下 300 m 内穿越。

（三）起飞航空器之间间隔的选择

在实际应用中,应综合考虑未考虑尾流影响下的起飞间隔标准及航空器尾流影响下的起飞尾流间隔标准,二者中选择较大的间隔来放行航空器。

三、起飞管制程序

（1）航空器预计起飞或者着陆前 30 min 完成以下准备工作：了解天气情况、检查通信导航设备、校对时钟、检查风向风速仪、校正高度表；

这项工作程序与地面管制基本相同,了解天气、检查风向风速仪、校正高度表的主要目的是及时向航空器驾驶员提供最新发生重大变化的准确的起飞条件；检查通信、导航及雷达设备是否正常,一旦发现不正常情况,应立即通知有关单位进行检修,如因这些设备工作不正常而将危及飞行安全时,应按有关程序报批关闭机场。

（2）航空器预计起飞前和预计进入机场管制空域前 20 min，通知开放本场通信导航设备，了解跑道使用情况。

按时开放本场的通信、导航设备，确保向在机场管制区域内的运行的航空器提供连续的空中交通管制服务和导航服务。地面通信设备是空中交通管制部门向航空器提供空中交通管制服务最基本的设施，地面导航设备是航空器在飞行过程中用于定位的最基本的设施，因此上述两种设备在确保飞行安全方面起着至关重要的作用，所以在上述设备处于工作状态时，未经值班管制人员的许可，任何单位和个人都不得擅自关机。

如果本场的有关通信、导航设备同时用于区域通信及导航时，具体的开放时间应与有关区域管制室及进近管制室协商后确定。

（3）放行航空器时，应当根据空中交通服务报告室的安排和任务性质以及各型航空器的性能，合理放行航空器。放行的管制间隔应当符合规定。

塔台管制员在安排航空器的离场顺序时，必须根据空中交通服务报告室的安排、拟离场航空器的任务性质及各型航空器性能，合理地放行航空器。起飞航空器之间的间隔必须符合有关起飞间隔标准的规定。

① 一般情况下的优先起飞顺序。

a. 执行紧急任务或重要任务的航空器；

b. 班期飞行和转场飞行的航空器；

c. 速度较快的航空器。

② 起飞间隔。

综合比较未考虑尾流影响下的起飞间隔标准和考虑尾流影响下的起飞间隔标准，按两者中较大的间隔安排航空器起飞。

（4）与航空器取得联系后，视情况指示航空器在跑道外等待或进跑道等待或直接进跑道起飞。

① 跑道外等待。

a. 跑道外等待的条件。

为了调配间隔，塔台管制员可以指示将要起飞或者地面滑行的航空器在跑道或者跑道外等待，并将理由通知该航空器。

当起飞跑道被占用或在航空器进入跑道的那一点即将有进入着陆的航空器通过时，应指示将进入跑道的航空器在跑道外等待。

当地面运行的车辆在跑道外等待时，同样必须按上述规定的正确的等待方法进行等待。

b. 陆空通话用语。

P：武汉塔台，国航 4308。（Wuhan tower, CCA4308）

C：国航 4308，请讲。（CCA4308, go ahead）

P：国航 4308，接近 36 号跑道外等待点，请求进跑道起飞。（CCA4308 approaching holding point runway 36, request line up and take off）

C：国航 4308，跑道外等待，五边有飞机。（CCA4308, hold short of runway, traffic on final.）

P：跑道外等待，CCA4308。看见五边飞机了。（Holding short. CCA4307, traffic on final in sight）

② 进跑道等待。

a. 进跑道等待的条件。

起飞跑道没有被占用或在一定时间范围内没有在该跑道上即将着陆的航空器，但起飞空域被占用时，通常指挥将要起飞的航空器在起飞滑跑的起点等待。

b. 陆空通话用语。

P：武汉塔台，国航 4308，请求进跑道。（Wuhan tower，CCA4308，request line up）

C：国航 4308，进跑道等待。（CCA4308，line up and wait）

P：进跑道等待，CCA4308。（Lining up and wait）

③ 进跑道起飞。

航空器在起飞之前必须完成起飞前的检查工作，但有的航空器在滑至跑道外等待点时，并不是总能完成起飞检查，因此有时需要航空器在进入跑道前完成起飞检查。

a. 航空器在到达跑道外等待点之前已完成起飞检查。

在这种情况下，航空器在到达跑道外等待点之前，直接向塔台管制员索取起飞许可，此时如该起飞航空器与其他起飞、着陆的航空器无任何影响时，塔台管制员可直接向该航空器发布起飞许可。

P：武汉塔台，CCA4308 接近 36 号跑道外等待点，请求起飞。（Wuhan tower，CCA4308 approaching holding point runway 36，request take off）

C：CCA4308，地面风 80°，6 m/s，可以起飞。（CCA4308，wind 80°6 m/s，cleared for take off）

b. 航空器在到达跑道外等待点之前未完成起飞前检查。

在这种情况下，管制员通常应要求航空器驾驶员在操纵航空器进入跑道之前完成起飞检查。

P：武汉塔台，CCA4308 接近 36 号跑道外等待点。（Wuhan tower，CCA4308 approaching holding point runway 36）。

C：CCA4308，准备好起飞报告。（CCA4308，report when ready for departure）

P：国航 4308 照办。（CCA4308，wilco）

P：国航 4308 准备好。（CCA4308 ready）

C：国航 4308 进跑道。（CCA4308，line up）

P：国航 4308 现在进跑道。（CCA4308，lining up）

当航空器进跑道后，塔台管制员从塔台观察到该航空器已对准跑道或航空器驾驶员请求起飞时，如果满足发布起飞许可的条件，可向其发布起飞许可。

（5）发布起飞许可。

① 遇有下列情况，禁止发出起飞许可：

a. 跑道上有其他航空器或者障碍物；

b. 先起飞的航空器高度在 100 m（夜间为 150 m）以下且没有开始第一转弯；

c. 复飞航空器高度在 100 m 以下（夜间为 150 m）以下且没有开始第一转弯。

塔台管制员在向离场航空器发布起飞许可时，同时还应考虑在其前起飞或复飞航空器尾流的影响。另外，如果航空器在起飞之前，需要区域管制中心的放行许可，则塔台管制员在区域管制中心未发出放行许可并由有关航空器认收前，不应发出起飞许可。

② 发布起飞许可的时机。

a. 塔台管制员应当根据跑道使用情况、进离场及起落航线航空器活动情况和进近或者区域管制单位的要求，在保证安全的条件下允许航空器进入跑道并发出起飞许可。

b. 在符合航空器之间尾流间隔标准的条件下，通常在前行的离场航空器已经飞越使用跑道末端或者已开始转弯之后，或者前行着陆的航空器已经脱离使用跑道之后，航空器方可开始起飞滑跑。

c. 当航空器位于或滑进使用跑道并已做好起飞准备而且交通状况允许时，必须向该航空器发布起飞许可。

d. 为了加速空中交通，可以在航空器进入跑道前即发给该航空器可以立即起飞的许可；航空器驾驶员一接到这种许可，必须以连贯的动作滑到跑道上，紧接着便立即起飞。

（3）起飞许可的有效时间为 1 min 航空器驾驶员得到起飞许可后，应当立即起飞；若在 1 min 内不能起飞，原起飞许可失效，航空器驾驶员需再次请求起飞许可，并在得到许可后方可起飞。

考虑到塔台管制员向航空器发布起飞许可后，超过一定时间航空器仍没有起飞，交通情况有可能会发生变化，如果此时航空器才开始起飞滑跑，有可能危及飞行安全。如，当塔台管制员向某一航空器发布起飞许可时，另有一架航空器正在该跑道的进近方向上进近准备着陆，而此时两航空器之间的间隔符合有关尾流间隔标准，但如果已收到起飞许可的航空器超过一定的时间才开始起飞，此时两航空器之间的间隔有可能已小于规定的尾流间隔标准，因此必须对起飞许可的有效时间做出规定，如超过这一时限航空器仍然没有开始起飞，原先发布的起飞许可将自动取消。此时如果航空器仍要起飞，该航空器驾驶员必须重新向塔台管制员申请起飞许可，此时塔台管制员应根据空中交通情况，如果与其他航空器仍无任何冲突时，可以重新向该航空器发布起飞许可；如果与正在进近的航空器的间隔不符合有关标准时，可让该航空器在跑道上等待，而让进近的航空器复飞，等冲突消失后，再向该航空器发布起飞许可；如果时间允许，也可让该航空器快速脱离使用跑道，而让即将进入着陆的航空器正常进近和着陆。

③ 起飞许可的内容。

起飞许可通常包括以下内容：

a. 航空器呼号；

b. 地面风向、风速、能见度或跑道视程、云高、高度表拨正值；

c. 起飞后的转弯方向；

d. 离场程序（标准离场航路代号或区域管制及进近管制室对该离场航空器的要求）；

e. 飞行高度；

f. 其他事项；

g. 可以起飞 + 跑道（跑道号码）。

向航空器发布起飞许可时，如 b、c、d、e 几项内容在航空器滑行时已经通知且无重大变化时，此时可以省略。一切对该离场航空器的限制条件及有关气象信息，必须在发出"可以起飞"的指令之前发布。

④ 发布起飞许可常用的陆空通话应用举例。

a. 一般情况。

C：国航 4308，可以起飞。（CCA4308，cleared for take-off）

P：可以起飞，国航 4308。（Cleared for take-off，CCA4308）

b. 当机场内有多条跑道在同时使用时，为了避免航空器驾驶员混淆，在发布起飞许可时，同时通报起飞使用跑道号码。

C：国航 4308，可以起飞，跑道 36 左。（CCA4308，Cleared for take-off runway 36L）

P：可以起飞，跑道 36 左，国航 4308。（Cleared for take-off runway 36L，CCA4308）

c. 由于空中交通情况，有时需要航空器在进跑道后立即起飞。在确知航空器驾驶员已做好起飞准备后，可以在航空器进入跑道之前发给其立即起飞的许可。航空器应立即进跑道并起飞。

C：国航 4308，进跑道后能不能立即起飞？（CCA4308，are you ready for immediate departure?）

P：国航 4308 可以。（CCA4308，affirm）

C：国航 4308，进跑道准备立即起飞。（CCA4308，line up be ready for immediate departure）

P：国航 4308 进跑道。（CCA4308 lining up）

C：国航 4308 可以起飞。（CCA4308，cleared for take-off）

d. 有时为了确保航空器起飞后与在机场附近活动的航空器之间的间隔，要发布一些限制性指令。这些指令如果在发布起飞许可之前没有通知，则可和起飞许可一起发布。

C：国航 4308，保持一边航向，上升至修正海压 900 m 后右转，可以起飞。（CCA4308，Climb straight ahead until 900 m on QNH before turning right，cleared for take-off）

P：一边上升到修正海压 900 m 后右转，可以起飞 CCA4308。（Straight ahead 900 m on QNH，right turn，cleared for take-off，CCA4308）

e. 因为意外情况或者离场航空器进跑道后不能及时起飞，有时有必要取消起飞许可或者迅速为即将着陆的航空器空出跑道。

a）已发布进跑道许可，而航空器还未进跑道。

C：CCA4308，五边有飞机，立即起飞，否则在跑道外等待。（CCA4308，traffic on final，take-off immediately or hold short of runway）

P：现在在跑道外等待，CCA4308。（Holding short，CCA4308）

b）航空器已进跑道，但还未发布起飞许可

C：国航 4308，五边有飞机，立即起飞否则退出跑道。（CCA4308，traffic on final，take-off immediately or vacate runway）

P：现在起飞，国航 4308。（Taking-off，CCA4308）

c）起飞许可的取消。已向离场航空器发布起飞许可，但由于空中交通管制或其他原因，不能保证航空器安全起飞。在航空器还未开始起飞滑跑之前，必须立即取消原已发出的起飞许可，并通知该航空器取消起飞许可的理由。

C：国航 4308，原地等待，取消起飞许可，再说一边，取消起飞许可，跑道上有车。（CCA4308，hold position，cancel take-off，I say again，cancel take-off，vehicle on runway）

P：现在等待，国航 4308。（Holding，CCA4308）

f. 低云低能见度条件下，如果塔台管制员无法从塔台观察到航空器的起飞过程时，可以要求航空器驾驶员在离地以后报告起飞时间。

C：国航 4308，可以起飞，报告起飞时间。（CCA4308 cleared for take-off，report airborne）

P：可以起飞，照办，国航 4308。（Cleared for take-off wilco，CCA4308）

P：国航 4308，起飞 57。（CCA4308，airborne 57）

C：国航 4308，联系进近 119.1。（CCA4308，contact approach 119.1）

P：119.1，国航 4308。（119.1，CCA4308）

g. 起飞许可发布后，除非是紧急情况，在航空器从起飞滑跑开始一直到上升至昼间 100 m、夜间 150 m 的整个过程中，一般不与航空器驾驶员通话。如果在航空器已经开始起飞滑跑的情况下出现危险情况而需要中止起飞时，应通知航空器立即中断起飞，该指令需要重复一次。

C：国航 4308 立即中断起飞，国航 4308 立即中断起飞，有飞机穿越跑道。（CCA4308 stop immediately，CCA4308 stop immediately，aircraft crossing runway）

P：国航 4308 中断起飞。（CCA4308 stopping）

C：国航 4308，收到。（CCA4308 roger）

P：国航 4308 请求滑回停机坪。（CCA4308 request return to ramp）

C：国航 4308，在下一个道口右转滑回停机坪，联系地面 118.35。（CCA4308 take next right return to ramp，contact ground 118.35）

P：下一个道口右转脱离，118.35，国航 4308。（Next right，118.35，CCA4308）

（6）通报起飞时间。

航空器的起飞时间是指航空器开始起飞滑跑时前轮移动瞬时的时间。航空器起飞后，机场管制塔台管制员应将该航空器的起飞时间通知空中交通服务报告室及有关管制单位和其他部门或其他协议单位。

① 通知空中交通服务报告室。

当本机场区域范围内有关航空器起飞、着陆及其他相关的飞行动态是由本机场的空中交通服务报告室负责向有关空中交通服务单位通报时或机场管制塔台与本机场的空中交通服务报告室有协议时，当航空器起飞后，应将该航空器的实际起飞时间通报给本机场的空中交通服务报告室。

② 通知有关管制单位。

当本机场区域范围内有关航空器起飞、着陆的飞行动态由机场管制塔台负责向有关空中交通服务单位通报时，当航空器起飞后，应将该航空器的起飞动态以空中交通服务电报的形式发往有关空中交通服务单位。

③ 通知有关协议单位。

当其他有关单位与机场管制塔台有此项协议时，塔台管制员应在航空器起飞后，将该航空器的实际起飞时间通知给这类协议单位。

（7）安排航空器在机场管制塔台范围内严格按离场程序飞行。

当机场管制塔台或进近管制室或区域管制中心，根据所管制区域范围内的空中交通状况，需要对离场航空器起飞以后的飞行航径及飞行高度进行一些必要的限制时，航空器起飞后，塔台管制员应严格安排航空器按这类限定的条件飞行；如无上述限制，则安排航空器严格按标准离场航路离场。

塔台管制员在起飞的整个过程中应注意观察飞机，离地后观察飞机的姿态和转向，出现任何不正常情况应及时处理。

（8）管制移交。

管制协调和移交应当遵守下列规定：

① 塔台管制单位，应当及时将离场航空器的起飞时刻通知进近管制单位或者区域管制单位；

② 进近管制单位和区域管制单位对离场航空器实施流量控制或者有其他调配的，应当尽早通知塔台管制单位安排离场航空器在地面等待；

③ 航空器飞离塔台管制单位责任区时，塔台管制单位应当与进近管制单位或者区域管制单位按协议进行移交。

当机场管制塔台对离场航空器向提供进近管制服务的单位（进近管制室或区域管制中心）实施管制责任移交时，若双方制定有管制责任移交的协议时，按协议中规定的时间和移交点进行移交；若无此项协议时，通常情况下，按下列规定实施管制移交：

① 当机场附近为目视气象条件（VMC）时，选择下述两种情况较早的时机进行移交：

a. 在航空器飞离机场附近之前；

b. 在航空器进入仪表气象条件之前，如图 8-74 所示。

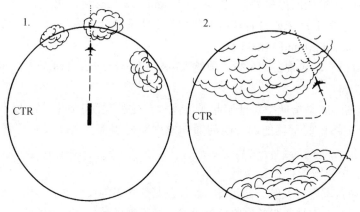

图 8-74　机场附近为VMC时对离场航空器的管制移交

② 当机场附近为仪表气象条件（IMC）时，为确保离场航空器能在起飞后在跑道末端 2 km 内被进近雷达识别，按下列规定实施管制移交。

a. 航空器进入跑道起飞前立即移交。例如：

C：国航 4308，联系进近 119.1，可以起飞。（CCA4308，contact approach 119.1，cleared for take off）

P：119.1，可以起飞，国航 4308。（119.1，cleared for take-off，CCA4308）

b. 如果根据当地程序在航空器升空之后移交较为适宜时，则在航空器升空后立即移交。例如：

C：国航 4308，可以起飞。（CCA4308，cleared for take-off）

P：可以起飞，国航 4308。（cleared for take-off，CCA4308）

（升空以后）

C：国航 4308，联系进近 119.1。（CCA4308，contact approach 119.1）

P：119.1，国航 4308。（119.1，CCA4308）

当机场管制塔台同时负责提供进近管制服务，对离场航空器向负责提供区域管制服务的单位进行移交时，应在两个单位同意的地点或时间进行。

四、起飞管制情景模拟

（一）背　景

（1）机场：武汉机场（虚拟）；

（2）管制单位：武汉塔台；

（3）航空器：国航 4308；

（4）使用跑道：36 号跑道；

（5）限制条件：进近管制室要求国航 4308 起飞后上升至修正海压高度 1 200 m 后右转继续上升；

（6）地面风：地面风 60°，7 m/s；

（7）修正海压：1 012Hpa.

（二）管制过程情景模拟

1. 情景 1

国航 4308 接近 36 号跑道外等待点，准备好起飞，五边有一架 B737，2 min 后将在 36 号跑道着陆。

管制通话过程：

P：武汉塔台，国航 4308 接近 36 号跑道外等待点，准备好起飞。（Wuhan tower, CCA4308 approaching holding point runway 36, ready for departure）

C：国航 4308，跑道外等待，五边有飞机。（CCA4308, hold short of runway, traffic on final.）

P：跑道外等待，国航 4308。（Holding short, CCA4308.）

2. 情景 2

五边 B737 接地，跑道外国航 4308 进跑道。

管制通话过程：

C：国航 4308，进跑道等待。（CCA4308 line up and wait）

P：进跑道等待，国航 4308。（line up and wait, CCA4308）

3. 情景 3

着陆 B737 脱离跑道，国航 4308 起飞滑跑。

管制通话过程：

C：国航 4308，地面风 60°，7 m/s，修正海压 1012，起飞后沿一边上升到修正海压高度 1 200 m 后右转。可以起飞。（CCA4308, wind 60 degrees 7 m/s, climb straight ahead until 1 200 m on QNH before turning right. cleared for take-off）

P：上升到修正海压高度 1 200 m 右转，修正海压 1012。可以起飞，国航 4308。（Straight ahead 1 200 m on QNH, right turn, QNH1012, cleared for take-off, CCA4308）

4. 情景 4

离港国航 4308 离地 100 m。

管制通话过程：

C：国航 4308，联系进近 119.1，再见！（CCA4308, contact approach 119.1, good day!）

P：联系进近 119.1，国航 4308，再见！（contact approach 119.1, CCA4308, good day!）

第六节　着陆管制

负责进近管制的单位将进场航空器移交给机场管制塔台后，由机场管制塔台管制员负责该航空器以后的管制工作，直到该航空器着陆脱离跑道后，再将其移交给地面管制单位为止，或该航空器复飞后,将其移交给进近管制单位为止。塔台管制室对进近着陆的航空器在这一运行阶段的管制为着陆管制。

本节将按照着陆管制阶段的范围介绍着陆航空器之间的间隔标准、着陆管制程序及有关规定以及有关常用的陆空通话术语,最后对着陆管制阶段的管制程序进行情景模拟,让读者对着陆管制过程有一个较清楚的了解。

一、着陆管制的范围

对于设有单独进近管制单位的机场,其机场管制塔台着陆管制的范围包括:从进近管制单位将进近的航空器交给机场塔台管制开始直到航空器着陆脱离跑道,将其移交给地面管制或航空器复飞后,将其移交给进近管制为止。至于进近管制单位移交的高度或位置没有严格规定,视机场而异,需按当地机场管制细则的规定执行。

而对于未设立单独进近管制单位的机场,塔台管制室同时提供进近和机场管制服务,着陆管制的范围则根据机场塔台管制室与区域管制室的协议进行划分,机场塔台管制室首先负责对航空器的进场提供管制服务,然后负责对航空器提供进近、陆管制服务。

二、着陆航空器之间的间隔标准

着陆航空器之间的间隔标准主要取决于前方先着陆航空器的尾流对后方航空器的影响及前面着陆航空器着陆后脱离跑道所需的时间(即跑道占用时间)。着陆航空器脱离跑道所需的时间根据机场条件的差异而不同,它和机场跑道及滑行道的布局有关。因此,在这里主要介绍着陆航空器之间的尾流间隔标准。

我国对于着陆尾流间隔的规定如下:

(1)当前后进近着陆的航空器为重型机和中型机时,其非雷达间隔的尾流间隔不得少于 2 min;

(2)当前后进近着陆的航空器分别为重型机和轻型机时,其非雷达间隔的尾流间隔不得少于 3 min;

(3)当前后进近着陆的航空器分别为中型机和轻型机时,其非雷达间隔的尾流间隔不得少于 3 min;

(4)当前后进近着陆的航空器分别为 A380-800 型机和中型机时,其非雷达间隔的尾流间隔不得少于 3 min;

(5)当前后进近着陆的航空器分别为 A380-800 型机和轻型机时,其非雷达间隔的尾流间隔不得少于 4 min。

当前后进近着陆的航空器在起落航线上且处于同一高度或者后随航空器低于前行航空器时,若进行高度差小于 300 m 的尾随飞行或者航迹交叉飞行,则前后航空器的尾流间隔时间应当按照上述有关规定执行。

为避免尾流影响,管制员应当为航空器之间配备尾流间隔。但是在下列情况时,管制员则不需要为航空器之间配备尾流间隔:

(1)按照目视飞行规则飞行的两架航空器在同一跑道先后着陆,后着陆的航空器为重型或者中型时;

（2）按照仪表飞行规则飞行做目视进近，当后随航空器已报告看到前方航空器，被指示跟随并自行保持与前方航空器的间隔时。

管制员应当为上述航空器以及其他认为必要的航空器发布可能的尾流警告。航空器驾驶员应当负责保证与前方重型航空器的间隔。如果航空器驾驶员认为需要额外的间隔时，应当及时向管制员报告。

三、着陆管制程序

（一）着陆管制的一般程序（非起落航线飞行）

（1）航空器预计着陆前 30 min 完成以下准备工作：了解天气情况、检查通信导航设备、校对时钟、检查风向风速仪、校正高度表。

（2）航空器预计进入机场管制空域前 20 min，开放本场通信、导航设备。

（3）与已经接受管制的进场航空器建立联络后，通知航空器驾驶员进场程序、继续进近的许可、着陆条件、发生显著变化的本场天气。例如：

P：武汉塔台，国航 4307，长五边。（Wuhan tower，CCA4307，long final）

C：国航 4307，继续进近跑道 36，过远台叫。（CCA4307，continue approach runway 36，report out marker）

当航空器转到五边上距着陆点的距离在 7 km 以内时，航空器驾驶员应报告"五边（final）"；大于这一距离时，则报告"长五边（long final）"；做直接进近的航空器，在距着陆点大于 15 km 时报告"长五边（long final）"，如果此时未收到着陆许可，则在 7 km 时报告"五边（final）"。在航空器最后进近阶段，塔台管制员向航空器发布继续进近许可的同时，应视情况同时向其发布其他有关情报和指令，这些情报和指令包括现行的危险情况（如跑道上有车辆等）、地面风的重要变化、跑道道面情况的重大变化（如跑道上有积水等）、目视及非目视助航设备的变化情况（如 ILS GP 不工作等）、RVR 或 VIS 的变化、过最低下降高度/决断高度以及远台报告等。

（4）发布着陆许可。

① 发布着陆许可的条件。

a. 在航空器进近着陆的航径上没有其他航空器活动；

b. 跑道上无障碍物；

c. 符合规定的尾流间隔标准。

② 发布着陆许可的时机。

原则上在航空器到达最后进近定位点之前，应发给着陆许可；对于作直线进近的航空器，在航空器到达离跑道端 4 km 之前，应发给着陆许可。

③ 着陆许可的内容。

着陆许可一般包括航空器呼号、地面风、其他相关情报、"可以着陆"指令、使用跑道（如果机场同时有两条及两条以上的跑道同时使用时）。

P：武汉塔台，国航 4308，远台。（Wuhan tower，CCA4308 outer marker）

C：国航 4308，地面风 80°，5 m/s，注意着陆波音 747 的尾流，可以着陆跑道 36。（CCA4308，wind 80 degrees 5 m/s，caution wake turbulence behind landing B747，cleared to land runway 36）

P：可以着陆，国航 4308。（Cleared to land，CCA4308）

（5）塔台管制员应密切监视进入着陆的航空器与其他相关航空器的相对位置。按照目视飞行规则飞行的航空器使用同一跑道起飞、着陆时，在着陆航空器通过使用跑道首端之前，先起飞或先着陆航空器必须到达以下位置。

① 先着陆航空器已脱离跑道；

② 先起飞航空器已开始转弯；

③ 先起飞航空器已飞越使用跑道末端。

（6）着陆航空器滑跑冲程结束后，通知航空器驾驶员脱离跑道程序。

① 脱离跑道的方法；

② 滑行指示；

③ 转换到地面管制频率，并由地面管制席提供地面滑行服务，没有地面管制频率的仍使用塔台管制单位频率，并由塔台管制单位提供地面滑行服务。

C：国航 4307，第一个道口左转脱离，脱离跑道报告。（CCA4307, take first left, report when vacated）

P：第一个道口左转脱离，国航 4307。（First left, CCA4307）

（7）管制移交。

当航空器脱离跑道后，通知航空器驾驶员转换频率联系地面管制，同时将进程单移交地面管制员。

P：武汉塔台，国航 4307 脱离跑道。（Wuhan tower, CCA4307, runway vacated）

C：国航 4307，联系地面 121.9。（CCA4307, contact ground 121.9）

P：121.9，国航 4307。（121.9, CCA4307）

当机场使用跑道活动不频繁时，着陆航空器着陆滑跑冲程结束后，在向航空器驾驶员通知脱离程序的同时，可进行通信移交。

C：国航 4307，第一个道口左转脱离，脱离后联系地面 121.9。（CCA4307, take first left, contact ground 121.9 when vacated）

P：第一个道口左转脱离，联系地面 121.9，国航 4307。（First left, ground 121.9, CCA4307）

（8）将着陆时间通知空中交通服务报告室或者直接拍发着陆报。

航空器的着陆时间是指航空器着陆滑跑冲程结束的时间。航空器着陆后，机场管制塔台管制员应将该航空器的着陆时间通知有关空中交通服务单位及其他协议单位。

① 通知空中交通服务报告室。

当本机场区域范围内有关航空器起飞、着陆的飞行动态，是由本机场的空中交通服务报告室负责向有关空中交通服务单位通报或机场管制塔台与本机场的空中交通服务报告室有此项协议时，当航空器着陆后，机场管制塔台管制员应使用直通电话将该航空器的实际着陆时间通报给本机场的空中交通服务报告室。

② 其他空中交通服务单位。

当本机场区域范围内有关航空器起飞、着陆的飞行动态是由机场管制塔台负责向有关空中交通服务单位通报时，当航空器着陆后，机场管制塔台应将该航空器着陆的动态以空中交通服务电报的形式发往有关空中交通服务单位。

③ 有关协议单位。

当其他有关单位与机场管制塔台有此项协议时，塔台管制员应在航空器着陆后，将该航空器的实际着陆时间通知给这类协议单位。

（二）航空器低高度通场

航空器在进近着陆过程中，航空器驾驶员如果发现航空器某一系统（如起落架）出现不正常情况，而自己又无法检查确认时，通常应向塔台管制室请求低高度通过塔台或其他观察点，让塔台管制员从地面帮助目视检查。

P：武汉塔台，国航 4307 请求低高度通场，左起落架指示不正常。（Wuhan tower, CCA4307 request low pass, unsafe left gear indication）

C：国航 4307 可以低高度通场 36 号跑道，高度不低于 150 m，五边报告。（CCA4307 cleared low pass runway 36, not below 150 metres, report final）

P：跑道 36，不低于 150 m，国航 4307。（Runway 36, not below 150 metres, CCA4307）

P：国航 4307，五边。（CCA4307, final）

C：收到。（Roger）

如果航空器低空通场的目的是观察起落架，塔台管制员可用以下用语来描述起落架的状况：

（1）"起落架看上去已放下"（"Landing gear appears down"）。

（2）"右/左/前轮看上去已收上/放下"（"Right/left/nose/wheel appears up/down"）。

（3）"轮子看上去都已收上/放下"（"Wheels appear up/down"）。

（4）"右/左/前轮看上去没有收上/放下"（"Right/left/nose wheel does not appear up/down"）。

航空器低空通场后，塔台管制员应将所观察到的有关情况及时通知航空器，并根据空中交通状况和机场附近的气象条件，指示其拉升联系进近或加入机场起落航线，重新进近着陆。如果塔台管制员观察到的情况表明，航空器着陆时将有可能危及飞行安全或经过观察无法确认航空器驾驶员所请求检查的内容时，应通知航空器驾驶员重新检查，并通知地面有关医疗、消防等援救部门，做好航空器在不正常情况下着陆时的援救工作。

（三）本场训练

在本场训练过程中，航空器可能要求沿着或平行于某一跑道做个进近而不着陆，即低空进近，或为了节约滑行时间，要求着陆后继续滑跑起飞，即落地连续。

许可作低空进近或者落地连续起飞的航空器，前者在其飞越跑道入口以前，后者在其接地之前，应当视为着陆航空器；在此之后，应当视为起飞航空器。

1. 拉升训练

在本场训练时，航空器驾驶员可能要求沿着或平行于某一跑道做个进近而不着陆。塔台管制员应根据交通状况给予其许可，并限制其开始拉升的最低高度。例如：

P：武汉塔台，2531 请求拉升做训练，36 号跑道。（Wuhan tower, B2531 request low approach runway 36 for training）

C：2531，可以拉升，跑道 36，高度不低于 70 m，五边报告。（B2531, cleared low approach runway 36, not below 70 metres, report final）

P：跑道 36，不低于 70 m，2531。（Runway 36, not below 70 metres, B2531）

2. 落地连续

在本场训练中，航空器驾驶员可能要求着陆后继续滑跑起飞，以便节约滑行时间。塔台管制员可根据机场交通状况给予其落地连续的许可或要求着陆全停或要求其再一次通场。

P：武汉塔台，B2531 请求连续。（Wuhan tower，B2531 request touch and go）

C：2531 可以连续（B2531 cleared touch and go），或

C：2531 不行，因为活动拥挤，做个全停，可以着陆（B2531，unable to approve due traffic congestion，make full stop，cleared to land），或

C：2531 再通场一次，三边报告。（B2531，make another circuit，report downwind）

3. 复 飞

发出着陆许可后，如发生跑道侵入或其他不安全情况时，塔台管制员应当立即通知航空器复飞，同时简要说明复飞原因；复飞航空器高度在昼间 100 m，夜间 150 m 以下，或者未开始第一转弯或按照管制员指令，跑道上的其他航空器不得起飞；复飞和重新进入着陆的程序，按照公布的程序执行。着陆或者复飞由航空器驾驶员最后决定，并且对其决定负责。

鉴于在复飞初始阶段驾驶舱内的工作较多，复飞指令应尽量简洁明了。管制员给航空器驾驶员发布复飞指令时，若没有指明具体的复飞程序，则不能完成仪表进近而复飞的航空器应执行标准复飞程序，按目视飞行规则飞行的航空器复飞后应加入正常的起落航线。

1）仪表飞行规则（IFR）

C：国航 4307 复飞，跑道上有飞机。（CCA4307，go around，aircraft on the runway）

P：国航 4307 现在复飞了。（CCA4307 going around）

C：国航 4307，标准复飞程序，联系进近 119.1。（CCA4307，standard，contact approach 119.1）

P：标准程序，119.1，国航 4307。（Standard，119.1，CCA4307）

2）目视飞行规则（VFR）

C：S—AB，复飞，跑道上有车辆。（S-AB，go around，vehicle on the runway）

P：S—AB 现在复飞了。（S-AB going around）

C：S—AB 三边报告。（S-AB report downwind）

P：S—AB 照办。（S-AB wilco）

3）驾驶员自行决定复飞

P：武汉塔台，国航 4307 没有看见跑道，现在复飞了。（Wuhan tower，CCA4307 no contact at minima，going around）

C：国航 4307 标准复飞程序，联系进近 119.1。（CCA4307 standard procedure，contact approach 119.1）

P：标准程序，119.1，国航 4307。（Standard procedure，119.1，CCA4307）

（四）塔台管制员在航空器按照仪表进近程序着陆时的管制程序

航空器进入着陆的方法，应当按照航行资料汇编规定的程序进行。机场管制塔台若同时负责航空器沿仪表进近程序和在第一等待层高度上飞行的管制工作，机场管制席管制员在航空器按照仪表进近程序着陆时，应当按照下列程序工作：

（1）最低等待高度层空出后，立即通知进近管制员；

当塔台管制员指挥在第一等待高度层上飞行的航空器下降到仪表进近的起始高度之后，应立即通知进近管制员第一等待高度层已经空出，则进近管制员可以及时安排在第一等待高度层以上各等待层上飞行的航空器逐层下降，缩短航空器等待飞行的时间。

（2）与航空器建立联络后，通知航空器驾驶员占用进近起始位置的时间和着陆条件。例如：

① 通知起始进近时间

a. "（时间）开始进近"

"Commence approach at（time）"

b. "在（时间）过（起始进近定位点）"

"passing（IAF）at（time）"

c. "预计进近时间（时间）"

"Expected approach time（time）"

② 通知着陆条件。

包括使用跑道、地面风向风速、场压、能见度/跑道视程以及有关机场情报。

（3）两架航空器按照同一种仪表进近程序进入着陆时，在严格掌握规定数据的前提下，应当控制航空器之间的高度差不小于 300 m，同时给着陆航空器留出复飞的高度层。

（4）航空器自最低等待高度层下降时，再次校对高度表拨正值。

（5）根据航空器驾驶员报告掌握航空器位置，当航空器进入最后进近阶段，发布着陆许可。必要时，通知航空器驾驶员最低下降高度（或者决断高）或者复飞程序。

（五）机场天气低于着陆最低气象条件的措施

机场管制塔台或进近管制室，应当随时注意机场区域内的天气变化并及时通知进场航空器。当机场的天气条件低于着陆最低气象条件时，根据航空器驾驶员的要求，应指示其进行等待或发给飞往备降机场的管制许可并调整进近顺序。在航空器油量不足、严重机械故障以及其他如天气原因，不能飞往任何机场的情况下，航空器驾驶员决定在低于着陆最低气象条件的情况下着陆时，管制员应采取必要的措施予以协助，并通知有关保障部门做好应急准备。

（六）优先着陆

航空器发生特殊情况危及飞行安全或因其他原因，航空器驾驶员请求优先着陆时，塔台管制员应当给予许可并安排航空器优先着陆。航空器优先着陆的飞行程序，各机场应根据机场区域内空域的结构，在机场使用细则中做出规定。优先着陆的管制程序为：

（1）迅速空出优先着陆航空器需要的高度和空间；

（2）通知航空器驾驶员着陆条件和优先着陆程序；

（3）航空器驾驶员报告通过进近起始位置时，按照正常仪表进近程序掌握航空器的位置；

（4）航空器在紧急情况下，不能按照优先着陆程序下降时，迅速调配该航空器所在高度以下的航空器避让，尽快准许该航空器着陆；

（5）在航空器着陆前，通知机场当局做好航空器着陆后的援救工作。

四、着陆管制情景模拟（IFR）

（一）背　景

（1）机场：武汉机场（虚拟）；

（2）管制单位：武汉塔台；

（3）航空器：国航 4307；

（4）航空器起始位置：长五边 15 km；

（5）使用跑道：36 号跑道；

（6）地面风：80°，6 m/s；

（7）跑道视程：RVR800 m。

（二）管制过程情景模拟

1. 情景 1

着陆航空器联系塔台，起始位置：长五边 15 km。

管制通话过程：

P：武汉塔台，国航 4307，15 km 长五边，跑道 36。（Wuhan tower，CCA4307，15 km on longfinal runway 36）

C：国航 4307 继续进近跑道 36，地面风 80°6 m/s，RVR800 m，过远台叫。（CCA4307，continue approach runway 36，wind 80 degrees 6 m/s，RVR800 m. Report outer marker）

P：继续进近跑道 36，国航 4307。（Continue approach runway 36，CCA4307）

2. 情景 2

着陆航空器过远台。

管制通话过程：

P：塔台，国航 4307 远台。（Tower，CCA4307 outer marker）。

C：国航 4307，地面风 80°，6 m/s，可以着陆跑道 36。（CCA4307，wind 80 degrees 6 m/s，cleared to land runway 36）

P：可以着陆，国航 4307。（Cleared to land，CCA4307）

3. 情景 3

着陆航空器着陆后，滑跑冲程结束。

管制通话过程：

C：国航 4307，第一个道口右转脱离，脱离跑道后联系地面 121.9。（CCA4307，take first right to vacate runway，contact ground 121.9 when vacated）

P：第一个道口右转，121.9，国航 4307。（First right，121.9，CCA4307）

4. 情景 4

着陆航空器脱离跑道。

管制通话过程：

P：武汉地面，国航 4307 脱离跑道。（Wuhan ground，CCA4307，runway vacated）

C：国航 4307 经 A5、B 和 C5 滑行道滑到 1 号停机位，看见地面指挥叫。（CCA4307，taxi via taxiway A5、B and C5 to stand 1，report marshalman insight.）

P：滑行道 A5、B 和 C5，看见地面指挥叫，国航 4307。（Taxiway A5、B and C5，report marshalman in sight. CCA4307）

5. 情景 5

着陆航空器到停机位，看见地面引导员。

管制通话过程：

P：武汉地面，国航 4307，看见地面指挥。(Wuhan ground，CCA4307，marshalman in sight)

C：国航 4307，再见。(CCA4307，goodbye)

P：再见。(goodbye)

第七节　机场起落航线飞行的管制

机场起落航线是航空器在机场附近运行时规定的飞行路线。这种规定的飞行路线实际上是当机场附近为目视气象条件时，为在机场附近进行目视飞行的航空器规定的飞行路线，其目的是保证机场附近目视飞行的秩序和安全。航空器沿机场起落航线可进行起飞后的上升、飞离机场加入机场起落航线或由航线加入机场起落航线进行目视进近和着陆以及在机场上空训练、试飞等。

按照我国民航的规定，机场起落航线属于机场塔台管制的范围。机场起落航线的飞行和管制运行都有较为规范的程序和标准，本节将介绍机场起落航线的标准构成、机场起落航线上的飞行规定、机场附近目视及特殊目视飞行的有关规定和程序，机场起落航线管制程序以及有关陆空通话术语，最后对机场起落航线的管制程序进行情景模拟，让读者对机场起落航线管制有一个较清楚的了解。

一、机场起落航线的构成

机场起落航线由 5 条边和 4 个转弯构成，图 8-75 所示的是一标准的左起落航线，其上所标示的各位置说明如下：

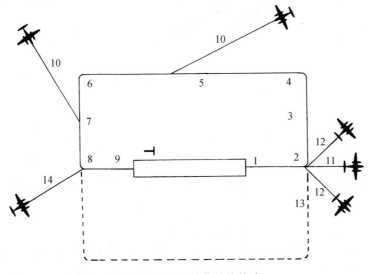

图 8-75　机场起落航线构成

位置 1：一边

位置 2：一转弯

位置 3：二边

位置 4：二转弯

位置 5：三边

位置 6：三转弯

位置 7：四边

位置 8：四转弯

位置 9：五边

位置 10：进场航空器通常在此位置加入机场起落航线

位置 11：离场航空器如不需在本场爬高，起飞方向和入航方向基本一致，可直接入航

位置 12：离场航空器如不需在本场爬高，到过一转弯规定的高度后，可左转或右转入航

位置 13：该跑道的右起落航线

位置 14：进场航空器加入长五边

二、机场起落航线飞行和管制的有关规定

（一）飞行规定

1. 昼间起落航线飞行

（1）机场起落航线上的飞行高度。

起落航线上飞行的高度通常为 300～500 m，低空小航线不得低于 120 m；航空器起飞后开始第一转弯及着陆前结束第四转弯的高度不得低于 100 m，低空小航线不得低于 50 m。如图 8-76 所示。

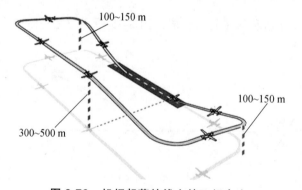

100～150 m

100～150 m

300～500 m

图 8-76　机场起落航线上的飞行高度

（2）机场起落航线的方向。

标准的起落航线为左航线，如果受条件限制（如飞行空域的使用限制、地形条件限制等），亦可制定为右航线。

（3）机场起落航线上飞行的航空器之间的间隔。

在起落航线上飞行的各航空器之间的距离，距前方 A 类航空器之间不得小于 1.5 km；距前方 B 类航空器之间不得小于 3 km；距前方 C、D 类航空器之间不得小于 4 km，如图 8-77 所示。在执行上述间隔标准时，应注意航空器之间尾流的影响，同时应充分考虑起降航空器之间的尾流间隔标准。

在起落航线飞行中，同型机之间不允许彼此超越；快速航空器在获得机场塔台管制员许可

的条件下，可以从外侧在三转弯以前超越前方慢速航空器，如图 8-78 所示。超越时侧向间隔，距 A 类航空器不得小于 200 m，距 B、C、D 类航空器不得小于 500 m。除迫降的航空器外，不得从内侧超越前方航空器。

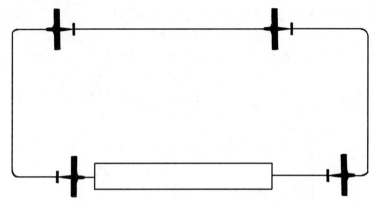

图 8-77　起落航线上飞行的各航空器之间的间隔

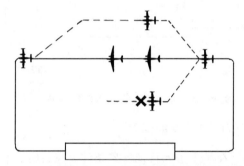

图 8-78　起落航线上快速航空器超越慢速航空器

（4）机场起落航线上同时飞行的航空器的架次限制。

昼间，在起落航线上同时飞行的航空器的数量，应当根据各机场的地形、地面设备、机型等条件确定。从塔台或者起飞线塔台能看见起落航线上的全部航空器时，不得超过 4 架；看不见起落航线某些航段上的航空器时，不得超过 3 架；C、D 类航空器或者低空小航线飞行时，不得超过 2 架。

2. 夜间起落航线飞行

夜间飞行，航空器在起落航线或者在加入、脱离起落航线的范围内，航空器驾驶员能够目视机场和地面灯光，管制员可以允许航空器驾驶员作夜间起落航线飞行。

（1）高度规定。

起落航线飞行的高度通常为 300～500 m。起飞后开始第一转弯和着陆前结束第四转弯的高度不得低于 150 m。

（2）间隔标准。

在起落航线飞行中，后方航空器不得超越前方航空器，各航空器之间的距离不得小于 4 km。

（3）架次限制。

在起落航线上同时飞行的航空器数量不得超过 2 架。

（二）进场航空器加入机场起落航线

昼间，航空器加入机场起落航线，必须经塔台管制员的许可，并按照规定的高度顺沿航线加入，不得横向截入，如图 8-79 所示。

夜间，航空器加入起落航线，必须按照仪表飞行规则进场，利用机场灯光和导航设备确切掌握位置，经塔台管制员许可，按照规定高度顺沿航线加入。夜间起落航线飞行时，航空器之间的纵向间隔由管制员负责，航空器与地面障碍物之间的间隔由航空器驾驶员负责。

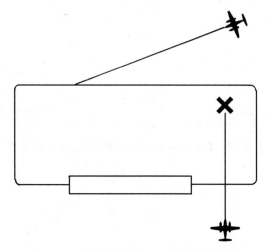

图 8-79　进场航空器加入机场起落航线

（三）机场起落航线管制中应注意的问题

（1）仪表进场的航空器，在其未进入目视气象条件下飞行时，不允许直接加入机场起落航线；当有航空器按仪表进近程序进近着陆时，在航空器建立目视参考基准的区域范围之内，禁止有其他航空器活动，以免造成危险接近。

（2）条件允许时，可允许航空器加入长五边进近着陆。

① 目视飞行。

云下目视飞行进场的航空器，进场航迹与着陆航迹相同或者相差不大于 45°，地形条件许可，航空器驾驶员熟悉机场情况，不影响其他航空器进入时，可以直接加入长五边着陆。例如：

C：国航 4307，直接进近跑道 04，地面风 50°，6 m/s，修正海压 1015。（CCA4307 make straight-in approach runway 04，wind 50 degrees 6 m/s，QNH 1015）

P：直接进近跑道 04，修正海压 1015，国航 4307。（Straight-in runway 04，QNH 1015，CCA4307）

② 仪表飞行。

仪表飞行的航空器，进场航迹与着陆航迹相同或者相差不大于 45°，地形条件许可，地面导航设备能够保证航空器准确地加入长五边时，可以安排航空器加入长五边仪表进近着陆。例如：

C：南方 3372 可以直接 ILS 进近，跑道 04，建立 ILS 报告。（CSN3372 cleared straight-in ILS approach runway 04，report ILS established）

P：可以直接 ILS 进近，跑道 04，南方 3372。（Cleared straight-in ILS approach runway 04，CSN3372）

在仪表气象条件下，此类管制许可通常由进近管制室发出，当航空器建立 ILS 并进入最后进近航迹时，将航空器移交给塔台管制室，由塔台管制室发布着陆许可。

航空器加入长五边仪表进入着陆的程序，应在各机场的机场使用细则内作出规定。

（3）如因安排不当或其他特殊原因造成两架航空器同时进入着陆下滑时的优先着陆顺序。

① 有特殊情况如机械故障、油量不足等的航空器先着陆，其他航空器复飞；

② 滑翔机先着陆，有动力的航空器复飞；

③ 高度低的航空器先着陆，高度高的航空器复飞；

④ 大型、快速、喷气及涡轮螺旋桨航空器先着陆，小型、慢速、活塞式航空器应复飞；

⑤ 有旅客的航空器先着陆，货机或训练航空器复飞。

塔台管制员安排即将进入或正在起落航线上飞行的各航空器的着陆次序时，在同等条件下，也应遵循上述优先顺序。

（4）如果航空器未经准许进入机场起落航线，而其行动又表示要求着陆时，必须准许其着陆。如果情况需要，塔台管制员可要求其他有无线电通讯联络的航空器避让，以便迅速消除由于此种未经许可的飞行所造成的危险。在任何情况下，都不得无限期地拖延着陆许可的发布，如确认为无线电通讯失效，可使用辅助指挥、联络信号向该航空器发布有关指令。

（5）在紧急情况下，航空器可能有必要未经准许而进入机场起落航线并进行着陆，在此情况下，塔台管制员应充分认识到该航空器的紧急程度，给予一切可能的帮助。

（6）安排航空器脱离或加入机场起落航线时，均应采取最简便的方法，使离场航空器尽快离开起落航线，进场航空器尽快着陆，以便尽快减少同时在起落航线上飞行的航空器架次。

（7）对于下列航空器可给予其使用机动区的特许。

① 由于某种影响飞行安全的因素（发动机失效、缺少燃油等）行将迫降的航空器；

② 医救航空器或载有需要紧急医疗的病人或重伤人员的航空器。

（8）必要时，机场管制人员必须提醒航空器驾驶员注意尾流的影响。

由于尾流发生的危险无法准确预测，因此机场管制员不能承担告知这类危险的责任，也不对准确性负责，而只能向航空器驾驶员进行一些必要的提醒，例如：

C：国航1331，注意B747后面的尾流。（CCA1331, caution wake turbulence behind landing B747.）

三、机场起落航线飞行的管制程序

（一）本场训练

1. 地面管制

进行本场训练航空器的地面管制程序与前文介绍地面管制程序基本一致，只是在对本场训练航空器放行时的通话有所不一样。本场训练航空器在向塔台地面管制员申请进行本场训练时，地面管制员根据进离港航班的繁忙程度并与进近管制室协调后给予放行，在运输机场进行本场训练一般是在进离港航班较少的时段安排放行训练。本场训练的放行通话举例如下：

P：武汉地面，B2531本场训练，请求放行。（Wuhan ground, B2531 local training, request clearance）

C：B2531，可以本场训练，左航线，跑道36，高度修正海压高度450 m，应答机2321。（B2531 is cleared for training, left hand patten, 450 metres on QNH, squawk A2321）

2. 起飞管制

如果有多架飞机将同时在机场起落航线上做本场训练飞行时，应合理地安排各航空器之间的起飞顺序和起飞间隔，以确保航空器进入起落航线飞行后，能够保持规定的纵向间隔标准。

3. 要求航空器驾驶员进行常规性报告

起落航线上常规性位置报告点有：三边（切"T"字布）、四边/三转弯以及五边。例如：

P：武汉塔台，B2531本场训练，请求起飞。（Wuhan tower, B2531 for training, request for departure）

C：2531，地面风80°，5 m/s，修正海压1012，可以起飞。（B2531, wind 80 degrees 5 m/s, QNH1012, cleared for take-off）

P：可以起飞，2531。（Cleared for take-off, B2531）

（航空器起飞后开始一转弯）

C：2531，三边叫。（B2531, report downwind）

P：2531（B2531）

P：武汉塔台，2531三边。（Tower, B2531 downwind）

C：2531，四边叫。（B2531, report base）

P：2531。（B2531）

P：2531四边。（B2531 base）

C：2531五边叫/2531

P：2531五边。（B2531, final）

C：B2531，可以着陆。（B2531 cleared to land）

P：可以着陆，2531。（Cleared to land, B2531）

4. 发布着陆许可

一般情况下，当航空器驾驶员报告四边或三转弯时，可向其发布着陆许可；如果交通情况不允许在此时发着陆许可时，可继续指示其五边报告，等航空器报告五边时，再向其发布着陆许可。

5. 起落航线上活动间距的调整

当有航空器在起落航线上运行时，塔台管制员应根据当时起落航线上的航空器数量和机型情况以及其他交通情况，调整航空器之间的间距，确保在起落航线上各航空器之间以及在起落航线上各航空器与其他进、离场航空器之间的间隔不低于最低安全间隔的规定，以避免发生危险接近或互相影响正常的起飞和着陆。

调整起落航线上活动间距的方法通常有指示航空器延长一边、延长三边、在三边或五边做机动飞行（如原地盘旋一圈）、指示航空器复飞等。如果机场活动拥挤，进、离场活动频繁，可根据繁忙情况，减少本场训练的航空器数目或暂时取消本场训练；必要时，中止目视飞行规则的运行，所有进场航空器一律按雷达引导排序或按仪表进近程序排序并停止一切目视离场飞行。

（二）进场航空器加入机场起落航线

1. 进近管制室与机场管制塔台对做目视进近航空器的协调与移交

通常情况下，航空器做目视进近所需的正常进近时间要少于做仪表进近所需的正常进近时间，如图8-80所示，实线所示的是仪表进场及进近路线，虚线所示的是目视进近路线，可以看出二者之间在行程当中的差异。因此仪表进场的航空器驾驶员若在进场的某一点进入目视气象条件时，为了节约飞行时间，通常会向进近管制员请求做目视进近，此时，若进近管制员认为该航空器与其他正常进近和离场的航空器无冲突,可给予其可以目视进近的许可并与机场管制塔台协调。当该航空器在机场附近,进近管制员认为该航空器可以依靠地面目视参考完成该次进近和着陆或确信该航空器已进入不间断的目视气象条件时,如图 8-81 所示,向塔台对该航空器实施管制移交。

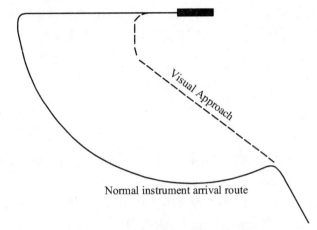

Visual Approach

Normal instrument arrival route

图 8-80　目视进近与正常仪表进场航路

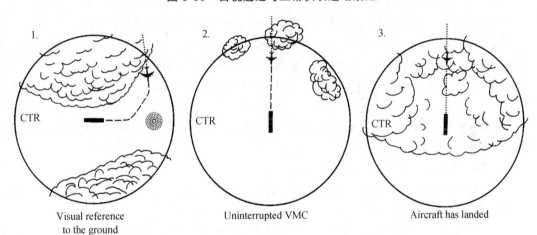

1.

CTR

Visual reference
to the ground

2.

CTR

Uninterrupted VMC

3.

CTR

Aircraft has landed

图 8-81　APP对航空器向TWR实施管制移交

例如:

P:武汉进近,国航 1331,高度 1 200 m,武汉 12,能见地面,请求目视进近。(Wuhan approach, CCA1331, 1 200 m on QNH, Wuhan 12, VMC, request visual approach)

C:国航 1331 可以目视进近跑道 04,下降修正海压 900 m 保持,看见机场报告。(CCA1331 cleared for visual approach runway 04, descend and maintain 900 m on QNH, report aerodrome in sight)

P:可以目视进近跑道 04,下降修正海压 900 m 保持,国航 1331。(Cleared for visual approach runway 04, descending to 900 metres on QNH, CCA1331)

P:进近,国航 1331 看见机场。(Approach, CCA1331 areodrome in sight)

C:国航 1331,联系塔台 130.0。(CCA1331, contact tower 130.0)

P:130.0,国航 1331。(130.0, CCA1331)

2. 机场管制塔台对进场航空器加入机场起落航线飞行的管制

当航空器已进入不间断的目视气象条件,能见机场时,航空器驾驶员联系机场塔台管制员,机场塔台管制员将指挥进场航空器加入机场起落航线。

（1）向航空器驾驶员发布加入起落航线的许可。

当与做目视进近的航空器建立通讯联络后,应立即向该航空器通知以下内容:

① 加入机场起落航线的位置,如果要求航空器作右起落航线飞行时,应特别说明;

② 使用跑道;

③ 地面风向风速;

④ 修正海压;

⑤ 其他必要的情报。

例如:

P：武汉塔台,国航 1331,机场东北方向 15 km,高度 600 m,准备着陆。（Wuhan tower, CCA1331 15 kms north-east 600 metres for landing）

C：国航 1331 加入三边跑道 04,地面风 60°5 m/s,修正海压 1012。（CCAA1331 join Downwind runway 04, wind 60 degrees 5 m/s, QNH1012）

P：加入三边跑道 04,场压 1012,国航 1331。（Downwind runway 04, QNH 1012, CCAA1331）

机场管制塔台允许航空器加入机场起落航线时,应考虑起落航线上同时飞行的航空器的数量,超过规定的架次时,应指挥有关航空器在高度 600 m 以上在机场起落航线上进行等待,并与进近管制室进行协调,同时尽快减少在起落航线上同时飞行的航空器的架次。

机场管制塔台安排进场航空器加入起落航线的位置时,应尽可能选择与航空器进场航迹相接近的一个边。

（2）接到航空器驾驶员报告到达机场起落航线的某一位置时,指示航空器驾驶员进行常规性报告。例如:

P：国航 1331 三边。（CCA1331 downwind）

C：国航 1331 四边叫。（CCA1331 report base）

（3）发布着陆许可。

当做目视进近的航空器到达机场附近请求着陆时,如塔台管制员认为该航空器与其他本场飞行无任何影响时,可直接向该航空器发布着陆许可。例如:

P：武汉塔台,国航 1331,机场东北方向 15 km,高度 600 m,准备着陆。（Wuhan tower, CCA1331 15 kms north-east 600 metres for landing）

C：国航 1331 可以着陆跑道 04,地面风 60°5 m/s,修正海压 1012。（CCA1331, cleared to land runway 04, wind 60 degrees 5 m/s, QNH1012）

如果交通情况不允许在此时向航空器发布着陆许可时,可先发给加入起落航线的许可,等航空器加入起落航线后,根据其位置报告适时向其发布着陆许可。例如:

P：国航 1331 四边（CCA1331, base）。

C：国航 1331 可以着陆（CCA1331 Cleared to land），或

C：国航 1331 五边叫（CCA1331 report final）。

P：国航 1331（CCA1331）。

P：国航 1331 五边（CCA1331 final）。

C：国航 1331 可以着陆（CCA1331 cleared to land）。

3．起落航线上飞行冲突的调配

虽然在目视飞行气象条件下，进行目视飞行的航空器与航空器之间的间隔究竟是否符合规定的标准，主要由航空器驾驶员负责，但管制员有必要向航空器驾驶员提供必要的交通情报以及相应的防撞措施，帮助航空器驾驶员进行防撞。

当有多架航空器在机场起落航线及其附近区域飞行时，塔台管制员应向有关正在起落航线上飞行以及即将加入起落航线的航空器通知有关必要的本场交通情报，已安排好的着陆次序以及为调整航空器之间的间隔所采取的措施。

1）必要的本场交通

必要的本场交通是指可能对其他航空器构成危险的在机场机动区内活动的人员、车辆、航空器以及在机场附近正在运行的其他交通。如图 8-82 所示的三种情况中的两航空器互为必要的本场交通，在此情况下，塔台管制员必须向一架航空器驾驶员通报另一架航空器的有关情报。

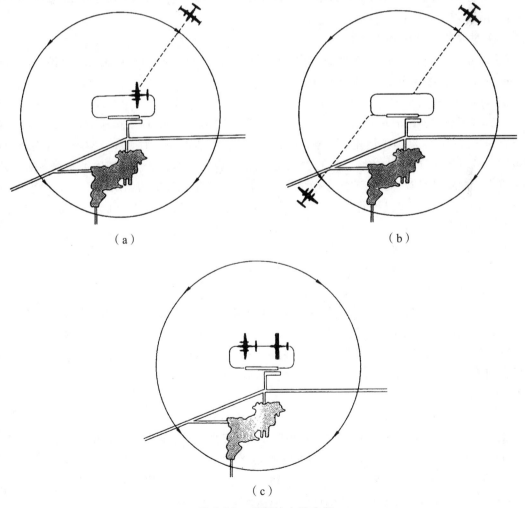

（a）　　　　　　　　　　　（b）

（c）

图 8-82　必要的本场交通

（1）一架正在进入管制地带的航空器与另一架在起落航线上飞行的航空器互为必要的本场交通；

（2）一架正在进入管制地带的航空器与另一架正在进入管制地带的航空器互为必要的本场交通；

（3）一架在起落航线上飞行的航空器与另一架在起落航线上飞行的航空器互为必要的本场交通。

必要的本场交通应在向航空器发布加入起落航线的许可后，立即发布，内容应包括：有关冲突航空器的描述，如机型、速度、尾流种类、航空器颜色等；该冲突航空器的位置及移动方向。例如：

（1）起落航行交通通报

C：国航 1331，活动通报，B737 在三边，跑道 04。（CCA1331，traffic is B737 on downwind，runway 04）

（2）正在进入起落航线交通通报

C：国航 4307，活动通报，从河口来的重型机 B747，预计上空 55。（CCA4307，traffic is B747，heavy， from ZF， estimating the field at 55）

（3）时钟方位交通通报

C：南方 3372，活动通报，MD82 在你 10 点钟方位，距离 5 km。（CSN3372，traffic is MD82 at your 10 O'clock position， distance 5 kms）

2）着陆次序

当有多架航空器同时进场时，塔台管制员在看到航空器以前，应安排航空器之间保持高度差飞行，并指示航空器驾驶员注意观察，根据各航空器报告的预达时间和航空器出现在塔台视野范围内的具体位置，安排各航空器的着陆次序，然后将安排的着陆次序依次通报给各航空器。如果进近管制室已经对有关着陆次序做出安排，并将此着陆次序通报给塔台管制室，则一般情况下，塔台管制员只需按进近管制室的安排指挥各航空器按规定位置加入起落航线，依次着陆，必要时调整一下与本场训练飞行的冲突。

向航空器通报着陆次序的用语举例如下：

C：国航 1331，你第一个着陆（CCA1331， number 1）。

3）调整航空器之间间隔的措施

当目视加入机场起落航线的航空器架次相对集中时，塔台管制员在安排好各航空器的着陆次序后，为使航空器之间的着陆间隔符合有关间隔标准的规定，有必要采取措施对起落航线上飞行的各航空器之间的间隔做出相应的调整。有关调整起落航线飞行的各航空器之间间隔的措施已在前面有关内容中做了相应的介绍，这里就不再叙述了。

4）应用举例

（1）延长三边。

C：国航 1331，延长三边，第二个着陆，跟在波音 737 后面，它在五边 8 km 的地方。（CCA1331 extend downwind， number 2 follow B737 8 kms final）

P：第二个着陆，看到波音 737，国航 1331。（Number 2，B737 in sight， CCA1331）

C：国航 1331，三转弯叫。（CCA1331， report turning base）

P：国航 1331。（CCA1331）

（2）盘旋。

C：国航 1331，跑道上有飞机，你向左转一圈，转回五边报告。（CCA1331 make one orbit left due traffic on the runway，report final）

P：国航 1331 现在向左转。（CCA1331 orbiting left）

P：塔台，国航 1331 五边。（Tower，CCA1331 final）

C：国航 1331 可以着陆。（CCA1331 cleared to land）

（3）小航线飞行。

C：国航 1331 第一个着陆，做个小航线，波音 737 在五边 25 km 的地方。（CCA1331，number 1，make short approach，B737 25 kms final）

P：做个小航线，国航 1331。（Short approach，CCA1331）

四、机场起落航线管制情景模拟

（一）背　景

（1）机场：武汉机场（虚拟）；

（2）管制单位：武汉塔台；

（3）航空器：国航 1331；

（4）着陆条件：跑道 04，地面风 50°6 m/s，修正海压 1012；

（5）航空器初始位置：机场东北方向 15 km 处，高度 600 m；

（6）允许航空器加入机场起落航线的位置：左三边。

（二）管制过程情景模拟

1. 情景 1

航空器在机场东北方向 15 km 联系塔台，高度 600 m。

管制通话过程：

P：武汉塔台，国航 1331，机场东北方向 15 km，高度 600 m，准备着陆。（Wuhan tower，CCA1331 15 kms north-east of the field at 600 metres for landing）

C：国航 1331，武汉塔台，加入 04 号跑道三边，地面风 50°，6 m/s，修正海压 1012。（CCA1331，Wuhan tower，join downwind runway 04，wind 50 degrees 6 m/s，QNH1012）

P：加入三边，跑道 04，修正海压 1012，国航 1331。（Join downwind runway 04，QNH1012，CCA1331）

2. 情景 2

航空器已加入三边。

管制通话过程：

P：国航 1331 三边。（CCA1331 downwind）

C：国航 1331 四边叫。（CCA1331，report base）

P：四边叫，国航 1331。（report base，CCA1331）

3. 情景 3

航空器已加入四边。

管制通话过程：

P：国航 1331 四边。（CCA1331 base）

C：国航 1331，地面风 50°，6 m/s，可以着陆。（CCA1331, wind 50 degrees 6 m/s, cleared to land）

P：可以着陆，国航 1331。（Cleared to land，CCA1331）

第八节　跑道侵入

跑道侵入是突出的安全问题，是跑道安全管理的重点。根据国际民航组织（ICAO）文件空中航行服务程序——空中交通管理（PANS-ATM，Doc 4444），我们将跑道侵入定义为："在机场发生的任何航空器、车辆或人员误入指定用于航空器着陆和起飞的地面保护区的情况。"

跑道侵入严重影响航空安全，可能会造成重大人员伤亡的严重事故。尽管跑道侵入不是一个新的问题，但是随着交通流量的增加，跑道侵入事件也逐渐增多，根据加拿大运输部的一项研究表明：一个机场的交通量增加 20%，将使跑道侵入的可能性增大 140%。

一、常见的跑道侵入情况

跑道侵入可分为以下几种常见的情况：

（1）航空器或车辆从正在着陆的航空器前方穿越；

（2）航空器或车辆从正在起飞的航空器前方穿越；

（3）航空器或车辆穿越跑道等待位置标志；

（4）航空器或车辆不能确定其所在位置而误入使用跑道；

（5）由于无线电通话失误导致未按照空中交通管制指令操作；

（6）航空器从尚未脱离跑道的航空器或车辆后方通过。

二、导致跑道侵入的因素

航空器驾驶员、管制员和车辆驾驶员都可能引起跑道侵入。根据欧控组织（EUROCONTROL）对运行人员的调查显示，30%的车辆驾驶员、20%的空中交通管制员和 50% 的航空器驾驶员曾涉及跑道侵入事件。

跑道侵入可能是由很多不同的因素引起的。对事件进行分析时，可以使用 SHEL 模型（有时称为 SHELL 模型），见图 8-83。

在 SHEL 模型中，S（Software）代表软件、H（Hardware）代表硬件、E（Environment）代表环境、L（Liveware）代表人员。

图 8-83　SHEL模型

SHEL 模型的关键不是孤立的各个不同的部分，而是人的要素和其他要素的界面。例如，L-L 的相互作用包括沟通、合作和支持；L-H 的相互作用代表人/机界面（HMI）等问题。这些界面包括以下几个部分：

（1）人员—硬件（L-H）界面。

指人员和机器之间的相互作用。它决定了人员与物理工作环境相互作用。如：设计适合人体的座位、显示适合于用户感官和信息处理的特征、方便的控制活动、编码和位置等。

（2）人员—软件（L-S）界面。

指人员与其工作场所中的支持系统之间的关系。如：规章、手册、检查单、出版物、标准操作程序和计算机软件。典型的是"用户友好界面"。

（3）人员—人员（L-L）界面。

指工作场所中人与人之间的关系。如机组人员、空中交通管制员、机务维修人员、其他运营人以团队形式工作。

（4）人员—环境（L-E）界面。

指人员与内部、外部环境之间的关系。内部环境包括内部温度、周边环境、噪音、工作质量及内部企业文化等。外部工作环境包括政治经济方面的限制。

跑道侵入的影响因素（在 SHEL 模型中通常指 Liveware 部分）还包括其他组织方面的因素，如政策、程序、环境，这些都是与安全管理体系相关的重要因素，必须加以关注以提高整体安全水平。下面从无线电通话、航空器驾驶员、空中交通管制、空侧车辆驾驶员和机场设计等方面来分析导致跑道侵入的影响因素。

（一）无线电通话失误因素

管制员与航空器驾驶员或空侧车辆驾驶员之间的无线电通话失误，是跑道侵入中的常见因素，通常包括：

（1）使用非标准用语；

（2）航空器驾驶员或车辆驾驶员未能正确复诵指令；

（3）管制员没有确保航空器驾驶员或车辆驾驶员的复诵与发出的许可一致；

（4）航空器驾驶员或车辆驾驶员误解管制员的指令；

（5）航空器驾驶员或车辆驾驶员接受了发给另一航空器或车辆的许可；

（6）发话被干扰和部分被干扰；

（7）过长或复杂的通信。

（二）航空器驾驶员因素

可能导致跑道侵入的航空器驾驶员因素，包括由于疏忽而未遵照空中交通管制单位指令或许可。通常引起这些事件的原因有，由于无线电通话失误或情境了悟失败，使得航空器驾驶员认为他/她在机场内的一个位置（如特定滑行道或交叉路口），而实际上他们在其他地方，或者他们认为发出的许可是进入跑道，而实际上不是。

其他常见航空器驾驶员相关因素包括：

（1）标记牌和标志不全（特别是不能看到跑道等待位置线）；

（2）管制员在航空器着陆滑跑过程中，向其发出指令（航空器驾驶员的工作量很大而且驾驶舱噪音也很大）；

（3）航空器驾驶员被迫采取低头姿势进行操作，这使情境了悟程度下降；

（4）由于使用复杂的程序和/或容量提高程序，造成航空器驾驶员忙乱；

（5）有交叉跑道的复杂机场设计；

（6）滑行路线不完整、不标准或关闭；

（7）空中交通管制单位临时改变滑行或离场路线。

（三）空中交通管制因素

研究表明，与管制员相关的最常见的行为有：

（1）短时遗忘（包括短时遗忘了一架航空器、跑道关闭的情况、在跑道上的车辆或者一条已发出的许可）；

（2）间隔计算错误；

（3）管制员之间协调不足；

（4）穿越许可是由地面管制员而不是塔台管制员发出；

（5）对航空器或其位置识别错误；

（6）管制员未正确复诵另一管制员的指令；

（7）管制员未能确保航空器驾驶员或车辆驾驶员的复诵与发出的许可一致；

（8）通信错误；

（9）过长或复杂的指令；

（10）使用不标准用语；

（11）由于承担岗位培训工作而引起可供所在席位工作的反应时间缩短。

其他常见空中交通管制相关因素包括：注意力分散、工作量大、经验水平不够、培训不足、塔台视线不够清晰、人/机界面不合理以及管制员之间移交不正确或不充分等。

（四）空侧车辆驾驶员因素

在几项研究中发现，与车辆驾驶员相关的最常见的因素有：

（1）未获得进入跑道的许可；

（2）没有遵照空中交通管制单位指令或许可；

（3）向空中交通管制单位报告的位置不准确；

（4）通信错误；

（5）空侧车辆驾驶员培训不足；

（6）没有无线电通信设备；

（7）没有进行无线电通话培训；

（8）对机场布局缺乏了解；

（9）不了解机场标记牌和标志的含义；

（10）车辆上缺少可供参考的机场图。

（五）机场设计因素

机场设计复杂或不适当都会很大程度地增加跑道侵入发生的可能性。很多研究显示，跑道侵入发生的频率与穿越跑道次数和机场布局的特点有关。

常见机场设计因素包括：

（1）包括与跑道邻近的道路和滑行道在内的机场布局较复杂；

（2）平行跑道之间间距不足；

（3）离场滑行道与使用跑道交叉的角度不正确；

（4）跑道端没有避免穿越跑道的环形滑行道。

引起跑道侵入事件的因素涉及方方面面，研究表明：交通流量的增加、容量提高程序的实施和机场设计不合理等是导致跑道侵入事件呈持续上升趋势的主要因素。加拿大运输部关于这方面的研究报告得出如下结论：

（1）发生跑道侵入的潜在可能性随着交通流量的增大而增大，当实施容量提高程序时，增大幅度更大；

（2）交通流量不变时，发生跑道侵入的可能性在实施容量提高程序时增大；

（3）许多机场改造项目使机场布局更加复杂，不恰当的机场设计标准、标记牌、标志和灯光，缺少标准滑行路线和改进的机场图会使情况变得更加糟糕；

（4）迫于不断增加的环境压力，机场布局需要进行很多改变，这对空中交通管制措施提出了更高的安全要求。

三、跑道侵入事件严重程度的等级划分

划分跑道侵入事件的严重程度等级是为了对跑道侵入事件进行评估和记录。风险同不安全事件后果的严重程度和发生可能性紧密相关，因此，划分跑道侵入事件的严重程度的等级是衡量风险的重要组成部分。不管事件的严重程度如何，所有的事件都应得到充分的调查，以便确定事件的起因和影响因素，并确保防止跑道侵入事件再次发生的风险缓解措施得到落实。

（一）确定跑道侵入事件严重程度等级的因素

1. 航空器之间或航空器与车辆之间最小距离

此距离由管制员或根据机场图估算。如果航空器直接从另一航空器或车辆上方飞过，则使用它们之间最小的垂直距离作为依据。当两架航空器都在地面上时，则使用它们之间的最小水平距离作为确定事件严重程度的依据。当事双方之间既有水平间隔又有垂直间隔时，则使用最可能引起碰撞的间隔作为依据。当事件发生在交叉跑道上时，则使用交叉点距每架航空器的距离作为依据。

2. 冲突双方的几何关系

某些冲突与其他冲突相比本质上更加严重。比如：在同一跑道道面上发生的冲突比一架航空器在跑道道面上而另一架航空器处于进近过程中所发生的冲突要严重。类似的情况还有：相对运动的航空器之间的冲突比顺向运动的航空器之间的冲突严重得多。

3. 避让或修正动作

航空器为避免发生碰撞采取避让动作时，其避让动作的幅度大小是确定事件严重程度的重要因素。这些因素包括（不仅限于这些因素）：刹车强度、是否改变方向、是否中断起飞、在起飞过程中是否提前抬轮以及是否复飞。机动动作幅度越大，事件的严重程度等级也越高。例如：滑跑 300 m 时中断起飞所发生的冲突比滑跑 30 m 时中断起飞发生的冲突严重得多。

4. 反应时间

发生冲突时，航空器驾驶员没有时间反应的情况比航空器驾驶员有充足时间反应的情况严重得多。例如：在复飞的情况下，航空器开始复飞时的速度和距跑道的距离就是确定事件严重程度的重要因素。也就是说，一架重型航空器在跑道入口开始复飞的情况比一架轻型航空器在五边 2 km 处复飞的情况严重得多。

5. 影响系统性能的因素

影响系统性能的因素会对事件的严重程度产生影响。比如通信失效（如压话筒）、通信差错（管制员未能更正航空器驾驶员的复诵错误）。

6. 其他因素

气象条件、能见度和道面条件等因素同样会对事件的严重程度产生影响。降低航空器驾驶员和管制员视线质量的情况会增加事件的严重性。例如，低能见度会增加航空器驾驶员和管制员的反应变数。类似的情况有：湿滑或结冰的跑道会降低航空器和车辆的刹车效果，这种情况在确定事件的严重程度等级时也应予以考虑。

（二）跑道侵入事件严重程度等级分类

根据跑道侵入事件后果的严重程度，我们可以将其划分为 A、B、C、D 和 E 等 5 个等级，见表 8-7。

表 8-7　跑道侵入事件严重程度等级

严重等级	说　明
A	勉强避免发生碰撞的严重事故征候
B	间隔缩小至存在显著的碰撞可能，只有在关键时刻采取纠正/避让措施才能避免发生碰撞的事故征候
C	有充足的时间距离采取措施避免发生碰撞的事故征候
D	符合跑道侵入的定义但不会立即产生安全后果的事故征候。比如单一车辆/人员/航空器误入指定用于航空器起飞或着陆使用的保护区内
E	信息不足无法做出结论，或证据矛盾无法进行评估的情况

图 8-84 所示是 A 类跑道侵入事件的图例。

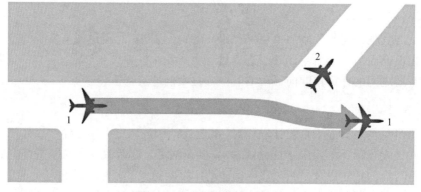

图 8-84　A类跑道侵入事件

图 8-85 所示是 B 类跑道侵入事件的图例。

图 8-85　B类跑道侵入事件

图 8-86 是 C 类跑道侵入事件的图例。

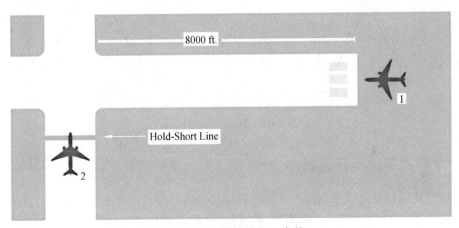

图 8-86　C类跑道侵入事件

第九节　平行跑道运行

一、平行跑道

平行跑道是指跑道与跑道的中心线平行或近似平行，通常为两条和四条平行跑道，如图 8-87（b）、（c）、（d）所示。多于四条平行跑道时，会使空中交通管制变得很困难。平行跑道的容量取决于跑道的数目和跑道间的距离。平行跑道的间距，国际民航组织在附件 14《机场》里有如下的建议：

在提供的平行跑道仅在目视气象条件下同时使用的地方，其中线的最小间距为：在飞行区指标 I 为 3 或 4 时为 210 m，飞行区指标 I 为 2 时为 150 m，飞行区指标 I 为 1 时为 120 m。

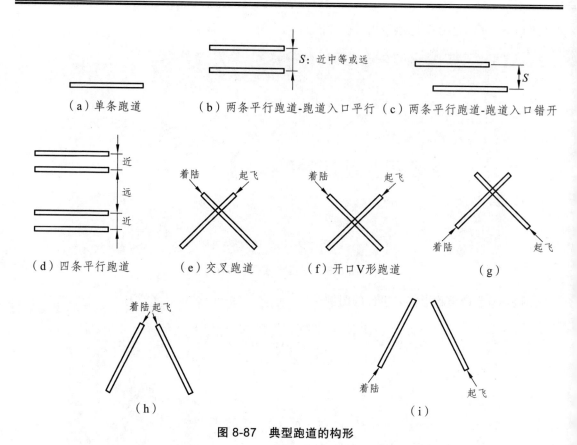

图 8-87　典型跑道的构形

二、平行跑道的运行模式

平行跑道的运行模式按照跑道用于进近和离场的使用方式可以分为独立平行仪表进近、相关平行仪表进近、独立平行离场、隔离平行运行四种模式，以及以上四种运行模式的不同组合，分为半混合运行和混合运行模式。

独立平行仪表进近模式是指同时在平行跑道仪表进近的航空器之间不需要配备规定的雷达间隔的进近运行模式，如图 8-88 所示。

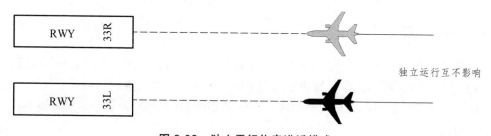

图 8-88　独立平行仪表进近模式

相关平行仪表进近模式是指同时在平行跑道仪表进近的航空器之间需要配备规定的雷达间隔的进近运行模式，如图 8-89 所示。

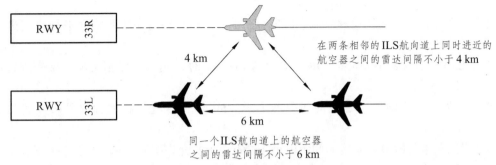

图 8-89　相关平行仪表进近模式

独立平行离场模式是指在平行跑道上沿相同方向同时起飞，如图 8-90 所示。

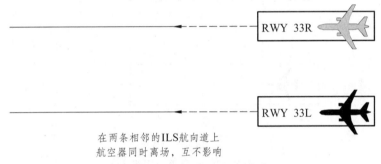

图 8-90　独立平行离场模式

隔离平行运行模式是指平行跑道上同时进行的运行，其中一条跑道只用于离场，另一条跑道只用于进近的运行模式，如图 8-91 所示。

图 8-91　隔离平行运行模式

半混合运行是指以上四种模式的组合，包含两种方式。一种方式是一条跑道只用于进近，一条跑道可以按照独立平行仪表进近模式或平行仪表进近模式用于进近、按照隔离平行运行模式用于离场；另一种方式是一条跑道只用于离场，一条跑道可以按照隔离平行运行模式用于进近、按照独立平行离场模式用于离场。

混合运行是指两条平行跑道可以同时用于进近和离场。

三、平行跑道的运行要求

（1）当两条平行跑道中心线的间距不小于 1 035 m 时，允许按照独立平行仪表进近模式运行；

（2）当两条平行跑道中心线的间距不小于 915 m 时，允许按照相关平行仪表进近模式运行；

（3）当两条平行跑道中心线的间距不小于 760 m 时，允许按照独立平行离场的模式运行；

（4）当两条平行跑道中心线的间距不小于 760 m 时，允许按照隔离平行运行模式运行，如图 8-92 所示。出现下列情形的，跑道中心线的间距应当符合下列规定：

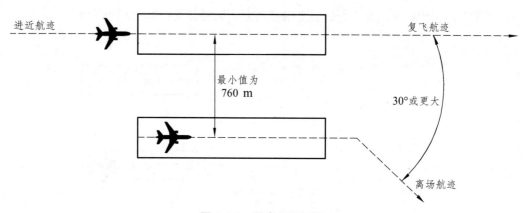

图 8-92　隔离平行运行

① 以进近的方向为准，当进近使用的跑道入口相对于离场跑道入口每向后错开 150 m 时，平行跑道中心线的最小间距可以减少 30 m，但平行跑道中心线的间距最小不得小于 300 m，如图 8-93 所示；

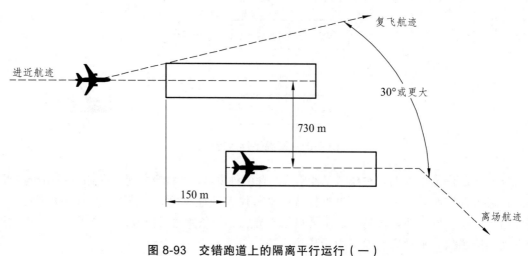

图 8-93　交错跑道上的隔离平行运行（一）

② 以进近的方向为准，当进近使用的跑道入口相对于离场跑道入口每向前错开 150 m 时

平行跑道中心线的最小间距应当增加 30 m，如图 8-94 所示。

例如，我国北京首都国际机场拥有三条跑道，其中有两条宽距平行跑道，如图 8-95 所示。上海浦东国际机场也拥有三条跑道，其中有两条窄距平行跑道，如图 8-96 所示。

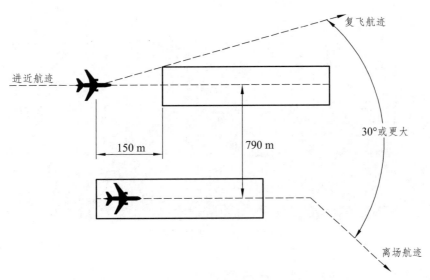

图 8-94 交错跑道上的隔离平行运行（二）

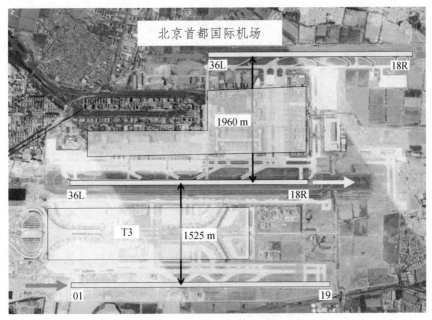

图 8-95 北京首都国际机场

图 8-96 上海浦东国际机场

四、独立平行仪表进近模式运行要求

实施独立平行仪表进近，平行跑道同时进近的航空器可以独立进行进近，而不需要配备间隔，但应当在两条平行跑道中心线延长线之间划设一个非侵入区，并且应当为每一条跑道划设一个正常运行区，以确定独立平行仪表进近航空器的正常运行空域。

正常运行区（NOZ）是指从仪表着陆系统（ILS）航向道中心线向两侧延伸至指定范围内的空域。航空器一旦建立了 ILS 航向道，预期就能保持在 NOZ 内运行，无须雷达管制员进行干预。

非侵入区（NTZ）是指位于两条跑道中心线延长线之间特定的空域。在进行平行跑道同时进近的过程中，当一架航空器进入该空域时，管制员应当指挥另一架受影响的正常飞行的航空器避让。

正常运行区的长度应当从跑道入口处开始，沿进近反方向延伸至航空器加入跑道中心线延长线的一点为止。确定正常运行区的宽度时，应当考虑所使用的导航系统的精度以及航空器保持航迹的精度等因素。

非侵入区的长度应当从平行跑道最近的跑道入口处开始，沿进近反方向延伸至跑道中心线延长线上平行进近的两架航空器之间的垂直间隔开始小于 300 m 的一点为止；非侵入区的宽度应当为两条平行跑道正常运行区之间区域的宽度，并且不得小于 610 m。

非侵入区和正常运行区示意图如图 8-97 所示。

1. 实施条件

（1）跑道中心线的间距大于或者等于 1 525 m 的，配备适当的监视雷达，其方位精度不得小于 0.3°，更新周期不得大于 5 s；

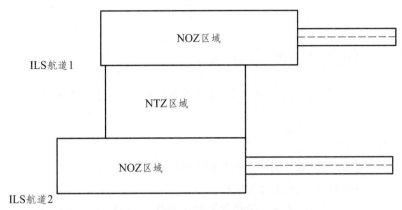

图 8-97　非侵入区和正常运行区示意图

（2）两条跑道上都在实施仪表着陆系统精密进近；

（3）一条跑道的复飞航迹与相邻跑道复飞航迹的扩散角不小于 30°；

（4）已完成对最后进近航段附近区域内的障碍物的测量和评估工作；

（5）管制员应当尽早通知航空器驾驶员使用的跑道号和仪表着陆系统航向台频率；

（6）使用雷达引导切入仪表着陆系统航向道；

（7）在两条跑道中心线延长线之间等距离设立至少 610 m 宽的非侵入区，并且将其显示在雷达显示器上；

（8）有专职雷达管制员对每一条跑道进近的航空器进行监视，以保证当航空器之间的垂直间隔小于 300 m 时，符合下列规定：

① 航空器没有进入划定的非侵入区；

② 在同一个仪表着陆系统航向道上的航空器之间符合规定的最小纵向间隔。

（9）在未设立专用管制频率供雷达管制员指挥航空器直至着陆的情形下，应当符合下列规定：

① 在相邻的最后进近航迹上的两架航空器中较高的航空器切入仪表着陆系统下滑道前，应当将航空器通信移交给相应的塔台管制员；

② 监视每条跑道进近的雷达管制员，应当具有对相应的机场管制频率超控的能力。

2. 间隔要求

管制员应当为向不同跑道进近的航空器提供不小于 300 m 的垂直间隔或者 6 km 的雷达间隔，直到航空器符合下列条件为止：

（1）在已建立的仪表着陆系统航向道上向台飞行；

（2）在正常运行区内飞行。

管制员引导航空器实施平行跑道同时仪表进近时，应当使用"高边"和"低边"进行引导，以保证航空器在建立各自的航向道之前具有符合规定的垂直间隔。为了保证引导"高边"和"低边"航空器在建立各自的航向道之前有 300 m 的高度差，应当引导"低边"航空器在距下滑道切入点较远的距离建立航向道。在距离跑道入口至少 18 km 之前，"高边"航空器的高度应当比"低边"航空器的高度高 300 m。

同一仪表着陆系统航向道上的航空器之间提供不小于 6 km 的雷达间隔且符合尾流间隔要求。

五、相关平行仪表进近模式运行要求

实施相关平行仪表进近，同时在平行跑道仪表进近的航空器之间需要配备规定的雷达间隔。

1. 实施条件

（1）两条平行跑道中心线的间距不小于 915 m 时；

（2）使用雷达引导切入仪表着陆系统航向道；

（3）配备适当的监视雷达设备，其方位精度不得小于 0.3°，更新周期不得大于 5 s；

（4）两条跑道上都在进行仪表着陆系统进近；

（5）管制员已经告知航空器两条跑道都可以实施进近，或者航空器通过 ATIS 已经收到此项情报；

（6）一条跑道的进近复飞航迹与相邻跑道的进近复飞航迹的扩散角不小于 30°；

（7）进近管制员具备超控塔台管制员无线电通话的能力。

2. 间隔要求

在切入 ILS 航向道前，为航空器提供不小于 300 m 的垂直间隔或 6 km 的雷达间隔。已建立 ILS 航向道的航空器之间的雷达间隔应当符合下列规定：

（1）在同一个 ILS 航向道上的航空器之间的雷达间隔不小于 6 km 并符合尾流间隔；

（2）在两条相邻的 ILS 航向道上同时进近的航空器之间的雷达间隔不小于 4 km，如图 8-98 所示。

注意：同独立平行进近相比，不需要单独的监视管制员，由雷达进近管制员监视进近。

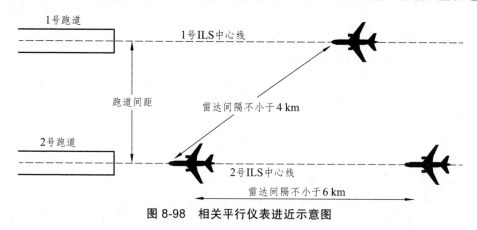

图 8-98　相关平行仪表进近示意图

六、独立平行离场模式运行要求

实施独立平行离场，航空器可以在平行跑道上沿相同方向同时起飞，互不影响。

1. 实施条件

（1）跑道中心线的间距不小于 760 m 时；

（2）两条离场航迹在航空器起飞后立即建立不小于 15°的扩散角；

（3）具有能够在跑道末端外 2 km 以内识别航空器的监视雷达设备；

（4）空中交通运行机构已经制定相应的管制指挥程序，保证航空器离场能够按照规定的扩散航迹飞行。

2. 间隔要求

离场航空器在平行跑道上朝同一方向可以同时起飞，不需配备间隔，如图 8-99 所示。

注意：当两条平行跑道的间距小于 760 m，航空器可能受尾流影响时，平行跑道离场航空器的放行间隔应当按照单条跑道规定的放行间隔执行的运行模式。

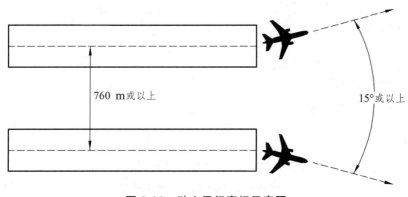

760 m或以上

15°或以上

图 8-99　独立平行离场示意图

七、隔离平行运行模式运行要求

实施隔离平行运行，一条跑道只用于离场，一条跑道只用于进近。

1. 实施条件

（1）起飞后，标称离场航迹与相邻进近复飞进近航迹夹角至少相差 30°；

（2）两条平行跑道中心线的间距不小于 760 m，或出现错开跑道情况，在本节跑道间距对运行模式的要求中提到。

2. 间隔标准

在两条平行跑道上同时起飞、降落的航空器不需配备间隔。

3. 隔离平行运行的优点

（1）不需要单独的监视管制员；

（2）同一跑道上不存在进场和离场航空器的相互作用，因而减少了可能的复飞次数；

（3）雷达进近管制员和机场管制员 ATC 总体环境的复杂程度较低；

（4）降低了驾驶员因选错 ILS 而出现差错的可能性。

第十节　特殊情况下的机场管制

一、特殊情况下机场管制的一般运行程序

飞行中的特殊情况，是指突然发生的危及飞行安全的情况。对飞行中特殊情况的处置，应当根据特殊情况的性质、飞行条件和可供进行处置的时间来确定。飞行人员、空中交通管制员和各类保障飞行的人员，对飞行中特殊情况的处置必须有预先准备。空中交通管制员应熟知在不同的飞行条件下特殊情况的指挥措施和组织援救遇险航空器的方法。按照《中华人民共和国飞行基本规则》的划定，飞行中的特殊情况主要有：发动机部分或者完全失效；航空器或者航空器设备发生故障或者损坏，以致不能保持正常飞行；航空器在空中起火；迷航；失去通信联络；在空中遭到劫持或者袭击等。

每一种特殊情况的种类及其所处的环境不尽相同，使得不可能制定出准确详尽的统一处置程序。处置特殊情况时，空中交通管制单位必须保持充分完全的协作，空中交通管制人员的准确判断往往至关重要。

（一）特殊情况的特征

与正常情况相比，特殊情况主要呈现下列特征：

1. 突发性

正常情况是惯用的例行的熟练技能活动，而特殊情况是串联在正常工作中突然出现的异常情况，具有很强的突然性。特别是在长时间的常态运行过程中，如果注意力指向游离或落后于飞行动态的变化，当特殊情况出现且马上急需接手处置时，管制员往往在处置初期会感到措手不及，茫然万分。

2. 意外性

正常管制工作是在有充分思想和技术准备的条件下进行的，而特殊情况是在正常工作中发生的危及飞行安全的意外情况，往往是在思想和技术准备不足的情况下发生的，出乎意料。因为意外，所以在判断和处置上常常出现失误。

3. 复杂性

正常管制工作中，管制员是按常规程序处置和监控航空器的，往往借助已形成的技能模式只需从整体上进行观察与控制，就能按既定需要保持或改变飞行参数和状态，除此之外，还有相当的剩余精力来思考与处理其他问题。而遇到特殊情况时，管制员既要按最安全的需要控制空中其他飞行活动，又要判定和处置应急情况，而且这些非常规的处置程序往往不熟练，实施起来并非得心应手，必须借助意识去强制促成注意力的分配与转移，使工作负荷加大，甚至出现超负荷状况，无暇顾及之下必然出现监控死角和漏洞，必然出现一些常规下运行中不易出现的失误。

4. 紧迫性

对正常管制工作中的飞行参数可以不慌不忙地进行修正，而许多特殊情况可供处置的时间

非常短，往往需要管制员立即采取措施。

5. 危险性

正常工作是在安全裕度的保护下实施的，而特殊情况是一种直接或间接危及飞行安全的情况，具有一定的风险性。因为在当时特殊情况的特定环境和紧张气氛之中，如果处置失误，可能会使飞行状况更加恶化甚至酿成事故。

6. 心理临界性

正常管制工作是按预定的航路、规定的数据、统一的程序完成的，管制员处于正常的心理和生理状态下监控和调配航空器。而特殊情况下，管制员的心理负荷陡然加大，精神紧张度升高，情绪极度不稳定，进入亢奋状态。一旦特殊情况超过了管制员的应付能力，越过了他的临界心理承受力，身心出现崩溃，管制能力会急剧下降。通常表现为：感知能力下降，注意范围缩小，反应速度锐减，综合判断能力弱，不断发生"错、忘、漏"等情况。

（二）特殊情况的等级划分

1. 紧 急

（1）PAN PAN。

PAN PAN 是紧急信号，表示一种紧急情况，涉及航空器、其他车辆和机上人员安全，需要采取及时但不是立即援助。

（2）紧急电文应该包括如下内容：

PAN PAN（三遍），管制单位呼号，紧急航空器呼号，紧急情况性质，航空器驾驶员意图，航空器位置、高度及航向和其他情报等。

2. 遇 险

（1）MAYDAY。

MAYDAY 是遇险信号，表示航空器正遭受严重的或迫近的危险威胁，需要立即援助。

（2）遇险电文应该包括如下内容：

MAYDAY（三遍），管制单位呼号（如时间和条件允许），遇险航空器呼号，遇险情况性质，航空器驾驶员意图，航空器位置、高度及航向。

3. 遇险或紧急通话的要求

遇险或紧急通话的第一次通话时，以"MAYDAY"开始表示遇险信号；以"PAN PAN"开始表示紧急信号。遇险或紧急信号应讲三次，如"MAYDAY, MAYDAY, MAYDAY"，或者"PAN PAN, PAN PAN, PAN PAN"。遇险或紧急呼叫通常应在所使用的频率上完成。遇险呼叫通话应在这个频率上保持连续，除非认为转换到另外的频率上能提供更好的帮助。

4. 告警服务的三个阶段

根据航空器紧急程度、遇险性质，可将紧急情况分为情况不明、告警、遇险三个阶段。

1）情况不明阶段

（1）30 min 未能与航空器建立或者保持正常通信联络；

（2）航空器在预计到达时间以后 30 min 内仍未到达。

符合以上条件，但管制单位能够确认航空器及其机上人员安全的除外。

2）告警阶段

（1）在情况不明阶段之后，继续设法和该航空器建立通信联络而未能成功，或者通过其他有关方面查询仍未得到关于该航空器的消息；

（2）已经取得着陆许可的航空器，在预计着陆时间后 5 min 内尚未着陆，也未再取得通信联络；

（3）收到的情报表明，航空器的运行能力已受到损害，但尚未达到可能迫降的程度；

（4）已知或者相信航空器受到了非法干扰。

3）遇险阶段

（1）在告警阶段之后，进一步试图和该航空器联络而未成功或者通过广泛的查询仍无消息，表明该航空器已有遇险的可能性；

（2）认为机上燃油已经用完，或者油量不足以使该航空器飞抵安全地点；

（3）收到的情报表明，航空器的运行能力已受到损害可能需要迫降；

（4）已收到的情报表明或有理由相信该航空器将要或已经迫降。

符合以上条件，但有充足理由确信航空器及其机上人员未受到严重和紧急危险的威胁而不需要立即援助者除外。

5. 发生特殊状况时应通报的单位

当发生遇险情况时，管制单位应当立即按规定通知有关援救协调单位，同时应尽快通知航空器的营运人。航空器处于不明或告警阶段后，应当尽可能先通知营运人，然后通知有关援救协调单位。

6. 特殊情况电报的内容

当航空器发生紧急情况时，管制单位应将以下信息通知援救协调单位。

（1）航空器所处情况不明、告警或者遇险的阶段情况；

（2）报警的机构及人员；

（3）紧急状况；

（4）飞行计划中的重要资料；

（5）进行最后一次联络的单位、时间和所用方式；

（6）最后的位置报告及其测定方法；

（7）航空器的颜色和显著标志；

（8）运输的危险品情况；

（9）报告单位所采取的任何措施；

（10）其他有关事项。

7. 发生特殊情况航空器的标图

当发生特殊情况时，应将该航空器的飞行情况标在图上，以便确定航空器大致的位置。对处于紧急情况航空器附近的其他航空器的飞行也应标出。

当管制单位获悉或者相信某航空器已受到非法干扰，不得在陆空通信中提及其状况。

除航空器受到非法干扰外，当管制单位已确定某航空器处于紧急情况时，应当尽早将紧急状况通知在该航空器附近飞行的其他航空器。

（三）特殊情况的一般处置程序和要求

1．特殊情况的处置要求

管制单位应根据实际情况制定适用于本单位的航空器紧急情况处置程序及检查单，作为处理航空器紧急情况的依据。在处置航空器紧急情况时，空中交通管制员应加强对紧急情况的判断，管制单位之间应保持充分的协作。管制单位必须为已知或相信处于特殊情况，包括受到非法干扰的航空器提供优于其他航空器的优先权。

2．当航空器报告处于特殊情况时管制单位可以采取以下措施

（1）采取必要措施核实航空器的识别标志和机型、紧急情况的类型、航空器驾驶员的意图以及航空器的位置和高度；

（1）决定协助航空器处置紧急情况的方式；

（2）向相关管制单位及其他单位寻求协助；

（3）向航空器驾驶员提供所需的情报以及其他相关资料，如机场、最低安全高度、气象情报等信息；

（4）向航空器营运人或者驾驶员了解下列信息：机上人数、剩余燃油量、可能的机载危险物质及其性质；

（5）按规定向有关单位报告。

有特殊情况时，管制员应尽可能避免改变航空器无线电通信频率和二次雷达应答机编码，除非改变航空器无线电通信频率和二次雷达应答机编码有利于保证航空器的安全。对于发动机失效的航空器，管制员应尽量降低对航空器机动飞行的要求。适当时，应将出现紧急状况的航空器的情况通知有关的航空器。

收到航空器紧急下降并将穿越其他空中交通航路的报告后，管制单位应立即采取措施，保证相关航空器的安全。必要时，管制员应通知相关航空器和可能受到影响的管制单位或者管制扇区。紧急情况时，管制单位应尽可能地利用监视设备，掌握航空器状况。

在特殊情况期间，如果不能保证所需的水平间隔，所适用的最低垂直间隔的半数间隔可被用作紧急间隔。在使用紧急间隔时，应通知有关的航空器驾驶员。除此之外，应向所有有关的航空器驾驶员提供必要的交通情报。

（四）陆空通话应用

当收到机组的紧急信号后，管制员可以用以下句型询问或证实：

（1）港龙397，武汉塔台，你是否报告紧急情况？我不太明白你的意思，镇静并报告你的问题。（发生了什么事？）（HDA397，Wuhan Tower，do you declare emergency? I can not quite follow you，calm down and report your trouble.（what has occurred?））

（2）维珍081，证实应答机7500？（VIR081，confirm squawk A7500?）

（3）南方3516，武汉塔台，镇静，请慢点、用简单词句报告你的问题。（CSN3516，Wuhan Tower，calm down，please say again your trouble slowly and use simple words.）

（4）东方 2857，武汉塔台，现在你能正常操纵飞机吗？飞机损伤程度如何？（CES2857，Wuhan Tower，can you manage your aircraft all right at present? What damage do you sustain（have）?）

（5）汉莎 901，武汉塔台，我们明白你的处境（情况）很糟糕（困难），你到达时地面应急服务会尽快准备好。（DLH901，Wuhan Tower，we understand you're in a terrible state（in a difficult condition），emergency service will be ready for you on your arrival as soon as possible.）

（6）国航 1508，武汉区域，明白你的起落架有问题，我们将通知国航签派，镇静并保持目前频率。（CCA1508，Wuhan Control，roger you have gear extension problem，we will inform Air China Dispatch of your trouble，calm down and remain this frequency.）

（7）华航 543，武汉塔台，你是什么性质的紧急情况？（CCAL543，Wuhan Tower，what is the nature of your emergency?）

二、航空器飞行能力受损情况下的机场管制

飞行能力受损是指发动机失效、遭雷击、鸟击、液压系统故障、临界油量状态等影响飞行安全的情况。遇有飞行能力受损情况时，管制员应当及时了解航空器的受损程度和驾驶员意图。当飞行能力受损的航空器驾驶员决定着陆时，管制员应当向其提供机场及所需飞行和气象情报信息。

（一）发动机失效

1. 造成的影响

（1）故障的发动机有可能受损；

（2）起飞中的航空器有可能中断；

（3）航空器难以保持平飞；

（4）航空器爬升缓慢或者转向缓慢；

（5）在航空器着陆后，根据情况有可能需要检查跑道。

2. 航空器驾驶员意图

（1）机组有紧急返航或紧急着陆的需求；

（2）如果刚起飞的航空器需要返航，航空器可能会超出最大着陆重量，机组可能需要放（耗）油；

（3）在严重情况下，机组可能需要地面的紧急救援服务。

3. 管制员处置方法

1）起飞航空器发动机失效

（1）发动机失效而实施中断起飞时。

起飞滑跑过程中航空器报告发动机失效并实施中断起飞时，对五边进近的航空器，塔台管制员应采取指示其复飞等措施来调配冲突。同时，塔台管制员还应向有关部门通知有关发动机失效航空器的如下信息：航空器呼号、机型、发动机故障中断起飞、航空器位置、所需消防、救护服务等。另外，塔台管制员还需向进近管制室通知特殊情况的简要内容：航空器呼号、中

断起飞、发动机失效。管制员应密切监视中断起飞的减速滑跑状态，如果状态（方向、速度）不好应给予提醒。

如果故障航空器中断起飞成功并稳定停在跑道上，塔台管制员应询问航空器是否具有滑行的动力，是否需要拖车，并按需予以提供。询问机组是否有人员受伤，是否需要救护等服务，并按机组需求予以提供，协调有关单位。

（2）发动机失效并继续起飞（或离地后发动机失效）时

① 对于单发航空器，当发生发动机失效时，如果其高度在 100 m 以下，航空器驾驶员应向前方迫降；如果其高度在 100 m 以上，只要条件许可，可选择场地迫降。

② 对于双发或多发航空器，当发生部分发动机失效，且航空器驾驶员决定继续起飞时，待该航空器上升至 100 m 以上高度后，根据航空器驾驶员的意图提供管制服务。返场过程中，通常向好发一方转弯，允许航空器选择着陆方向优先着陆，并指挥其他航空器避让，同时保持跑道安全畅通。

③ 如果故障航空器中断起飞偏出、冲出跑道，立即通知消防部门前往偏出或冲出跑道的位置，实施救援；调配、终止地面机动区的离场航空器活动，以避让救援服务；如果消防部门或上一级部门通知关闭跑道，应索取预计关闭时限，并通知进近室，报告室等有关部门。

2）着陆航空器发动机失效

当着陆航空器发动机失效时，塔台管制员应迅速查明失效发动机号数及机组处置结果，及时指挥航空器采取措施以保持最低安全高度飞行，通报进近管制室；调配间隔，给予优先，同时迅速通报消防等部门，做好救援准备。如航空器驾驶员决定紧急迫降，应保持跑道或迫降地带安全畅通。

4. 陆空通话应用

1）机组通报情况

（1）武汉塔台，山东 7610，因为 2 号发动机失效，我们中断起飞了。（Wuhan Tower，CDG7610，take-off aborted（abandoned）because no power on engine No.2.）

（2）武汉塔台，上航 7913，3 发顺桨，不能继续爬升，3 600 m 保持。（Wuhan Tower，CSH7913，No.3 engine feathered，unable to continue climb，leveling at 3 600 m.）

（3）武汉塔台，文莱 627，因发动机故障，请求在武汉着陆。（Wuhan Tower，RBA627，request precautionary landing at Wuhan due to engine failure.）

（4）武汉塔台，春秋 179，火警灯刚才亮了，发动机着火，正在灭火。（Wuhan Tower，CQH179，the fire warning lights just flashed on，engine on fire，now discharging.）

（5）武汉塔台，美国联合包裹 633，现在火灭了，但请求着陆时消防援助（WuhanTower，UPS633，fire is out now，but we request fire service assistance on landing.）

（6）武汉塔台，国航 1509，第 2 发强烈抖动（严重抖动），原因不明，我们随时可能关闭发动机。（Wuhan Tower，CCA1509，No.2 engine intensive vibration（severe vibration），reason unknown，we might shut down engine anytime.）

（7）快达 932，武汉塔台，因为油管漏油，我们已关掉第 4 号发动机。（QFA932，Wuhan Tower，we have cut off（shut off）No.4 engine due to a fuel line leak.）

（8）科威特 129，飞机起飞后右发失火。（KAC129，fire broke out in the right engine after aircraft became airborne.）

（9）武汉塔台，菲律宾105，第4号发动机整流罩冒浓烟，可能着火。（Wuhan Tower，PAL105，dense smoke coming out of No.4 engine cowling（engine nacelle），fire suspected.）

（10）武汉塔台，华信271，左发在上升过程中吸入飞鸟，发动机熄火。（Wuhan Tower，MDA271，port engine air intake ingested birds during climbing and engine flame out.）

（11）武汉塔台，海南7196，取消紧急情况，发动机重新启动。（Wuhan Tower，CHH7196，cancel distress，engine restarted.）

2）机组通报意图

（1）请求用36R跑道优先着陆。（Request priority landing at runway 36R.）

（2）我们请求着陆时消防援助。（We request fire service assistance on landing.）

（3）我们想返航着陆，但要先释放20吨燃油。（We intend to return to land，but have to dump 20 tons of fuel first.）

（4）放油结束，请求进近。（Fuel dumping completed，request approach.）

（5）武汉塔台，国航1035，由于严重动力损失，我们要求返航，请求立即着陆。（Wuhan Tower，CCA1035，we've got to come back due to a serious power loss，request immediate landing.）

3）管制员询问机组

（1）你能保持高度吗？（Can you keep/maintain level?）

（2）哪台发动机有故障？（Which engine in trouble?）

（3）报告你的意图。（Report your intentions.）

（4）你需要我们做什么？（How can I help you?）

（5）请检查着陆重量。（Please check your landing weight.）

（6）你需要在着陆前放油或耗油吗？（Do you intend to dump fuel or waste/consume fuel before landing?）

（7）你需要紧急救援设备吗？（Do you require the emergency equipment?）

（8）你需要其他帮助吗？（Do you require any additional assistance?）

（9）紧急救援设备已经准备好。（The emergency equipment is standing by.）

（10）请报告机上人数。（Request number of people on board.（How many souls on board?））

4）指挥机组

（1）全体注意，武汉塔台，停止发送，MAYDAY！（All stations，Wuhan Tower，stop transmitting，MAYDAY.）

（2）全体注意，武汉塔台，险情解除，完毕。（All stations，Wuhan Tower，distress traffic ended，out.）

（3）西北105，收到遇险信号，可以VOR进近，跑道18，你是第一个着陆。（NWA105，roger MAYDAY，cleared VOR approach RWY 13，you are number one.）

（4）奥凯209，收到遇险信号，将通知机场紧急救援部门。（OKA209，roger MAYDAY，airport emergency assistance service will be notified.）

5）通话示例

P：武汉地面，国航981，3号门，飞往香港，收到通播B，准备好推出开车。（Wuhan Ground，CCA981，Gate 3 to Hong Kong，information B，ready for pushback and start-up.）

C：国航 981，稍等。（CCA981，standby.）

P：稍等，国航 981。（Standing by，CCA981.）

C：国航 981，同意推出开车，预计跑道 36，D08 号标准离场程序，应答机 3 123。（CCA981，pushback and start-up approved，expect runway 36，D08Departure，squawk 3 123.）

P：同意推出开车，跑道 36，D08 号标准离场程序，应答机编码 3 123，国航 981。（Pushback and start-up approved，runway 36，D08 Departure，squawk3123，CCA981.）

C：国航 981，经滑行道 D1、B1、B2 和 B3 滑行到等待点。（CCA981 taxi to holding point via taxiway D1、B1、B2 and B3.）

P：经滑行道 D1、B1、B2 和 B3 滑行到等待点，国航 981。（Holding point via taxiway D1 B1 B2 and B3，CCA981.）

C：国航 981，在等待点 V 等待，联系塔台 118.7。（CCA981，hold at holding point V，contact Tower 118.7.）

P：在等待点 V 等待，频率 118.7，国航 981。（Holding at holding point V，118.7，CCA981.）

C：国航 981，武汉塔台，进跑道。（CCA981，Wuhan Tower，line up.）

P：进跑道，国航 981。（Lining up，CCA981.）

C：国航 981，风 340°，8 m/s，可以起飞。（CCA981，wind 340 degrees 8 m/s，cleared for take-off.）

P：可以起飞，国航 981。（cleared for take-off，CCA981.）

C：国航 981，立即中断起飞，我重复一遍，立即中断起飞，有火焰从你二发喷出。（CCA981，stop immediately，I say again，stop immediately，flames coming from your No. 2 engine.）

P：中断起飞，国航 981。（Stopping，CCA981.）

P：武汉塔台，国航 981，我们停在停止道上，请求紧急援助。（Wuhan Tower，CCA981，we are standing on the stop way，request emergence service.）

C：国航 981，收到，消防车和救护车将在几分钟内到达。（CCA981，roger，fire engines and ambulance will be available in a few minutes.）

（二）紧急放油

1. 紧急放油的原因及影响

通常情况下，由于航空器的最大起飞重量大于最大着陆重量，如果航空器在起飞后因故障要求立即着陆，那么此时的着陆重量就会超过航空器的最大着陆重量。如果强行着陆，航空器结构可能受损。为了减轻航空器重量，达到安全着陆的重量，有放油装置的航空器可以进行空中放油。

如果航空器因意外情况要求迫降，尤其是起落架不能放下时，机内若留有大量燃油，可能会导致着陆过程中发生火灾，甚至爆炸的危险。这样，航空器也需要在迫降前进行空中放油。

考虑到紧急放油对环境的影响，城市、机场、森林上空和近地低空不能放油，一般放油地点都选在海洋、山区、荒原的上空。航空器放油一般在指定的高度进行，使得释放的航空煤油能够在着陆前完成雾化，有效减少对环境的污染。

2. 处置方法

1）放油区资料的公布

允许具有放油设备航空器起降的机场，应当在机场附近划定放油区并规定在放油区飞行的航线、高度，其有关信息应当在航行资料中公布。

2）航空器需要紧急放油时的管制措施

航空器需要紧急放油时，应及时向管制单位报告。管制单位收到航空器紧急放油的申请后，应及时向航空器驾驶员通报飞往放油区的航线、高度和放油区的天气状况等信息。

3）航空器紧急放油时的通报

当航空器准备紧急放油时，机场所在地区的管制单位应通知有关的管制单位和航空器。

4）航空器紧急放油时的协调

当航空器要求空中放油时，航空器驾驶员应通知管制单位。管制单位就下述情况与航空器驾驶员进行协调：

（1）拟飞行的航路，应尽可能避开城市和城镇，最好在水面上飞行和远离报告有或预计有雷雨的地区；

（2）拟使用的高度层不得低于1 800 m；

（3）预计空中放油的时间。

5）其他航空器与放油航空器之间的间隔标准

其他航空器与放油航空器之间的间隔应符合下列最低间隔标准之一：

（1）在放油航空器飞行高度300 m以上通过，不得从放油航空器或者有放油航空器活动的放油区下方通过；

（2）距放油区边界16 km以上；

（3）距放油航空器水平距离19 km以上，但不得跟随放油航空器。

3. 陆空通话应用

1）机组通报意图

（1）武汉塔台，四川8401，第2发吸鸟熄火，我们正回场，请求放油指令。（Wuhan Tower, CSC8401, we are coming back due to No.2 engine flamed out after ingesting some birds, request dumping instructions.）

（2）武汉塔台，深圳8206，上升过程中1发熄火，我们计划返回着陆，但需要首先放油20吨。（Wuhan Tower, CSZ8206, number one engine flamed out during climbing, we intend to return to land but we have to dump 20 tons of fuel first.）

2）指挥机组

大韩012，设定航向飞MN，过MN后，航向270开始放油，放油结束后右转直飞BX，保持5 100 m。（KAL012, set heading to MN, after passing MN, heading 270 to start jettison, after completion turn right direct to BX, maintain 5 100 m.）

3）管制员向其他机组通报空中放油情况

（1）全体注意，武汉塔台，在VY放油区3 000 m高度有波音747正在放油，所有高度4 000 m以下的航空器离开该区域。（All stations, Wuhan Tower, fuel dumping in progress in VY Fuel Dumping Area at 3 000 meters by Boeing 747. All aircraft avoid this area below 4 000 meters.）

（2）全体注意，武汉塔台，波音 747 放油结束。（All stations，Wuhan Tower，fuel dumping by Boeing 747 terminated.）

4）通话示例

C：南方 3085，可以起飞。（CSN3085，cleared to take off）

P：可以起飞，南方 3085。（Cleared to take off，CSN3085）

……

P：武汉塔台，南方 3085，襟翼和缝翼卡阻，我们不能上升。（Wuhan Tower，CSN3085，flaps and slats are jammed，we can not climb.）

C：南方 3085，报告你的意图。（CSN3085，report your intension.）

P：武汉塔台，南方 3085，我们计划返回着陆，但是因为航空器结构限制对着陆重量有要求，我们需要首先放油 20 吨。（Wuhan Tower，CSN3085，we intend to return to land，but because of landing weight requirements dictated by structural limitations of the aircraft，we have to dump 20 tons of fuel first.）

C：南方 3085，设定航向飞 EK，过 EK 后航向 270 开始放油，放油结束后右转，航向 160 飞 BT。（CSN3085，set heading to EK，after passing EK，start jettison，upon completion turn right heading 160 to BT.）

P：南方 3085，照办。（CSN3085，wilco.）

（三）遭雷击

在雷雨天气条件下，电击和雷击都会给飞行安全带来严重的后果。航空器最易遭遇闪电击（雷击）的条件是：航空器处于雷暴、降水区中或其附近；在冻结高度 ±5℃气温范围内飞行；飞行高度在 1 500-6 000 m；航空器处于上升或下降阶段；航空器处于云中、雨中。

1. 航空器驾驶员意图

（1）起飞航空器要求返场着陆，或前往起飞备降场；

（2）着陆航空器要求优先着陆；

（3）请求紧急救援服务。

2. 处置方法

（1）当起飞机场有雷暴时，航空器通常不应起飞。如果雷暴较弱，任务紧急，又有绕飞的可能性，尽可能向无雷暴的方向起飞。

（1）当着陆机场有雷暴活动，一般应建议航空器飞往备降场。确因油量不足而需着陆时应尽可能找有利方向着陆。

（2）当进离场航线上有雷暴而起飞、着陆机场无雷暴时，应采取绕飞或爬高飞越，在机场上空上升后出航，或下降后着陆。

（3）尽量不要指挥航空器在雷暴云的下方飞行，因为云与地之间闪电击（雷击）的次数最为频繁，航空器也最容易遭遇闪电击（雷击）。如果在云下飞行，应设法避开孤立的山丘、大树、塔和高大建筑物的尖顶，因为闪电击（雷击）最容易发生在该区域内的最高点。

（4）在雷暴季节，航空器停放应做好防护，接好地线，以防止航空器在地面遭大风、冰雹、闪电击等袭击。

3. 陆空通话应用

1）机组通报情况及请求

武汉塔台，南方3175，我们被雷电击中，机体后部受损，右升降舵失效，请求优先着陆。（Wuhan Tower, CSN3175, we have been struck by lightning, rear fuselage damaged, right elevator lost, request priority landing.）

2）管制员询问机组

（1）报告你的意图。（Report your intentions.）

（2）你需要我们做什么？（How can I help you?）

（3）你需要其他帮助吗？（Do you require any additional assistance?）

3）指挥机组

（1）大陆132，如果情况继续或恶化，请通知我。（COA132, keep us advised if conditions continue or get worse.）

（2）新航915，可以备降大连，准备好离开我的频率叫。（SIA915, cleared to divert to Dalian, call when ready to leave my frequency.）

（4）通话示例

P：武汉塔台，日航992，我们刚才被闪电击中了，需要滑回机坪检查电力系统并确保机身没有受到损伤。（Wuhan tower, JAL992, We've just been struck by lightning and we'll have to go back to the apron to check our electrics and make sure there's no damage to the airframe.）

C：收到，日航992，你需要应急服务吗？（Roger, JAL992. Do you require the emergency services?）

P：不需要，我们没有火警。（Negative. There is no risk of fire.）

（四）鸟 击

在塔台管制范围内，由于航空器飞行高度较低，容易发生鸟击情况。

1. 造成影响

（1）风挡玻璃或座舱罩被击破；

（2）发动机故障；

（3）液压系统问题；

（4）座舱失压。

2. 航空器驾驶员意图

（1）机组有紧急返航或紧急着陆的需求；

（2）如果是刚起飞的航空器，航空器可能需要放（耗）油；

（3）在严重情况下，机组可能需要地面的紧急救援服务。

3. 管制员处置方法

按应急通报程序通报各有关部门；详细地了解航空器受损情况，以及航空器驾驶员意图；指挥其他航空器避让，提供机动空间及优先着陆；了解机组是否能够控制航空器；如果鸟击发生在航空器起飞阶段，应通知机场管理机构检查跑道；如果发动机失效、座舱失压、液压系统故障、风挡玻璃被击碎等情况按相关处置方案执行。

　　管制员收到有关鸟类活动的情况报告后,应当了解并向有关可能受影响的航空器提供鸟群的大小、位置、飞行方向、大概高度等情报,可能时提供鸟群的种类。

　　鸟类活动的情报来源于管制员目视观察、航空器驾驶员报告、雷达观察等方式。管制单位一旦发现鸟群活动,应当及时通知机场管理机构,并提醒航空器驾驶员注意观察和避让。

　　4. 陆空通话应用

　　1）机组通报情况

　　（1）武汉塔台,货运 8 605,我们与一只大秃鹫迎面相撞,右风挡玻璃被击穿,副驾驶受重伤。(Wuhan Tower, CKK8605, we collided with a giant vulture head on, it came through the right windshield, the co-pilot was fatally (seriously) wounded.)

　　（2）武汉塔台,南方 3517,因为鸟击,我们必须返航,上升过程中左发吸入飞鸟,发动机熄火。(Wuhan Tower, CSN3517, we've got to come back due to bird strike, port engine intake ingested birds during climbing, engine flame out.)

　　（3）武汉塔台,国航 1075,我们正在返航,因为鸟击,二号发动机过热。(Wuhan Tower, CCA1075, we are coming back due bird strike, number two engine is overheating.)

　　2）机组通报意图

　　（1）东航 5 321,鸟击,一只鸟撞碎了左边风挡,航空器驾驶员被碎玻璃严重划伤,请求优先着陆以及救护车。(CES5321, bird strike, one bird crashed the left windshield, captain was badly wounded by broken glass, request first priority landing and ambulance.)

　　（2）武汉塔台,G-BC,3 号发动机吸入飞鸟,部分爆炸,我们正在返航,请求放油指令。(Wuhan Tower, G-BC, No. 3 engine ingested bird and partially disintegrated, we're coming back, request fuel dumping instructions.)

　　（3）英航 987,武汉塔台,请密切注意,避免鸟击。(BAW987, Wuhan Tower, please keep a sharp look-out to avoid bird strike (collision).)

　　3）管制员询问机组

　　（1）哪台发动机有故障?（ Which engine in trouble?)

　　（2）报告你的意图。(Report your intentions.)

　　（3）你能接受正常的雷达引导吗?（ Can you accept regular radar vector?)

　　（4）你准备在着陆前放油或盘旋耗油吗?（ Do you intend to dump fuel or hold to waste (consume) fuel before landing?)

　　4）指挥机组

　　（1）上航 9710,可以着陆,救护车和急救服务将为你准备好。(CSH9710, cleared to land, ambulance and first aid will be ready for you.)

　　（2）春秋 5804,改航到长沙立即着陆。(CQH5804, divert to Changsha for immediate landing)

　　（3）大韩 965,收到遇险信号,可以盲降进近,跑道 18,你是第一个着陆。(KAL965, roger MAYDAY, cleared ILS approach RWY18, you are number one.)

　　5）通话示例

　　C：国航 981,可以起飞,风向 330°,风速 5 m/s。(CCA981, cleared for take off, wind 330 degrees 5 m/s.)

P：可以起飞，国航981。（Cleared for take off，CCA981.）

P：武汉塔台，我们必须返回，因为鸟击，一只鸟穿透了风挡击中了副驾驶，副驾驶受伤严重，请求优先着陆。（Wuhan Tower，CCA981，we have to come back due bird strike，a bird came through the windshield and hit first officer，he was badly injured，request first priority landing.）

C：国航981，武汉塔台，加入三边，跑道18左，左右随你，你是第一个着陆。（CCA981，Wuhan Tower，join downwind runway 18L，left or right to suit you，you're number 1.）

P：国航981。（CCA981.）

（五）液压系统故障

航空器上许多操作都是液压助力的，液压系统故障会对航空器的安全造成直接影响。

1. 可能造成的影响

（1）地面扰流板及内、外侧飞行扰流板操作困难；

（2）备用前轮转弯不正常；

（3）备用刹车功能丧失；

（4）要人工放起落架；

（5）全襟翼着陆。

2. 航空器驾驶员意图

（1）请求紧急返航或紧急着陆；

（2）果是刚起飞的航空器，航空器可能会超出最大着陆重量，机组可能需要放（耗）油；

（3）严重情况下，机组可能需要地面的紧急救援服务。

3. 处置方法

塔台管制员应了解航空器驾驶员意图，必要时，询问机上有无危险货物及机上人数，配合航空器驾驶员做相应指挥。立即按应急程序通报各单位，并协调相应避让指挥措施。对地面活动区进行控制，控制航班放行量。及时通报航空器最新气象条件和地面服务情况。

当着陆冲出或偏出跑道时，立即通知消防部门前往偏出或冲出跑道的位置，实施救援；调配、终止地面机动区的离场航空器活动以避让救援服务；如果消防部门或上一级部门通知关闭跑道，应索取预计关闭时限，并通知进近室，报告室等有关部门。

4. 陆空通话应用

1）机组通报情况

（1）武汉塔台，山东5291，由于液压系统问题，刹车和转向系统失效。（Wuhan Tower，CDG5291，brakes and steering inoperative due to hydraulic trouble.）

（2）武汉塔台，新航198，液压下降很快，我们要检查一下起落架。（Wuhan Tower，SIA198，the hydraulic pressure is dropping fast（rapidly）. We need to check gear extension.）

（3）武汉塔台，华信471，因为液压系统故障，主起落架放不下来，我们将使用人工方式。（Wuhan Tower，MDA471，for the hydraulic system problem，we have lost main gear. We'll try manual extension.）

（4）武汉塔台，西班牙701，液压系统失效，降落后无法使用液压刹车。（Wuhan Tower，

IBE701, hydraulic system failure, hydraulic braking impossible after landing.)

（5）武汉塔台，货运 6 108，液压油完全流失。(Wuhan Tower, CKK6108, we suffered total loss of hydraulic fluid.)

2）机组通报意图

（1）武汉塔台，国航 1530，由于液压失效放起落架有困难，我们已人工外放，请求低空通场目视查看起落架是否放下锁好。(Wuhan Tower, CCA1530, we are having difficulties extending the landing gear due to hydraulic failure, we have cranked it down manually, reque st a low pass to check visually whether it is down and locked.)

（2）我们希望到 SWH 等待，做进一步检查。(We'd like to hold over SWH to make further checks.)

3）管制员询问机组

（1）剩余油量还能飞多长时间？(Report fuel remaining in time.)

（2）报告你的意图。(Report your intentions.)

（3）你需要我们做什么？(How can I help you?)

（4）你需要紧急救援设备吗？(Do you require the emergency equipment?)

（5）你需要其他帮助吗？(Do you require any additional assistance?)

（6）紧急救援设备已经准备好。(The emergency equipment is standing by.)

4）指挥机组

（1）国航 1538，武汉塔台，立即停止，前方波音 737 由于液压故障困在滑行道上，我们将把你拖出来，然后沿南滑行道重新滑行。(CCA1538, Wuhan Tower, stop immediately, the B737 ahead of you is stuck on the taxiway due to hydraulic trouble. We'll have you pushed back, so that you can resume taxiing via the southern taxiway.)

（2）新航 617，你是第一个着陆，没有延误，预计盲降进近，跑道 03。到达时你需要任何帮助吗？(SIA617, you are No.1 in traffic, no delay, expect ILS approach runway 03. Do you require any assistance on arrival?)

（3）山东 9218，武汉塔台，机场救火服务已通知待命，他们将在跑道边等待你们到达。(CDG9218, Wuhan Tower, airport fire-fighting service has been alerted (informed), they would be at the runway on your arrival.)

5）通话示例

P：武汉塔台，国航 1392，液压下降得很快，我们将检查起落架能否放下。(Wuhan Tower, CCA1392, the hydraulic pressure is dropping fast, we'll check gear extension.)

C：国航 1392，收到。(CCA1392, roger.)

P：国航 1392，由于液压问题，我们放不下主起落架。(CCA1392, for the hydraulic system problem, we have lost main gear.)

C：国航 1392，报告你的意图。(CCA1392, report your intentions.)

P：我们将尝试手动，国航 1392。(We'll try manual extension, CCA1392.)

C：国航 1392，我会与你保持联系。(CCA1392, I will keep you advised.)

P：武汉塔台，国航 1392，我们人工仍然无法放下主起落架。我们将进行机腹着陆，请求在跑道接地区铺设泡沫地毯。(Wuhan Tower, CCA1392, we still can not crack down the main gear, we'll have to make a belly landing, request foam carpet at the touchdown zone of the runway.)

C：国航 1392，照办，喷洒泡沫需要 30 min。(CCA1392, wilco, foam spraying will take 30 minutes.)

P：收到，请求消防及急救援助，国航 1392。(Roger, request fire services and first-aid, CCA1392.)

C：国航 1392，到达时消防及救护准备好。(CCA1392, fire services and ambulance will be ready on your arrival.)

（六）临界油量状态

1. 造成影响

（1）航空器可能进入紧急状态；

（2）航空器进场高度偏高；

（3）可能到就近机场着陆。

2. 航空器驾驶员意图

（1）保持有利高度飞行以节省燃油；

（2）请求优先着陆。

3. 处置方法

航空器处于临界油量状态时，塔台管制员应及时了解航空器剩余油量，立即采取措施，控制地面放行和起飞的航空器，清理航道，调配有关航空器进行避让，安排该航空器优先着陆，当航空器驾驶员请求到就近机场着陆时，应向其提供就近可用机场及所需飞行和气象情报信息，并向相关单位通报该航空器的运行情况。

4. 陆空通话应用

1）机组通报情况

（1）武汉塔台，东方 2813，我们油量不够了，由于大雾，我们已经等待了一个小时。(Wuhan Tower, CES2813, we are running short of fuel because we've held for one hour due to fog.)

（2）武汉塔台，俄罗斯 606，因为等待，燃油警告灯亮。(Wuhan Tower, AFL606, fuel warning light is on due holding)

2）机组通报意图

（1）武汉塔台，北欧 094，请求备降长沙机场。(Wuhan Tower, SAS094, request divert to Changsha airport.)

（2）PAN PAN, PAN PAN, PAN PAN, 武汉塔台，南方 3185，我们低油量警告灯亮，我们只有 25 min 油量，请求用跑道 36 优先着陆。(PAN PAN, PAN PAN, PAN PAN, Wuhan Tower, CSN3185, our low fuel warning light is on and we have only 25 minutes fuel left, request first priority landing at runway 36.)

（3）武汉塔台，土耳其 510，由于左翼漏油，请求优先着陆。(Wuhan Tower, THY510, request priority landing due to fuel leak on left wing.)

3）管制员询问机组

（1）剩余油量还能飞多长时间？（ Report fuel remaining in time.)

（2）报告你的意图。（Report your intentions.）

（3）你需要我们做什么？（How can I help you?）

（4）你需要其他帮助吗？（Do you require any additional assistance?）

（5）你需要引导吗？（Do you want vectors?）

4）指挥机组

港龙 579，武汉塔台，下降到 900 m，你是第一个着陆。（HDA579，Wuhan Tower，descend to 900 m，you are number one）

5）通话示例

C：三角 340，武汉塔台，由于冲突，在 KD 等待，标准等待程序。（DAL340，Wuhan Tower，hold over KD due to traffic，standard pattern.）

P：在 KD 等待，收到，三角 340。（Hold over KD，roger，DAL340.）

P：武汉塔台，我们低油量警告灯亮，我们只有 30 min 油量，请求 36 跑道优先着陆。（Wuhan Tower，our low fuel warning light is on and we have only 30 minutes fuel left，request first priority landing RWY36.）

P：三角 340，你是第一个着陆，下降到 900 m。（DAL340，you are number one，descend to 900 m.）

C：下降到 900 m，三角 340。（Descend to 900 m，DAL340.）

三、陆空通讯联络失效情况下的机场管制

陆空通讯失效是指因为各种因素造成地面空管人员无法与飞行中的航空器建立通讯联络。陆空通讯失效的原因有很多方面，大体可以分为设备因素和操作因素。

在飞行中，管制员和航空器驾驶员需要利用一系列设备进行通讯联络，包括话筒、主频发射机、主频接收机和机载通讯设备等。当通讯设备出现因损坏未及时修理或更换、运行不稳定、老化、异常磨损等情况时，通讯失效的情形都有可能发生。陆空通讯失效既可能是机载设备原因，也有可能是地面设备原因。

人为因素导致通讯失效的情况也是多种多样。一方面有可能是管制员或航空器驾驶员因为粗心大意对设备进行了误操作，比如航空器驾驶员"压话筒"，导致长时间占用对空指挥频率，或者航空器驾驶员因为其他事情分散注意力，没有注意到频率中的呼叫。另一方面可能是管制员或航空器驾驶员因为没有按照规定的程序操作，从而出现技术性失误。比如航空器驾驶员和管制员没有及时完成频率变更，将通话频率转为正确的频率等。

另外，磁暴也会影响陆空通讯，可能造成通讯失效或短时中断。当太阳风掠过地球时，会使电磁场发生变化，引起地磁暴、电离层暴，并影响通讯，特别是短波通讯。

可靠的双向的通讯联络，是提供管制服务的重要前提之一，陆空通讯联络失效的情况下，会严重威胁到飞行安全。

（一）造成影响

（1）管制指令和情报不能正常发布和接收；

（2）指令执行错误，造成危险情况。

（二）航空器驾驶员意图

（1）目视飞行时，航空器驾驶员应当继续保持目视飞行飞往就近机场着陆，并迅速向空中交通管制部门报告。

（2）仪表飞行时，航空器驾驶员应当按照飞行计划中指定的高度层和预计到达时间，飞往着陆机场导航台上空，并在 30 min 内，按照优先着陆程序进近着陆。

（3）当确知着陆机场的天气低于标准，航空器驾驶员方可按照飞行计划飞往备降机场。改变航向后，原高度层符合新航向的高度层配备时，应当保持原高度层飞行；如果原高度层低于最低安全高度时，则应当上升到符合新航向的最低安全高度层上飞行。改变航向后，原高度层不符合新航向的高度层配备时，应当下降一个高度层。如果下降后低于最低安全高度时，则应当上升到符合新航向的最低安全高度层上飞行。

（三）处置方法

1. 当判断为某航空器无线电失效时的管制措施

（1）塔台管制员应当在该航空器预计到达时间前 10 min，将等待空域内该航空器的飞行高度层及以下高度层空出，允许该航空器在预计到达时间后的 30 min 内，按照优先着陆程序下降和仪表进近。

（2）根据通讯失效航空器可能改航备降的情况，塔台管制员应及时协调附近有关机场以及备降机场做好准备，并通报通讯失效航空器预计到达时间等信息。

（3）在通讯失效航空器可能守听的频率上忙发着陆许可以及天气等有关情报，并注意观察。

（4）当通讯失效航空器已安全着陆，或得知其已经迫降，或在该航空器预计到达时间 30 min 后未获得任何有关该航空器的信息时，恢复正常交通。

2. 当判断为地面电台失效时

（1）塔台管制员应立即打开备份电台，调至失效频道及航空器可能转换或守听的任何管制频率，与航空器再次建立联络。

（2）通知相邻管制单位指挥航空器在其区域内等待。

（3）通知机务人员检查无线电设备。

3. 对于既看不到雷达回波又中断联络的航空器的管制措施

管制员应记录下该航空器的最后出现或报告的位置及飞行方向，通报其他有雷达的管制部门协助寻找，通报相关部门做好搜寻救援准备。

4. 因磁暴影响失去陆空通信联络时的管制措施

（1）通知有关管制单位使用各种波道，特别是甚高频，设法与航空器联络；

（2）使用雷达监视航空器飞行；

（3）通知航空器使用甚高频与同航路或者邻近的航空器沟通联络，相互通报情况，并严格保持规定的高度层飞行；

（4）暂时停止航空器起飞；

（5）建议飞越的航空器在本机场或者就近机场着陆。

5. 地面无线电设备完全失效时的管制措施

（1）立即通知相邻管制岗位或者管制单位有关地面无线电设备失效的情况；

（2）采取措施，设法在 121.5 MHz 紧急频率上与航空器建立无线电通信联络；

（3）评估地面无线电设备完全失效时管制岗位或管制单位的交通形势；

（4）如果可行，请求可能与这些航空器建立通信联络的管制岗位或者管制单位提供帮助，为航空器建立雷达或者非雷达间隔，并保持对其的管制；在通信联络恢复正常前，要求有关管制岗位或管制单位，让航空器在区域外等待或者改航。

6. 航空器的发报机无意中阻塞了管制频率时的管制措施

（1）设法识别阻塞频率的航空器。

（2）确定阻塞频率的航空器后，应设法在 121.5MHz 紧急频率上、采用选择呼叫代码（SELCAL）、通过航空器运营人的频率及其他通信联络方式与航空器建立通信联络。如果航空器在地面上，直接与航空器联络；

（3）如果与阻塞频率的航空器建立了通信联络，应当要求航空器驾驶员立即采取措施，停止对管制频率的影响。

7. 发生不真实和欺骗性的传输时的管制措施

（1）对不真实和欺骗性的管制指令和许可进行更正；

（2）通知该频率上所有航空器有不真实和欺骗性的管制指令和许可；

（3）要求该频率上所有的航空器在执行管制指令和许可前对其进行核实；

（4）如可行，要求航空器转换到其他的频率；

（5）航空器驾驶员怀疑收到不真实和欺骗性的管制指令和许可时，应当向管制单位查问和核实。

四、炸弹恐吓及非法干扰情况下的机场管制

（一）炸弹恐吓

炸弹恐吓是指以匿名或其他方式通知的威胁、暗示或推测（无论真假）飞行中或地面上的航空器、机场、民航设施或个人安全可能面临来自爆炸物或其他物体或装置的危险。炸弹威胁一经出现，民航各方面就要启动紧急处置程序，直至彻底排除危险。

1. 造成影响

（1）改变高度；

（2）目的地改变；

（3）陆空通讯联络困难；

（4）影响其他航空器正常运行；

（5）着陆后需要隔离停放。

2. 航空器驾驶员意图

（1）请求机动飞行；

（2）前往就近机场着陆。

3. 处置方法

（1）当管制员接到报告说航空器上有爆炸物时应立即通知机组，并且尽可能核实和了解航空器被爆炸物威胁的情况；

（2）当管制员接到机组或其他渠道报告说航空器上有爆炸物时，应立即向相关上级值班领导报告，并按爆炸物威胁工作程序实施工作；

（3）根据当时的情况，迅速提供就近机场供航空器驾驶员选用，并通知有关机场做好航空器就近着陆的准备；

（4）在全部飞行过程中，利用雷达严密监视该航空器的飞行动态；

（5）通知机场应急部门做好航空器着陆后的监护工作；

（6）航空器着陆后，指挥航空器滑到远离候机楼、停机坪、油库及其他建筑物的位置。

4. 陆空通话应用

1）机组通报情况

（1）武汉塔台，国航 1308，我们在机上发现有爆炸物（炸弹）。（Wuhan Tower, CCA1308, we have found explosions（bombs）on board.）

（2）武汉塔台，日航 818，我们被劫持了，机上有炸弹。（Wuhan Tower, JAL818, we are hijacked, there is a bomb in our airplane.）

（3）武汉塔台，新航 416，我们延误了，一个匿名电话说飞机上有一颗手榴弹。（Wuhan Tower, SIA416, we are delayed, an anonymous call said there was a hand grenade on board.）

（4）武汉塔台，瑞士 923，客舱后部起火，一个炸弹爆炸了。（Wuhan Tower, SWR923, the rear cabin is on fire, a bomb exploded.）

2）机组通报意图

（1）请求第一个优先着陆。（Request first priority landing.）

（2）我们打算备降到最近的机场。（We want to divert to the airport which is closest to us.）

（3）我们正在返航，着陆时请求紧急服务。（We are returning, request emergency services on landing.）

（4）武汉塔台，东航 5103，我们将在着陆后实施紧急撤离，请在着陆后派炸弹拆除人员立即登机。（Wuhan Tower, CES5103, we'll execute emergency evacuation after landing and please send the bomb disposal squad to get on board right away.）

3）通知机组情况并询问意图

（1）长荣 714，武汉塔台，我们接到一个匿名电话说飞机上有一颗炸弹，要求你们的飞机飞往香港。你们打算怎么办？（EVA714, Wuhan Tower, we have just received an anonymous call saying here's a bomb on board and requirement your aircraft proceeding to Hong Kong, what's your intention?）

（2）是否要给你们派炸弹拆除人员？（Shall we call the bomb disposal squad for you?）

（3）紧急救援设备已经准备好。（The emergency equipment is standing by.）

4）指挥机组

港龙 018，武汉塔台，取消起飞，我重复一遍，取消起飞，怀疑机上有炸弹，跟着引导车滑回停机坪。（HDA018, Wuhan Tower, cancel takeoff, I say again, cancel takeoff, suspected bomb on board, after the FOLLOW ME car, taxi back to the apron.）

5）通话示例

C：南方3145，武汉塔台，我们接到匿名电话，你们机上有炸弹。（CSN3145, Wuhan Tower, we have an anonymous call saying there is a bomb on your aircraft.）

P：武汉塔台，南方3145，收到。我们打算返航着陆。（Wuhan Tower, CSN3185, roger. We intend to return to land）

C：南方3145，下降到修正海压900 m，修正海压1012，你需要什么援助吗？（Roger, descent 900 m on QNH 1 012, do you need any assistance?）

P：请在着陆后派炸弹拆除人员立即登机。南方3145。（Request a bomb disposal squad to get on board after landing. CSN3145）

C：收到，紧急救援设备已经准备好。（Roger, The emergency equipment is standing　by.）

（二）非法干扰情况下的机场管制

非法干扰行为是违反有关航空安全的规定，危害或足以危害民用机场、航空器运行安全或秩序，以及有关人员生命和财产安全的行为。非法干扰行为包括以下三类：

1. 劫、炸机等恐怖行为

具体是指在《东京公约》《海牙公约》《蒙特利尔公约》《蒙特利尔议定书》中规定的实施或者企图实施劫持、爆炸航空器，袭击、爆炸机场等触犯刑律的犯罪行为（恐怖主义罪行）；

2. 可能危及飞行安全的行为

（1）当面威胁或电话威胁劫炸机；

（2）未经许可进入驾驶舱、企图打开驾驶舱门；

（3）违反规定不听机组劝阻；

（4）在客舱洗手间内吸烟；

（5）殴打机组或威胁伤害他人；

（6）谎报险情、危及飞行安全；

（7）未经允许使用电子设备；

（8）偷盗或者故意损坏救生设备；

（9）违反规定开启机上应急救援设备等。

3. 扰乱秩序的行为

（1）寻衅滋事、殴打乘客；

（2）酗酒滋事；

（3）性骚扰；

（4）破坏公共秩序；

（5）偷盗机上物品、设备；

（6）在禁烟区吸烟；

（7）冲击机场、强行登占航空器等。

4. 造成的影响

（1）改变高度；

（2）改变目的地；

（3）陆空通讯联络困难；

（4）不服从管制指令；

（5）影响其他航空器正常运行。

5. 航空器驾驶员意图

（1）通过各种可能方式告知地面管制单位该航空器已处于被非法干扰状态；

（2）前往就近机场着陆或飞往其他目的地。

6. 处置方法

（1）尽可能核实和了解航空器被劫持的情况；

（2）立即报告值班领导并按反劫机工作程序实施工作；

（3）考虑航空器驾驶员可能采取的机动飞行措施，迅速调配其他航空器避让；

（4）根据当时的情况，迅速提供就近机场供航空器驾驶员选用；

（5）航空器着陆后，指示航空器驾驶员滑到远离候机楼、停机坪、油库的位置；

（6）全部飞行过程中，使用雷达监视该航空器的动向。

管制员应为被劫持的航空器和其他航空器之间配备大于所在管制区规定的最低间隔标准的间隔。

7. 陆空通话应用

1）机组通报情况

（1）武汉塔台，国航 1208，四名劫机者企图劫持我们的飞机。（Wuhan Tower, CCA1208, four hijackers attempted（tried）to hijack our aircraft.）

（2）武汉塔台，山东 6591，劫持者威吓（强迫）我们飞去广州。（Wuhan Tower, CDG6591, the hijackers intimidated（compelled/forced）us to fly to Guangzhou.）

（3）武汉塔台，国航 1387，如果我们不同意他们的要求，恐怖者威胁要爆炸（毁灭）飞机。（Wuhan Tower, CCA1387, the terrorists threatened to blow up（to destroy）the A/C, if we don't comply with their demands（requirements）.）

（4）武汉塔台，上航 7193，这家伙（劫持者）需要现金一百万美金，有一辆汽车在跑道头等他，他说：他将扣留三名旅客做人质，如警察企图抓他，他就向人质开枪。（Wuhan Tower, CSH7193, the guy（hijacker）wants one million US dollars in cash, there will have to be a car waiting for him at the end of runway, he says he'll have to keep three passengers as hostages and shoot them if the police attempt to catch him.）

（5）武汉塔台，春秋 8219，我们已制服了他们，但有一些人受伤，请求地面紧急救护并需要救护车。（Wuhan Tower, CQH8219, we had conquered（subjugated/overcome）them, but a few persons got injured, request medical assistance and ambulances on landing.）

2）管制员询问机组

（1）证实应答机 7500？（Confirm squawk A7500?）

（2）你声明被劫持了吗？（Did you declare hijacking?）

（3）报告你的意图。（Report your intentions.）

（4）你需要我们做什么？（How can I help you?）

（5）有几名劫机犯在飞机上？（How many hijackers on board?）

（6）他们要求是什么？（What's their request?）

（7）他们的意图是什么？（What's their intention?）

（8）他们有何种武器？（What kinds of weapons they have?）

（9）剩余油量还能飞多长时间？（Report endurance/Report fuel remaining time.）

（10）你需要紧急救援设备吗？（Do you require the emergency equipment?）

（11）你需要其他帮助吗？（Do you require any additional assistance?）

（12）紧急救援设备已经准备好。（The emergency equipment is standing by.）

3）通话示例

P：武汉塔台，南方3036，我们被劫持。（Wuhan Tower, CSN3036, we have been hijacked.）

C：南方3036，武汉塔台，机上有几名劫机犯，他们有什么武器？（CSN3036, Wuhan Tower, how many hijackers on board, and what kind of weapons they have?）

P：四名劫机者，有枪，南方3036。（Four hijackers, with guns, CSN3036.）

……

P：武汉塔台，南方3036，我们已经制服了他们，但有几个人受伤，着陆后请求医疗援助并需要救护车。（Wuhan Tower, CSN3036, we had conquered them, but a few persons got injured, request medical assistance and ambulances on landing.）

C：南方3036，收到，紧急援助设备已经就位。（CSN3036, roger, the emergency assistance equipment is standing by.）

五、迷航或不明航空器

迷航是指飞行人员在空中处于不能判断自身航空器所在位置，无法确定应飞航向的一种状态。造成迷航的原因是领航准备不周、工作程序混乱、领航工作发生差错，机载领航设备、仪表和地面导航设备故障，未能正确处置特殊情况以及组织指挥不严密等。迷航不仅影响任务的完成，甚至可能导致飞行事故。防止迷航是飞行组织和飞行人员经常进行研究和准备的重要内容。随着惯性导航、卫星导航及其他各种机载、地面导航设备功能的不断完善和自动化水平的提高，发生迷航的概率会越来越小。

不明航空器是指已被观察到或已报告在一特定区域内飞行但尚未被识别的航空器。一架航空器同时可以被一个单位认为是"迷航航空器"而被另一个单位认为是"不明航空器"。迷航或不明航空器可以被怀疑为受到非法干扰的对象。

（一）造成影响

（1）偏离计划航迹；

（2）飞行高度改变；

（3）目的地改变；

（4）陆空通讯联络困难；

（5）影响其他航空器正常运行。

（二）机组意图

（1）采取一切可能措施复航；

（2）紧急迫降。

（三）处置方法

收到航空器驾驶员报告迷航时，管制员应采取如下措施：

（1）了解航空器的续航能力，根据该航空器发出的所有位置报告，推算出航空器的概位置并采用一切可用手段确定航空器的位置；

（2）开放有关导航设备，使用雷达搜索，向航空器提供引导，指挥其他航空器避让；

（3）根据航空器所处条件，及时发出如下管制指令：

① 当航空器低空飞行时，指令其上升到有利的高度，便于扩大视野和雷达观测；

② 当航空器在山区飞行时，指令其改向平坦地区飞行；

③ 当航空器在国境附近时，指令其改向国境内侧飞行。

根据航空器的概略位置，引导航空器飞向导航台或者铁路、湖泊、江河、城市等显著地标后，通知航空器位置。按照航空器驾驶员飞往着陆机场或者就近机场的决定，通知应飞航向和提供飞行情报；按照需要将关于该航空器的有关资料以及发给该航空器的指令，通知有关的管制单位和飞行管制部门。

迷航航空器驾驶员采取一切措施后仍不能复航，并决定在发现的机场着陆或者选择场地迫降时，管制员应当记录航空器最后所知位置和时间，尽可能了解迫降情况和地点，并按照搜寻和援救的程序实施工作。

（4）发现不明航空器时的管制措施

为了提供空中交通管制的需要或按有关飞行管制部门的要求，管制单位一经发现有不明的航空器在本区域内飞行，应向军民航有关部门报告，尽力识别该航空器，并采取下列措施：

① 设法与该航空器建立双向通信联络；

② 询问其他管制单位关于该航空器的情况，并请求其设法与该航空器建立双向通信联络；

③ 设法从区域内的其他航空器得到情报；

④ 向区域内其他航空器通报。

管制单位在查清不明航空器的情况后，应当及时将航空器的情况通知军民航有关部门。

（四）陆空通话应用

在航空器处于迷航的情况下，管制员应以清楚、简洁和冷静的方式进行通信联络，并注意在此期间不要质问航空器驾驶员在飞行准备或执行飞行时是否可能造成了过错和疏忽。根据情况，应要求驾驶员提供下列被认为是相关的情报以便更好地提供协助。

（1）航空器飞行状况；

（2）位置（如果知道）和高度层；

（3）如有关联，最后所知位置之后的空速和航向；

（4）驾驶员的经验；

（5）装备的导航设备是否正在接收任何导航助航设备的信号；

（6）如相关，选择的 SSR 模式和编码；

（7）起飞机场和目的地机场；

（8）机上人员数目；

（9）续航能力。

六、对民用航空器的拦截

民用航空器根据其国籍登记国政府与中华人民共和国政府签订的协定、协议的规定，或者经中华人民共和国国务院民用航空主管部门批准或者接受，方可飞入、飞出中华人民共和国领空和在中华人民共和国境内飞行、起降。对不符合规定，擅自飞入、飞出中华人民共和国领空的民用航空器，中华人民共和国有关机关有权采取必要措施，令其在指定的机场降落；对虽然符合有关规定，但是有合理的根据认为需要对其进行检查的，有关机关有权令其在指定的机场降落。

（一）得知军方将要对民用航空器实施拦截时的管制措施

当军事单位观察到可能是民用航空器正在飞进或者已经进入某一空域并要进行拦截时，管制单位在得知此情况后应尽力识别该航空器并向该航空器提供所需的航行引导，以避免航空器被拦截，并将有关情况通报有关飞行管制部门。

（二）民用航空器被拦截时的管制措施

（1）在任何可用频率上，包括紧急频率 121.5 MHz，与被拦截的民用航空器建立双向通信联络；

（2）按照有关飞行管制部门的要求，将拦截一事通知被拦截的民用航空器；

（3）同有关的与拦截航空器保持有双向通信联络的飞行管制部门建立联络，并向其提供能够得到的关于被拦截民用航空器的情报；

（4）根据需要，在拦截航空器与被拦截的民用航空器之间或在有关飞行管制部门与被拦截的民用航空器之间转达信息；

（5）与有关飞行管制部门密切协调，采取一切必要步骤以保障被拦截的民用航空器的安全；

（6）如果该民用航空器是从国际相邻飞行情报区偏航或者迷航误入的，应当通知该飞行情报区的管制单位。

（三）民用航空器在相邻区域被拦截时的管制措施

（1）通知被拦截民用航空器所在区域的管制单位，并向其提供有助于识别该民用航空器的情报；

（2）在被拦截的民用航空器与有关管制单位、有关飞行管制部门或者拦截航空器之间转达信息。

（四）拦截时所使用的信号（见表 8-8、表 8-9）

表 8-8　拦截航空器使用的信号和被拦截航空器的回答信号（一）

组别	拦截航空器的信号	含义	被拦截航空器的回答	含义
1	昼间或夜间—— 通常在被拦截航空器的左前上方（如被拦截航空器为直升机，则在其右前上方），摇摆机翼并且不规则地闪烁航行灯（如果是直升机，着陆灯），得到回答后，向左作小坡度平飞转弯（如果是直升机，则向右），进入应飞航向。 注 1：由于气象条件或地形限制，可能要求拦截航空器按与第 1 组别规定的相反位置和方向转弯。 注 2：如果被拦截航空器跟不上拦截航空器，拦截航空器则应作一系列田径跑道形状飞行，每次超越被拦截航空器时，摇摆机翼。	你被拦截，跟我来	昼间或夜间—— 摇摆机翼，不规则地闪烁航行灯，并且进行跟随。	明白，照办。
2	昼间或夜间—— 作大于 90° 的上升转弯，急速脱离被拦截航空器，不要穿越被拦截航空器的飞行路线。	你可以继续飞行	昼间或夜间—— 摇摆机翼。	明白，照办。
3	昼间或夜间—— 放下起落架（如装有），持续地打开着陆灯，并飞越使用跑道上空；如果被拦截航空器是直升机，飞越直升机着陆区上空。如果都是直升机，拦截直升机做一次着陆进近，至着陆区附近悬停。	你在此机场着陆	昼间或夜间—— 放下起落架（如装有），持续地打开着陆灯，跟随拦截航空器，并且在飞越跑道或直升机着陆区之后，如果认为能够安全着陆，即进行着陆。	明白，照办。

表8-9　被拦截航空器使用的信号和拦截航空器的回答信号（二）

组别	被拦截航空器的信号	含义	拦截航空器的回答	含义
4	昼间或夜间—— 收起起落架（如装有），闪烁着陆灯，在高出机场场面 300 m（1 000 ft）以上，但不高于 600 m（2 000 ft），如果是直升机，在 50 m（170 ft）以上，但不高于 100 m（330 ft），飞越使用跑道或直升机着陆区上空，继续在跑道或直升机着陆区上空盘旋。如果不能闪烁着陆灯，可以闪烁任何其他可用的灯光。	你指定的机场不合适	昼间或夜间—— 如果需要被拦截航空器跟随拦截航空器飞往备降机场，拦截航空器收起起落架（如装有），并且使用第 1 组为拦截航空器规定的信号。 如果决定放行被拦截的航空器，拦截航空器使用第 2 组为拦截航空器规定的信号。	明白，跟我来。 明白，你可以继续飞行。
5	昼间或夜间—— 规则地闪烁所有灯光，但其方式要与闪烁灯光有所区别。	不能照办	昼间或夜间—— 使用第 2 组为拦截航空器规定的信号。	明白。
6	昼间或夜间—— 不规则地闪烁所有灯光。	遇险	昼间或夜间—— 使用第 2 组为拦截航空器规定的信号	明白。

七、其他特殊情况下的机场管制

在现实飞行中，特殊情况还有很多。任何天气原因、人为因素和机械故障等均可造成飞行中的特殊情况。另外，由于各种自然灾害、人为事故等可能导致飞行任务的特殊性，如地震、火山喷发、战争等。

（一）急救飞行

急救飞行的范畴：医救飞行，抢险救灾飞行。本着国际人道主义原则，管制单位应该尽可能地提供优先保障。

1. 管制单位收到航空器驾驶员报告机上有病人需要协助时的处置方法

（1）如果收到航空器驾驶员报告机上有病人需要协助，但并没有正式宣布紧急情况或者病人处于危重状态，管制员应向航空器驾驶员了解病人的情况、所在位置以及航空器驾驶员的意图，证实情况是否紧急。如果航空器驾驶员没有表明情况紧急，管制员可以不给予该航空器优先权。

（2）如果航空器驾驶员表明情况紧急，管制员应予以协助，给予相应优先权，并且通知有关保障单位。

（3）航空器着陆时，持续与其保持联络，安排该航空器优先着陆；需要时，提供告警服务，通知有关医疗救护单位组织援救。

2．陆空通话应用

1）机组通报情况及请求

（1）武汉塔台，上航 8516，机上有位女乘客病情十分严重。（Wuhan Tower，CSH8516，a woman passenger on board badly sick（seriously ill）.）

（2）患病妇女说她下腹（或心脏部分）剧痛。（The sick woman complains on acute pain in the underbelly（in the heart area）.）

（3）病妇已昏迷，怀疑是阑尾炎。（The woman patient has fainted，we suspect she is appendicitis（or appendicitis is suspected）.）

（4）到达时请为病人安排急救（医疗）协助。（Please arrange first aid（medical assistance）for the patient on arrival.）

（5）武汉塔台，东方 2815，我们飞机上有位担架病人，请求救护车和医生在我们到达时准备好。（Wuhan Tower，CES2815，we have a stretcher case on board，request ambulance and doctor to be ready on arrival.）

（6）武汉塔台，国航 1307，我们到达时武汉时需要一位医生，因机组成员中的一个感觉不舒服。（Wuhan Tower，CCA1307，we request a doctor on arrival at wuhan because one of the crew members is not feeling well.）

（7）病人已清醒过来了，目前情况好像已经好转。（The patient has recovered consciousness，things seem to be OK at the time.）

（8）有一个孕妇临产。（A pregnant woman is about to give birth.）

（9）一名旅客心脏病发作，请求优先着陆。（A passenger has just had a heart attack，request priority landing.）

2）管制员询问机组

（1）港龙 613，武汉，证实你的电报，你是说旅客在飞机上死了，对吗？（HDA613，Wuhan，confirm your message，did you say a passenger on board is dead?）

（2）报告你的意图。（Report your intentions.）

（3）你需要我们做什么？（How can I help you?）

（4）你需要其他帮助吗？（Do you require any additional assistance?）

3）通知机组医疗准备情况

（1）汉莎 917，武汉塔台，我们已通知医疗部门（急救部门），医生和救护车在客机坪等候你们。（DLH917，Wuhan Tower，we have informed the medical department（first-aid service），doctor and ambulance are to meet you at the terminal apron.）

（2）武汉塔台，请告诉法航 805，着陆时要到检疫部门去报告一下，他们可能要进行检疫，因为我们目前对健康证明书的有效期检查非常严格。（Wuhan Tower，please tell AFR805 they'll have to report to health service on landing，they may expect a quarantine，bcause we are very tight on validity dates of the health certificates at the moment.）

4）通话示例

P：PAN PAN，PAN PAN，PAN PAN，武汉塔台，国航 101，一位乘客被怀疑心脏病发作，请求优先着陆。（PAN PAN，PAN PAN，PAN PAN，Wuhan Tower，CCA101，a passenger with suspected heart attack，request priority landing.）

C：国航 101，武汉塔台，收到，PAN PAN。下降到 900 m，跑道 18，你第一个着陆。（CCA101，Wuhan Tower，roger，PAN PAN，descend to 900 m，expect runway 18，you'll be number one.）

P：收到，下降到 900 m，跑道 18，国航 101。（Roger，descend to 900 m，runway 18，ILS approach，CCA101.）

P：塔台，那个乘客在飞机上死了，请指示。（Tower，the passenger is dead on board，request instructions.）

C：国航 101，证实你的电报，你是说乘客在飞机上死了，对吗？（CCA101，confirm your message，did you say a pessenger on board is dead，affirm?）

P：是的，国航 101。（Affirm，CCA101.）

C：国航 101，我们已通知医疗部门（急救部门），医生和救护车在客机坪等候你们。（CCA101，we have informed the medical department（first-aid service），doctor and ambulance are to meet you at the terminal apron.）

（二）空中失火

1. 收到航空器驾驶员报告航空器空中失火时管制员应当采取的措施

（1）了解着火部位和航空器驾驶员所采取的措施；

（2）允许航空器下降到最低安全高度，调配其他航空器避让；

（3）向失火航空器提供各种便利和优先着陆许可，避免其复飞；

（4）必要时，询问机上是否有危险货物、机上人数以及剩余油量；

（5）通知有关保障单位和机场管理机构做好航空器着陆和援救的准备工作；

（6）航空器驾驶员决定飞往就近机场着陆或者选择场地迫降时，管制员应当记录航空器最后所知位置和时间，尽可能了解迫降情况和地点，并按照搜寻和援救的程序实施工作。

2. 陆空通话应用

1）机组通报失火情况

（1）MAYDAY，MAYDAY，MAYDAY，武汉塔台，英航 193，发动机失火，正在迫降，武汉以南 20 km，900 m 下降，航向 030。（MAYDAY，MAYDAY，MAYDAY，Wuhan Tower，BAW193，engine on fire，making forced landing，20 km south of Wuhan，900 m descending，heading 030.）

（2）MAYDAY，MAYDAY，MAYDAY，武汉塔台，环球 790，客舱失火，客舱内有浓烟，几名乘客窒息昏迷。（MAYDAY，MAYDAY，MAYDAY，Wuhan Tower，TWA790，cabin on fire，we have dense smoke in the cabin，several passengers have suffocated.）

2）机组通报意图

（1）请求优先着陆，跑道 36。（Request priority landing at runway 36R.）

（2）请求着陆时消防援助和急救服务。（Request fire service assistance and first aids upon landing.）

3）管制员询问机组

（1）报告你的意图。（Report your intentions.）

（2）你需要我们做什么？（How can I help you?）

（3）你需要紧急救援设备吗？（Do you require the emergency equipment?）

（4）你还需要其他援助吗？（Do you require any additional assistance?）

4）通话示例

P：MAYDAY，MAYDAY，MAYDAY，武汉塔台，国航 981，有烟从发动机引气系统冒出，我们怀疑有东西着火，我们已经放下氧气面罩。（MAYDAY，MAYDAY，MAYDAY，Wuhan Tower，CCA981，smoke coming from engine bleed air system，we suspect that something is on fire. We have dropped the oxygen mask.）

C：国航 981，武汉塔台，收到，Mayday，报告你的意图。（CCA981，Wuhan Tower.Roger Mayday，what's your intention?）

P：我们在检查系统，设法确定着火的位置，请求优先着陆，国航 981。（We're examining the mechanism and trying to locate the fire，request priority landing，CCA981.）

C：国航 981，可以直线进近，跑道 18，你是第一个着陆。（CCA981，cleared straight in approach，RWY 18R，you'll be number one.）

P：直线进近，跑道 18，国航 981（Straight in approach，RWY 18R，CCA981.）

P：现在货舱和客舱后部有明火，几位旅客烧伤，请求着陆时急救和消防援救，国航 981。（Now we have open flame in the cargo compartment and rear cabin，several passengers are burnt，request first aid and fire service on Landing，CCA981.）

C：国航 981，收到，我们将通知机场紧急部门。（CCA981，roger，airport emergency service will be notified.）

第九章 程序管制服务

按照管制的手段和方法分，空中交通管制分为非雷达管制服务（主要指平时所说的程序管制）和监视管制服务（目前主要是雷达管制服务）；按照管制服务的范围，空中交通管制又分为机场（塔台）管制、进近管制和区域管制。第八章已经介绍了机场管制服务，本章将从非雷达管制的角度介绍进近管制和区域管制，下一章将介绍监视管制服务。

程序管制是指使用无线电通信按照规定的程序来完成管制。程序管制方式对设备的要求较低，不需要相应监视设备的支持，其主要的设备环境是地空通话设备。管制员在工作时，通过飞行员的位置报告分析、了解飞机间的位置关系，推断空中交通状况及变化趋势，同时向飞机发布放行许可，指挥飞机飞行。

程序管制的基本流程是：航空器起飞前，机长必须将飞行计划呈交给报告室，经批准后方可实施。空中交通管制员将批准的飞行计划的内容填写在飞行进程单内。当空中交通管制员收到航空器机长报告的位置和有关资料后，立即与飞行进程单的内容校正，当发现航空器之间小于规定垂直和纵向、侧向间隔时，立即采取措施进行调配间隔。

因此，组织具体飞行时，程序管制员的基本信息和手段来自飞行进程单与飞行计划。可以说，程序管制的依据就是飞行计划和飞行进程单。

本章编写过程中参照的主要规章有《中华人民共和国飞行基本规则》《飞行间隔规定》《中国民用航空空中交通管理规则》，同时还包括国际民航组织附件 2《飞行规则》、《空中规则与空中交通服务》（DOC4444）。

第一节 程序管制概念

一、程序管制定义

空中交通管制员按照既定的管制程序以及管制间隔，根据航空器驾驶员所报告的运行状态，在航空器之间配备安全间隔，对航空器所提供管制服务的一种管制方法，称为程序管理。

该种管制方法是基于传统的陆基导航方式下，飞行员在飞越每一个地面导航设备时，向地面管制员进行位置报告，并产生下一个导航台的预计时间，管制员根据飞行员的报告，利用飞行进程单记录飞行动态和掌握航空器的运行位置，并以此来判断运行中的航空器是否存在飞行冲突。

二、程序管制特点

（一）对设备的依赖程度较低，对管制员的要求较高

程序管制方式对设备的要求较低，不需要相应监视设备的支持，其主要的设备环境是地空

通话设备。管制员在实施管制时，通过飞行员的位置报告分析、了解飞机间的位置关系，推断空中交通状况及变化趋势，同时向飞机发布放行许可，实施管制。由于没有雷达等监视设备作为辅助，管制员只能依靠飞行员的报告和进程单来掌握空中航空器的位置，并以此来判断飞行冲突，因此该种管制方式对管制员的要求也大大提高。程序管制要求管制员具有很强的空间思维能力、空间想象能力、较强的短时记忆能力和冲突预见能力。

（二）安全间隔余度较大

程序管制必须依靠驾驶飞机的飞行员的位置报告来确定两航空器之间的位置关系，而飞行员的报告又依赖于飞机飞越导航台上空的时间，管制员通过两飞机先后过台的时间差来保证飞机的安全。目前陆基导航系统所使用的地面导航台站都以 VOR（甚高频全向信标台）和 NDE（无方向性信标台）为主，两者均存在顶空盲区，由于导航台容差的原因，导致飞行员报告飞机过台的时机误差对飞行间隔的大小具有非常大的影响，因此程序管制条件下安全间隔的余度往往较大，以确保飞行安全。

（三）双方均要遵循规定的程序

程序管制条件下，对视距以外的整个管制地带的飞机位置及动态，管制员只能依据机组的报告和领航计算获得。间隔是管制员通过对几组位置报告进行计算获得的抽象数字，主观判读与实际偏差往往非常大。因此，航空器飞越报告点的常规报告以及飞行调配中的实时位置询答是程序管制陆空通信的主要内容。空地双方须严格按照共知的航迹和飞行程序运行。

（四）管制效率较低

空中交通管制的实施是建立在掌握航空器现时位置及运行意图基础上的，程序管制条件下管制员对航空器方位信息的获得来自于被动接收的机组位置报告，航空器飞越报告点的常规报告以及飞行调配中的实时位置询答是程序管制陆空通信的主要内容，因此程序管制条件下，管制员指挥单架航空器的通话次数明显增多，这就造成了陆空通话的"瓶颈效应"，管制员在单位时间内能够指挥的飞机数量明显下降。

程序管制方法是中国民航管制工作在以往很长一段时间使用的主要方法。随着民用航空事业的迅速发展、飞行量的快速增长，中国民航加强了雷达、通信、导航设施的建设，并协同有关部门逐步改革管制体制，在我国大部分地区已实行先进的雷达管制。但是，程序管制并不会随着雷达管制手段的普及而消失，当某些机场尚不具备雷达管制时，或者在雷达管制区雷达失效时使用，程序管制依然作为一种重要的管制方式。

第二节　程序管制间隔标准

在第五章中已经介绍过目视飞行间隔标准，本节主要介绍程序管制下的仪表飞行间隔要求。雷达管制间隔标准将在第十章中再进行阐述。

管制单位提供空中交通管制服务的间隔最低标准应当根据下述规则执行，但是下列情况除外：

（1）根据国际民航组织地区航行协议，由我国负责提供空中交通管制服务的公海上空的空域，按民航局制定的适用于该空域范围内的空中交通服务的规定。

（2）与我国相邻的境外管制区实施管制移交时，提供空中交通管制服务的间隔最低标准应当按照双方的管制移交协议执行。

管制单位应当根据导航、通信、监视等管制条件，合理选择配备间隔的方法。任何情况下，为航空器配备至少一种管制间隔。

一、一般规定

空中交通管制单位为管制的航空器配备间隔时，应当为航空器提供至少下列一种间隔。

（1）垂直间隔。航空器的垂直间隔应当按照规定的飞行高度层配备。

（2）水平间隔。在同一航迹、交叉航迹或者逆向航迹上飞行的航空器之间，可以通过保持一个以时间或者距离表示的纵向间隔的方式配备水平间隔；在不同的航路上或者在不同地理位置内飞行的航空器之间，可以通过使航空器保持横向间隔的方式配备水平间隔。

航空器在管制空域内飞行时，空中交通管制员应当分别根据目视飞行规则和仪表飞行规则的条件，配备垂直间隔、纵向间隔和横向间隔，防止航空器与航空器、航空器与障碍物相撞。按目视飞行规则飞行时，航空器驾驶员应当进行严密的空中观察，并对保持航空器之间的间隔和航空器距地面障碍物的安全高度是否正确负责。

在同一空域内有多架航空器同时飞行时，其中有的符合目视飞行条件，有的不符合目视飞行条件，即同时有目视飞行和仪表飞行时，目视飞行的航空器之间的间隔按照目视飞行规则执行；目视飞行和仪表飞行的航空器之间的间隔按照仪表飞行规则执行。

二、垂直间隔

（一）仪表飞行规则飞行最低安全高度

按《中国民用航空空中交通管理规则》规定，仪表飞行规则飞行航空器最低垂直间隔标准应当符合如下规定：

（1）航空器与地面障碍物之间的最低垂直间隔。

航路、航线飞行或者转场飞行的安全高度，在高原和山区应当高出航路中心线、航线两侧各 25 km 以内最高标高 600 m；在其他地区应当高出航路中心线、航线两侧各 25 km 以内最高标高 400 m；在机场区域，不得低于仪表进近图中规定的最低扇区高度，在按照进离场程序飞行时，不得低于仪表进离场程序中规定的高度。在没有公布仪表进离程序或最低扇区高度的机场，在机场区域范围内，航空器距离障碍物的最高点的高度，平原地区不得小于 300 m，高原、山区不得小于 600 m。

（2）航空器与航空器之间的最低垂直间隔按航路和航线飞行高度层的配备和使用高度层的优先权的规定进行配备。

（3）在指定高度飞行的航空器报告脱离该高度后，可以将该高度指定给其他航空器，但航空器之间的垂直间隔不得少于规定的最低标准。

在下列情况下，在接到脱离指定高度的航空器已到达第 2 条规定的最低标准以上间隔的高度的报告前，不得将所脱离的高度指定给其他航空器。

① 报告有强烈颠簸时；

② 指示由航空器驾驶员自行决定上升或者下降时；

③ 较高的航空器正在进行巡航上升；

④ 由于航空器性能差异导致间隔小于适用的最低标准。

（二）飞行高度层配备

1. 航路航线飞行高度层的配备

航路航线飞行高度层按照第四章有关规定执行。

2. 飞行高度层的选择和使用

选择飞行高度层时，应当考虑下列因素：

（1）只有在航路、航线两侧各 25 km 以内的最高标高不超过 100 m、大气压力不低于 1 000 hPa（750 mmHg）时，才能允许在 600 m 的高度层飞行，如果最高标高超过 100 m 或大气压低于 1 000 hPa（750 mmHg），飞行高度层应当相应提高，以保证飞行的真实高度不低于安全高度；

（2）航空器的最佳飞行高度层；

（3）天气状况；

（4）航路、航线最低飞行高度；

（5）飞行高度层使用情况；

（6）飞行任务性质。

使用飞行高度层时，如果在同一航路、航线有数架航空器同时飞行并且互有影响时，通常应当分别把每架航空器配备在不同的高度层内。如果不能配备在不同的飞行高度时，可以允许数架航空器在同一航线、同一高度层内飞行，但是各架航空器之间应当保持规定的纵向间隔。

（三）飞行高度层的申请批准程序

按《中国民用航空空中交通管理规则》规定，航空器飞行高度层的配备由相关管制单位负责。飞行高度层的申请批准程序如下。

（1）起飞航空器的驾驶员、签派员或者其代表，在提交的飞行计划中提出拟使用飞行高度层的申请。

（2）起飞机场区域管制单位对航空器申请的飞行高度层有批准权。区域管制单位如果对申请的高度层有异议，应当在航空器预计起飞时间前 20 min 通知塔台管制单位。

（3）航空器开车前，航空器驾驶员应当向塔台管制单位申请放行许可并报告拟选择的飞行高度，塔台管制单位在发布放行许可时应当明确批准的飞行高度层。

（4）沿航线其他区域管制单位，如果对起飞航空器申请的或上一区域管制单位批准的飞行高度层有异议，应当在该航空器飞入本管制区 10 min 前向上一区域管制单位提出。

航路、航线飞行或者转场飞行时，因航空器故障、积冰、绕飞雷雨区等原因需要改变飞行高度层的，航空器驾驶员应当向管制单位报告原因和当时航空器的准确位置，请求另行配备飞行高度层。管制单位允许航空器改变飞行高度层时，必须明确改变的高度层以及改变高度层的地段和时间。

遇有紧急情况，飞行安全受到威胁时，航空器驾驶员可以决定改变原配备的飞行高度层，但必须立即报告管制单位，并对该决定负责。按照《中华人民共和国飞行基本规则》以及《中国民用航空空中交通管理规则》规定，改变高度层的方法是：从航空器飞行的方向向右转30°，并以此航向飞行20 km，再左转平行原航线上升或者下降到新的高度层，然后转回原航线。

（四）等待空域高度层配备

航空器在空中等待时所使用高度层配置，按《中国民用航空空中交通管理规则》规定如下：

1. 机场等待空域的飞行高度层配备

机场等待空域的飞行高度层配备，从600 m开始，每隔300 m为一个高度层。最低等待高度层距离地面最高障碍物的真实高度不得小于600 m，距离仪表进近程序起始高度不得小于300 m。

2. 航路等待空域的飞行高度层配备

航路等待空域的飞行高度层配备，8 400 m以下，每隔300 m为一个等待高度层；8 400～8 900 m，500 m为一个等待高度层；8 900～12 500 m，每隔300 m为一个等待高度层；12 500 m以上，每隔600 m为一个等待高度层。航路等待空域的最低飞行高度层不得低于航线最低飞行高度。

（五）塔台管制区和进近管制区飞行高度配备

按《中国民用航空空中交通管理规则》规定，塔台管制单位或进近管制单位管制区域内的飞行高度，不论使用何种高度表拨正值，也不论航向如何，航空器之间的垂直间隔在12 500 m以下不得小于300 m。作起落航线飞行的航空器与最低安全高度层上的航空器，其垂直间隔不得小于300 m

当航空器改变高度时，已经在某一高度层巡航的航空器通常比其他要求进入该巡航高度层的航空器更具有优先权。当两架或者多架航空器在同一巡航高度层时，排列在前面的航空器通常具有优先权，但是当情况复杂或者空中流量较大时，管制单位可以灵活安排高度层。

三、仪表飞行水平间隔

仪表飞行水平间隔是管制员在实施程序管制不满足以上垂直间隔时，为了保证飞行安全，防止航空器相撞而实施的水平维度的安全间隔。水平间隔又可以分为横向间隔和纵向间隔。

（一）横向间隔

1. 地理位置间隔

根据空域中的目视参考点或导航设备而确定的个别航段之间存在着安全间隔，在这些航段上运行的航空器之间可以互相穿越或占用彼此的高度层，此种间隔称为地理位置间隔。但应注意，在使用此种间隔方法时，所规定的航段之间是否符合安全间隔的需求，需要经过安全性评估，并获得批准。

此种间隔方法在ICAO DOC4444以及《中国民用航空空中交通管理规则》中也有相应的规定：根据参考相同的或不同的地理位置。依据可确切表明某航空器正飞越通过目视或参照导航设备而确定的不同地理位置的位置报告。当通过位置报告，确信两架航空器位于不同地理位置上空时，相关航空器之间存在横向间隔（见图9-1）。

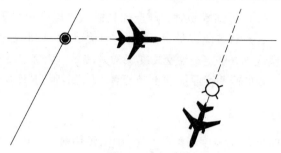

图 9-1　横向间隔

2. 使用同一导航台、领航方法的横向间隔

按照《中国民用航空空中交通管理规则》规定如下：两架航空器使用同一导航设备（全向信标台或者无方向性信标台）或者方法飞行时，航空器之间的横向间隔应当符合下列条件。

（1）使用全向信标台（VOR），航空器之间的航迹夹角不小于 15°，其中一架航空器距离全向信标台 50 km（含）以上（见图 9-2）。

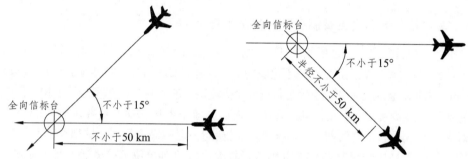

图 9-2　使用同一导航台、领航方法的横向间隔（适用VOR）

（2）使用无方向信标台（NDB），航空器之间的航迹夹角不小于 30°，其中一架航空器距离无方向信标台 50 km（含）以上（见图 9-3）。

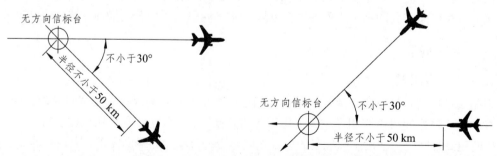

图 9-3　使用同一导航台、领航方法的横向间隔（适用NDB）

（3）当使用推测（DR）定位，航空器之间的航迹夹角不小于 45°，其中一架航空器距离航迹交叉点 50 km 或以上。该点由目视或参照导航设备而定，并且确定两架航空器均为飞离交叉点（见图 9-4）。

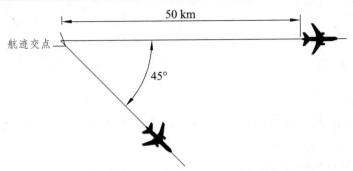

图 9-4 使用同一导航台、领航方法的横向间隔（DR）

（4）使用区域导航（RNAV）飞行时，航空器之间航迹夹角不小于 15°，且两架航空器航迹相应的保护空域不相重叠。横向间隔根据两航迹之间的角度差和相应保护空域的值确定，以距两航迹交点的距离表示。

（5）在平行航迹或 ATS 航路上的 RNAV 飞行（规定有所需导航性能时）（ICAO DOC4444 5.4.1.2.1.4）。

在指定空域内或指定航路上，当规定有所需导航性能时，装备区域导航设备的航空器之间的横向间隔，可以通过要求航空器被确定在有一定间隔距离的平行航迹或空中交通服务航路中心线上来取得，该间隔距离应保证航迹或航路的保护空域不会相互重叠。平行航迹之间的间距，或要求某一所需导航性能类别的空中交通服务航路中心线之间的间距，将取决于所规定的有关所需导航性能类别。RNP 精度越高，平行航迹的侧向间隔越小，例如在 RNP4 运行条件下，侧向间隔仅为 14.8 ~ 22.2 km（8 ~ 12 NM），但在应用此类间隔时，对航空器的 RNP 运行能力以及通讯导航监视设备均有不同程度的要求。（ICAO DOC4444 5.4.1.2.1.4；ICAO Annex 11 ATTACHMENT B 3.4.1）

（二）纵向间隔

1. 纵向间隔的适用条件

（1）不考虑尾流影响的条件下，航空器之间所适用的纵向间隔标准。

① 时间间隔，时间间隔主要是通过航空器在通过每一个地面导航台时向地面管制员产生报告，管制员根据飞行员的报告通过计算，控制两架航空器的过台时间来实现。

② 距离间隔。当地面存在测距台（DME）时，飞行员报告 DME 台的距离，管制员通过控制两航空器之间的距离来实现间隔的穿越。在传统的路基导航条件下，由于导航台存在着顶空盲区，以 VOR 导航台为例其容差区的扩张角度为 50°，而飞行员在使用无线电导航时，飞行员向地面管制员报告过台时机的早晚也会影响两机之间的间隔。而 DME 距离间隔相对于时间间隔要准确得多，因此程序管制条件下管制员在解决飞行冲突时，应尽可能使用 DME 距离作为解决依据。

（2）为得到两航空器之间的纵向间隔不小于规定的间隔，可以利用速度控制包括马赫数控制来调整沿同航迹或交叉航迹运行的航空器之间的间隔，但在调整时应注意有关的速度或马赫数控制的相关规定。

（3）当在同向航迹上的航空器之间采用以时间或距离为基准的纵向最低间隔时必须十分谨

慎以保证跟随航空器比前行航空器保持大的空速时不得违反所适用的最低间隔。当预计航空器接近最低间隔时，须采用速度控制以保证保持所要求的最低间隔。

（4）为获得规定的纵向间隔可以要求航空器做到：在规定时间起飞，在一规定时间到达某一地点上空，或在指定的时间之前在某一地点上空等待等方法。

相关术语如下：

（1）顺向飞行航空器（Same Direction Aircraft）在下列一种情况下飞行的航空器：

① 沿相同方向相同航迹飞行；

② 相同方向平行航迹上飞行；

③ 航迹夹角小于45°。

（2）逆向飞行航空器（Opposite Direction Aircraft）在下列一种情况下飞行的航空器：

① 沿相同航迹上的相反方向飞行；

② 平行航迹上相反方向飞行；

③ 航迹夹角大于135°。

（3）交叉飞行（Cross Aircraft）表示两架航空器之间航迹夹角在45°～135°的飞行。

2. 以时间为基准的纵向间隔

（1）同向、同高、同速的纵向间隔。

同航迹、同高度、同速度飞行的航空器之间，纵向间隔为 10 min（见图 9-5）。管制单位间订有协议的，按照协议规定执行，但不得低于此标准。该规定中的同航迹不仅是在同一航迹上飞行，还包括可以视为同航迹的顺向飞行（详见上述定义）；在 DOC44445.4.2.2.1.1 中规定，"航空器之间的纵向间隔为 15 min；可用导航设备经常测定位置和速度时，为 10 min"。我国《中国民用航空空中交通管理规则》中规定为 10 min，但如果空中交通管制单位间签订有协议的应按协议规定执行。

图 9-5　同航迹、同高度、同速度纵向间隔

（2）同向、同高、不同速的纵向间隔。

同航迹、同高度、不同速度飞行的航空器，当前行航空器保持的真空速比后随航空器快40 km/h（含）以上时，两架航空器飞越同一位置报告点后应当有 5 min 的纵向间隔，如图 9-6（a）所示；当前行航空器保持的真空速比后随航空器快 80 km/h（含）以上时，则两架航空器飞越同一位置报告点后应当有 3 min 的纵向间隔，如图 9-6（b）所示。

图 9-6　同航迹、同高度、不同速度纵向间隔

（3）同高、交叉的纵向间隔。

同高度、航迹交叉飞行的两架航空器，在相互穿越对方航路中心线或者航线时，应当有 15 min 的纵向间隔，如图 9-7（a）；如果可以利用导航设备经常测定位置和速度，应当有 10 min 的纵向间隔，如图 9-7（b）所示。

（a）　　　　　　　　　　　　　　　　　　（b）

图 9-7　同高度交叉纵向间隔

（4）同向穿越纵向间隔。

改变高度的航空器，穿越同航迹的另一航空器的高度层，在上升或者下降至被穿越航空器的上或者下一个高度层时，与被穿越的航空器之间应当有 15 min 的纵向间隔（见图 9-8）；如果能够利用导航设备经常测定位置和速度，可以缩小为 10 min 的纵向间隔（见图 9-9）。如果前后两架航空器飞越同一位置报告点，只有在后一架航空器飞越位置报告点 10 min 内，允许穿越，且其中改变高度的航空器开始穿越的时间应当与被穿越航空器之间有 5 min 的纵向间隔（见图 9-10）。

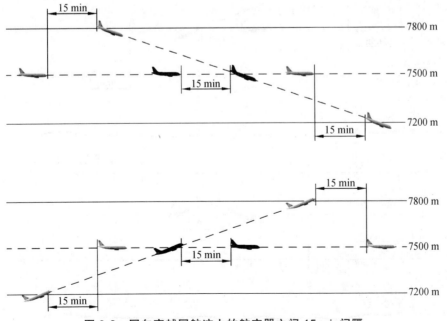

图 9-8　同向穿越同航迹上的航空器之间 15 min 间隔

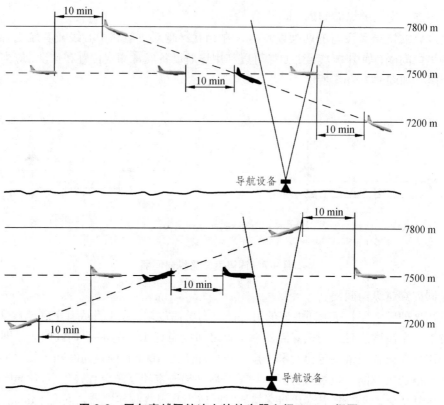

图 9-9　同向穿越同航迹上的航空器之间 10 min 间隔

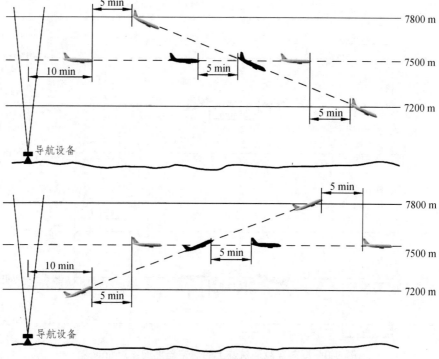

图 9-10　同向穿越同航迹上的航空器之间 5 min 间隔

　　以上规定中所列间隔均为两航空器在穿越高度时，从开始穿越直至最后建立垂直间隔过程中应该保持的最低间隔，如果存在前慢后快的追赶穿越应注意两者之间的追赶间隔，当两机建立高度差时，仍有规定的时间间隔。

　　为便于管制员在指挥两航空器穿越高度的过程中，不会出现由于高度变化所导致速度引起的间隔缩小，可以允许下降航空器飞至在较低高度层飞行的航空器之上的某一适当高度层，或允许爬升航空器飞至在较高高度层飞行的航空器之下的某一适当高度层，以便在不存在垂直间隔时对所要取得的间隔作进一步检查。

　　（5）逆向穿越纵向间隔。

　　改变高度的航空器，穿越逆向飞行的另一航空器的高度层时，如果在预计相遇点前10 min，可以上升或者下降至被穿越航空器的上或者下一个高度层（见图9-11）；如果在预计相遇点后 10 min，可相互穿越或者占用同一高度层（见图9-12）；如果接到报告，两架航空器都已经飞越同一全向信标台、无方向信标台或者测距台定位点 2 min 后，可以相互穿越或者占用同一高度层（见图 9-13）。以上逆向飞行不仅指同一航迹的逆向飞行，也包括带有航迹夹角的逆向飞行。

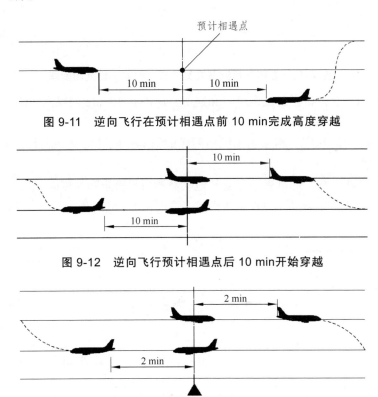

图 9-11　逆向飞行在预计相遇点前 10 min 完成高度穿越

图 9-12　逆向飞行预计相遇点后 10 min 开始穿越

图 9-13　逆向飞行各自过台后 2 min 开始穿越

　　（6）两导航台外穿越间隔。

　　两架航空器在相距不小于 50 km 的两个导航设备外侧逆向飞行时，如果能够保证在飞越导航设备时，彼此已经上升或者下降到符合垂直间隔规定的高度层，可以在飞越导航设备前相互穿越（见图9-14）。

图 9-14　逆向飞行在两导航台外完成穿越

（7）航空器在航路阶段以及在进场和离场飞行阶段时。

同高度、航迹交叉飞行的两架航空器，在相互穿越对方航路中心线或者航线时，应当有 15 min 的纵向间隔，如图 9-15（a）所示。

（a）　　　　　　　　　　　　　　　　　　　（b）

图 9-15　在同一高度层交叉航迹上的航空器之间间隔

如果可以利用导航设备经常测定位置和速度，应当有 10 min 的纵向间隔，如图 9-15（b）所示。

按照 DOC-4444 的规定，本条属于纵向间隔的范畴。航迹交叉必须符合前面规定的角度范围。

（8）航空器在改变高度的过程中穿越其他航空器飞行航迹和高度时。

在航空器改变高度穿越过程中直至两机建立高度差时，应满足 15 min 穿越间隔，旭图 9-16 所示。

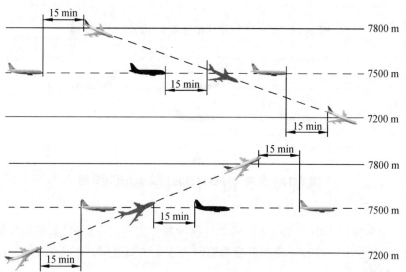

图 9-16　上升或下降航空器与交叉航迹上的航空器之间 15 min 间隔

　　如在改变高度穿越过程中，如果可以利用导航设备经常测定位置和速度，则穿越间隔可缩小为 10 min，如图 9-17 所示。

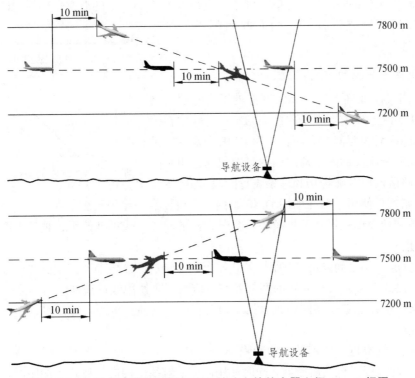

图 9-17　上升或下降航空器与交叉航迹上的航空器之间 10 min 间隔

　　本条规定所规定的间隔与（4）中间隔含义基本一致，区别在于（4）中的间隔是指航空器在保持同高度穿越对方航迹时的间隔。而本条是指在改变高度的同时穿越航迹，要求在整个穿越的过程中均应满足 15 min（或 10 min）。

　　（9）在塔台和进近管制空域内顺向飞行且符合下列条件的航空器，其最低间隔为 5 min。

　　① 同速航空器同一空中走廊内同高度飞行，并且该走廊内有导航设备；

　　② 夹角小于 45°的两个空中走廊内，一架航空器穿越顺向飞行的其他航空器的高度层，如图 9-18 所示。

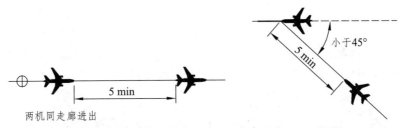

图 9-18　同走廊或夹角小于 45°走廊进出 5 min 间隔

　　该规定是在航空器航路飞行间隔的基础上减小而来的。由于航空器在进离场飞行阶段的飞行速度较低，因此安全间隔也进行了相应的降低。该规定中的 5 min 间隔指的是同速航空器之间的间隔，如果两架不同速度的航空器在进行穿越高度时，由于两机之间存在追赶趋势，因此应保证两机高度穿越完毕时，两者之间仍存在 5 min 的纵向间隔。前快后慢的跟进飞行，且二者真空速差值在 80 km/h 以上时，二者最低间隔为 3 min。

（10）无空中走廊时，在同巡航高度仪表飞行进入 C 类空域的航空器的纵向间隔不论其航向如何，其到达导航设备上空的时间间隔不得少于 10 min，如图 9-19 所示。

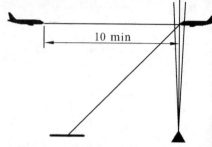

图 9-19　C 类空域无走廊 10 min 间隔

3. 以距离为基准的纵向间隔

目前中国民航在确定以距离为基准的纵向间隔时是以地面 DME 测距台为标准的，而 ICAO DOC4444 中在确定距离间隔标准时参照两个方面：一为 DME 距离，二是基于 GNSS。基于距离的航空器之间的纵向间隔适用于航空器处于航路阶段以及在进场和离场飞行阶段，即区域管制与进近管制均可使用，但在使用 DME 距离时，应注意一定的先决条件：

① 机载和地面测距设备经过校验符合规定标准，并正式批准使用，且航空器位于其测距有效范围之内；

② 有关的航空器之间以及航空器与空中交通管制员或者飞行指挥员之间已建立同频双向联络；

③ 使用测距台实施飞行间隔的两架航空器应当同时使用经过核准的同一测距台测距；

④ 一架航空器能够使用测距台，另一架航空器不能使用测距台定位时，不得使用测距台配备纵向间隔。

（1）同向、同高度、同速的纵向间隔。

同航迹、同高度飞行的航空器，同时使用航路、航线上的同一测距台测距时，纵向间隔为 40 km，如图 9-20（a）所示；当前行航空器保持的真空速比后随航空器快 40 km/h（含）以上时，纵向间隔为 20 km，如图 9-20（b）所示。

（a）　　　　　　　　　　　　　　　　（b）

图 9-20　同向、同高度、同速DME纵向间隔

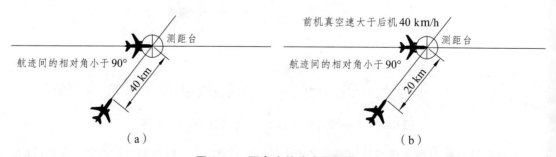

（a）　　　　　　　　　　　　　　　　（b）

图 9-21　同高度航迹交叉间隔

（2）同高度、航迹交叉飞行的两架航空器，并且航迹差小于 90°，同时使用位于航迹交叉

点的测距台测距，纵向间隔为 40 km，如图 9-21（a）所示；当前行航空器保持的真空速比后随航空器快 40 km/h（含）以上时，纵向间隔为 20 km，如图 9-21（b）所示。

（3）同航迹飞行的两架航空器同时使用航路、航线上的同一测距台测距定位，一架航空器穿越另一架保持平飞的航空器所在的高度层时，应当保持不小于 20 km 纵向间隔上升或者下降至被穿越航空器的上或者下一个高度层，如图 9-22 所示。

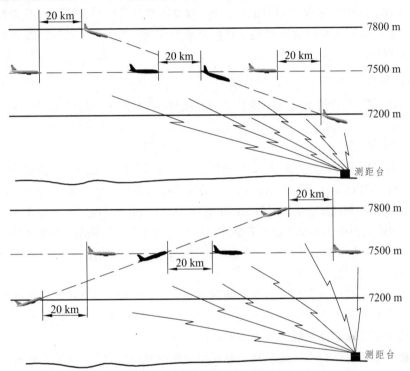

图 9-22　同航迹飞行的两架航空器穿越高度DME间隔

（4）逆向飞行的航空器同时使用航路上的同一测距台测距定位，只有两架航空器已相遇过且相距最少 20 km 时，方可相互穿越或者占用同一高度层，如图 9-23 所示。

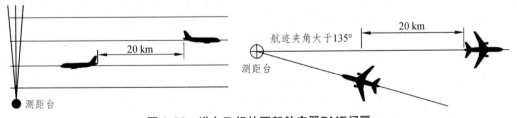

图 9-23　逆向飞行的两架航空器DME间隔

4. 马赫数技术纵向时间间隔

当采用马赫数技术为航空器配备纵向间隔时，沿同航迹平飞、上升或者下降飞行的涡轮喷气式航空器之间的最低纵向间隔应当符合下列规定。

（1）间隔时间为 10 min。

（2）如果前行航空器的马赫数较后随航空器的马赫数快 0.02 个马赫，为 9 min；前行航空器较后随航空器快 0.03 个马赫，为 8 min；前行航空器较后随航空器快 0.04 个马赫，为 7 min；

前行航空器较后随航空器快 0.05 个马赫，为 6 min；前行航空器较后随航空器快 0.06 个马赫或以上，为 5 min。使用马赫数时，应当以真马赫数为依据。当采用马赫数技术 10 min 最低纵向间隔时，前行航空器必须保持等于或者大于后随航空器所保持的马赫数。

在使用马赫数技术采用基于时间的纵向间隔标准的航路上，涡轮喷气式航空器应当按照管制员同意的马赫数飞行，如需改变马赫数，应当得到管制员的同意。由于航空器的性能原因，在航路上升或者下降中不能保持原有的马赫数，航空器驾驶员应当在请求上升或者下降时通知管制员。由于颠簸等原因必须立即对航空器的马赫数作暂时改变时，航空器驾驶员应当将所作改变尽快通知管制员。

5. RNAV 和 RNP 航路的纵向间隔

在规定所需导航性能值的航路上进行区域导航时，航空器之间的纵向距离间隔应当符合下列规定。

（1）无 ADS 的情况。

当规定的航路所需导航性能值为 10，管制员与航空器驾驶员之间具备直接的话音或者管制员飞行员数据链（CPDLC）通信联系，航空器的位置报告频率不低于每 24 min 一次，在同一航迹上巡航、上升或下降的航空器之间最低间隔标准为 100 km。当航空器未能在预计的时间报告其位置时，管制员应当在 3 min 之内采取措施与该航空器建立通信联系。如果在航空器预计报告位置时间的 8 min 内仍未能够建立通信联系，管制员则应当采取措施为航空器配备其他间隔。

（2）有 ADS 的情况，同向。

如果管制员能够通过自动相关监视设施观察到航空器的位置，当规定的航路所需导航性能值为 10，航空器的自动相关监视位置报告频率不低于每 27 min 一次，在同一航迹上巡航、上升或下降的航空器之间最低间隔标准为 100 km。

如果管制员能够通过自动相关监视设施观察到航空器的位置，当规定的航路所需导航性能值为 4，航空器的自动相关监视位置报告频率不低于每 32 min 一次，在同一航迹上巡航、上升或下降的航空器之间最低间隔标准为 100 km；自动相关监视位置报告频率不低于每 14 min 一次，在同一航迹上巡航、上升或下降的航空器之间最低间隔标准为 60 km。

采用本项的间隔标准时，管制员与飞行员应当建立正常的通信联系，管制员所使用的主用通信手段，应当能够在 4 min 内干预和解决潜在的冲突；所使用的备用通信手段，应当能够在 10.5 min 内干预和解决潜在冲突。利用自动相关监视系统的航空器周期位置报告或者航路点位置报告超出规定的报告时限 3 min，则该位置报告视为无效，管制员应当尽快采取措施重新获得位置报告；如果超出规定的报告时限 6 min，且可能失去与其他航空器的间隔时，管制员应当尽快采取措施解决可能的冲突。管制员所使用的通信手段应当保证能够在随后的 7.5 min 内解决冲突，与该航空器建立通信联系。

（3）有 ADS，逆向。

如果管制员能够通过自动相关监视设施观察到航空器的位置，反向航迹上逆向飞行的航空器，在两航空器相遇后且达到以上规定的纵向间隔后，方可上升、下降或者穿越另一航空器所占用的高度层。

6. 等待航线与航路飞行的航空器之间的间隔

等待航空器可以在不同的定位点上空等待飞行，但这些等待航线空域和保护空域不得互相重叠，否则应当为在相邻等待航线上飞行等待的航空器之间配备垂直间隔。

进场、离场或者航路上飞行的航空器与等待航线之间应不小于 5 min 的间隔，否则，管制员应当为进场、离场或者航路上飞行的航空器与在等待航线上飞行等待的航空器之间配备垂直间隔，如图 9-24 所示。

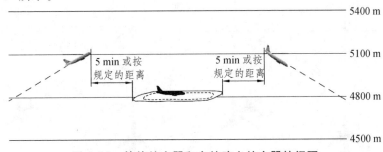

图 9-24　等待航空器和在航路上航空器的间隔

7. 同时有进离场飞行时的间隔

在塔台和进近管制空域内仪表飞行时，同时进、离场的航空器相互穿越或占用对方高度层的最低间隔标准应当符合如下规定。

（1）航迹差在 0°~45°内。

① 不论进场航空器在何位置，离场航空器加入航线 3 min 后；

② 走廊口有导航设备且能正常工作，进场航空器位置在距离机场 3 min 以外，离场航空器起飞加入航线后，如图 9-25 所示。

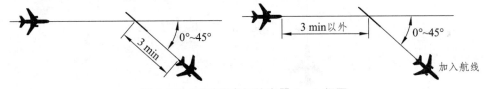

图 9-25　同时进离场航空器 3 min 间隔

（2）航迹差在 46°~90°内。

① 不论进场航空器在何位置，离场航空器加入航线 5 min 后；

② 走廊口有导航设备且能正常工作，进场航空器在距离机场 5 min 以外，离场航空器起飞加入航线后，如图 9-26 所示。

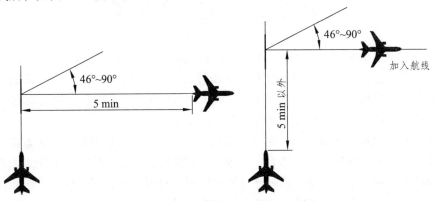

图 9-26　同时进离场航空器 5 min 间隔

（3）航迹差在 91°～135°内。

① 离场航空器加入航线 10 min 后；

② 走廊口有导航设备且能正常工作，进离场航空器距离机场均在 30 km 以外。图 9-27 所示为同时进离场航空器 10 min 间隔。

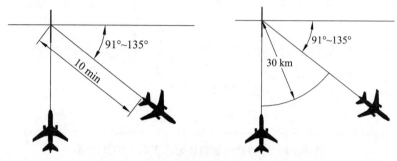

图 9-27　同时进离场航空器 10 min 间隔

（4）航迹差在 136°～180°内，证实航空器已彼此飞越后由于是交叉飞行，很难使用目视证实的方法，此时可充分利用本场的 DME 台来进行证实，如图 9-28 所示。

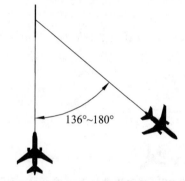

图 9-28　同时进离场航空器逆向相遇间隔

以上是程序管制下仪表飞行在 A、B、C 类空域的间隔标准，仪表飞行间隔标准中还有塔台放行间隔，尾流间隔标准等，此部分将在机场管制章节介绍。

第三节　进近管制服务

塔台管制完成管制服务后，就把飞机移交给进近管制室或进近管制中心，自此飞机开始接受进近管制服务。进近管制包括离场管制和进场管制。离场是航空器起飞至加入航路（线）点之间的飞行过程；进场是航空器从航路（线）脱离点至落地的飞行过程。进近管制服务就是对进场或离场受管制的飞行提供空中交通服务。

针对不同空域及航路出现的不同的飞行特征和繁忙程度，其负责单位将在方式方法、责任分工上产生较大差异，分别对应有塔台、进近、区域管制，尤其一些地面保障设施条件较差的地区只能采取程序的方法，于是可能有进近程序管制或进近雷达管制。本节主要介绍采用程序管制手段的进近管制服务，雷达管制将在后面章节介绍。

一、进近管制工作的组织与运行

（一）进近管制范围

我国空域中 C 类空域为进近管制空域，通常是指在一个或几个机场附近的航路汇合处划设的便于进场和离场航空器飞行的管制空域。进近管制空域构成中低空管制空域与塔台管制空域之间的过渡，其垂直范围通常在 6 000 m（含）以下最低飞行高度层以上；水平范围通常为半径 50 km 或延伸至走廊口以内的除机场塔台管制范围以外的空间。鉴于实际管制需要，某些进近管制室与相邻塔台、区域管制单位协议以一些特殊的方式进行移交，如高度移交等，因此进近管制具体范围应该以各机场使用细则或协议规定为准。

为加速和规范以仪表飞行为主体的航空器的进离场，我国绝大部分机场附近都以空中走廊形式划设航空器的进离场航路。空中走廊中心线由无线电导航设施确定宽度一定的过渡空域，航路飞行的飞机可以通过这样的过渡航路下降高度进场着陆，起飞的飞机以此爬升高度进入航路。按照 DOC8168 及仪表程序设计规范，定义航路位置点限制高度及满足不同进近阶段超障要求，具体形式在标准终端进港航路 STAR 和标准仪表离场图 SID 中对外进行公布。同时，为便于与其他管制单位之间的协调，定义有不同类型飞机进出走廊口高度，正常情况双方按此高度进行移交。航空器的进离场应优先选择标准仪表进场（STAR）及标准仪表离场（SID）线路进行，这为程序管制通常采用的推测定位提供了重要的参考。不同的使用跑道对应有不同的 STAR 和 SID，这也就要求进近管制员在发布进场程序和离场程序时，以空中交通管制许可等方式指定唯一飞行路线。

（二）进近管制室的职责

进近管制空域实则为区域管制与塔台管制之间的过渡空域。在为航空器的进离场承担防撞及加速空中交通有序流动的责任外，也为职责区内的航空器提供实时的飞行情报服务以及特情时提供告警与协助。同时还应按照区域管制的要求，将离场航空器从起飞阶段过渡到航路巡航阶段，按照塔台管制的要求将进场航空器从航路巡航阶段过渡到进近阶段。作为一名进近管制员既要对进场航空器的进近次序进行合理安排，同时还要正确处理进离场航空器的飞行冲突，因而其保障工作十分复杂，在职责方面具体包括以下五个方面内容：

（1）对按仪表飞行规则飞行的航空器之间间隔负责，防止航空器与航空器、航空器与地面障碍物相撞。

（2）向航空器提供飞行情报服务，及时准确地向按目视或仪表飞行规则飞行的航空器提供飞行情报、气象情报、交通情报及其他有关飞行安全的情报。

（3）控制空中交通流量，尽可能加速运行，保证空中交通畅通。

（4）对航空器的飞行进行监视，了解、检查航空器的位置，防止航空器偏离规定航线误入禁区，及时纠正航空器的放行错误。

（5）正确执行本管制单位的协调移交协议及相关规定，及时和相关单位协调。

（三）进近管制工作组织与实施

《中国民用航空空中交通管理规则》规定，全年起降架次超过 36 000 架次或空域环境复杂的机场，应当考虑设置进近管制室。不能设置进近管制室的或在进近管制室设立前，可以在机场管制塔台设立进近管制席位。为适应交通量的增长和提高空中交通服务效率，空中交通管制单位可以根据空域结构、路网构成、交通量、活动分布、飞行剖面、设备能力及人员素质等情况，将其管制责任范围分为若干工作席位或扇区。其管制工作程序描述如下：

（1）航空器预计进入进近管制空域前 30 min，了解天气情况，取得最近的天气实况，检查通信、导航设备，校对飞行预报和计划，填写飞行进程单，安排进、离场次序。

（2）进场航空器预计进入进近管制空域前 20 min 开始守听，按时开放导航设备，向塔台管制室取得航空器着陆程序和使用跑道。

（3）本管制区内离场航空器开车前 10 min 开机守听，将离场程序通知塔台管制室。

（4）收到进、离场航空器进入进近管制空域（空中走廊）的位置报告后，指示其按照程序飞行，通知空中有关飞行活动；

（5）通知进、离场航空器分别转换频率与塔台管制室或区域管制室联络，按照规定进行管制移交；

（6）当塔台管制室管制员通知最低等待高度层空出后，安排进场等待的该层以上的航空器逐层下降，航空器脱离第二等待高度层时，通知航空器驾驶员转换至塔台管制室频率联络；

（7）接到航空器驾驶员报告已与区域管制室或者塔台管制室建立联络，并且飞离进近管制空域时，准许航空器脱离联络。

二、离场管制服务

离场飞行阶段是将航空器从起飞阶段过渡到航路巡航阶段的飞行过程。一般开始于塔台管制员将飞机移交给进近管制员，而结束于进近管制员将飞机移交给区域管制员。在程序管制下，离场大多数是实施详细的标准仪表离场（SID）。任何包含标准仪表离场的许可都应采用该机场所公布的仪表飞行离场程序。离场程序的具体要素要求，设计要求等可参阅飞行程序设计教材。

有了离场程序，管制员仅需要控制飞机飞行的间隔，飞行员按照这个程序就可以飞离机场加入航路航线。

（一）离场方式

1. 目视离场

在符合目视气象条件下，经飞行员申请，管制员可以允许航空器采用目视离场的方式，飞行过程中飞行员有责任保证离地高度和超障余度。飞行员可以利用起落航线各个边直接入航、左转入航、右转入航、加入三边入航、通场入航等。

2. 仪表离场

（1）一般情况下，航空器都是按照机场公布的标准仪表离场程序离场；
（2）必须保证所飞机型性能要求达到 SID 中规定的超障要求；
（3）杜绝任何超出飞机限制的标准仪表离场。

（二）离场放行原则

管制员在向负责的离场航空器发布放行许可时（有关放行许可详细介绍见机场管制章节）要遵循以下原则。

（1）应尽可能允许作远程飞行的航空器少做转弯或其他机动动作，并不受约束地上升到巡航高度；

（2）延误较长时间时，管制单位应通知运营人或其指定代表，对于延误可能超过 30 min 者，在任何情况下都必须进行通知；

（3）航空器不向逆风方向起飞，可加快航空器的离场，但应受顺风量不大于 3 m/s 的限制；

（4）航空器机长有责任决定采用不逆风起飞或等待向有利方向作正常起飞；

（5）对执行紧急或者重要任务的航空器，班期飞行或者转场飞行的航空器、速度大的航空器，应当允许优先起飞。

（三）离场航空器的协调和移交

1. 与塔台和区域管制的协调

塔台管制室应当及时将离场航空器的起飞时间通知进近管制室或区域管制室；进近管制室和区域管制室对离场航空器实施流量控制或有其他调配的，应当尽早通知塔台管制室安排有关离场航空器在地面或空中等待。航空器飞离进近管制空域前，进近管制室应当及时将该航空器的飞行情报通知区域管制室（区域管制中心）。

2. 管制移交

航空器由某一管制区进入相邻的管制区前管制室之间必须进行管制移交。管制移交应当按规定和双方的协议进行，如果因为天气和机械故障等原因不能按规定或协议的条件进行时，移交单位应当按照接收单位的要求进行移交，接收单位应当为移交单位提供方便。

管制移交的接收单位需要在管辖空域外接受移交，应当得到移交单位的同意，在此情况下，移交单位应当将与该航空器有关的情报通知接收单位。接收单位需要在管辖空域外改变该航空器的航向、高度、速度时，应当得到移交单位的同意，当航空器飞临管制移交点附近，如果陆空通信不畅或者因某种原因不能正常飞行时，移交单位应当将情况通知接收单位，并继续守听直至恢复正常为止。

接收单位虽然按照前项接管了移交的业务，如欲在管辖区外改变航空器的航向或高度或速度时，应当与移交方协调，得到移交单位的同意。

（四）离场管制工作程序

离场管制工作程序流程可以总结为表 9-1 所示。

表 9-1 离场管制工作程序流程

步　　骤	内　　容
1. 准备阶段	航空器预计起飞前 30 min，了解天气情况，取得最近的天气实况，检查通信、导航和监视设备，校对飞行预报和计划，填写飞行进程单，安排离场次序；在离场航空器开车前 10 min 开始守听，并与塔台管制室协调，将离场程序通知管制塔台
2. 发布放行许可（TWR）	塔台将区调、进近要求的放行内容：呼号、许可界限、航路、巡航高度层、离场方式及路径、预计放行时间、其他必要内容发给机组

续表 9-1

步　骤	内　容
3．放行（TWR）	塔台按照放行许可中放行时间放行航空器，此时如果区调或进近对放行内容有修正，塔台应及时通知机组修正
4．初始联系	收到离场航空器进入进近管制空域的报告后，指示其按照离场程序飞行，在进程单中，记录预达位置报告点的时间
5．管制指挥	时间的修正、冲突通报、冲突调配适用间隔标准、移交高度等的确定
6．管制移交与协调（APP—ACC）	移交内容：呼号、移交点、预达移交点时间、高度层、其他必要内容；注意提前量（移交点前 5 min）、准确性；不能按照原移交内容移交时必须事先协调或修正。通知离场航空器转换频率与区域管制中心联络，按照规定进行管制移交
7．脱波	接到机长报告已与区域管制建立联络，航空器到达移交点或经协调的移交位置时可脱波；或确认与本管制区内其他活动无冲突时，并征得接收方同意，可以提前脱波；脱波时必须指明下一管制单位名称和使用频率

（五）离场管制用语

1．飞机向塔台索取放行许可

PIL：Tower，CES2615 destination Shanghai Pudong，Request ATC clearance.

机长：塔台，CES2615 目的地北京，请求放行许可。

TWR：ATC cleared CES2615 to Beijing via flight planned route，crusing level 9 500 m，after airborne via XS 11 departure，expect departure at（ETD）07./（Information A）

塔台：CES2615 可以经由飞行计划航路去上海浦东，巡航高度 9 500 m，起飞后沿 XS11 离场，预计起飞时间 07。/通播 A

PIL：（Read back）CES2615.

机长：（复述）CES2615。

2．航空器起飞后联系进近

PIL：Wuhan approach，CES2615 airborne at 07，estimating（ETO）WG 10，ZF 17.

机长：武汉进近，CES2615 起飞时间 07，预计 WG 10，ZF 17。

APP：CES2615 Wuhan approach，via ZF11 departure，climb and maintain 1 800 m on QNH，QNH 1009，report passing WG.

进近：CES2615，武汉进近，沿 XS 11 离场，上升高度到修压 1 800 m 保持，修正海压 1009，过 WG 报告。

PIL：Climbing and maintaining 1 800 m on QNH，QNH 1009，CES2615.

机长：上修压 1 800 m 保持，修正海压 1009，CES2615。

3．进近对航空器实施管制指挥

PIL：Approach，CES2615 maintaining 1 800 m passing WG，estimating/ETO XS 17.

机长：进近，CES2615 高度 1 800 m 保持过 wG，预计 ZF 17。

APP：CES2615 climb and maintain 4 500 m on std., report reaching.

进近：CES2615 上升高度到标压 4 500 m 保持，到达报告。

PIL：Climbing and maintaining 4 500 m，CES2615

机长：上高度 4 500 m 保持，CES2615。

PIL：Approach，CES2615　4 500 m maintaining.

机长：进近，CES2615 高度 4 500 m 保持。

4. 进近向区调移交

APP：ACC，APP，transfer CES2615，ETO ZF 17，4 500 m.

进近：区调，进近，移交 CES2615，预计 ZF 17，高度 4 500 m。

ACC：CES2615，ETO ZF 17，4 500 m.

区调：CES2615，预计 ZF 17，高度 4 500 m。

APP：Correct.

进近：正确。

5. 脱波给下一管制单位

APP：CES2615 maintain 4 500 m，contact Wuhan control on 119.1.　Good day.

进近：CES2615 4 500 m 保持，联系武汉区调 119.1。再见。

PIL：Contact Wuhan control on 119.1，CES2615.　Good day.

机长：联系武汉区调 119.1，CES2615。再见。

三、进场管制服务

随着飞机逐渐接近其目的地机场，区域管制单位将航空器移交给进近管制单位后，进近管制单位将协助完成对其高度和速度的控制，以便进近着陆。为引导航空器从航路下降，通常空中交通管制员会指示飞机遵循某一标准进场程序（STAR）。

（一）进场飞行程序

对于进场的飞机，同样也给它们设计了标准的进场程序，使这些飞机可以按照一条标准路线降到机场。标准仪表进场航线是航空器从航路飞行到进近程序飞行之间的过渡航线。进场程序的起点是飞机离开航路飞行的开始点和走廊口，终止点则是等待点、起始进近定位点。

（二）进近方式

进近是航空器从指定的起始点开始、下降并对准跑道准备着陆的飞行过程。仪表进近程序通常分为起始进近、中间进近、最后进近和复飞等航段。在进近航段，应调整航空器高度、速度、飞行姿态，放起落架等，避开地面障碍物，对准跑道，下降着陆。

1. 仪表进近

仪表进近程序是航空器根据飞行仪表的指示和对障碍物保持规定的超障余度所进行的一系列预定的机动飞行。仪表进近程序从规定的进场航路或起始进近定位点开始，到能够完成目视着陆的一点。如果不能完成着陆而中断进近，则应飞至等待或航路飞行的一个位置。仪表进近程序通常用仪表进近图来表示。如某一机长认为当空中交通管制单位明显看出他不熟悉仪表进近程序时，必须指明起始进近高度、开始作程序转弯的位置点、作程序转弯的高度以及最后进近航迹（如果允许作直线进近，仅需指明最后一项）。认为必要时，还需指明复飞程序。

2. 目视进近

目视进近是航空器按照仪表飞行规则计划运行时，在部分或全部仪表进近程序尚未完成前，航空器驾驶员保持目视能见自主领航飞向着陆机场的过程。它不包含目视盘旋着陆；不属于仪表进近，不需设置复飞航段；可由管制员发起或飞行员主动提出。

如果驾驶员能够保持目视参考地形，管制员可以向满足下列条件之一的航空器颁发目视进近许可，批准按仪表飞行的航空器作目视进近。

（1）报告的云底高度不低于该类航空器规定的起始进近高度；

（2）驾驶员报告在起始进近高度或执行仪表进近程序期间，气象条件允许且驾驶员有理由确信可以完成目视进近和着陆。

管制员颁发目视进近许可时，在批准进行目视进近的航空器同其他进场、离场的航空器之间必须提供安全间隔。对于连续进行的目视进近，在后随航空器的机组报告看到前行航空器之前，必须保持雷达或仪表飞行间隔。移交给塔台管制的位置点或时刻应选择恰当，以便能够及时发出着陆许可或其他指令。

例：管制员：南方3351，白云塔台，11点钟方位10 km，有一架33号进近的空客330，看见没有？

飞行员：看到了，没影响。南方3351。

管制员：南方3351，保持目视间隔，目视下降，注意尾流，五边报告。

飞行员：保持目视间隔下降，南方3351。

3. 目视盘旋进近

目视盘旋进近是紧接最后进近的仪表飞行之后，在着陆前围绕机场所进行的目视机动飞行（沿与起落航线相一致的目视盘旋航线着陆）。作为一种独立的进近方式，它广泛用在各机场的进近程序中。

在盲降成为主要进近方式的今天，由于目视盘旋进近方式的最后进近过程要靠机组目视飞行和人工驾驶对准跑道，在平时的实际指挥中很少用到。因此在实际指挥过程中应注意双方的沟通，管制员在向飞行员通报天气情况、最低下降高度的同时应特别提醒机组始终保持能见，一旦不能见立即复飞。

飞机在报告能见后同意其目视盘旋进近——"可以目视盘旋进近，三转弯叫"。三转弯后发出落地许可——"地面风速、风向，可以落地"。

（三）进场航空器的协调

区域管制室应将下列情报，在该航空器的预计飞越管制移交点前5 min通知进近管制室：

航空器呼号、航空器机型（可省略）、进近管制点及预计飞越时间、预计飞行高度、管制业务移交的方法（时间、定位点或高度）。

进近管制室应将关于进场航空器的下列情报通知区域管制。

（1）在等待定位点上空使用的最高的飞行高度；

（2）进场航空器之间平均间隔时间；

（3）航空器到达管制移交点的时刻及已接管对该航空器的管制；

（4）该机场已撤销了仪表飞行程序时的撤销时间；

（5）要求区域管制所发的预计到进近管制点的时间变更 10 min 以上的变更时间；

（6）航空器复飞与区域管制业务有关时的复飞情报；

（7）关于通信中断的航空器的情报。

进近管制应将关于进场航空器的下列情报预先通知机场管制塔台（不迟于航空器飞越管制移交点前 3 min）。

（1）航空器呼号；

（2）航空器机型（可省略）；

（3）预计到达进近定位点或机场上空的时间和预定高度或实际高度；

（4）仪表进近的种类（必要时通知）。

机场管制塔台应将有关进场航空器的下列内容通知进近管制。

（1）看到了着陆航空器，并确信该航空器已着陆；

（2）着陆时间；

（3）撤销了仪表飞行程序时，撤销的时间；

（4）关于复飞或通信中断航空器的情报；

（5）使用跑道。

各管制单位对已通知的情报有所变更时，应迅速通知对方单位（关于预计到达时间的变更，区域管制与进近管制之间相差 5 min 以上，进近管制与塔台管制之间相差 3 min 以上，需另行通知）。

（四）进场管制工作程序

进场管制工作程序流程见表 9-2。

表 9-2　进场管制工作程序流程

步　骤	内　容
1. 准备阶段	航空器预计进入进近管制空域前 30 min，了解天气情况，取得最近的天气实况，检　查通信、导航和监视设备，校对飞行预报和计划，填写飞行进程单，安排进场次序。航空器预计进入进场管制空域前 20 min 开始守听，按时开放导航设备，并与塔台协调，确定航空器着陆程序和使用跑道
2. 管制移交与协调（ACC—APP）	与区域管制协调进港动态，如果需要对航空器的高度层或移交点时间进行调整，可以在此时进行协调
3. 初始联系及发布进场条件	"正常情况下，进场条件"在初始联系时发布。进场条件内容：进场路径、进近方式、使用跑道、本场气象条件（风向、风速、地面温度、QNH 等）、其他必要信息

续表 9-2

步 骤	内 容
4. 管制指挥	收到进场航空器进入进近管制空域（空中走廊）的位置报告后，指示其按照程序飞行（加入等待或下降高度），通知空中有关飞行活动和飞行情报，检查航空器位置，调配飞行冲突，安排落地次序，提供落地间隔
5. 管制移交与协调（APP—TWR）	向塔台通报航空器的进近次序和预计进近时间
6. 发布进近许可/等待	如航空器可以正常进近，应在航空器通过起始进近点之前发布进近许可，进近方式及使用跑道；如航空器进近时间需要延迟，可指示示航空器等待；标准等待程序一般为 4 min，发布等待指令要有提前量并告知预计等待时间或预计进近时间，等待程序出航边可以延长不超过 1 min
7. 脱波	航空器建立自降且无冲突，接到机长报告已与塔台管制建立联络，可以脱波联系塔台

管制过程中为了确切掌握进场航空器的位置，管制单位可以要求航空器报告位置和高度。

发布进近许可时，可根据空中交通情况指定使用何种公布的仪表进近程序或让航空器自选仪表进近程序。对于不是在公布的航线上飞行的航空器的进近许可，应在该航空器到达公布的航线上或按照仪表进近程序开始进近的定位点之后发布。但如指示了在到达按照仪表程序开始进近的定位点之前应该保持的高度时，则可以在到达该定位点之前发布进近许可。

（五）进场管制通话用语

1. 区调向进近管制移交

ACC：Approach，ACC，transfer. BAWl41，5 100 m，estimating（ETO）KG 03。

区调：进近，区调，BAW141，高度 5 100 m，预计 KG 03。

APP：Roger. BAW 141，5 100 m，ETO KG03。

进近：收到。BAW141，高度 5 100 m，预计 KG 03。

2. 航空器与进近建立初始联系

PIL：Wuhan approach BAWl41 maintaining 5 100 m，estimating（ETO）KG 03。

机长：武汉进近，BAWl41，高度 5 100 m 保持，预计 KG 03。

APP：BAW141 Wuhan approach，via KG 11 arrival，ILS approach，runway36，QNHl010，Surface wind 360 degrees 12 km/h，temperature 25…，report passing KG。/（Information C）

进近：BAW141 武汉进近，KG 11 号进场，盲降进近跑道 36，修正海压 1010，风向 360°，风速 12 km/h，温度 25℃，……，过 KG 报告。/通播 C

PIL：（Read back）BAWl41。

机长：（复述）BAWl41。

3. 进近对航空器实施管制指挥

PIL：Wuhan approach BAWl41 maintaining 5 100 m，over KG，estimating（ETO）SH 07 QU 12

机长：进近，BAWl41 高度 5 100 m 保持过 KG，预计 SH 07，Qu 12。

APP：BAWl41 descend and maintain 1 500 m on QNH 1 010，report passing SH.

进近：BAWl41 下降到修压 1 500 m 保持，QNH 1 010，过 SH 报告。

PIL：Descending to 1 500 m on QNH 1 010，BAWl41.

机长：下修压高度 1 500 m 保持，修压 1 010，BAWl41。

PIL：Approach，BAWl41 passing 2 100 m to 1 500 m，passing SH，estimating（ETO）QU 12.

机长：进近，BAWl41 通过高度 2 100 m 下降到 1 500 m，过 SH，预计 Qu 12。

4. 与塔台协调

APP：TWR，APP，BAWl41 NO.1 estimating approach time（EAT）12.

进近：塔台，进近，BAWl41 第一个，预计 12 分进近。

TWR：Roger，BAWl41 NO.1，12.

塔台：BAWl41 第一个，12 分，收到。

5. 发布进近许可

APP：BAWl41 descend to 900 m on QNH，cleared for ILS approach Runway36，report established ILS on QU.

进近：BAWl41，下降到修压 900 m 保持，可以盲降进近跑道 36，过 QU 建立盲降报告。

PIL：Descending to 900 m on QNH. clear for ILS approach R/W 36，BAWl41.

机长：下降到修压 900 m 保持，盲降进近跑道 36，BAWl41。

PIL：Approach，BAWl41 maintaining 900 m，passing Qu，ILS established.

机长：武汉进近，BAWl41 高度 900 m 保持，过 QU 建立盲降。

APP：BAWl41 continue ILS approach Runway36，report passing 600 m.

进近：BAWl41，继续盲降进近跑道 36，通过 600 m 报告。

PIL：BAWl41.

机长：BAWl41。

PIL：BAWl41 passing 600 m.

机长：BAWl41 通过 600 m。

6. 脱波给塔台

APP：BAWl41，continue ILS approach　contact Tower 130.0，Good day.

进近：BAWl41 继续盲降进近，联系塔台 130.0。再见。

PIL：continue ILS approach，contact Tower on 130.0，BAWl41. Good day.

机长：继续盲降进近，联系塔台 130.0，再见。

第四节　区域管制服务

飞机离开进近管制区域后，按照进近管制员发布的换频许可，联系到区域管制中心频率，听从区域管制指挥，进入巡航阶段。区域管制中心对一个较大范围内的航空器实行管制，我国目前大部分地区都实现了雷达管制，运用先进的通信和信息处理设备，完成当前空域管制中航路管制和情报服务等各项功能。

一、区域管制的职责和工作范围

区域管制为在航线上飞行的航空器提供管制服务，每个区域管制中心负责一定区域上空的航路、航线网的空中交通管理。

（一）区域管制的范围和职责

区域管制的范围是 A 类和 B 类空域，即除塔台管制与进近管制之外的管制空域。我国民航将 A、B 类管制空域分别划分为若干区域管制单位来负责提供管制服务，每个单位又根据航路负责程度，航班流量划分若干管制扇区。区域管制的工作任务是根据飞机的飞行计划，批准飞机在其管制区内的飞行，保证飞行的间隔，提供管制、情报和告警服务，然后把飞机移交到相邻空域，或把到达目的地的飞机移交给进近管制。

区域管制的职责包括以下几个方面：

（1）监督航路上航空器的飞行活动，及时向航空器发布空中飞行情报。充分利用通信、导航、雷达设备，准确、连续不断地掌握飞行动态，随时掌握空中航空器的位置、航迹、高度，及时通报可能形成相互接近的飞行情报，使航空器保持规定的航路和高度飞行。

（2）掌握天气变化情况，及时向航空器通报有关天气情报。及时向航空器通报天气实况和危险天气的发展趋势，当遇到天气突变或航空器报告有危险天气时，按照规定引导航空器绕越。

（3）准确计算航行诸元，及时给予驾驶员管制指令。根据航空器报告和实际飞行情况，管制员应掌握其航行诸元和续航时间，尤其是当航线上有大的逆风或者是在绕飞危险天气时，应计算和考虑航空器的续航能力，及时建议驾驶员继续飞行、返航或改航至就近机场着陆等。

（4）妥善安排航路上航空器之间的间隔，调配飞行冲突。随时掌握并推算空中交通状况，预计相对、追赶、交叉飞行的航空器之间将要发生冲突时，必须主动、及时予以调整，加速和维持有秩序的空中交通活动。

（5）协助驾驶员处置特殊情况。特殊情况的处置主要依靠空勤组根据实际情况采取相应措施，管制员提出必要的建议和提示具有非常重要的作用。

（二）航路管制协调与移交

1. 协 调

全航路或部分航路中的各空中交通管制单位之间，应当进行协调，以便向航空器发出自起飞地点到预定着陆地点的全航路放行许可。因资料或协调原因不能全航路放行而只能放行到某一点时，管制员应当通知航空器驾驶员。未经双方管制区协调，不得放行航空器进入另一管制区。

区域管制室或进近管制室得知本责任区除已接受的飞行活动外，在某一时间一定航段内不能容纳其他飞行或只能容纳在某一速率下飞行活动时，应当通知有关空中交通管制单位和航空器运营人或飞经本责任区的航空器驾驶员。

2. 移 交

各区域管制室之间进行管制移交时，移交单位应当在航空器飞越管制移交点前 10 min（短程航线为 5 min）与接收单位进行管制移交。管制移交的内容应当包括：航空器呼号、航空器机型（可省略）、飞行高度、速度（根据需要）、移交点、预计飞越移交点的时间、管制业务必需的其他情报。

管制移交应当通过直通管制电话进行。没有直通管制电话的管制室之间，通过对空话台、业务电话、电报等进行。已经接受管制移交的航空器，在预计进入管制空域边界的时间后仍未建立联系的，值班管制员应当立即询问有关管制室，同时采取措施联络。

区域管制室和进近管制室应当随时了解本责任区内的天气情况和飞行活动情况，确切掌握航空器的飞行条件和飞行位置；正确配备管制间隔，合理调配飞行冲突；妥善安排航空器等待，及时调整航空器飞行航线，加速和维持有秩序的空中交通活动。

航空器在预计飞越报告点 3 min 后仍未收到报告的，值班管制员应当立即查问情况并设法取得位置报告。

管制协调后，原管制移交的内容有下列变化的应当进行更正。

（1）飞行高度改变；

（2）不能从原定的移交点移交；

（3）飞越移交点的时间在区域管制室之间相差超过 5 min，在区域管制室与进近管制室之间相差超过 3 min，在进近管制室与塔台管制室之间相差超过 3 min。

二、区域（航路）管制的工作程序

区域管制工作程序流程见表 9-3。

表 9-3　区域管制工作程序流程

步　　骤	内　　容
1．准备阶段	预计航空器在本区内起飞前或预计进入管制区域边界前 30 min，校对飞行预报，阅读航行通告，拟订管制方案，听取天气讲解，研究航路、备降机场的天气实况和预报
2．航路放行许可的签发	应当在航空器起飞或飞进本责任区前 30 min，发出允许进入本责任区的航路放行许可，通过有关空中交通服务单位通知机长
3．管制移交与协调（APP—ACC、ACC—ACC）	如果需要对航空器的高度层或移交点时间进行调整，可以在此时进行协调
4．管制指挥	合理安排航空器的航线高度；初步分流飞越本区的飞机和到本区域内机场落地的航空器
5．流量控制	已明确知道本责任区除已接受的飞行活动外，在某一时间一定航段内不能容纳其他飞行或只能容纳在某一速率下飞行活动时，应当通知有关空中交通管制单位和经营人或经本责任区的航空器机长
6．管制移交与协调（ACC—APP、ACC—ACC）	如果需要对航空器的高度层或移交点时间进行调整，可以在此时进行协调
7．脱波	航空器到达移交点或经协调的移交位置方可脱波；或确认与本管制区内其他活动无冲突时，并征得接收方同意，可以提前脱波；脱波时必须指明下一管制单位名称和使用频率

（1）编制、审理各报告室申报的飞行预报和计划，其中临时飞行任务的申请应当及时给予批复，并将批准的飞行预报通知有关管制单位和当地军航管制单位。

（2）预计航空器在本区内起飞前或预计进入管制区域边界前 30 min 开始工作，校对军航和民航的飞行预报，阅读航行通告，拟订管制方案，听取天气讲解，研究航路、备降机场的天气实况和预报。

（3）收到航空器起飞的通报后，按照飞行计划电报和各位置报告点的预计时间，填写飞行进程单，配备管制间隔，调配飞行冲突。

（4）如航空器在本管制区域内的机场起飞，应当在预计起飞前 10 min 开始守听；如果航空器在管制区域内机场着陆（飞越），则应当在航空器预计进入管制区边界前 30 min 开始守听。

（5）已经接受管制移交的航空器，超过预计进入管制空域边界时刻仍未建立联络，应当立即询问有关管制室，同时采取措施建立联络。

（6）按时开放并充分利用通信、导航和监视设备并利用航空器的位置报告点，准确掌握航空器位置，监督其保持规定的航路和间隔标准飞行。超过预计飞越位置报告点 5 min，尚未收到报告时，应当立即查问情况。

（7）航空器预计进入进近管制空域（或者塔台管制空域）前 10 ~ 15 min，与进近管制室（或塔台管制室）进行管制移交，取得进入条件后通知航空器。如进近管制室（塔台管制室）与区域管制室不在一起时，由着陆机场对空话台直接通知航空器，航空器进入进近管制区域（塔台管制区域）之前，通知航空器转换频率与进近管制室（塔台管制室）建立联络。

（8）航空器更改预计起飞时间，管制员应当按照更改后的预计起飞时间开始工作。

接到航空器驾驶员报告不能沿预定航线飞行或者着陆机场关闭时，区域管制应当提供航线、备降机场的天气情况和机长需要的其他资料，同时还要根据机长返航或者备降的决定，立即通知有关管制单位以及当地军航管制部门，并发出新的飞行预报。充分利用各种设备，掌握航空器位置。航空器要求改变高度或者改航时，管制员必须查明空中情况，取得有关管制单位同意，方可允许航空器改变高度层或者空中改航。如果收到机长已被迫改变了飞行高度或者改航的报告时，立即将改变的情况通知空中有关的航空器以及有关的管制单位。

第五节　特情管制服务

特情是指飞行中突然出现的影响任务完成和危及飞行安全的情况。在实际管制工作中，各管制单位对于飞行中容易出现的特殊情况，根据管制规则的要求结合本单位的实际情况制定应急工作程序，但每一种紧急情况周围出现的各种不同的环境使得不可能制定出准确详尽的应该遵循的程序。本节首先介绍特情处置的一般原则，然后介绍几种典型的特情处置方法，各管制单位应根据本单位的实际情况和当时的空域情况、空中交通状况加以区别对待。

一、一般规则

（一）特殊情况的特点

飞行中出现的特殊情况具有突发性，因而特殊情况下的管制工作与正常情况下相比，具有以下特征：

（1）正常飞行活动是例行的，而紧急情况是指某些突发事件，具有突然性。例如在进近过程中，对于已经排定进近次序的飞机的其中一架报告特情，要求优先着陆，此时管制员就要重新排序，组织其他飞行进行避让。

（2）正常管制活动是有思想和技术准备情况下进行的，而紧急情况是在正常的飞行中发生的危及安全的意外情况，具有意外性。

（3）对于正常的飞行活动，管制员按程序指挥，对本管制区（扇区）内所有飞机进行整体观察，在飞机间配备安全间隔。而当特情发生时，管制员既要对特情飞机实施管制同时还要兼顾其他正常飞行的管制，此时要求管制员要合理地分配自己的注意力，同时还要准确地下达管制指令和作好其他的通报协调工作，管制员的工作负荷增大，有时甚至出现超负荷现象。

（4）正常的管制活动是一种程序化的行为，管制员处于正常的生理和心理状态下工作，而由于紧急情况具有突发性、意外性、紧迫性和危险性等特点，这给管制员增加了工作量，同时也增加了其心理负荷。此时管制员的精神容易过度紧张而造成感知能力下降，注意力缩小等后果。在指挥上往往过度集中特情飞机而忽视了其他飞机或相关的管制限制，错发或漏发指令的几率增大。

（二）特情处置的基本要求

处置紧急情况时，空中交通管制单位必须保持充分完全的协作，空中交通管制人员必须使用他们最好的判断力。对于飞行中容易出现的特殊情况，空中交通管制单位应制定适用于本单位的特情工作检查单，作为处理特殊情况的参照。当一架航空器声称发生紧急情况时，空中交通管制单位应采取适当的相应行动：

（1）除非飞行机组明确地声明或另获所知，须采取所有必要的步骤核实航空器的识别标志和机型、紧急情况的类型、机组的意图以及航空器的位置和高度；

（2）对可提供的最恰当的协助形式做出决定；

（3）向任何其他有能力对航空器提供援助的 ATS 单位或其他服务单位寻求协助；

（4）向飞行机组提供任何所要求的情报以及其他相关的资料，如合适的机场、最低安全高度，以及气象资料的细节；

（5）向经营人或飞行机组取得下列有关资料：机上人数、剩余燃油量、可能出现的危险物质及其性质；

（6）按 ATS 单位指示的规定通知有关的 ATS 单位和当局。

（三）优先处置

航空器处于下列情况，管制上应以优先处置：

（1）航空器报告"MAYDAY"或"PAN"时；

（2）航空器报告因发动机故障处于紧急状态并且要求予以优先处置时；

（3）在雷达荧光屏上观察到二次雷达编码 7700、7600、7500 时；

（4）航空器发生了其他明显的紧急状态，并且有必要对该航空器予以优先处置时；

（5）航空器报告机上载有急病号、重病号，并且要求予以优先处置时；

（6）为救灾或保护生命财产而实施急救飞行的航空器要求予以优先处置时。

（四）交通限制

1. 交通限制的发布

除应用雷达管制外，为防止未建立通信联络的紧急状态航空器与其他 IFR 航空器的冲突，有关管制单位自下列的时间中最迟者开始至此后 30 min 的时间内，应限制其他 IFR 航空器的空中交通。

（1）发出进近许可的时间；

（2）最新的预计进近时间（EAT）；

（3）到达目的地机场进近定位点的时间；

（4）管制单位或该航空器预计到达目的地机场进近定位点的时间。

注：限制空中交通的方法包括对在有关空域内离场航空器取消其管制许可，对进场航空器使其保持一定高度或在其他定位点上空等待，以及对航行中的航空器指定其他飞行航线或较高的高度等。

2. 交通限制的解除

管制员所发布的交通限制在下列情况下应予解除：

（1）已确认该航空器着陆时；

（2）已确认该航空器遇难时；

（3）已超过该航空器的飞行计划中所载燃油续航时间时；

（4）已确认该航空器的位置时。

交通限制时间已过而仍未得到紧急状态航空器的情报时，如经其他航空器驾驶员或经营人（代理人）的请求，可以发给该航空器通常的管制许可。

二、特情处置一般原则（ASSIST 原则）

因特情的形式可能是各种各样，因此特情处置的具体方法也有不同的差别，有一些关键因素是各种特情都需要通报的，以下以 ASSIST 原则为例介绍。

1. A：Acknowledge（确认）

管制员务必清楚有关航空器的特情性质以及航空器呼号，并且让机组知道管制员已经了解他们的处境或情况。

C：CCA4105，Beijing Approach，roger engine failure，confirm you can maintain present level?

2. S：Separation（间隔）

为航空器提供并且保持与其他航空器的安全间隔。

C：CSN3371，radar failure，reduce speed by 30kts to increase separation，report over LKO.

3. S：Silence（静音）

如有必要，在你的管制频率上实施"无线电静默"，防止无关的通话干扰紧急航空器机组的行动。

C：All station，Wuhan Approach，stop transmitting，MAYDAY.

4. I：Inform（告知）

通知领班和其他相关扇区（单位）。

C：Zhuhai Tower，Guangzhou Approach，CSC8848 report a configuration problem and request divert to your airport for landing.

5. S：Support（支持）

尽可能为机组提供最大的帮助，如提供备份航路等。

C：CES5325，Wuhan Tower，we have informed Ground you have a stretcher case on board，doctors and ambulance will be ready on your arrival.

6. T：Time（时间）

为机组提供充足的时间解决他们的问题，因为明智的决策取决于充足的时间。

C：SIA221，Guangzhou Approach，roger MAYDAY，work with your crew to find the best solution，I will inform the emergency services.

三、几种特情管制服务

（一）通信失效

1. 通信失效的原因

通信系统非常复杂，导致通信失效的原因有很多，有简单原因也有复杂原因。通信失效可能是由简单的技术原因引起的，如管制员或飞行员的耳机或话筒故障，话筒卡阻等。也可能是较为复杂的原因，如断电、无线电设备故障或电源故障等。通信问题不一定完全是由于飞机的原因造成的，也有可能是管制部门引起的：扇区或部门的频率丢失。此时管制员应迅速意识到问题的所在，通过及时更改频率来解决问题。

2. 通信失效后的飞行及管制特点

陆空通信是程序管制员对飞行中的航空器提供空中交通服务的主要途径之一，当飞行中的航空器与地面管制员失去地空联络之后，管制员无法确切掌握航空器的运行信息，同时飞行员也无法将运行信息及时传达给地面管制员。由于程序管制条件下，管制员无法直观地掌握航空器的运行位置，只能靠飞行员的报告来掌握飞机的运行位置，在通信失效的情况下，管制员只能通过失效前飞行员报告的数据进行位置推算，因此，通信失效对于空管安全工作的影响非常大。

3. 通信失效类型的判明

飞机机载通信系统是由发射机、接受机及天线构成，而发射机和接受机都可能造成地空无线电通信失效。由于机载设备所造成的无线电失效类型共有三种：①接受机失效，即能够向地面管制员进行常规报告，但无法接受管制员的指令。②发射机失效，即驾驶员能够接收到管制指令，而无法向地面管制员进行报告。③发射机与接受机均失效，即驾驶员与地面完全失去联络。

程序管制条件下，管制员无法确切判明航空器的失效类型，只能将上述第②和第③种情况进行合并处置。

4. 通信失效后的管制措施

当与航空器失去通信联络时，管制员除查明原因外，应当迅速采取如下措施：

（1）通过有关管制室以及空中其他航空器的通信波道，设法与该航空器建立联络；

（2）使用当地可利用的通信波道连续不断地发出空中交通情报和气象情报；

（3）开放有关导航设备，使用雷达掌握航空器位置，通知航空器改变航向或者改变应答机编码，以判明其是否收到指令，然后采取措施；

（4）调配空中有关航空器避让；

（5）通知有关机场作好备降准备；

（6）塔台管制室与进离场航空器不能建立联络时，应当使用辅助联络的符号和信号。

在采取以上措施的时候需要注意以下事项：

（1）当管制员在指挥过程中与空中某架飞机失去通信联系时，管制员应使用一切可能手段与该机建立通信联络，如采用本管制区主用通信频率、本管制区备用通信频率、121.5 应急频率以及由空中其他航空器进行转报。在上述方法均不奏效的情况下，管制员应按照无线电通信失效程序实施管制。

（2）由于程序管制的特殊性，管制员无法确切判明通信失效的类型，因此当遇到无线电通信失效时，管制员应做好两手准备：①航空器驾驶员按照通信失效前所使用的高度和所报告的预计到场时间，到预定机场着陆；②航空器驾驶员可能改航去备降机场着陆。

（3）在考虑航空器可能到本场着陆的情况时，管制员应当在失去通信联络的航空器预计到达着陆机场导航台上空前 10 min，将等待空域内该航空器占用的高度层空出，禁止其他航空器穿越。在该航空器预计到达导航台上空的时间后 30 min 内，禁止其他航空器在等待空域内下降。失去通信联络的航空器应当在上述规定的时间段内着陆。按照实际起飞时刻计算的到达时刻，即为航空器优先着陆下降高度的开始时间。

（4）失去通信联络的航空器已经着陆，或者已经恢复联络，或者航空器预计飞越导航台上空 30 min 内发现航空器的，可恢复其他航空器的活动，并立即通知有关管制室。

如果该航空器在以下情况：① 驾驶员提供的预计到达时间后；② 由区域管制中心计算的预计到达时间后；③ 最后收到的预计进近时间后 30 min 内仍没有报告，按以上三种情况最迟者为准，将有关该航空器的相关情报通知给经营人或其指定的代表，如有要求，还必须通知给一切有关航空器的机长和恢复正常管制。经营人或其指定的代表和航空器机长有责任来决定他们是否需要恢复正常运行或采取其他行动。

（二）发动机失效

发动机是航空器的动力装置，发动机出现故障或空中停车，会直接破坏飞行中原有的平衡，给机组的操纵带来困难，同时也增加了管制工作的难度。我国运输飞行中多为喷气式飞机，发动机失效对飞机性能及状态影响相对较小，而通用航空多为螺旋桨飞机，发动机失效对飞机性能影响比较大。因此当飞行中的航空器报告部分或全部发动机失效时，管制员应首先向飞行员证实发动机失效对飞机飞行性能的影响，然后对飞机提供特情管制服务。

1. 发动机失效可能带来的后果

一旦出现发动机失效，由于机组工作压力的增大，制约了飞行员与管制员之间的通话，机组可能要花 10 多 min 的时间来执行检查单。可能导致的后果有：

（1）起飞过程中的航空器中断起飞；

（2）起飞以后的航空器会偏离标准仪表离场程序（SID）飞行；

（3）起飞爬升过程中改为平飞飞行；

（4）飞行路线偏离；

（5）无法保持高度；

（6）压力问题；

（7）航空器可能备降或迫降；

（8）着陆后可能堵塞跑道。

对于单发飞机还可能出现：

（1）失去电力；

（2）失去导航系统；

（3）失去通信系统；

（4）失去座舱压力；

（5）失去电子设备（如陀螺仪、地平仪）；

（6）手动放下起落架。

对于多发飞机还可能出现：

（1）适当下降高度以提高速度和调整座舱压力；

（2）无法保持飞行高度；

（3）向失效发动机的方向转弯所需要的空域增大；

（4）飞机更需要直线和水平飞行，转弯半径增大；

（5）螺旋桨式飞机禁止向失效发动机方向转弯。

2. 发动机失效管制措施

1）确认航空器可以维持飞行时管制员应当：

（1）迅速指挥距离较近的其他航空器以最快的速度避让，考虑到发动机失效的航空器的操纵性能及保持原高度的能力，在紧急情况下可指挥其下方的其他航空器边改变航向边下降高度避让；

（2）允许发动机失效的航空器下降到最低安全高度飞行；

（3）了解航空器的故障情况、续航时间及飞行员意图，为其提供就近机场资料和有利的飞行情报；

（4）通知相关管制单位；

（5）向相应的军航管制部门通报；

（6）根据飞行员的决定，通知航空器准备前往着陆的机场做好援救准备工作。

（7）组织和检查各岗位对特殊情况的处理；

（8）向中心领导和管理局管制室通报；

（9）根据上级领导或相应军航管制部门的指示进行处理。

（10）记录处理情况。

2）确认航空器不能维持飞行时管制员应当：

（1）当飞行员报告无法保持最低安全高度飞行且不能飞往就近机场着陆时，对于直升机或A类航空器可建议其抛弃机上货物；

（2）若建议的措施无效且机长决定选择场地迫降时，按照"搜寻援救"有关程序进行；

（3）记录航空器的航迹。

（4）按照"搜寻援救"有关程序进行；

（5）通知相关管制单位（特别是航空器在不能保持高度过程中可能进入的管制区）；

（6）向相应的军航管制部门通报；

（7）尽可能保证独立频率指挥发动机失效的航空器；

（8）组织和检查各岗位对特殊情况的处理；

（9）向中心领导和管理局管制室通报；

（10）根据上级领导或相应军航管制部门的指示进行处理；

（11）记录处理情况。

3. 常用通话样例

（1）机组通报情况。

P：Take-off aborted（abandoned）because no power on engine No.2.

我们中断起飞了，因为三号发动机没有动力。

P：Engine No.1 is overheating, probably due to bird ingestion on take-off, request priority landing at runway 36?

一发超温，可能是在起飞时鸟吸入发动机，请求用 36 跑道优先着陆。

P：No.2 engine feathered unable to continue climb, leveling at 3 000 m.

二发顺桨，不能继续爬高，3 000 m 保持。

P：Engine starter trouble（failure）.

发动机启动机故障。

P：Engine failure, emergency descent, heading 030.

发动机失效，航向 030 紧急下降。

P：Request precautionary landing at Beijing due to engine failure.

请求在北京降落，因发动机故障。

P：The fire warning lights just flashed on, engine on fire, now discharging.

火警灯刚才亮了，发动机着火，正在灭火。

P：Fire is out now, but we request fire service assistance on landing.

现在火灭了，但请求着陆时消防援助。

P：No.1 engine intensive vibration（severe vibration）, reason unknown, we might shut down engine anytime.

一发强烈抖动（严重抖动），原因不明，我们随时可能关闭发动机。

P：Starboard（port）engine flamed out. We are trouble-shooting.

右发（左发）熄火，正在排除故障。

P：We have a fuel leak in No. 2 engine.

二发漏油。

P：We have cut off（shut off）No.3 engine, due to a fuel line leak.

已关掉第三号发动机，因油管漏油。

P：Serious fuel leak.

严重漏油。

P：Fuel boost pump in right main tank is inoperative?

右主油箱燃油增压泵失效?

P：Fuel flow indicator of No.3 engine out of operation（fluctuating）but we found No.3 engine working normally.

第三发燃油油量显示失效（摆动），但发动机工作正常。

P：Fire broke out in the right engine after aircraft became airborne?

飞机起飞后右发失火。

P：Dense smoke coming out of No.4 engine cowling（engine nacelle），fire suspected?

第四号发动机整流罩冒浓烟，可能着火。

（2）机组要求。

P：Request priority landing at runway 27.

请求用 27 跑道优先着陆。

P：We request fire service assistance on landing.

我们请求着陆时消防援助。

P：Request emergency descent.

请求紧急下降。

（3）询问机组。

C：Can you keep level?

你能保持高度吗?

C：Which engine in is trouble?

哪台发动机有故障?

C：Report your intentions.

报告你的意图。

C：Can you accept regular radar vector?

你能接受正常的雷达引导吗?

C：What altitude and speed would you like?

你希望什么样的高度和速度?

C：How can I help you?

你需要我们做什么?

C：Please check your landing weight.

请检查着陆重量。

C：Do you intend to dump fuel or waste（consume）fuel before landing?

你需要在落地前放油或耗油吗?

C：Do you require the emergency equipment?

你需要紧急救援设备吗?

C：Do you require any additional assistance?

你需要其他帮助吗?

C：The emergency equipment is standing by.

紧急救援设备已经准备好。

C：Report registration number of your aircraft.

请报告你的航空器注册号。

C：Request number of people on board.

请报告机上人数。

例 1：

P：PAN-PAN，PAN-PAN，PAN-PAN，Air China 366，we have lost number three engine.

C：Air China 366，Shanghai Control，copy PAN-PAN，how may I assist you?

P：Air China 366，request vector to Shanghai，runway 36 for landing and emergency equipment ready.

C：Air China 366，roger，turn right heading 340 for a vector to the ILS Runway 36 Approach，descend and maintain 3 000 meters when ready.

P：Shanghai Approach，Air China 366 is returning，number three engine is shutdown. Please have the emergency equipment standby.

C：Shanghai Approach，wilco.

PAN-PAN，PAN-PAN，PAN-PAN - indicates an urgent condition，one of being concerned about safety，and requiring timely BUT NOT immediate assistance.

例 2：

P：Mayday，Mayday，Mayday. Air China 546，number two engine on fire，request clearance direct Hefei.

C：Air China 546，recleared direct Heifei Airport，descend and maintain 6 000 meters when ready，squawk 7700.

P：Cleared direct to Hefei，leaving 7 000 meters for 6 000 meters，Air China 546.

C：Air China 546，request fuel remaining and number of people on board.

MAYDAY，MAYDAY，MAYDAY - indicates that an aircraft is being threatened by serious or imminent danger and requires immediate assistance.

4. 紧急进近和着陆注意事项

当由于发动机失效或其他原因需要进行紧急进近和着陆时，机组需要注意以下要求：

（1）在任何需要撤离或可能撤离的非正常情况下，机长应向乘务长通报紧急情况的性质和客舱准备可用时间。机长应将着陆后的撤离计划及所需要的援助报告 ATC，必要时应通过广播向旅客说明紧急情况的性质和要求。

（2）陆地或水上迫降时，应采取下列行动协助搜寻营救工作：

① 在时间允许时，尽可能向地面提供以下信息：

a. 紧急定位信标状态；

b. 目视地标；

c. 飞机颜色；

d. 机上人数；

e. 机上紧急设备。

② 如有可能，尽早使紧急定位信标开始工作。

③ 如果认为没有失火的危险，可进行无线电通信的发射。

④ 水上迫降时，尽可能在水面船只附近迫降；如果时间允许，应利用一切手段得到最近的商用和军用船只的位置。

⑤ 迫降后，应在飞机周围等待救援，并利用可用的紧急设备发送求救信号。

（三）座舱失压

1. 座舱失压后的飞行特点

航空器在一定高度以上飞行时（通常为 4 268 m，14 000 ft），需要机载增压设备为机舱增压，以保证机舱内维持旅客所需要的正常大气压力。当机载增压设备出现故障时，机舱内的压力会降低，这种情况将直接危及机组及旅客的生命安全。正常情况下，人的承受能力将随着高度的升高而降低。如在 9 140 m 即 30 000 ft 时，人的承受时间为 30 s，而当高度升高到 12 200 m 即 40 000 ft 时，人的承受能力只有 15 s。因此当高空飞行的航空器座舱失压时，机组除通过应急供氧设备为旅客供氧外，还应尽快将飞机的高度下降到安全高度（通常为 4 000 m）。

当遇到像座舱失压等紧急情况，飞行安全受到威胁时，机长可以决定改变原管制配备的飞行高度层，但必须立即报告管制部门，并对该决定负责。在飞行过程中的航空器紧急下降的方法为：从原飞行航线向右偏转 30°，飞行 20 km，然后转回平行于原航线采用比正常大的下降率尽快下降到安全高度。在此过程中，飞行员边下降高度边向管制员申请新的管制许可。

2. 座舱失压后的管制措施

座舱失压后各个职位的管理措施：

（1）迅速指挥距离座舱失压的航空器较近的其他航空器以最快的速度建立安全的侧向或纵向间隔，在紧急情况下可指挥座舱失压的航空器与其下方的其他航空器同时边改变航向边下降高度避让；

（2）指挥座舱失压的航空器下降到 4 000 m 以下、最低安全高度以上的高度层飞行；

（3）了解航空器的续航时间、机长意图；

（4）了解座舱失压的原因（增压系统失效或座舱失密）；

（5）根据机长的要求为其提供目的地机场或备降机场的飞行情报，必要时为其提供最短的飞行路线；

（6）了解机上人员的伤亡情况及设备工作情况。

（7）立即把航空器座舱失压的情况通知相关管制室（特别是航空器在下降过程中可能进入的管制区），并协调避让措施；

（8）向相应的军航管制部门通报；

（9）组织和检查各岗位对特殊情况的处理；

（10）向中心领导和管理局管制室通报；

（11）根据上级领导或相应军航管制部门的指示进行处理；

（12）记录处理情况。

3. 常用通话样例

（1）机组通报情况

P：Cabin decompression，emergency descend to 3 000 m.

客舱失压，紧急下降到 3 000 m。

P：Front cabin door opened in flight，emergency descent.

前舱门开了，紧急下降。

P：Lower cargo compartment seal slackened，emergency descent.

下货舱密封件破裂，紧急下降。

P：Request oxygen supply on landing for about 15 passengers，because several oxygen masks didn't drop out at decompression.

我们落地后需要能提供大约 15 人的氧气设备，因为失压时部分氧气面罩没有落下来。

（2）询问机组。

C：Report your intentions.

报告你的意图。

C：How can I help you?

你需要我们做什么？

C：Do you require any additional assistance?

你需要其他帮助吗？

（3）紧急下降。

C：All stations，emergency descent between WF and VM，all aircraft below 3 900 m between WF and VM leave corridor to the east immediately.

各台注意，WF 和 VM 之间有紧急下降的航空器，WF 和 VM 之间所有低于 3 900 m 的航空器立即向东离开走廊。

C：The MVA（Minimum Vectoring Altitude）/MSA（Minimum Sector Altitude）is 1 200 m.

最低引导高度/最低扇区高度 1 200 m。

C：The MVA/MSA in your area is 1 200 m.

在你区域，最低引导高度/最低扇区高度是 1 200 m。

（四）非法干扰

非法干扰是指危害民用航空和航空运输安全的行为或未遂行为，包括：非法劫持飞行中的航空器；非法劫持地面上的航空器；在航空器上或者机场扣留人质，强行闯入航空器、机场或者航空器设施场所；为范围目的而将武器或者危险装置或者材料带入航空器或者机场；散布诸如危害飞行中或者地面上的航空器、机场或者民航设施场所内的旅客、机组、地面人员或者大众安全的虚假信息。

1. 非法干扰后的后果

（1）飞机和机上人员处于各种情况都可能发生的危险之中；

（2）所有动作和其发起均由机上情况和飞行员的决心而定；

（3）机组人员承受过大的压力，可能害怕甚至恐慌；

（4）机组请求管制指令和建议可能比较困难；

（5）管制员可能通过应答机 A7500 或通过一条信息获取劫机信息（雷达管制条件下）；

（6）机组可能试图偷偷发送信息；

（7）管制员需要预计到航空器可能会突然改变预计飞行路线；

（8）管制员需要预计到航空器可能不会按照管制员的指令进行飞行。

（9）管制员应切记不要再主动进行任何形式的无线电陆空通话，除非这种通话是由飞行员主动发起的。

2. 管制服务措施

（1）考虑到飞行员可能采取的机动飞行措施，应迅速指挥其他航空器避让。

（2）向飞行员了解核实航空器被劫持情况。

（3）连续发布有利于飞行安全的信息，无论遭受空中劫持的航空器是否予以答复。

（4）了解飞行员的意图，关注该航空器的需求或可能的需要，包括沿飞行航路和可能落地机场的导航设备资料、天气资料、飞行程序管制资料以及对迅速处理遭受空中劫持的航空器在飞行各阶段所发生的情况的必要资料。

（5）根据飞行员的要求及上级指示，取得有关许可。

（6）根据上级指示及时给被劫航空器发出有关管制许可及提供飞行情报服务。

（7）利用雷达严密监视被劫航空器的飞行动态，直至其他管制区接手且飞出管制区为止。

（8）考虑到机上人员的安全，管制员讲话的语气应始终保持中立及有诚意。

（9）向相应的军航管制部门通报。

（10）将被劫航空器的动态通报可能受其影响的管制单位（通过计算航空器的续航能力来确定和通报可能到达的飞行情报区指导性公式：总续航能力 = 预计扇区消耗时间 + 改航消耗时间 + 45 min）。

（11）与有关管制区或机场进行协调工作。

（12）组织和检查各岗位对特殊情况的处理。

（13）向中心领导和管理局管制室通报。

（14）根据上级领导或相应军航管制部门的指示进行处理。

（15）可对外发布适当的流量管理措施。

（16）记录处理情况。

3. 常用通话样例

（1）机组通报情况。

P：Four hijackers attempted（tried）to hijack our A/C.

四名劫机者企图劫持我们的飞机。

P：The hijackers intimidated（compelled/forced）us to fly to FOG

劫持者威吓（强迫）我们飞去 FOG？

P：The terrorists threatened to blow up（to destroy）the A/C, if we don't comply with their demands（requirements）?

如果我们不同意他们的要求，恐怖者威胁要爆炸（毁灭）飞机。

P：We were forced to accept（receive）that they want us to fly to BOM?

我们已被迫同意他们的要求飞往 BOM。

P：We're being hijacked, the guy（chap）wants us to land in XYZ, but we'll have to refuel at Nanjing airport, request immediate descent.

我们被劫持，这家伙要我们降落 XYZ，但我们需要在南京加油，请求立即下降。

C：Roger，descend to 6 000 m any message we can pass to XYZ.?

明白，下降到 6 000 m，如有电报我们可以转到 XYZ。

P：The guy（hijacker）wants 700 000 US dollars in cash, there will have to be a car waiting for him at the end of runway, he says he'll have to keep 2 passengers as hostages and shoot them if the police attempt to catch him.

这家伙（劫持者）需要现金七十万美金，有一辆汽车在跑道头等他，他说：他将扣留两名旅客做人质，如警察企图抓他，他就向人质开枪。

P：We had conquered（subjugated/overcome）them, but a few persons got injured. Request medical assistance and ambulances on landing.

我们已治服了他们，但有一些人受伤。请求地面紧急救护并需要救护车。

P：The hijackers were compromised with the aircrew.

劫持者已向机组妥协。

（2）询问意图及要求。

C：Confirm squawk A7500.

证实应答机 7500。

C：Did you declare hijacking?

你声明被劫持了吗？

C：Report your intentions.

报告你的意图。

C：How can I help you?

你需要我们做什么？

C：How many hijackers on board?

有几名劫机犯在飞机上？

C：What's their request?

他们要什么？

C：What's their intention?

他们的意图是什么？

C：What kinds of weapons they have?

他们有何种武器？

C：Report endurance.

C：Report fuel remaining time.

剩余油量还能飞多长时间？

C：Do you require the emergency equipment?

你需要紧急救援设备吗？

C：Do you require any additional assistance?

你需要其他帮助吗？

C：The emergency equipment is standing by.

紧急救援设备已经准备好。

第十章　空中交通监视服务

监视系统在空中交通管理中的应用，能够为管制员提供直观、清楚的空中交通态势，便于管制员直接利用雷达等监视航空器的数据、信息，及时、准确地掌握航空器的位置及航行诸元，提前识别飞行冲突并进行调配，从而大大缩小航空器之间的水平间隔，增加飞行密度，加空中交通飞行流量。本章将主要介绍监视服务的一般规定、雷达识别的方法、雷达管制间隔以及进近及区域雷达管制的程序和方法。

第一节　监视系统概述

空中交通监视系统主要用于终端区和航路的空中交通管制，供管制员实施进近监视服务和区域监视服务。

一、监视服务

空中交通监视服务（ATS Surveillance Service）是指在现有的监视技术条件下，通过使用监视设备掌握航空器的飞行动态，以达到提高运行效率和空域容量，并同时保证飞行安全之目的的工作。

传统的空中交通监视服务是通过一次监视雷达（Primary Surveillance Radar，PSR）和二次监视雷达（Secondary Surveillance Radar，SSR）进行的，当前以自动相关监视（Automatic Dependent Surveillance，ADS）、多点相关定位为代表的新监视技术在民航监视服务中有着广泛的应用，为空中交通监视服务有了更好的保障。国际民航组织已将新监视技术确定为未来监视技术发展的主要方向，并在《航行服务程序—空中交通管理》（PANS-ATM，Doc.4444）中，把原第八章的名称"雷达服务"改为包括 ADS-B 规范和程序的"空中交通监视服务"。

二、监视系统组成及原理

空中交通监视系统的应用主要包括三个方面，即机场场面监视服务，航路监视服务和终端区监视服务。目前民航所采用的监视系统有一次雷达监视系统、二次雷达监视系统、多点定位监视系统和自动相关监视系统。

（一）航管雷达

雷达首先应用于军事领域，是英文"无线电探测和测距"（Radio Detecting and Ranging）

缩写的音译，由于其具有许多优越的性能，如有较大的作用范围，能在任何气象条件下、任何地域内昼夜不停地工作，后来越来越广泛应用于国民经济建设和科学研究。

雷达按工作方式可分为：主动式（即一次雷达）、应答式（即二次雷达）、半主动式和被动式。其中一次监视雷达和二次监视雷达可用于提供空中交通管制。

一次雷达可在雷达显示器上用光点提供航空器的方位和距离，不管航空器是否装有应答机，其提供的方位精度和距离精度都很高。精密进近雷达和场面监视雷达是目前被广泛应用的一次雷达。精密进近雷达是在引导航空器进近过程中，利用航向天线和下滑天线轮流向空中辐射一个很窄的波束，这两个波束对准跑道着陆方向快速进行扫描探测。根据目标回波判断和测定着陆航空器偏离正常进近轨迹的情况，并通过甚高频电台向下滑着陆航空器通报距着陆点的距离、航向和高度偏差情况，或下达修正命令，指挥引导航空器安全着陆。场面监视雷达通过雷达天线发射电磁波，其中一部分能量杯目标吸收，并在各个方向上产生二次散射，雷达天线收集散射回来的能量并送至接收机对回波信号进行处理，从而发现目标的存在，并提取目标的距离、方位等信息。场面监视雷达一般安装与机场塔台附近或塔台顶部。

二次雷达系统由地面询问雷达和机载应答机组成，通过地面询问机和接收应答机的反馈信息来发现和识别目标，如图 10-1 所示。二次雷达可以获得的重要信息有航空器的距离与方位信息，航空器代码、气压高度、一些紧急告警信息如航空器发生紧急故障、无线通讯失效和被劫持等。二类雷达工作模式主要是 A/C 模式和 S 模式。

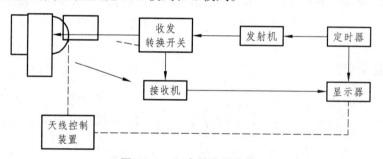

图 10-1　二次雷达结构图

（二）ADS-B

ADS-B 系统由机载和地面两个子系统构成，如图 10-2 所示。机载部分主要包括 GDL90 收发机、一个全球定位系统（Global Positioning System，GPS）天线、两个通用访问收发机（Universal Access Transmitter，UAT）、天线、气压高度编码器、驾驶舱显示器、显示适配器等。地面站系统主要包括地面收发机及天线、ADS-B 数据服务器、控制显示计算机、网络设备、服务器等。ADS-B 工作原理是，机载设备受到 GPS 信号，进行实时定位，ADS-B 系统的机载设备定时将机上 GPS 定位系统输出的位置和高度信息、航空器识别代码和其他关键的附加数据自动以 1s 的间隔通过广播方式向外发送，同时接受空域中其他航空器和地面站发出的广播信息；机载收发机和地面台一起形成航空器—航空器数据互传和空—地双向数据链。地面台对接收到的空中交通活动信息进行计算分析，送到监控计算机进行显示，空管人员就可以实时跟踪监控航空器的位置、高度信息，实现监视雷达的作用。目前使用较多的 ADS-B 技术主要有两种模式，一种是 978MHz 通用访问收发机，一种是 1 090MHz 的 S 模式扩展电文数据链。

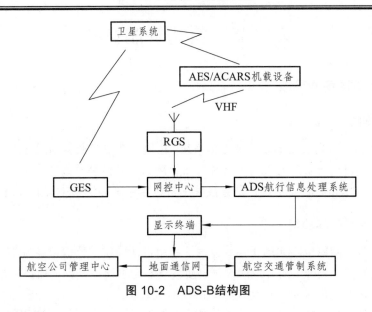

图 10-2　ADS-B结构图

（三）多点相关定位

MLAT（Multilateraiton or Multi-Sensor Location Tracking）又称多点相关监视系统，是基于应答机的多基站定位系统。系统利用地面雷达接收机接收被监视航空器的机载 A/C 模式或 S 模式应答，通过信息到达不同地面接收站的时间差计算被检测航空器准确位置。同时可以通过 A/C 模式中 SSR 代码或 S 模式唯一的地址码对目标进行识别。理论上只要 4 个地面接收站就可以通过双曲线定位方式精确测定航空器的三维位置。该技术最早是通过到达时差（Time Difference of Arrival，TDOA）的方法精确定位航空器。多点相关监视系统需要建立多个地面站，通常地面站设于机场、终端区或者广域以覆盖周边更大、更广的空域范围。MLAT 主要应用于进近和机场场面目标的监视上，在航路上多使用广域多级相关技术。

三、我国监视服务应用

目前我国民用航空业不断发展，空中交通流量加大，为了获得准确的航空器监视信息，对空管监视系统的精度和可靠性要求也越来越高。在我国空中交通管理系统中，雷达是基本的监测手段，部分地区采用 ADS 信息以辅助雷达监测范围和观测盲区，以提高雷达的观测精度，对抗环境回波的干扰。

由于 ADS-B 信息主要依赖于 GNSS，航空器的位置信息是通过 GPS 确定的，所以 ADS-B 的可靠性及监视信息的有效性均取决于 GNSS 的性能。因此综合考虑到安全可靠性、宏观把握性以及经济性等多方面因素，我国空中交通管制监视服务时以雷达监视系统为主，其他监视方式为辅开展运行，并在《空中交通管制二次监视雷达设备技术规范》中，对二次雷达监视系统运行参数进行了详细要求。

我国监视服务以雷达管制服务为主，在《中国民用航空空中交通管理规则》（CCAR - 93TM）第八章雷达管制中，详细规定了我国实施雷达管制相关规定，并给出 ADS-B，MLAT 等其他监视服务等的运行标准及规定。因此本章以雷达管制为主，以下章节详细介绍我国雷达管制相关概念及运行规定。

第二节 雷达管制概述

一、雷达管制基本含义

（一）基本概念

雷达管制是利用适当的雷达系统及通信系统，在提供空中交通管制服务中应尽可能地使用来自雷达的情报，包括与安全有关的告警和警告，例如冲突告警及最低安全高度警告，以改善空间的利用率、效率和提高安全性，是直接使用雷达信息来提供空中交通管制服务。

（二）雷达管制基本功能

雷达引导：指管制单位在实施雷达管制时，利用雷达向航空器提供航迹指引。避免潜在的飞行冲突；协助航空器领航，避开危险天气；使航空器能迅速上升到巡航高度层或由巡航高度层迅速下降到可以进近的某点，简化航空器的仪表进近程序。

雷达监控：为向航空器提供严重偏离正常飞行航迹的信息和建议而使用雷达。利用雷达监视航空器的活动。

雷达间隔：指管制单位在实施程序管制时，利用雷达提供的位置情报，根据确定的雷达管制最低间隔标准，为航空器之间配备飞行间隔。

二、雷达管制基本要求

（一）对雷达系统要求

提供空中交通服务使用的雷达系统应具有高水准的可靠性、有效性。可能引起全部或部分中断以及系统性能显著衰减的可能性必须最小。（雷达系统的探测概率、精确性及完整性令人满意）

同时接受雷达服务的航空器的架数不得超过在繁忙情况下能安全处理的架数，并应当考虑下列限制因素：

（1）有关管制区或扇区的结构所造成的复杂的局面；

（2）在有关管制区或扇区内所使用的雷达功能；

（3）对雷达管制员的工作量及扇区接受能力的评估；

（4）主雷达以及通信系统的技术可靠性及可用性所能达到的程度；

（5）遇有雷达设备失效或其他紧急情况需要改用备用设施或非雷达间隔时，备用雷达和通信系统的技术可靠性及可用性所能达到的程度。

（二）对单位和人员要求

在提供空中交通管制服务中应尽可能地使用从 ATS 监视系统获取的情报，包括与安全有关的告警和警告，例如冲突告警及最低安全高度警告，以改善空间的利用率、效率和提高安全性。

管制单位实施雷达管制，应具备以下条件并经民航局审查同意：

（1）具备复合运行要求的设施设备；

（2）制定了相关运行程序；

（3）完成人员培训；

（4）通过评估、试运行或者实验运行证实其可行性。

空中交通服务中使用雷达提供的信息为航空器提供空中交通管制服务时，服务空域必须是在相关当局指定的雷达覆盖范围内；有关空中交通服务当局可以根据当地实际情况规定雷达使用限制。有关运行方法和/或设备的限制，通常在《航行资料汇编》（AIP）中公布。

空中交通管制员的执照分为机场塔台、进近、区域、进近（精密）雷达、进近（监视）雷达、区域（监视）雷达、空中交通服务报告室、管调、总调管制员执照等类别。直接从事雷达管制的管制员，必须持有相应执照，其连续工作时间不得超过 2 h，两次工作的时间间隔不得少于 30 min。

塔台、进近、区域管制室管制席位应当安排 2 名（含）以上持有执照的管制员值勤。管制员在饮用酒精饮料之后的 8 h 内和处在麻醉剂或其他对值勤有影响的药物作用的情况下，不得参加值勤。

第三节　雷达管制规定

一、一般规定

（一）一次、二次雷达使用规定

（1）一次监视雷达和二次监视雷达用于提供空中交通管制时，可单独使用或结合使用。一次监视雷达应当在二次监视雷达不能达到空中交通管制要求时使用。

（2）二次监视雷达系统，特别是具有单脉冲技术及 S 模式和数据链能力的系统，可作为主要雷达监视系统单独使用。

（3）使用雷达提供空中交通管制，应当限制在雷达覆盖范围内并符合空中交通管制单位规定的区域。提供雷达管制服务的单位应当在航行情报资料中发布有关运行方法的资料及影响空中交通管制实施的有关设备要求。

（4）如果二次监视雷达位置显示的精确性通过监控设备或其他方式得到证实，在要求联合使用一次监视雷达与二次监视雷达的场合，一次监视雷达失效的，可以单独使用二次监视雷达，以便对已经识别的并装备应答机的航空器之间提供间隔。

（5）雷达管制员应当依照雷达设备的技术说明，调整所用雷达显示器并对其准确性进行充分的检查。

（6）雷达管制员应当使雷达系统的工作能力以及所用雷达显示器上展示的信息达到足以执行任务的状态。

（7）雷达管制员应当报告设备故障情况及任何其他影响提供雷达服务的情况。

（二）实施雷达管制基本要求

（1）掌握雷达管制工作程序，正确实施雷达管制，合理调配雷达间隔；

（2）熟练使用各种工作雷达管制设备；

（3）熟练进行地/地、地/空通信；

（4）正确使用航行通告、航行资料、航图、气象资料、航空电码简字简语；

（5）正确实施紧急处置程序；

（6）其他提供安全、有序和快速的管制服务所需的技能、判断力与表现，达到与所授予权利与履行岗位职责相适应的能力和水平。

（三）雷达管制对管制航空器数目的要求

1. 考虑因素

同时接受雷达服务的航空器的架数不得超过在繁忙情况下能安全处理的架数，并应当考虑下列限制因素：

（1）有关管制区或扇区的结构所造成的复杂的局面；

（2）在有关管制区或扇区内所使用的雷达功能；

（3）对雷达管制员的工作量及扇区接受能力的评估；

（4）主雷达以及通信系统的技术可靠性及可用性所能达到的程度；

（5）遇有雷达设备失效或其他紧急情况需要改用备用设施或非雷达间隔时，备用雷达和通信系统的技术可靠性及可用性所能达到的程度。

2. 架次限制

通常情况下，进近扇区管制席位同时提供雷达服务航空器的数量最多为 8 架，区域扇区管制席位同时雷达服务航空器的数量最多为 12 架。各管制单位可根据本管制区的环境、设备、人员技术等实际情况确定本管制扇区管制席位同时可提供雷达服务航空器的最大数量。

二、二次监视雷达应答机的使用和高度确认

（一）应答机编码及使用

二次雷达应答机编码只适用于有机载应答机的航空器。雷达管制员在利用二次雷达实施管制时应当按照二次监视雷达应答机编码分配的规定，指定用于该航空器的应答机编码。通常，在航空器进入本区域前不应要求其改变应答机编码。航空器驾驶员任何时候应当保证应答机编码设置正确，除特殊情况外，未经批准不得改变应答机编码。

应答机编码使用的有关规定：

（1）航空器由目视飞行规则飞行转为仪表飞行规则飞行时，管制员应当为配有机载应答机的航空器指定适当的编码。

（2）为减少多目标区的杂波并降低其他不利显示，可指定正在使用指定编码的航空器将应答机置于等待状态，但应当尽快指令该航空器将应答机恢复到正常工作状态。

（3）发现应答机显示不正常或不显示时，雷达管制员应当迅速通知有关航空器，查明相关管制席位是否已了解航空器应答机工作不正常或不工作的情况，并应当采取适当措施进行证实。

（4）雷达管制员在指定二次雷达编码时，只能使用本地区所分配的二次雷达编码，并应当尽可能减少雷达编码的变换次数。

（二）特殊二次应答机编码

在下列特殊情况下应当使用下列特殊编码：

（1）空中遇到非法干扰时，使用 A7500；

（2）无线电失效时，使用 A7600；

（3）紧急和遇险时，使用 A7700；

（4）航空器进入二次雷达覆盖区域以前，还没有给出其相应的编码（等待管制员分配编码），使用 A2000；

（5）航空器按 VFR 规则飞行时，使用 A1200。

另外，不同的国家对一些特定的飞行还有一些特定的编码规定，比如在英国，A0033 表示有跳伞活动，A0000 表示 C 模式故障，A7010 表示航空器飞行目视起落航线，等等。

（三）C 模式高度

雷达管制员接受移交后，应当对航空器航迹进行跟踪。失去目标或出现不正常的高度读数时，应当对高度显示进行确认。高度读数无法确认时，其显示不能用于提供间隔服务。

雷达显示屏上显示的 C 模式高度，其精度容差值为 60 m。雷达管制员与航空器建立雷达识别后，对其 C 模式高度显示的精确度至少要进行一次核实。发现高度信息不是在允许的误差数值内的，应当通知航空器驾驶员检查。经采取措施无效时，应当要求航空器驾驶员停止使用 C 模式；或为防止航空器位置和识别信息丢失，仍允许使用 C 模式，但不作为提供航空器间隔的依据。上述情况应当通知有关空中交通管制单位。

用显示器上显示的 C 模式高度确定航空器飞行高度的原则：

（1）航空器的 C 模式高度显示在某一高度上下各 60 m 范围内时，则可认为保持在该高度上飞行；

（2）航空器的 C 模式高度显示在预定方向的原高度上改变 60 m 以上时，则可认为已离开该高度；

（3）航空器上升、下降穿越某一高度时，只要其 C 模式高度显示在预定方向上穿越此高度上下 60 m 时，则可认为已穿越该高度；

（4）航空器到达某一指定高度，只要经过三次更新的 C 模式高度显示均在该高度上下 60 m 范围内，即可视为已到达指定高度。

认为航空器高度已被确认的情况：

（1）高度显示与航空器驾驶员报告的高度差别小于 60 m；

（2）地面航空器高度的连续读数变化小于机场标高 ± 90 m；

（3）标牌上的高度与其他管制单位所确认的高度一致。

（四）高度的证实

雷达管制员在与航空器建立联系时应当要求航空器驾驶员证实高度，但下列情况除外：

（1）航空器驾驶员报告了高度；

（2）管制员为正常上升和下降的航空器指定了一个新的高度；

（3）航空器高度已经被确认，雷达数据表明航空器在指定的高度上飞行；

（4）航空器为从本系统中其他席位或扇区移交过来的。

（五）最小安全高度警告

对于装有 C 模式应答机可以报告飞行高度的飞机，可随时收到它的高度信息。计算机把管制空域内的地面地形和障碍物高度存入计算机，软件不断比较飞机的高度和地面地形及障碍物高度，一旦高度差小于 150 m，则发出警告，并在出现 "LOW ALT"（高度太低）字样，管制员通知驾驶员，避免飞机因高度太低产生的触地事故。

三、雷达管制最低间隔标准

（一）测定航空器之间的雷达间隔的方法

（1）两架航空器的一次雷达标志，以两个一次雷达标志中心点之间的距离测定；

（2）一架航空器的一次雷达标志与另一架航空器的二次雷达标志，以一次雷达标志的中心点至二次雷达标志最近边缘之间的距离测定；

（3）两架航空器的二次雷达标志，以两个二次雷达标志最近边缘之间的距离测定；如有足够的精度，也可以按照两个二次雷达标志中心点之间的距离测定；

（4）两架航空器雷达位置符号，以两个雷达位置符号中心点之间的距离测定；

（5）一架航空器雷达位置符号与另一架航空器一次雷达标志，以雷达位置符号中心点到二次雷达标志中心点之间的距离测定；

（6）一架航空器雷达位置符号与另一架航空器二次雷达标志，以雷达位置符号中心点到一次雷达标志最近边缘之间的距离测定；

（7）在实施雷达间隔标准时，雷达管制员应当考虑航空器的运行方法、速度、雷达技术性能、通信拥挤造成的干扰和雷达管制的能力，并应当符合尾流间隔的规定。

（二）雷达管制间隔适用范围及要求

雷达管制最低间隔（以下简称雷达间隔）适用于所有被雷达识别的航空器之间，一架正在起飞并在跑道端 2 km 内将被识别的航空器与另一架被识别的航空器之间。等待航线上的航空器之间不得使用雷达间隔。

雷达管制最小垂直间隔标准应当按照如下规定：

（1）航空器之间，按照高度层配备；

（2）航空器与地面障碍物之间，符合扇区最低引导高度的限制。

（3）航空器与障碍物之间的距离规定：

除航路飞行以外，航空器与显示器上标出的障碍物标志的水平距离应当遵守如下规定。

（1）航空器距离雷达天线 50 km 以内，最小间隔为 6 km；

（2）航空器距离雷达天线 50 km 以外，最小间隔为 10 km。

（三）雷达管制的最低间隔标准

1. 雷达间隔最低标准

进近管制不得小于 6 km，区域管制不得小于 10 km；

在相邻管制区使用雷达间隔时,雷达管制的航空器与管制区边界线之间的间隔在未经协调前,进近管制不得小于 3 km,区域管制不得小于 5 km;

在相邻管制区使用非雷达间隔时,雷达管制的航空器与管制区边界线之间的间隔在未经协调前,进近管制不得小于 6 km,区域管制不得小于 10 km。

实施雷达管制时,逆向飞行的两架航空器相遇后并已经获得规定的雷达间隔,或者航空器确认与对方相遇过,且空中交通管制员或者飞行指挥员观察到两架航空器的雷达标志已相互分开,可相互占用或者穿越对方的高度层。

2. 雷达尾流间隔标准

前后起飞离场或者前后进近的航空器,其雷达间隔的尾流间隔最低标准应当按照下列规定:

前机为 A380-800 型航空器,后机为非 A380-800 型的重型航空器,不小于 12 km;

前机为 A380-800 型航空器,后机为中型航空器,不小于 13 km;

前机为 A380-800 型航空器,后机为轻型航空器,不小于 15 km;

前后均为重型航空器时,不小于 8 km;

重型航空器在前,中型航空器在后时,不小于 10 km;

重型航空器在前,轻型航空器在后时,不小于 12 km;

中型航空器在前,轻型航空器在后时,不小于 10 km。

3. 适用情况

(1)后航空器将在前航空器的同一高度上,或者低于前航空器且高度差小于 300 m 高度上的后随飞行;

(2)两架航空器使用同一跑道,或者跑道中心线之间距离小于 760 m 的平行跑道;

(3)后航空器将在前航空器的同一高度,或者低于前航空器且高度差小于 300 m 高度上穿越前航空器的航迹。

4. ICAO 建议标准

基于雷达和/ 或 ADS-B 的最低水平间隔为 9.3 km(5.0 n mile)。

如有关空中交通服务当局有此规定,可以降低在最低雷达间隔标准,但不得低于:

(1)5.6 km(3.0 n mile),在指定地点的雷达功能允许时;

(2)4.6 km(2.5 n mile),在跑道末端 18.5 km(10 n mile)范围内的同向最后进近航迹的后续航空器之间。在下述前提下,可实施 4.6 km(2.5 n mile)之内被缩减的最低间隔标准。

(3)通过诸如数据采集、统计分析以及基于理论模型的方法等方式,证明着陆航空器的跑道占用平均时间不超过 50 s;

(4)报告的刹车效应为好,以及跑道占用时间不会受到跑道污染物(如湿雪、雪或冰)的严重影响;

(5)具有适当的方位和范围分析和修正率为 5 s 或少于 5 s 的雷达系统与适当的雷达显示器结合使用;

（6）机场管制员能够目视或通过地面活动雷达（SMR）或地面活动引导和管制系统（SMGCS）观察到被使用跑道以及有关的退出和进入的滑行道；

对提供 ATS 监视服务的航空器在飞行的进近和离场阶段必须使用下列以尾流距离为基准的最低间隔：

以下最低标准适用于下列情况：

（1）一航空器在同一或小于 300 m（1 000 ft）高度紧随另一航空器后面飞行；

（2）两架航空器使用同一跑道，或间隔小于 760 m（2 500 ft）的平行跑道；

（3）一航空器在同一或小于 300 m（1 000 ft）高度飞行时从后面横越另一航空器。

表 10-1　ICAO监视服务尾流间隔标准

航空器种类		以尾流距离为基础的最低间隔
前机	后机	
重型	重型	7.4 km（4.0 n mile）
	中型	9.3 km（5.0 n mile）
	轻型	11.1 km（6.0 n mile）
中型	轻型	9.3 km（5.0 n mile）

四、调整速度

（一）整航空器速度应遵循的原则

雷达管制员为了便于雷达管制或减少雷达引导的，可以要求在雷达管制下的航空器以指定的方法调整速度。当使用指示空速时，指定速度通常为 20 km/h 的倍数，当使用马赫数时，为 0.01 马赫数的倍数。

在实施速度限制时，雷达管制员所指定的速度应当经航空器驾驶员认可，并应当避免速度的增减交替进行。当先前指定的调速不再需要时，应当通知航空器驾驶员恢复正常速度。

作中间和最后进近的航空器的调速量不得大于 40 km/h。航空器在等待航线飞行或最后进近中飞越距跑道入口 8 km 后，不应当使用调速。

（二）指定航空器调整速度时使用的最低调整速度标准

（1）对于所有航空，当航空器的高度在 3 000 ~ 8 500 m，最低调整速度的标准为 470 km/h；

（2）对于涡轮喷气航空器，当航空器的高度在 3 000 m 以下时，如果航空器距接地点的距离超过 35 km，最低调整速度的标准为 400 km/h，如果航空器距接地点的距离在 35 km 以内，最低调整速度的标准为 310 km/h；

（3）对于螺旋桨航空器，当航空器的高度在 3 000 以下时，如果航空器距接地点的距离在 3 km 以内，最低调整速度的标准为 310 km/h。

表 10-2 雷达管制最低调整速度标准

机 种	距离机场位置	高度	速度（表速）
所有航空器		3 000-8 500 m	470 km/h
涡轮喷气	超过 35 km	3 000 m 以下	420 km/h
航空器	35 km 以内	3 000 m 以下	310 km/h
螺旋桨飞机	35 km 以外	3 000 m 以下	280 km/h

第四节 雷达管制的基本程序

一、工作前的检查

雷达管制员需在工作前检查显示设备通信设备：

（1）雷达管制员必须依照有关当局制定的该有关雷达设备的技术说明，调整所用雷达显示器并对其准确性进行充分的检查。

（2）雷达管制员必须使雷达系统的工作能力以及所用雷达显示器上展示的信息达到足以执行任务的状态。

（3）雷达管制员必须报告设备是否有故障，任何需要调查的事故或其他难于提供或造成不能提供雷达服务的任何情况。

（4）雷达管制员应当按规定对雷达显示器进行调整和检查，当发现有妨碍实施雷达服务的情况时，不得提供雷达服务，并及时报告。

雷达管制员必须在规定的频率上与航空器联络，通信呼号应当能表明其管制单位的职能。管制单位的无线电呼号是在该管制单位的名称之后加添该单位的管制业务种类的代号构成。代号如下：

区域管制中心	××区域管制	XX CONTORL
进近管制室	××进近	XX APPROACH
机场管制塔台	××塔台	XX TOWER
精密雷达进近席	××精密雷达	XX GCA
监视雷达进近席	××监视雷达	XX FINAL
雷达监视进近席	××五边管制	XX MONITOR

二、雷达信息显示

（一）雷达视频图

提供给空中交通管制单位使用的雷达，其视频地图至少应当包括下列内容：

（1）机场及直升机机场；

（2）跑道中心线延长线和最后进近航道；

（3）紧急着陆区；

（4）导航台和报告点；

（5）航路中心线或航路两侧边线；

（6）区域边界；

（7）移交点；

（8）影响航空器安全运行的障碍物；

（9）影响航空器安全运行的永久地物；

（10）地图校准指示器和距离圈；

（11）最低引导高度；

（12）禁区及必要的限制区。

雷达视频图不能使用时，不得在识别的航空器之间实施雷达间隔或引导航空器切入最后进近航道。没有目标符号显示时，全标牌的高度显示不能用于提供间隔。

显示器上的电子光标可用于帮助识别或引导航空器以及更好地描绘视频图，不能用来作为视频图的一部分。

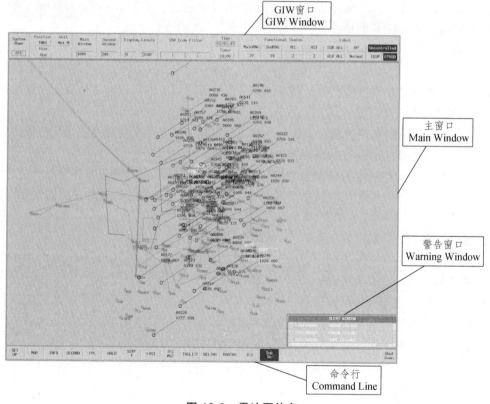

图 10-3　雷达图信息

（二）雷达标牌

雷达目标的数据块由下列元素组成：

（1）数据标牌；

（2）当前位置符号；

（3）标牌引线。

简标牌：包括航空器呼号、尾流等级、高度、速度等信息。

以下给出雷达各种标牌的内容及数据位置。

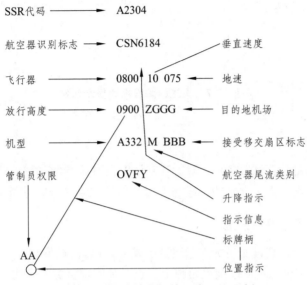

图 10-4　全标牌数据块正常显示示例

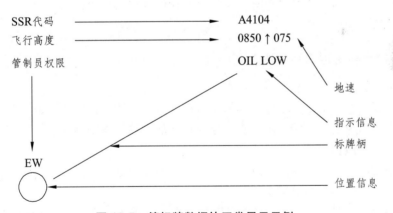

图 10-5　简标牌数据块正常显示示例

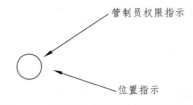

图 10-6　最小标牌数据块正常显示示例

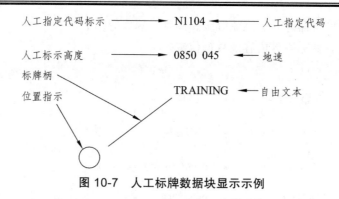

图 10-7　人工标牌数据块显示示例

三、雷达识别

在向航空器提供雷达管制服务前，雷达管制员应当对航空器进行识别确认，并保持该识别直至雷达管制服务终止。失去识别的，应当立即通知该航空器，并重新识别或终止雷达服务。

（一）一次监视雷达识别方法

（1）航空器起飞后，其雷达目标在起飞跑道端 2 km 以内被发现；

（2）航空器在某定位点（可以是视频图上一点或某固定目标的回波）或目视飞行报告点的位置显示与航空器驾驶员的报告一致，并且其航迹也与报告的航向和飞行的航线一致；

（3）观察到仅有一个雷达目标，按照指示作不小于 30°的识别转弯；但航空器应当始终在本雷达有效监视范围内，且当时只有一架航空器在作这样的转弯；

（4）通过雷达识别移交。

（二）二次监视雷达识别方法

（1）从雷达标牌上认出航空器的识别标志；

（2）观察到仅有一个雷达目标，显示有航空器按指示使用特殊位置识别功能的信息；

（3）在雷达标牌上，直接认出具有 S 模式设备航空器的识别标志；

（4）通过雷达识别移交；

（5）对于设定某一指定编码的航空器，观察其遵守指令的情况；

（6）通过使用应答机的识别功能。

在雷达识别航空器的过程中，当观察到两个或多个雷达位置指示符相近，或观察到在同时作相似的移动以及遇到其他引起对目标怀疑的情况时，雷达管制员应当采用两种以上识别方法进行识别直至确认为止，也可终止雷达服务。

首次建立对航空器的雷达识别或暂时失去目标后重新建立对航空器的识别的，应当向航空器通报其已被识别。

（三）雷达识别移交

（1）两个雷达管制席相邻或者使用同一显示器时，移交方直接在接受方显示器上指出雷达位置指示符的名称；

（2）两个雷达显示屏上都标有同一地理位置或导航设备，利用通信设备说明航空器距上述位置的相对方位和距离，必要时，应当指明航空器的航向；

（3）利用自动化手段指定雷达位置指示符的名称；

（4）当 S 模式覆盖有效时，将装有 S 模式航空器识别功能的航空器通知接受方；

（5）移交方雷达管制员指示航空器变换编码或用特殊位置识别，接受方雷达管制员予以证实。

目标的移交分为 Hand Off 和 Point Out：

Hand Off：如果一个飞行器要进入接收方管制员负责的空域，那么发送方管制员不但要将飞行器的雷达标识传送给接收方，而且同时也要求把它与飞行器的通信进行移交。

Point Out：飞行器和发送方管制员的通信不被移交，主要适用于飞行器在短时间内穿过多个扇区边界。

图 10-8 给出雷达识别移交的例子，飞机穿过扇区 A、B、C。由于飞机经过 B 扇区时间非常短，因此发送方管制员（扇区 A）将飞机移交给扇区 B 的管制员时所选择的方式是 Point Out，同时与扇区 C 的管制员进行移交方式为 Hand Off。

图 10-8　雷达识别移交示例

四、雷达引导

（一）位置信息

管制员应当向航空器通报其位置的情况，在下列情况下管制员应当向航空器通报其位置：

（1）航空器第一次被识别时；

（2）航空器驾驶员要求提供服务时；

（3）航空器报告的位置与雷达管制员根据雷达观察到的位置有显著差别时；

（4）雷达引导后，如果现行指令使航空器偏离其原规定的航路，指示航空器恢复自主领航时；

（5）结束雷达服务前，如果观察到航空器偏离原规定的航路时。

（二）位置通报的形式

管制员可以采用下列方式之一，提供给航空器的位置情报：

（1）相对于一个显著的地理位置；

（2）到一个重要点、航线上一个导航设备的方位和距离；

（3）距一个已知位置的方向和距离；

（4）作最后进近的航空器距接地点的距离。

（三）雷达引导原则

雷达管制员应当通过指定航空器的应飞航向实施雷达引导。实施雷达引导时应当引导航空器尽可能沿便于航空器驾驶员利用地面设备检查自身位置及恢复自主领航的路线飞行，避开已知危险天气。

（1）在管制区域内，为了符合间隔、安全、减少噪声、操作方便的要求或者在航空器驾驶员提出要求时，应当尽可能允许航空器维持其自主领航；

（2）在最低引导高度或者仪表飞行最低高度以上，应当保证被引导的航空器始终保持规定的超障余度；

（3）除非另有协议，应当在本管制空域内实施引导；

（4）应当在雷达覆盖范围内允许航空器恢复自主领航。

引导航空器应当指明转弯方向、转弯角度，必要时指明应飞磁航向。

在开始引导航空器时，应当通知航空器驾驶员引导的意图。引导终止时，应当通知航空器其所在的位置，指示其恢复自主领航。引导航空器离开指定的程序时，应当发布高度限制。

离场航空器的引导，应当尽可能按标准离场航线和规定高度进行。在航空器起飞后立即实施雷达引导的，在起飞前，应当指定应飞的起始航向。

引导按仪表飞行规则飞行的航空器偏离标准离场航线时，管制员应当确保航空器在飞越地面障碍物时有不低于 300 m 的超障余度。

（四）进场航空器引导

（1）利用雷达引导进场航空器迅速地由航路阶段过渡到可进入最后仪表进近、目视进近或雷达进近的某点；引导航空器进行起始进近和中间进近，还可以向航空器提供监视雷达进近和精密雷达进近。

（2）引导航空器切入最后进近时，应当确保切入点距外指点标或最后进近定位点不少于 4 km；除非气象条件适于作目视进近，而且航空器驾驶员有要求时，航空器高度不得低于精密进近的下滑道或公布的非精密进近程序的下降高度。

（3）航空器驾驶员有明确的特别要求的，可以引导航空器于进近入口内切入最后进近航道，但不得在最后进近点内切入。

（4）在航空器切入最后进近航道之前的引导过程中，应当至少向航空器通报一次位置。

（5）区域管制范围内，如果由管制员提供最后进近引导至机场，应当在雷达视频图上增加进近入口和一条至少 10 km 长的代表最后进近航道的线，该线自进近入口开始或通过进近入口延伸至跑道。

（6）航空器利用机载设备作正常仪表进近时，应当指示航空器在建立最后进近航道时报告，收到报告时，进近雷达服务即可终止。

（7）引导航空器切入最后进近航道时，指定航空器所飞的航向与最后进近航道的夹角不应大于 30°；在切入点距最后进近定位点小于 4 km 或双跑道同时进近时，该夹角不应大于 20°。

（8）如果在初次切入航道后，观察到航空器偏离最后进近航道，管制员应当采取如下措施：

在航空器位于进近入口以外时，采取与本条（2）中第一款一致的程序。必要时，引导航空器做另一次进近。

在航空器位于进近入口以内时，通知航空器驾驶员该航空器的位置，并了解航空器驾驶员的意图。

引导航空器穿越最后进近航道时，管制员应当在穿越前通知航空器驾驶员并说明理由。

非雷达进近的航空器建立最后进近航径时，应当向航空器发布最后进近许可；该航空器还未建立最后进近航径前，也可以发布最后进近许可，但应当给航空器指定一个最后进近航径前应当保持的高度。

除非机场管制塔台可以提供目视间隔或与管制单位间另有协议，雷达管制员在履行进近管制责任时，应当对着陆航空器间隔的正确与否负责。

（9）相关平行仪表进近应当遵守的规定。

以下情况可以批准航空器使用平行跑道实施相关平行仪表进近的情况：

① 两条平行跑道中心线的距离符合《国际民用航空公约》附件14的要求；

② 航空器正在作直线进近；

③ 雷达方位精确度为0.3°，更新周期不超过5 s；

④ 两条跑道都在实施仪表着陆系统进近，并已通报航空器；

⑤ 通报航空器使用跑道号及航向道频率；

⑥ 雷达视频图上标有非侵入地带；

⑦ 两跑道复飞航迹至少相差30°；

⑧ 雷达管制员具有随时插入塔台通话的操控能力。

⑨ 对转向平行航向道的航空器，应当提供300 m的最小垂直间隔或6 km的最小雷达间隔；

⑩ 对于在同一航向道上的两架航空器，应当提供6 km的间隔。除非由于尾流的影响需要增加纵向间隔；

⑪ 可能影响飞行中仪表进近阶段安全的可知因素，诸如地面风向等，都应当给予考虑。严密监视可能影响最后进近航道的天气活动。根据最后进近航道附近的天气情况可以随时改变使用中的进近方式。

（10）独立平行仪表进近应当遵守的规定。

在下列条件下，批准航空器使用平行跑道进行独立平行仪表进近：

① 两条平行跑道的中心线距离符合《国际民航公约》附件14的要求；

② 航空器正在作直线进近；

③ 正在使用雷达引导航空器切入航向道；

④ 两条跑道都在实施仪表着陆系统进近；

⑤ 通报航空器使用跑道号及航向道频率；

⑥ 跑道两侧应当有至少610 m宽的非侵入地带，在两条跑道中心线延长线间等距离设立，并标在雷达视频图上；

⑦ 两条跑道复飞航迹至少相差30°；

⑧ 对每一条跑道有一名管制员对进近进行监视，在不能保持300 m垂直间隔时，确保航空器不进入非侵入地带并与在航向道上的航空器保持最小纵向间隔；

⑨ 雷达管制员具有随时插入塔台通话的操控能力。

⑩ 在航空器飞离外定位点之前，通知航空器驾驶员可以使用仪表进近方式及航向道频率和跑道号，此情报可通过机场自动终端情报服务系统提供；

⑪ 引导航空器以小于 30°的角度切入最后进近航道，且在切入前有至少 2 km 的平飞。引导应当在切入航向道前，使已建立航向道的航空器有至少 4 km 的平飞；

（11）对正在转向平行最后进近的航空器之间，应当提供最少 300 m 的垂直间隔或 6 km 的雷达间隔。对在相同的最后进近航道上的航空器，提供至少 6 km 的雷达间隔，直至航空器建立在航向道上向台飞行。

当指定切入最后进近航道的航向时，应当通知以下内容：

① 相对于航向道上定位点的位置；

② 保持某一高度直至建立在下滑道上；

③ 向相应的跑道进近的许可。

不管天气如何，应当使用雷达监视所有的进近并守听塔台频率，确保航空器不进入非侵入地带，并且：

① 当观察到航空器飞过转弯点或继续沿着将进入非侵入地带的航向飞行时，应当指示该航空器立即改变航向，转到正确的最后进近航道上来；

② 当观察到航空器正进入非侵入地带，应当指示在相邻最后进近航道上的航空器注意避开偏航的航空器。

出现下列情况之一的，终止雷达监视：

（1）可使用目视间隔；

（2）航空器已经着陆或者复飞。如果复飞，飞越跑道的起飞末端至少 2 km，并且与任何其他航空器之间已建立适当的间隔。

（五）离场航空器引导

1. 及时建立并保持对航空器的识别

航空器起飞之后，管制员应该立即对其进行识别，并保持对其识别直至航空器移交给其他管制单位或离开管制区域。因为航空器如果没有得到管制员的识别，就不能为期提供监视管制服务。管制区域内如果有未识别的航空器，必须立即对其进行识别，否则需要因为它的存在向其他航空器进行飞行活动通报并在必要时提供非雷达间隔。

2. 确保航空器的安全

管制员在对离场航空器实施雷达引导时，不但要对其下辖的航空器与航空器之间的间隔负责，还必须考虑所有障碍物的影响。因为，管制员在对仪表飞行航空器实施引导的过程中，航空器与地面障碍物之间的安全间隔也由管制员负责，直到航空器恢复自主导航时为止。

3. 雷达引导与 SID 相结合，实现合理有序的路线

管制员在对离场航空器实施管制时，应该将雷达引导与 SID 合理结合。对离场航空器实施雷达引导，可以避免即时和潜在的飞行冲突、绕飞恶劣天气、调配航空器的间距和缩短飞行路线，但也需要注意减少不必要的雷达引导。雷达引导时，管制员需要给出一系列的航向指令以保障航空器的安全高效运行，并对驾驶员复诵的航向指令进行监听和执行情况的监控，一旦引导效果不佳，还需要对其进行修正，这样势必加大管制员的工作负荷，从而限制其服务航空器的数量，甚

至影响飞行安全。相比之下，如果离场航空器按照 SID 运行，则可以减少指令数量，降低陆空通话效率，减轻管制员与驾驶员的工作负荷，提高航空器运行效率，减少燃油消耗，降低碳排放。

4. 航空器快速平滑连续上升，以利节能减排

管制员对离场航空器实施雷达引导主要有两个目的：第一，解决离场航空器与其他航空器之间的潜在冲突；第二，让离场航空器尽快上升到巡航高度。在指挥离场航空器从起飞到上升至巡航高度的过程中，应该尽量保证航空器平滑连续上升。这样，既能让航空器经济、安全、高效运行，又能避免航空器频繁地上升、改平的机动动作，提高旅客的舒适程度。

五、雷达管制移交

（一）雷达管制移交要求

雷达管制移交应当建立在雷达识别的基础上或者按照双方的具体协议进行，使接受方能够在与航空器建立无线电联系时立即完成识别。

雷达管制移交时，被移交航空器的间隔应当符合接受方所认可的最低间隔，同时移交方还应当将指定给航空器的高度及有关引导指令通知接受方。在管制单位内部或者相互间进行的雷达识别的移交，应当在雷达有效监视范围内进行，如技术上无法实施，则应当在管制移交协议中说明，或者按规定提前进行管制移交。

（二）移交方应遵守的规定

（1）在航空器进入接受方所辖区域前完成雷达管制移交；

（2）除非另有规定，在改变已被移交的航空器的航行诸元或标牌数据前应当得到接受方的同意；

（3）与航空器脱离联络前应当保证本区域内潜在的飞行冲突和不利影响已得到正确处理，必要的协调已完成，保证间隔的有关飞行限制已通知接受方；

（4）除非另有协调，应当按照接受方的限制实施移交；

（5）在雷达识别的转换被接受后及时与航空器脱离联络；

（6）除非在协议和指令中已经包括，否则应当将标牌或进程单上没有包含的下列信息通知接受方：

① 指定的航向；

② 空速限制；

③ 发出的高度信息；

④ 观察到的航迹和上一航段飞行情况；

⑤ 不同于正常使用的或预先协调的应答机编码；

⑥ 其他必要的信息。

（7）保持标牌与相应的目标相关；

在管制员给定的超出导航设备作用距离之外飞行的航空器，应当通知接受方对其进行雷达监控；

（8）管制移交前，为保证被移交航空器与本区域其他航空器的间隔，应当向接受方发出必要的飞行限制；

（9）接受方口头证实或自动移交时，如果航空器已被接收方识别，则可认为已经完成移交。

（三）接受方应遵守的规定

（1）在接受移交前，确定目标的位置与移交方移交的位置一致，或者目标有正确的自动相关标牌显示；

（2）接受移交前，应当发出安全飞行所必要的飞行限制；

（3）除非另行协调，应当遵循先前给定的飞行限制；

（4）除非另有规定，在直接向其他管制区的航空器发出改变航向、速度、航线和编码指令前，应当提前与航空器所在区域管制室或者与航空器将要通过的管制区进行协调；

（5）接受移交后应当采用要求航空器驾驶员进行位置报告的方法证实一次雷达目标，并通过使用二次雷达应答机特别位置识别功能协助证实二次雷达目标，但在移交过程中已采用过这些方法的，则可不必重复。

六、雷达进近管制

（一）雷达进近规定

雷达进近管制是指航空器按照标准仪表程序进近时，雷达管制员利用监视雷达进行的监视雷达进近或者利用精密进近雷达进行的精密雷达进近。实施雷达进近管制时，进近雷达管制员应当向航空器提供有关最后进近的方位和相对跑道入口距离的情报。进行监视雷达进近管制时，应当向航空器提供应飞高度。进行精密雷达进近管制时，应当向航空器提供下滑航径的引导。

提供雷达进近管制服务，不改变航空器驾驶员或机场的最低着陆天气标准。

进近雷达管制员在从事监视雷达或精密雷达进近服务期间，除了履行与此种进近有直接关系的职责外，不得承担与该项服务无关的工作。使用雷达引导进近的进近雷达管制员应当掌握按引导进近的类别而制定的有关超障高度。

最后进近开始前，进近雷达管制员应当至少向航空器通报一次位置，并应当说明距离是从那一点开始计算的。开始雷达进近前，应当通知航空器以下情报：

（1）将使用的跑道；

（2）适用的超障高度；

（3）下滑道航径的角度；

（4）无线电失效时应当遵守的程序。

除非另有规定，当做雷达进近的航空器距离接地点约 15 km 时，进近雷达管制员应当通知塔台管制室。如果进近雷达管制员此刻未收到着陆许可，应当在距离接地点约 8 km 时再次通知并请求着陆许可。进近雷达管制员应当在航空器到达距着陆接地点 4 km 前发布着陆许可。

在下列情况下，进近雷达管制员可以指挥作雷达进近的航空器复飞：

（1）当航空器在最后进近中处于危险的位置时；

（2）存在飞行冲突；

（3）航空器已经距离接地点 4 千米或到达与塔台管制室商定的其他距离时，尚未收到非雷达管制员的着陆许可；

（4）塔台管制室管制员发布复飞指令。

机场塔台管制员发布的复飞指令应当符合规定的复飞程序，并应当包括爬升时应当到达的高度，使航空器不至飞出复飞区。只有在航空器驾驶员已经看到机场时，进近雷达管制员才能发布目视进近许可，终止雷达引导。

（二）监视雷达进近

监视雷达的精度、安装位置及通信设备应当符合规定。只有雷达显示器上标有跑道延长线并有相对接地点的距离标志时，雷达管制单位方可向航空器提供监视雷达进近管制服务。

除气象条件表明有相当把握可以成功地完成监视雷达进近外，提供精密进近雷达管制的单位不得单纯使用监视雷达提供进近服务。

进近雷达管制员在实施管制时，只能负责一架航空器的监视雷达进近服务，不得同时承担与监视雷达进近无关的工作。

实施监视雷达进近时，进近雷达管制员应当履行下列职责：

（1）航空器开始作最后进近前，通知航空器该监视雷达进近服务在何点终止；

（2）通知航空器，它正接近预计的开始下降点，并在航空器到达该点以前，通知航空器超障高度，指示航空器下降和检查适用的最低标准；

（3）依据跑道中心延长线的相对位置发布方位指示；

（4）每2 km通知航空器一次距接地点的距离；

（5）在提供距离信息的同时，通知航空器在该点应当通过的高度，使其保持在下滑道上；

（6）遇有下列情况之一时，进近雷达管制员应当终止监视雷达进近：

① 航空器距接地点4千米时；

② 航空器进入连续的雷达杂波前；

③ 航空器报告可以作目视进近时。

如果监视雷达有足够的精度并经民航总局批准，监视雷达进近服务可以继续到跑道入口，或到达距离接地点少于4 km的某一点。但在此种情况下，应当每隔1 km报告一次距离和高度。当航空器在距接地点8 km以内时，不允许有5 s钟以上的通信中断。

执行监视雷达服务的管制单位应当配备高度与距离的标准数值图表。管制员应当要求航空器报告能见跑道、进近灯、跑道灯或机场。

（三）精密雷达进近

实施精密雷达进近应当遵守下列规定：

（1）实施精密雷达进近的管制单位应当配有符合规定标准并经民航总局批准的精密进近雷达设备，方可提供精密雷达进近管制服务；

（2）精密进近雷达管制员只负责一架航空器的精密进近雷达管制服务，不得同时承担与精密进近雷达管制无关的工作；

（3）有关空中交通管制单位应当在航空器切入下滑航径前不少于2 km时，将航空器移交给负责精密进近的进近雷达管制员。精密进近雷达管制员在提供该服务前，应当对通信设备进行检查；提供服务时，应当掌握通话的节奏，两次通话的时间间隔不得超过5 s，航空器在进行该雷达进近时，无需重复管制员的指示；

（4）精密进近雷达管制员提供的方位情报应当依据跑道中心线延长线相对位置确定，必要时应当通知航空器改变航向，使其回到正常的航道上；

（5）航空器接近切入下滑航径时，精密进近雷达管制员应当提醒航空器开始下降并检查决断高度；

（6）进近过程中，精密进近雷达管制员应当向航空器提供其相对下滑道的位置情报及进行高度调整的通知，当航空器即将到达下滑道上时，应当通知航空器；

（7）航空器距接地点 8 km 前，精密进近雷达管制员应当每隔 2 km 向航空器发布一次其距接地点距离的情报，在 8 km 内每隔 1 km 发布一次距接地点距离的情报；

（8）航空器下降到最低下降高度或决断高度时，该进近服务终止，但精密进近雷达管制员应当继续发布情报，直到航空器飞越跑道入口，只有在设备精度许可并经民航总局批准的情况下，方可将航空器引导至复飞点；

（9）航空器在进近过程中，如雷达的下滑道指示系统失效，精密进近雷达管制员应当及时通知航空器，并开始实施监视雷达进近的管制服务；

（10）当发现航空器可能开始复飞时，精密进近雷达管制员应当采取下列措施：

① 如有足够的时间取得航空器驾驶员的回答，应当通知航空器高出下滑航径的高度并询问航空器驾驶员是否要进行复飞。如果航空器驾驶员需要复飞，精密进近雷达管制员应当通知复飞的指示。

② 如时间短无法取得航空器驾驶员的回答，应当继续精密进近，通报航空器的位移，并在正常的终止点终止进近。如果高度信息明显说明航空器是在进行复飞，精密进近雷达管制员应当在正常终止点之前或之后通知复飞的指示。

七、雷达管制通话及术语

（一）雷达识别术语

1. SQUAWK IDENT/STANDBY/LOW/NORMAL/MAYDAY/（SSR code）

2. STOP SQUAWK 关闭应答机

3. RECYCLE（SSR mode）（SSR code）重设应答机（模式）（编码）

4. RADAR IDENTIFIED（position）雷达已识别（位置报）

5. FOR IDENTIFICATION TURN LEFT/RIGHT HEADING…左/右转航向 XXX 以供识别

6. RADAR CONTACT 雷达已看到

7. RADAR CONTACT LOST 失去雷达识别

8. NOT IDENTIFIED 未识别

9. IDENTIFICATION LOST（instruction）失去雷达识别（相关指令）

10. RADAR SERVICE/CONTROL TERMINATED[DUE(reason)][position]雷达服务终止[因（原因）][位置报]

11. NOT IDENTIFIED [reason]，[RESUME（ or CONTINUE）OWN NAVIGATION] 未识别[原因]，[恢复自主领航]

（二）模式 C 高度报告

1. SQUAWK CHARLIE 打开应答机 C 模式

2. CHECK ALTIMETER SETTING AND CONFIRM LEVEL 检查你的基准面设置并证实高度

3. STOP SQUAWK CHARLIE，WRONG INDICATION 关闭应答机 C 模式，错误显示

4. VERIFY（level）证实（高度）

（三）引导目的

1. VECTOR TO（significant point or airway）引导至（重要点或航路）

2. FLY HEADING 飞行航向

3. VECTOR ACROSS（localizer or route）引导穿越（航向道或航路）

4. VECTOR FOR SPACING 引导以保持间隔

5. VECTOR FOR DELAYING ACTION 引导采取延迟措施

6. VECTOR TO DOWNWIND/BASE/FINAL 引导至三边/四边/五边

7. VECTOR FOR（type of approach）APPROACH 引导做（进近类型）进近

8. VECTOR FOR VISUAL APPROACH RUNWAY（number）引导做跑道（号）目视进近

9. VECTOR TO FINAL APPROACH COURSE 引导进入五边

（四）精密/监视雷达进近引导用语

1. VECTORING FOR SURVEILLANCE RADAR APPROACH RUNWAY…引导做监视雷达进近，跑道…

2. APPROACH INSTRUCTIONS WILL BE TERMINATED AT（distance）FROM TOUCHDOWN 进近指令将在距接地点（距离）位置结束

3. THIS WILL BE A SURVEILLANCE RADAR APPROACH RUNWAY（number），TERMINATING AT（distance）FROM TOUCHDOWN，OBSTACLE CLEARANCE 这是做一个跑道（号）的监视雷达进近，将在距接地点（距离）位置结束，超障高 XXX 米

4. YOU HAVE CROSSED THE LOCALIZER COURSE.TURN LEFT/RIGHT [IMMEDIATELY] AND RETURN TO LOCALIZER COURSE 你已穿越航向道，[立即]左/右转回到航向道

5. EXPECT VECTOR ACROSS（localizer course）（reason）预计穿越（航向道）（原因）

6. THIS TURN WILL TAKE YOU THROUGH（aid）[reason]本次转弯将使你通过（导航台）[原因]

7. （COMMENCE）DESCENT NOW 现在（开始）下降

8. REPORT ESTABLISHED（ON GLIDE PATH）建立（下滑道）报告

9. OVER THRESHOLD 飞越跑道头

10. REPORT VISUAL/RUNWAY[LIGHTS]IN SIGHT 能见报告/看到跑道[灯]报告

11. CONTINUE VISUALLY OR GO AROUND 继续目视进近或复飞

12. GO AROUND IMMEDIATELY（Type of approach）approach not available due（reason）（alternative instructions）立即复飞，由于（原因）（进近方式）进近无法进行（备份指令）

13. Comply with restrictions 遵照限制执行

（五）机载方向仪表不可靠时

1. MAKE ALL TURNS RATE ONE/RATE HALF/（number）DEGREES PER SECOND. EXECUTE INSTRUCTIONS IMMEDIATELY（MAX）DECENT 所有转弯使用正常转弯率/一半转弯率/XXX 度/秒，听到指令后立即执行

2. TURN LEFT/RIGHT NOW 现在开始左/右转

3. STOP TURN NOW 现在停止转弯

（六）对离场航空器的管制过程

离场航空器一般情况下无需引导，起飞以后依据已经发布的许可，按照规定路线或 SID 飞行即可。管制员在航空器起飞后首先进行识别，然后根据空中飞行活动的分布及其相互影响等具体情况发布适当的高度指令，并需要随时掌握航空器飞行状态。

以下给出管制员与执行标准离场程序的航空器的雷达管制通话样例，如图 10-9 所示。

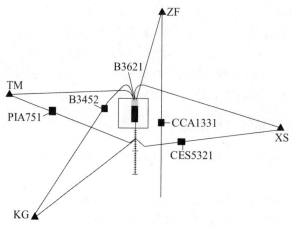

图 10-9　航空器位置示例

P：WUHAN Approach，B3621，airborne 02 100 m climbing，request radar service.

P：武汉进近，B3621，起飞时间 02 分，100 m 爬升，请求雷达服务。

C：B3621，WUHAN Approach，radar contact，follow TM-11D，climb and maintain 2 100 m，（report reaching）.

C：B3621，武汉进近，雷达看到了，沿天门 11 标准离场，上升到 2 100 m 保持（到达报告）。

P：TM-11D，climb and maintain 2 100 m，B3621。

P：沿 TM-11 标准离场，上升到 2 100 m 保持，B3621。

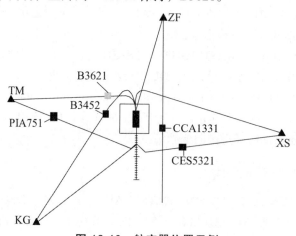

图 10-10　航空器位置示例

C：B3621，correction，climb to 4 800 m on standard，report over TM.

C：B3621，更正，上升到标准海压 4800 m 保持，天门报。

P：Climb and maintain 4 800 m on standard，report over TM，B3621、

P：上升到标准海压 4800 m 保持，天门报，B3621。【co-ordinate with ACC before reaching 10 km from TM 距 TM10Km 前，和区调完成管制协调】

P：WUHAN Approach，B3621，4 800 m maintaining，passing TM.

P：武汉进近，B3621，4 800 保持，过天门。

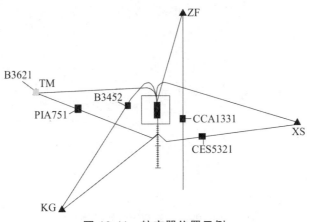

图 10-11   航空器位置示例

C：B3621，contact WUHAN control 118.1，good day.

C：B3621，联系武汉区调 118.1，再见。

P：Good day，B3621. 再见。

如果情况需要，管制员可以对离场航空器进行引导和调整，以提高航空器运行效率，保障飞行安全。无论管制员指挥航空器按照标准离场程序飞行还是对其进行雷达引导，在飞行过程中，管制员应对空中交通活动进行密切监控。

下面给出管制员雷达引导航空器离场的通话样例，如图 10-12 所示。

P：WUHAN Approach，B3621，airborne 02 100 m climbing，request radar service.

P：武汉进近，B3621，起飞时间 02 分，100 m 爬升，请求雷达服务。

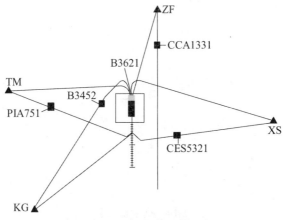

图 10-12   航空器位置示例

C：B3621，WUHAN Approach，radar contact，radar vector due to conflicting traffic，maintain runway heading，climb and maintain 4 500 m on std.

C：B3621，武汉进近，雷达看到了，由于冲突，雷达引导，保持一边，上升到标准气压 4 500 m 保持。

P：TM-11D，climb and maintain 4 500 m on std. B3621.

P：沿 TM-11 保持一边，上升到标准气压 4 500 m 保持。B3621。

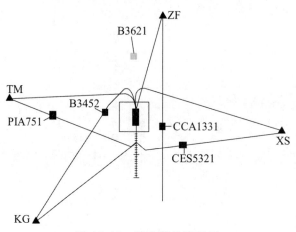

图 10-13　航空器位置示例

C：B3621，position，25 km southwest of ZF，resume your own navigation，direct fly to ZF，report over ZF.

C：B3621，河口西南 25 km，恢复自主领航，直飞河口，过河口报

P：WUHAN Approach，B3621，4 800 m maintaining，passing，ZF.

P：武汉进近，B3621，4 800 m 保持，过河口。

C：B3621，联系武汉区调 118.1，再见。

P：Good day，B3621. 再见。

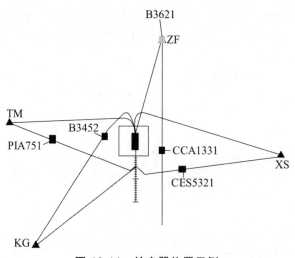

图 10-14　航空器位置示例

（七）对进场航空器的管制过程

管制员对进场航空器实施雷达管制，综合航空器飞行进程、冲突调配、着陆次序等依次给航空器发布指令，调整其速度、高度、航向，以使航空器在满足最小间隔的条件下依次开始进近。以下是雷达管制进场航空器的通话样例。

【略：ACC 提前与 APP 协调】

C：B3621，WUHAN Approach，radar contact，position 10 km west of TM，maintain 5 100 m on std

C：B3621，武汉进近，雷达看到了，天门西边 10 km 位置，标准气压 5 100 m 保持。

P：WUHAN Approach，B3621，5 100 m on std maintaining，position 10 km west of TM.

P：武汉进近，B3621，5 100 m 保持，天门西边 10 km 位置。

C：B3621，WUHAN Approach，expect TM-11A，ILS approach，R/W36，information C is available，maintain 5 100 m，report over TM.

C：B3621，武汉进近，预计，盲降进近，跑道 36，通播 C 有效，保持高度，天门报。

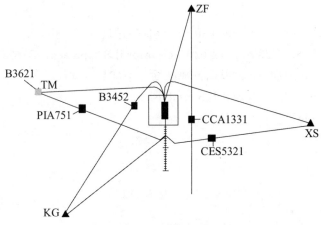

图 10-15　航空器位置示例

P：TM-11A，ILS approach，R/W36，information C is received，report over TM，B3621。

P：天门 11 进场，盲降进近，跑道 36，通播 C 已收到，天门报，B3621

P：WUHAN Approach，B3621，5 100 m maintaining，over　TM.

P：武汉进近，B3621，5 100 保持过天门。

C：B3621，follow TM11A，descend and maintain 1 500 m on QNH 1 011，

C：B3621，雷达看到了，沿天门 11 进场，下修正海压 1500 保持，QNH1011，

P：Descend and maintain 1 500 m on QNH 1 011，B3621.

P：下修正海压 1500 保持，QNH1011，B3621。

【Co-ordinate with TWR on time after you have decided the approach sequence.着陆次序排定后注意与塔台及时协调】

P：WUHAN Approach，B3621，1 500 m maintaining.

P：武汉进近，B3621，修正海压 1500 保持

C：B3621，continue descend to 900 m.

C：B3621，继续下高度 900。

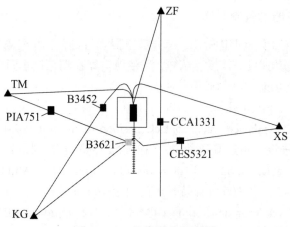

图 10-16　航空器位置示例

C：B3621，reduce speed 280 km/h，turn left heading 030，clear for ILS approach，report established.

C：B3621，调速 280，左转航向 030，可以盲降进近，建立报。

P：Reduce speed 280，left heading 030，clear for ILS approach，B3621.

P：调速 280，左转航向 030，可以盲降进近，B3621。

P：WUHAN Approach，B3621，ILS established.

P：武汉进近，B3621，盲降已建立。

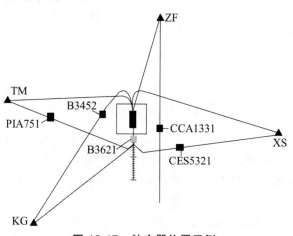

图 10-17　航空器位置示例

C：B3621，position 18Km from touchdown，continue ILS approach，radar service terminated，contact Tower 130.0，good-day.

P：B3621，距接地点 18 km，继续进近，雷达服务终止，联系塔台 130.0，再见。

P：Contact Tower 130.0，good-day，B3621，联系塔台 130.0，再见，B3621。

（八）监视雷达进近管制过程

C：B2522，met report Wuhan，surface wind 300degrees/10Km/h，broken，210M. B2522，武汉本场天气，地面风 300 10Km/h，多云，云底高 210 m。

C：B2522，turn left heading 260 for identification. B2522，左转航向 260 以供识别。

C：B2522，radar identified，30 km west of the field，radar vectoring for left hand circuit，expect SRE approach，R/W36，glide path 3 degrees. B2522，雷达已识别，本场以西 30 km，雷达引导做左起落航线，预计监视雷达进近，跑道 36，下滑角 3 度。

C：B2522，obstacle clearance altitude 280 m. B2522，超障高 280 m。

C：B2522，this approach will be terminated at 4 km from touchdown. B2522，本次进近将在距接地点 4 km 位置结束。

C：B2522，on track，16 km from touchdown. B2522，在航向道上，距接地点 16 km。

C：B2522，14 km from touchdown，slightly right of track，turn left 5 degrees heading 355、B2522，距接地点 14 km，稍微偏右，左转 5 度，航向 355。

C：B2522，12 km from touchdown，approaching glide path，commence descant now，establish a 3-degree glide path，and check decision height. B2522，距接地点 12 km，接近下滑道，现在开始下降，建立 3 度下滑航径，注意你的决断高度。

C：B2522，10 km from touchdown，altitude should be 520 m，turn right 5 degrees heading 360. B2522，距接地点 10 km，高度应为 520 m，右转 5 度航向 360。

C：B2522，8 km from touchdown，altitude should be 420 m，going left of track，turn right 5 degrees heading 005、B2522，距接地点 8 km，高度应为 420 m，正在向左偏，右转 5 度航向 005。

C：B2522，turn left 5 degrees heading 360，on track，6 km from touchdown. Altitude should be 310 m. B2522，左转 5 度航向 360，在航向道上，距接地点 6 km，高度应为 310 m。

C：B2522，check gear down and locked. B2522，检查起落架是否放下锁好。

C：B2522，on track，4 km from touchdown，altitude should be 210 m，report runway in sight. B2522，在航向道上，距接地点 4 km，高度应为 210 m，看到跑道报告。

C：Runway in sight. B2522，看到跑道，B2522。

C：Approach completed，cleared to land. 进近结束，可以着陆。

第五节　雷达在机场管制和航行情报服务中的使用

一、雷达在机场管制中的使用

（一）监视雷达使用规定

监视雷达系统可以用于提供以下机场管制服务：

（1）雷达监视最后进近中的航空器；

（2）雷达监视在机场附近的其他航空器；

（3）建立航空器间的间隔并对目视飞行规则飞行提供导航帮助。

利用监视雷达引导按目视飞行规则飞行的航空器时，不得将该航空器引入仪表气象条件。

（二）使用场面监视雷达应遵守的规定

（1）安装机场场面监视雷达，应当依据机场工作条件、能见度、交流流量和机场布局确定；

（2）场面雷达应当用于扩展机动区内交通的目视观察，监视机动区内不能目视观察部分的交通情况；

（3）场面监视雷达显示器上的情报，可用于下列管制工作：

① 监控机动区内航空器是否遵守放行许可及指令；

② 在着陆和起飞前确定跑道上无交通活动；

③ 提供关于机动区内或其附近的重要交通情报；

④ 确定机动区内航空器的位置；

⑤ 当航空器驾驶员请求或管制员认为必要时，提供给航空器指导性的滑行情报。

（4）航空器及车辆的雷达位置指示符，可用符号或非符号的形式显示。其识别方法如下：

① 将一特定的雷达位置指示符与管制员目视观察到的航空器位置或航空器驾驶员报告的航空器位置或航空器监视雷达显示器上已识别的雷达位置指示符相关联；

② 雷达识别移交；

③ 自动识别程序。

二、雷达在航行情报服务中的使用

使用雷达提供飞行情报服务，不解除航空器驾驶员的任何责任，航空器驾驶员仍有最后的决定权。

雷达显示器上的信息可用于向被识别的航空器提供下列情报：

（1）任何观察到的航空器与已经识别的航空器在一冲突航径上的情报和有关采取避让行动的建议。

当观察到被识别的航空器与不明航空器有冲突，可能导致相撞危险的，雷达管制员应当向其管制下的航空器通报不明航空器情报。如航空器驾驶员提出请求，应当向其提供有关避让的建议。冲突危险不存在时，应当及时通知航空器。

雷达交通信息例子如图 10-18 所示。

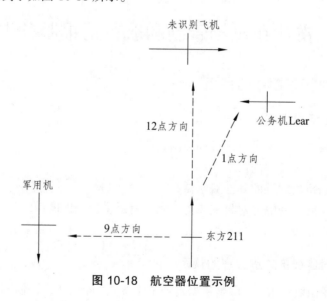

图 10-18　航空器位置示例

C：CES1332，12 点方向，3 n mile，型号不明飞机向东飞；1 点方向，2 n mile，公务机 Lear 飞机向西飞，高度 12 000 ft；9 点方向，5 n mile，军用机向南飞，高度 6 000 ft。

驾驶员得到信息后，有足够时间判断和避免可能发生的事故。

随着二次雷达的计算机化，有些雷达系统装有防撞警告软件，可把两架飞机预计的航线画出来，如果在航线交叉时垂直、纵向、横向间隔不够，软件会自动向管制员发出告警，管制员及时通知驾驶员处理。

（2）如果二次雷达高度未经证实，应当通知航空器驾驶员有相撞危险，并说明该高度信息未经证实。如高度已经证实，该情报应当清楚地发给航空器驾驶员。

重要的天气情报，以及指挥航空器绕航避开恶劣天气的建议。

（3）有关航空器将要穿越危险天气的情报，应当提前足够时间向航空器发布，以便航空器驾驶员采取措施。雷达管制员引导航空器绕航应当确保航空器在雷达覆盖范围内能返回至预计或指定的航迹飞行。

（4）协助航空器领航的情报。

第六节　雷达管制特殊情况处置

一、雷达显示"7600"

雷达显示器上出现 7600 编码或与航空器失去双向通信时，雷达管制员应当采取如下措施：

（1）在原用频率上指令航空器作一个指定动作以表示收到指示，并观察航空器航迹，使用改变应答机编码或使用特殊位置识别等方法，确认该航空器是否具有接受能力。如采取上述措施后航空器仍无反应，则应当在其他航空器可能守听的可用频率上重复进行；

（2）在确认该航空器的无线电接收机还具有接受能力后，可以继续提供雷达管制服务，并要求航空器继续以有效方式证实收到指示；

（3）确认该航空器已完全失去通信能力时，如果该航空器所在区域正在采用雷达间隔，或者该航空器即将进入采用雷达间隔的区域时，失去通信联系能力的航空器已被识别，在上述区域内可以继续采用雷达间隔，直至失去通信能力的航空器着陆或已知该航空器已经飞出本区域；

（4）当一架航空器起飞后，在强制要求使用应答机的地区飞行的航空器遇到应答机故障，有关空中交通管制单位应当根据飞行计划尽量保证该航空器继续飞行到第一个预定降落机场。如在某些情况下不能继续飞行，特别是当起飞后不久查出有应答机故障，可要求航空器返回到起飞机场或经有关航空器经营人和空中交通管制单位同意，在就近机场降落。

二、雷达显示"7500"或"7700"

当雷达显示器上航空器出现"7500"或"7700"编码时，雷达管制员应当采取如下措施：

（1）利用一切通信手段与该航空器驾驶员确认航空器是否处于与该编码含义一致的情况；

（2）确认该航空器已处于与该编码含义一致的情况时，按有关规定进行处置。

三、雷达设备失效

（1）标出所有已识别航空器的位置，与非雷达管制员共同采取行动，在航空器之间建立非雷达间隔。要求非雷达管制员承担已建立非雷达间隔的航空器的管制工作，立即通告所有航空器雷达管制服务终止并实施程序管制间隔。

（2）由雷达间隔转为程序间隔时，紧急情况下可采用半数高度层调配高度间隔，但应当尽早配备规定的高度层。

（3）通告相邻管制区实施程序管制的情况，并向航空器飞入相邻管制区实施程序管制移交，可采取措施限制进入本区域的航空器的数量，以达到在没有使用雷达的情况下能安全处理航空器的数量。

（4）及时通知雷达保障部门雷达故障情况。

（5）雷达恢复工作后，雷达管制员应当对航空器重新进行识别，确认后方可继续实施雷达管制，并应当将恢复雷达管制的情况通知有关的空中交通管制单位。

四、航空器在本管制区以外发生特殊情况

（1）在雷达显示器上观察到该航空器使用特殊编码时，应当主动通报负责管制该航空器的管制员或管制单位，并在可能的情况下，主动提供雷达情报；

（2）如果相邻管制区的管制员请求，并能在雷达显示器上观察和识别到该航空器，应当向该管制员提供雷达情报；

（3）航空器发生特殊情况时，应当在雷达显示器上标画出该航空器的航迹并不断进行监视。

第十一章　空中交通流量管理

空域管理、空中交通流量管理和空中交通服务是空中交通管理的三大组成部分。随着航空飞行活动日趋繁忙,空中交通拥塞问题越来越突出,空中交通流量管理的地位和作用也日益提升。空中交通流量是指在指定时间段内通过监视点、航线/航路段、区域/扇区的军民航、通航等各类空中飞行活动总量。空中交通流量管理在遵循空域管理规定、保障飞行安全间隔下,实现对空中交通流量的宏观和局部微观调控,提高空域使用效率,减少飞行时间和地面等待时间,满足空中交通流量增长和减少燃油、尾气排放的需求,保障空中交通安全、有序、快捷地运行。围绕空中交通流量管理活动需要建立包括管理机构和人员、运行程序、法规标准、理论技术、系统设施等在内的完备、科学的国家空中交通流量管理体系。

第一节　空中交通流量管理概述

一、空中交通流量管理含义

空中交通流量管理是为有助于空中交通安全、有序和快捷的流通,以确保最大限度地利用空中交通管制服务的容量并符合有关空中交通服务当局公布的标准和容量而设置的服务。

空中交通流量管理系统的作用是:科学地安排空中交通量,使得空中交通管制系统中总的交通量与其空中交通的资源的可承受量相适应。其目标是:当某空中交通管制系统的需求超出或即将超出资源的可用能力时,保证空中交通流量最佳的流入或通过相应的区域。

二、空中交通流量管理定义

流量管理的概念可以用下面的公式表示:

$$h_p(t) \leqslant q_p(t) \tag{11-1}$$

式中,p 为空域单元,表示整个空域系统或者其中的一部分,如一个航路汇合点、一条跑道、一个机场、一个管制扇区等。t 表示时间段。$h_p(t)$ 表示在 t 时间段内请求通过 p 的航空器数量,即通过 p 的流量。$q_p(t)$ 表示在 t 时间段内,p 能够允许的通过航空器的数量,即 p 在 t 时间段内的容量。按照流量管理的定义,如果管制员发现在某一地点或者区域流量大于容量,即"流量饱和"时,为了保证空中交通的安全、畅通,需要采取各种措施限制通过 p 的流量,增加 p 的容量,即实现流量管理。可见,流量管理的核心任务就是保证流量与容量的平衡,防止出现饱和。

三、空中交通流量管理分类

空中交通流量管理主要可以分为先期流量管理、飞行前流量管理及实时流量管理。

（1）先期流量管理也称为战略流量管理，其主要工作为在实施之日的几个月至几天前进行调整，在制定航班时刻表时对定期和非定期航班的飞行时刻加以控制、避开空中交通网络的拥挤区域，防止飞机在某一空域过于集中而使流量超过负荷。其手段主要是统一安排各航空公司的航班时刻表，合理分布各条航线、各个时间段的交通流量，避免繁忙航路上高峰时刻的拥挤现象。

（2）飞行前流量管理也称为战术流量管理，其主要工作为在航空器起飞前一段时间内，调整航空器起飞时刻，使航空器按照规定的管制间隔有序飞行。其手段主要是通过改变航空器的起飞（如采用地面等待策略，调节飞机流量）、降落时刻以及改航等方法，来保证交通流量和飞机间隔。

（3）实时流量管理也称为动态流量管理，其主要工作为在航空器飞行过程中采取措施，使航空器按照规定的管制间隔有序飞行。其手段主要是通过对飞行中的航空器实施调速、等待、限制到达等方法，来保持航空器间的间隔。

实行流量管理必须通过建立流量管理系统来实现，空中交通流量管理系统是一个非常复杂的系统，它的主要目的就是保证航空器在空域中安全、有效地满足飞行。

四、我国空中交通流量管理机构

空中交通流量管理体系的建设是在现行空管体制、机制下的一种能力和手段建设。美国和欧洲的空中交通流量管理体系是在国家/地区军民航统一管制的基础上构建的。目前我国的空管运行正从军民航统一规划空域、分别实施管制指挥，向军民航联合空管运行过渡，而国务院中央军委空中交通管理委员会已确立我国空管体制改革的目标是国家统一管制。因此，我国空中交通流量管理体系的构建，就必然要求一方面要与现行军、民航分别管制的空管运行体制相适应，另一方面，又必须实质性迈出军民航联合管制的步伐，并能适应未来国家统一管制的需求。这给流量管理体系的设计和建设带来了难题。

目前我国民航局空管局飞行流量管理中心已经通过验收投入使用。工作大厅划分为主任管理区、运行监控区、协同运行区、综合工作区、运行评估区、项目区等工作区域，并设有18个工作席位。在继承运行管理中心流量监控室全部职能的基础上，飞行流量管理大厅将进一步整合全国运行态势监控、跨区域运行协调、跨区域航班协同起飞和落地、国际间航班运行协调、国内和国际航空公司协调、运行评估与仿真等工作，满足未来 8~10 年的飞行流量管理工作要求。

民航局空中交通监控和流量管理系统是通过集成预先飞行计划系统、航行情报系统、实时气象数据库等，支持多点动态监控与预测航班动态，综合显示空域情报信息的全国级系统。该系统能够有效辅助空中管制单位完成——在需要或预期需要超过空中交通管制系统的可用容量期间内，保证空中交通最佳地流向或通过这些区域的任务。

其主要职责包括对全国机场运行和跨区域运行情况监控；全国跨区域飞行协同运行指令发布；运行保障容量与飞行流量匹配态势监控；全国空管系统运行态势监控；运行限制的审核；大面积航班延误的协调和处置；与主要航空公司、国际航协的协调；突发性事件的处置；运行协调视频常守；流量管理技术交流等内容。

全国各级管制部门多年了一直关注流量管理问题，随着流量增长，北京、上海、广州三大区域管制中心纷纷建立了流量管理部门与其相应的席位，来统筹管理本区域的流量。

我国目前空中交通流量管理机构职责包括：

（一）民航局飞行流量管理单位的职责

（1）掌握全国的飞行计划和飞行动态；

（2）监控国际航路、国内主要航路和飞行量密集地区的飞行流量，提出实施流量控制的措施并组织实施；

（3）控制民航定期和不定期飞行起飞、降落时刻；

（4）与非民航有关单位进行协调；

（5）协调地区管理局飞行流量管理单位之间发生的流量管理问题；

（6）协调地区管理局飞行流量管理单位与航空器经营人航务部门之间出现的有关流量的问题。

（二）地区空管局流量管理单位职责

（1）掌握本地区管理局范围内的飞行计划和飞行动态；

（2）监控本地区管理局范围内的飞行流量，提出实施流量控制的措施并组织实施；

（3）按照民航总局飞行流量管理单位的指令，组织本地区管理局有关管制单位落实指令的要求；

（4）对本地区管理局各机场定期和不定期飞行起飞、降落时刻提出审核意见；

（5）与本地区有关的非民用航空单位进行协调；

（6）协调本地区管理局各空中交通管制单位之间发生的有关问题；

（7）协调本管理局空中交通管制单位与航空器经营人航务部门之间出现的有关流量的问题。

第二节　空中交通流量管理方法与措施

一、空中交通流量管理方法

按流量管理时间划分：长期、中期、短期流量管理。长期：15 年左右，包括新建机场，新增跑道，改善设备环境等；中期：6 个月到几年，主要包括开辟航路、航线，调整空域结构，从宏观上使空中交通网路流量分布更加合理，使空域利用更加有效；短期：主要通过地面等待、空中等待、改航策略对空中流量进行调控，使流量与容量相匹配。

按流量管理空间划分：区域、终端区、机场场面流量管理。区域流量管理是指对大范围区域性流量问题进行管理与调控，主要处理航路、航路汇集点（导航点），管制扇区，以及地区航路网等整体流量管理问题；终端区流量管理，主要处理机场及走廊口区域，进场和离场排序与调度问题；机场场面流量管理，是指对机场场面资源及航班流进行实时监控与管理。

按流量管理的级别划分：战略、预战术、战术。战略：参照历史实时情况，结合未来一定时间的综合空情信息，对未来流量管理做出战略性规划；预战术级流量管理：根据战略规划，结合信息网络提供的预测信息，预先调配流量；战术级流量管理：根据战略规划，结合信息网络提供的实时信息，实时调控流量。

按流量管理的应用划分：容量评估、流量统计与预测、航班时刻优化、地面等待、改航、终端区排序，以及协同流量管理等。其中，容量评估、流量统计与预测是流量管理的基础前提，为流量管理策略的制定提供科学依据；航班时刻优化、地面等待、改航和终端区排序是流量管理的主要方法；协同流量管理是一种安全、高效、公平的流量管理机制，旨在利用协同决策技术与方法改进流量管理策略，以提高流量管理的有效性和公平性。

空中交通流量管理的目标是保证空域流量与容量的平衡，流量管理的实施方法即为增加容量和调整流量。在不同的时期，分别以空域的划分和交通流的规划为目标，可将空中交通流量管理方法分为以下几种：

（1）长期法（从概念到实现一般要15年左右）：包括建造更多的机场，增加机场的跑道数量，改善硬件设备环境，提高空中交通管制技术，如更新航行系统等。但是这些都需要大量的资金，周期长，见效慢。

（2）中期法（从概念到实现一般要6个月到几年）：包括增加空中航线，修改空域结构等。这些方法使得空中交通网络的空中交通流量从宏观上更加合理，能更加有效的利用空域，相比之下也更加经济。

（3）近期法：该法通过采用航班时刻优化、地面等待、空中等待、终端区航班排序、关键点实时监视等策略直接对空中交通流量进行控制，使得空中交通流量与空域、机场的容量相匹配，从而减少拥挤。

近期法是在短期内可有效提高空中交通流量、保障飞行安全的方法。对航班飞行的实时及预测监视，对关键点的冲突探测，对到港航班的终端区（进近）排序的辅助决策，以及地面等待策略等短期流量调整的实施，能有效地提高飞行安全水平，提高空域吞吐量，减少航班延误时间和经济损失，减轻管制员的工作负荷。与长期法和中期法相比，近期法实现时间短，投入少，却能得到较高的效益。因此，近期流量管理措施是国内外流量管理研究的热点。

短期流量管理涉及空域的划分和交通流的规划，在不同的时期采取的管制方式不同，可以细分为三个阶段，如图11-1所示。

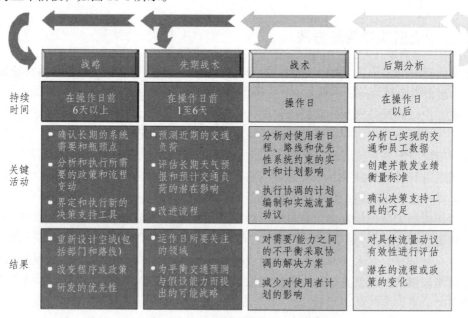

图 11-1　短期流量管理的不同阶段

（一）战略流量管理

战略流量管理也称先期流量管理，规划的时间范围为飞行前几个月到实际飞行的前两天。由于这个阶段属于流量的长期规划范畴，战略流量管理由空中交通管制中心（Air Traffic Control，ATC）、航空公司和军航管制中心共同完成。

在这个阶段的管理措施为：长期航班时刻表、军航训练计划的制定，一般在每年冬季根据以往的历史数据以及对下半年情况的预测制定下半年的民航航班计划；扩大空域系统容量，调整航线结构，扩建机场跑道，开放新空域，划分军民航空域。

（二）预战术流量管理

预战术流量管理也称飞行前流量管理，规划的时间范围为实际起飞的前一天到两天，属于中期的规划范畴。根据更新的需求数据（例如气候的改变、春运等）对战略规划进行调整。这一阶段的主要措施有：预测受影响的空域、机场的流量和容量，调整航线，优化航班时刻表。最终的结果是发布每日的航行通告。

表 11-1　流量管理方法对比

管理方法	时　间	FAA	Eurocontrol	中　国
扩大空域系统容量：调整空域、航线结构，扩建机场、跑道，采用大型机	5 年以前			
预测空域流量和容量，优化航班时刻表	18～13 个月		战略性	战略性
	12 个月到 14 天前			
	13～7 天前			预战术性
预测空域流量和容量，优化航班时刻，调整非定期航班	6～2 天	战略空中交通流量管理（流量规划）	预战术性	
预测空域流量和容量，调整航空器起飞时间、飞行航线	起飞前		战术性	战术性
调速，控制移交点时间，增开扇区，空中等待	飞行中	战术流量控制		实时

（三）战术流量管理

战术流量管理也称动态流量管理和实时流量管理。战术流量管理规划的时间范围是飞行当天。

战术流量管理采取的主要方法有：

（1）地面等待策略：即为了解决机场、航路航线潜在空域使用冲突，使机场、航路航线实际容量与预测流量之间相平衡，避免高昂而危险的空中等待，让部分航班延误起飞的措施。

（2）改航策略：为了避免等待或减少等待，让某些航班绕航线而行，避开繁忙的航路，这种策略是以延长飞行路程为代价的，这样就必然增大油耗，需要在时间和费用之间进行权衡。

（3）调整飞机飞行速度：利用速度的改变，控制飞机进入移交点的时间，使飞机在适当时刻进入交汇点和区域。

（4）空中等待：保持飞机在某个高度和航线延伸区域，进行空中盘旋等待。

空中交通流量管理在民航运输业的发展中占有重要地位，与地面交通一样，公路系统的良性发展是保障地面交通繁荣发展的必然条件，民航班机数量的扩充和机场的扩建如果没有空中交通管理系统的同步建设与其相匹配，将无法形成整个航空运输业发展的合力，实现建设航空强国的目标必然会受到阻碍。民用航空运输系统的高速发展为空中交通管制的发展提出了更高的要求，因此为了实现民用航空的不断发展，空中交通流量管理的相关研究及系统开发势在必行。

二、空中交通流量管理措施

由于航空器的整个飞行过程处于流量管理的不同层次，具体包括：准备起飞、飞离机场、飞离终端区、进入航线、到达终端区、进近管制、到达机场七个阶段。所以一个航空器的飞行过程将要经历 4 个层次的流量管理，如图 11-2 所示。

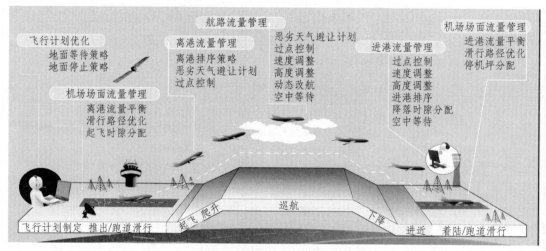

图 11-2　流量管理的各个阶段

空中交通流量管理贯穿于空中交通飞行过程中各个阶段：等待许可、滑行、跑道起飞、飞离终端区、航路飞行、到达终端区、进近管制、跑道降落。流量管理通过对航空器当前状态、位置的监视，对未来状态、位置进行预测，在航空器飞行的各个阶段采用不同的辅助决策工具，生成满足各阶段管制需求的流量调整方案。

第一层为全国范围内的空中交通流量的协同管理。第二层研究如何优化在航路，航线内的空中交通流。第三层为机场流量管理，研究如何调整优化机场内航空器的起飞和降落流量，主要考虑如何调整机场终端区、进近范围的到达流和出发流。第四层为机场场面运动流量管理，这一阶段内航空器处于起飞前和降落后的状态，此阶段主要研究如何优化航空器的场面运动，包括对航空器的滑行路径，入停机位等资源的分配和优化。其中机场场面运动属于空中交通的地面延伸部分，对整个空中交通流的规划有至关重要的作用。四个层次，由上至下并由下至上相互作用，相同层次之间存在军民航的相互协作，组成整个空中交通流量体系。

　　第三层和第四层属于终端区流量管理范畴,研究对象为某个或某特定范围内的多个机场终端区空域、机场跑道等,主要管理措施是基于瓶颈资源的容量对进近、终端区航班队列进行排队优化,一般情况下,机场瓶颈资源多为跑道。具体来说,终端区流量管理主要涉及到达终端区、进近管制、到达机场三个阶段,其中到达终端区阶段是指飞机到达目的机场的终端区,申请进入此终端区阶段,此时要向飞机发布一个放行许可并提供飞行数据。进近管制阶段是指飞机进入终端区后,对飞机进行管制,同时负责发布飞机继续向前飞行的放行许可;到达机场阶段是指飞机脱离进近管制,切入仪表着陆系统或其他着陆设备,进入进场着陆阶段。在这一过程中,流量管理的核心就是保证飞机的到达率小于机场的接收率,离场需求小于离场容量,充分利用跑道容量,合理地把总容量在进场航班流和离场航班流之间进行分配。对到达的飞机进行优化排序,保证它们之间的安全间隔,对即将出场的部分飞机执行地面等待策略。同时对飞机在停机坪和滑行道间的交接进行科学的管理。

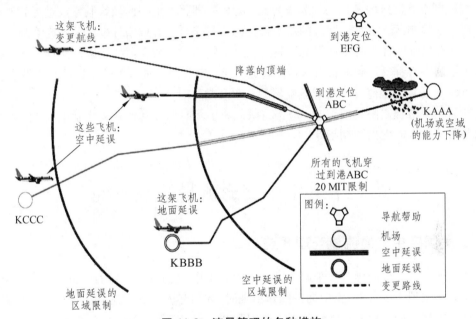

图 11-3　流量管理的多种措施

　　流量管理并不是各个流量管理措施的单一应用。多个流量管理措施有机结合解决一个空中交通流量问题。

三、空中交通流量管理原则

　　实施空中交通流量管理的原则是:以先期流量管理和飞行前流量管理为主,实时流量管理为辅,具体包括以下内容:

　　(1)调整航线结构由地区管理局提出建议,由民航局空中交通管理局与有关单位协调后实施。

　　(2)协调定期航班时刻,由航空器经营人提出,经地区管理局审核后,由民航局空中交通管理局批准。协调非定期航班时刻,按照有关规定执行。

（3）因航线天气恶劣需要改变预定飞行航线时，由有关航空器经营人或民航局空中交通流量管理单位提出申请，经民航局与有关单位协调后，通知有关地区管理局空中交通流量管理单位和空中交通管制单位。

因通信、导航、雷达设施发生故障需要改变预定飞行航线时，由发生故障的单位逐级上报至民航局，由民航局空中交通流量管理单位与有关单位协调后，向有关地区管理局空中交通流量管理单位和空中交通管制单位发出改变预定航线的电报。

预计扇区或区域流量超负荷需要改变航线或航段时，由有关区域管制室向地区管理局空中交通流量管理单位报告，如果采取的措施只涉及本区管制单位，则由地区管理局空中交通流量管理单位与当地有关单位协调后发布改变航线或航段的通知，并抄报民航局空中交通流量管理单位备案。如果采取的措施超出本地区的管辖范围时，则应当上报民航局空中交通流量管理单位。

（4）限制起飞、着陆时刻和空中等待的程序，根据空中交通流量管理的需要确定，区域管制室有权限制本管制区内各机场的起飞时刻，有权就即将由上一区域管制室或进近管制室（机场管制塔台）管制区飞进本管制区的航空器提出限制条件，有权增开扇区。进近管制室（机场管制塔台）有权就即将由区域管制室管制区飞进本管制区的航空器提出限制条件，有权增开扇区。机场管制塔台有权限制即将由区域（进近）管制室管制区进入本管制区的航空器在本场着陆的时刻。机场管制塔台有权限制航空器的开车和起飞时刻。

上述管制单位提出限制要求时，应当将限制要求及时通知其他有关管制单位，由该其他有关管制单位向航空器发出限制指令。

第三节　空中交通流量管理系统

一、美国空中交通流量管理系统

空中交通流量管理问题直接来源于实际的管制工作。它是欧美各国在 20 世纪 60 年代，当空中交通流量达到一定水平，空中拥挤频繁出现时，才引起人们的广泛关注并着手开始研究的。为了应对空中交通拥塞和大量航班延误，美国和欧洲很早就开始研究流量管理的理论、技术、方法和程序，并根据各自的空管体制建立了包括管理机构、运行程序、规章制度、规范标准、系统设备等在内的完整流量管理体系。美国联邦航空局从上世纪 60 年代启动流量管理系统的建设，至 90 年代初步建成了军民一体的全国飞行流量管理系统。欧洲则经历了几十个国土和领空范围较小的国家分别管理空域的"困惑期"，在 20 世纪 90 年代建成了欧洲统一的流量管理体系 EuroControl（欧管），并在各成员国推行"欧洲单一天空计划"。欧美建成的流量管理体系在提高美国和欧洲航空运输和军事飞行效率、保证安全中发挥了令人瞩目的重要作用。

早在 20 世纪 60 年代，美国的空中交通流量急剧增长，空中交通延误随之增加。从那时候起，美国联邦航空管理局开始研究并建立国家空域系统（NAS Nation Airspace System）。扩建机场、增加跑道、开辟新航路等方法能够增加空域系统的容量，初期能够解决一些问题。随着经济的发展，有限空域资源的不断消耗和竞争加剧，FAA 意识到单纯从量上增加空域容量是不够的，必须建立要一套全国范围的空中交通管理系统，才能够从质上提高对国家空域系统的安全有效使用。

位于华盛顿特区的 CFCF（Central Flow Control Facility，中央流量控制机构）和位于全国各管制单位的 TMU（Traffic Management Unit，流量控制席位）构成了美国先期的国家流量管理系统。以此为基础，FAA 和美国运输部开发完善了相应的软硬件系统，升级为 ETMS（Enhanced Traffic Management System，增强的流量管理系统）。

ETMS 自 20 世纪 70 年代投入使用以来，至今仍在不断完善中。到 20 世纪 90 年代，为了满足 21 世纪的空中交通增长的要求，FAA 和 DOT 又提出了在以下几个方面增强空中交通流量管理系统的功能：提高数据交换能力，以在空中交通管制部门与航空公司运行部门之间更加实时、准确地传递信息；通过协同决策，加强所有空中交通流量管理相关部门之间的联系和协商；进行国家空域系统的流量分析，采用自动化程度更高、更为精确的辅助工具分析空中交通流量，评估国家空域系统的状态。1994 年建成的 ATCSCC（Air Traffic Control System Command Center，空中交通流量指挥中心）坐落于美国弗吉尼亚州的 HERNDON 郡，位置紧邻杜勒斯国际机场。该中心的主要功能是对全美空中交通进行全面有效的监视、控制，探测影响全美空中交通流量的因素和原因，并进行及时有效的干预，做出相应的流量管理决策，是美国空中交通流量管理方案的最高决策机构，行使监控相关部门决策执行的权力。

美国联邦航空局从 20 世纪 60 年代开始研究并建设流量管理系统，从最初的繁忙机场流量管理单元，航路/区域流量管理子系统，到 1994 年投入运行的空管指挥中心，已形成运行规范、功能完备的三级流量管理体系。

如图 11-4 所示，空管指挥中心作为国家飞行流量管理体系的顶层运行和管理机构，负责监视和管理整个国家空域系统的空中交通流量，与分布在各地的下级交通管理席位、军方、航空公司等空域用户进行协调，主要承担战略飞行流量管理。航路/区域流量管理单元主要承担自己所管辖区内的战术飞行流量管理，与其上级、相邻和下级流量管理单元进行协调。终端/进近区和塔台流量管理单元管理该辖区飞行，确保终端/进近区、

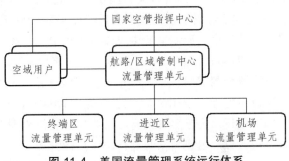

图 11-4　美国流量管理系统运行体系

机场高效的交通流量。今天，联邦航空局流量管理系统已经拥有了以流量管理中心为核心，以设置在区域管制中心、终端管制中心和一些繁忙机场塔台以及海外的总共 87 个流量管理单元为支持和执行机构的流量管理体系。美国流量管理系统在不断地更新，目前的流量管理系统正呈现出从以机场为核心的 GDP 程序向以空域为核心的 GDP 程序的发展趋势。

美国联邦航空局规划，飞行流量管理的发展目标是在改进和提高交通流安全性的基础上，支持自由飞行。计划从 1998 年到 2015 年期间，分别在基础设施、数据交换、协同决策和国家空域系统流量分析评估四个方面进行新的研发，逐步向新航行系统过渡，由流量管理人员、管制人员、航空公司签派人员和飞行员协同决策，实现自由飞行。

新的国家空管指挥中心（流控中心）在 2011 年建成并投入运行，该新中心接入更加完整、精确、实时的空管信息，采用基于 SWIM 架构的空管信息共享机制和基于时间的流量管理新技术，实现对全国空管态势的实时监视，处理天气和其他潜在因素对空中交通流量的干扰，监督和协调各空管单元以及航空用户，包括航空公司、军方和通用航空，对国家空域资源进行全面管理以平衡需求和容量的关系，最小化航班延误、尽可能少地干预飞行员的操作、减少燃油及尾气排放，降低运营成本。

二、欧洲空中交通流量管理系统

从20世纪90年代至今,欧洲各国协同开发以全欧洲范围为目标的空中交通管理网络体系,目前主要处在各国局部开发阶段,其中以德国的发展为代表,通过分析研究法兰克福机场的管理与运作状况,针对实际情况开发了比较完善的空中交通管理系统,应用于法兰克福机场的管理,取得了明显的效果。

经过不断发展,欧洲在布鲁塞尔建立了欧洲统一的 CFMU(Central Flow Control Facility,中央流量管理中心),负责欧洲的各项空中交通流量管理任务,并通过 FMP(Flow Management Position, 流量管理席位)协调各区域管制中心的管制活动,配合 CFMU 具体实施空中交通流量管理,以实现减轻空中交通管制工作负荷,保证空中交通的畅通,充分利用空域资源,减少空中交通拥挤造成损失的目标。欧洲空中交通流量管理系统目前正在发展基于机场的协同决策技术(Collaborative Decision Making,CDM)。机场 CDM 的目的是加强所有机场部门的合作,通过现有信息和资源的共享来提高决策质量,从而提高机场所有部门的效率和表现。

如图 11-5 所示,欧洲的流量管理系统是空中交通管制系统的辅助系统。欧洲从 20 世纪 70 年代开始建设飞行流量管理机构,研制相关系统,先后建成 14 个国家地区级飞行流量管理机构,在 84 个航路/终端区管制中心设立了流量管理席位,90 年代建立了管理全欧洲流量的中央流量管理中心系统,形成了二级体系,如图 11-5 所示。中央流量管理中心负责协调管制部门、航空公司、航空服务部门、机场,

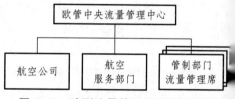

图 11-5　欧洲流量管理系统运行体系

提出流量管理决策建议。航路/终端区管制中心的流量管理席位根据中央流量管理中心的流量管理决策建议实施实时飞行流量管理。航路/终端区管制中心以下的流量管理按照各个"欧管"成员国各自规定或国家间运行协议执行管理。

目前,欧管与美国联邦航空局正在研究流量管理系统信息共享机制,为欧美空管一体化提供支撑。

表 11-2　美国和欧洲流量管理特点对比

	美国流量管理	欧洲流量管理
交通特点	• 计划航班占主导地位 • 输送中心机场占主导地位的流量 • 地区航机和一般喷气飞机百分比的持续增加 • 对直飞的更多需求 • 平均飞行时间: 2 h 8 min • 平均飞行长度: 602 n mile • 2004 年管理的 IFR 航班达 4 680 万	• 计划航班占主导地位 • 中心和轮幅之间的流量不是主要因素 • 地区航机和一般喷气飞机百分比的持续增加 • 在 ECAC 的平均飞行时间: 1 h 20 min • 平均飞行长度: 470 n mile • 2004 年管理的 IFR 航班达 890 万
飞机特点	• 路线/航线以及扇区的特点是通过集中的空域界定和管理结构控制的 • 跨/通过扇区和中心的流量是空域/扇区形态的主导特点	• 各个欧洲航空服务提供商控制对他们各自的空域扇区划分和路线的界定

续表 11-2

	美国流量管理	欧洲流量管理
天气特点	• 冬天以雪和冰为主，主要影响到机场的运作 • 春夏主要受对流天气的影响，从而使机场和中途空域的使用受到影响 • 航空集散站天花板高度和可见度影响运作，降低了能力	• 冬天以雪和冰为主，主要影响到机场的运作 • 航空集散站天花板高度和可见度影响运作，降低了能力 • 对流天气不是一个重要因素

表 11-3 美国和欧洲流量管理概念的比较

	美国流量管理	欧洲流量管理
目标	• 确保系统资源的有效利用 • 尽可能利用系统资源 • 确保交通不超过系统资源的安全能力	• 通过最佳利用现有能力提供最佳的交通流 • 降低与堵塞带来的使用者成本 • 使空中交通管制避免超负荷
参与者	• 国家和地区范围的流量管理单元 • 地区单元位于控制塔、接近控制和航路设施 • 控制塔、航空集散站和航路航空交通控制员 • 飞机操作者们	• 中央和地方流量管理单元 • 在每个航空交通控制中心的飞行管理职位 • 控制塔、航空集散站和航路航空交通控制员 • 飞机操作者们
流量管理机制	• 对离港前和离港后的流量管理，关注对机场和航路堵塞 • 国家范围和地方启动的流量指导 • 国家和地方流量管理使用广泛混合的流量动议类型（地面延误、地面停留、空中盘旋、速度限制、测量、排序、改变航线）	• 主要关注离港前航路堵塞管理、有限的战术流量控制 • 地面停留/空位分配正在从航路堵塞管理堵塞扩展 • 出于处理问题考虑，流量管理技巧，如变更航线、海拔封顶以及拖曳里程更多地被加以考虑

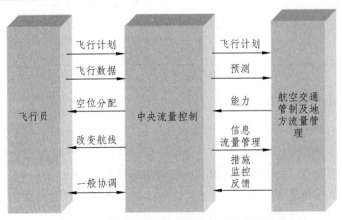

图 11-6 美国流量管理控制中心的运作结构

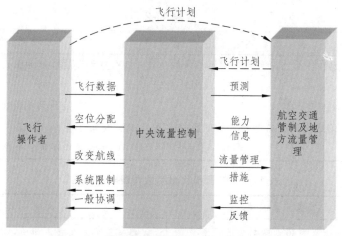

图 11-7　欧洲流量管理控制中心的运作结构

表 11-4　美国和欧洲管制流量管理组织结构的比较

	美国流量管理	欧洲流量管理
信息流	TFM 提供 TFM 计划编制和系统限制信息 使用者计划行程和路线信息 电话会议和网络为基础的工具在信息交流中起到了重要作用	电话会议和网络为基础的工具在信息交流中起到了重要作用 CFMU 提供了 ATFM 计划编制和系统限制的信息 使用者计划行程和路线信息
通讯基础设施	TFM 通讯是通过 FAA 的地面通讯设施实现的 使用者向 TFM 通讯基础设施提供了通讯链接 广泛、自动的、机对机信息传输	使用者向 CFMU 通讯基础设施提供了通讯链接（通常通过 AFTN, SITA 和公用互联网）
硬件基础设施	在"中心"站点进行集中处理，在客户站点进行有限处理 在 80 个设施场所拥有 960 个工作站，包括航路设施、集散站雷达接近控制设施、机场交通管制塔以及地区办公室 美国现在正在升级现有的 TFM 基础设施的过程中	在 CFMU 级别上进行集中处理 集散站在地方的 ANSP 上 CFMU 目前正在将额外的应用配置到地方性 ANSP 和 AOC 的过程中 400 个客户拥有 CFMU 集散站（265 个航空操作员、61 个流量管理职位、51 个航空交通服务单元）

三、我国空中流量管理发展

近年来，我国空中交通流量管理体系及系统不断完善，在以下方面取得较大进展。

（1）是推进空域航线优化。推进重点地区空域结构优化；全力开展二线繁忙机场航线分流，通过实施航线分流，南京、郑州、重庆终端区运行容量平均提升 12%；增设调整管制区及管制扇区，全年完成 4 个进近管制区和 54 个管制扇区的新辟调整；增加航路资源，2015 年我国增加航线里程 2123 km，新增国内航线 5 条。

（2）是加强临时航线使用。至 2012 年，全国公布的临时航线数量 117 条，总距离 3400

多 km。取得了三方面的主要成效：一是促进航班运行节能减排。

（3）是缩小管制运行间隔。去年先后将 19 个高空区域的最小雷达管制间隔缩小至 10 km，将 17 个进近管制区的最小雷达间隔缩小至 6 km，在全国 16 个繁忙机场启动了目视间隔与进近试运行工作，进一步增加了目视气象条件下机场空域运行容量。

（4）是调整高空管制下限。空管系统于 2014 年 4 月对北京和上海区管中心高空管制扇区高度下限进行了调整，由原来的 8 400 m 调整到 7 800 m。这一重要举措有利于整合高空空域资源，提高我国东部地区空中交通容量，加速飞行流量，有效减少航空器空中和地面等待或延误，促进东部地区排堵保畅工作的实施和开展，适应未来我国航空运输增长的需求。

（5）是缓解地面滑行延误。一是主动安排起降航班就近起飞、降落，缩短航空器地面滑行距离；二是优化调整地面滑行路线和管制运行程序，减少起降航空器地面滑行冲突；三是积极实施机位等待程序（GHP），减少航班推出开车等待时间。首都机场地面滑行安排优化后，航班平均滑行时间已控制在 20 min 以内。

（6）是加强流量管理工作。通过组建飞行流量监控室，实现了全国重点地区雷达信号的融合和集中监控。修订了《民航国内航班标准航段运行时间表》，下发了《中国民航实时飞行流量管理办法（试行）》，进一步完善了流量管理制度。

（7）是开展京沪快线航班延误专项整治工作。民航空管系统于 2013 年 8 月 1 日启动了京沪航班延误专项整治工作。采取完善规章制度、强化运行监控、加强协同决策、开辟分流航线、科学实施流量管理、及时总结分析等措施，使京沪航班平均正常率达到了 75.7%，较治理前提高了近 30 个百分点。

（8）是开展京广航路排堵保畅专项工作。从 2014 年 4 月 1 日京广航路排堵保畅工作全面启动以来，京广航路航班正常性显著提高，北京、天津、广州、深圳、香港 5 重点机场间航班正常率提高到 71.3%，较 3 月份环比增长 16.3%，较 2013 年同期同比增长 11%。

附　录

附录一：AFTN 电报中英文简字简语表

简缩语	英语全称	中文全称
ACARS	Aircraft Communications Addressing and Reporting System	航空器空地通信系统
ADF	Auto-direction Finder	自动定向仪
ADS-B	Automatic Dependent Surveillance-Broadcast	广播式自动相关监视
ADS-B In Capability	Traffic Information Service Broadcast(TIS-B)and Flight Information Service Broadcast（FIS-B）is received, processed and displayed in the flight deck.	ADS-B 接收能力
ADS-B Out Capability	The ability to periodically broadcast horizontal position, vertical position, horizontal and vertical velocity and other information.	ADS-B 发送能力
ADS-C	Automatic Dependent Surveillance-Contract	合约式自动相关监视
ALTN	Alternate（Aerodrome）	备降机场
ALTRV	Altitude reservation	按预留高度运行的飞行
ANSP	Air Navigation Service Provider	空中导航服务提供部门
APAC FPL & AM/TF	Asia Pacific Flight Plan and ATS Messages Task Force	亚太飞行计划和 ATS 电报特别工作组
APP	Approach	进近
APV	Approach Procedure With Vertical Guidance	垂直引导近进程序
ATFMX	Air traffic Flow Management Exemption	有关空中交通服务当局批准豁免空中交通流量管理措施的飞行
ATN	Aeronautical Telecommunication Network	航空电信网
ATS	Air Traffic Services	空中交通服务
BARO-VNAV	Barometric Vertical Navigation	气压垂直导航
COM	Communication	通信设备
CPDLC	Controller Pilot Data Link Communications	管制员驾驶员数据链通信
DAT	Data	（导航）数据或能力
DEP	Departure	起飞，离场
DEST	Destination	目的地
D-FIS	Data Link Flight Information Services	数字化飞行情报服务
DLE	Delay	航路延误或等待

简缩语	英语全称	中文全称
DME	Distance Measuring Equipment	测距仪
DOF	Date of flight	飞行日期
EET	Estimated Elapsed Time	预计经过时间
EOBT	Estimated Off-block Time	预计撤轮挡时间
FANS	Future Air Navigation System	新航行系统
FFR	Firefighting and rescue	消防援救
FLTCK	Flight check	飞行校验
FMC	Flight Management Computer	飞行管理计算机
GBAS	Ground-based Augmentation Systems,	地基增强系统
GNSS	Global Navigation Satellites System	全球导航卫星系统
HFDL	High Frequency Data Link	高频数据链
HFRTF	High Frequency Radio Telephone	高频、无线电话
HOSP	Hospital Aircraft	医救航空器
HUM	Human	人道主义
IFR	Instrument Flight Rules	仪表飞行规则
ILS	Instrument Landing	仪表着陆系统
INMARSAT	International Marine Satellite Organization	国际海事卫星组织
INS	Inertial Navigation System	惯性导航系统
IRIDIUM	A private mobile satellite company	铱星
IRS	Inertial Reference System	惯性基准系统
IRU	Inertial Reference Units	惯性导航组件
LORAN-C	Long Range Navigation System-C	罗兰 C
LPV（APV with SBAS）	Localizer Performance with Vertical guidance	具有垂直引导的航向台性能进近
MARSA	Military Authority Assumes Responsibility	军方负责承担军用航空器间隔的飞行
MEDEVAC	Medical Evacuation	医疗急救
MLS	Microwave Landing System	微波着陆系统
MNPS	Minimum Navigation Performance Specifications	最低导航性能规范
MTSAT（FAA）	Meteorological Satellite	气象卫星
NAM	North America	北美地区
NAV	Navigation	导航
NEW	The flight planning and ATS message formats as specified in Amendment 1 to the PANS-ATM DOC 4444 15TH edition.	ICAO 第 4 444 号文件第 15 版第 1 次修订中详细说明的飞行计划和 ATS 电报格式
NONRVSM	Non- Reduce Vertical Separation to Minimum	已批准不具备 RVSM 能力的航空器进入 RVSM 区域飞行
OPR	Operator	经营人
ORGN	Origin	原始提供者
PANS-ATM	Procedures for Air Navigation Services — Air Traffic Management, Fifteenth Edition（PANS-ATM, ICAO DOC4444 15th edition）	航空导航服务程序—空中交通管理，ICAO 第 4 444 号文件第 15 版

简缩语	英语全称	中文全称
PBN	Performance-Based Navigation	基于性能的导航
PDC	Pre-departure Clearance	起飞前放行
PER	Performance	性能
PRESENT	Present flight planning and ATS message formats as defined in the current version of the PANS-ATM.	在 PANS-ATM 目前版本中定义的现行飞行计划和 ATS 电报格式
RALT	ROUTE ALTERNATE	航路备降场
RCP	Required Communication Performance	所需通信性能
REG	Registration	注册号
RIF	Reclearance In Flight	空中二次放行
RMK	Remark	备注
RNAV	Area Navigation	区域导航
RNP	Required Navigation Performance	所需导航性能
RVSM	Reduce Vertical Separation to Minimum	缩小垂直间隔
SAR	Search And Rescue	搜寻与救援
SATCOM	Satellite Communication	卫星通信
SBAS	Satellite Based Augmentation Systems	星基增强系统
SEL	Selective Call Sign	选择呼号
SSR	Secondary Surveillance Radar	二次监视雷达
SUR	Surveillance	监视用途或能力
TACAN	Tactical Air Navigation	塔康 TACAN 系统，TACAN 全称为战术空中导航
TALT	Take-off Alternate（Aerodrome）	起飞备降机场
TYP	Type Of Aircraft	机型
UAT	Universal Access Transceiver	万向收发机
UHF	Ultra High Frequency	超高频
VDL	VHF Data Link	甚高频数据链模式
VDL（FAA）	Voice Data Link	通话数据链
VFR	Visual Flight Rules	目视飞行规则
VHF	Very High frequency	甚高频
VHF RTF	Very High Frequency Radio Telephone	甚高频无线电话
VOR	VHF Omnidirectional Range	甚高频全向信标
WPR	Waypoint reporting	航路点位置报告

附录二：国际民航组织 8643 文件（Doc8643/32）机型代码及尾流分类

航空器制造商及机型	国际民航组织规定代码	机型描述	尾流标准	AIRBUS
A-300B2	A30B	L2J	H	
A-300B2-1	A30B	L2J	H	
A-300B2-100	A30B	L2J	H	
A-300B2-200	A30B	L2J	H	
A-300B2K-3	A30B	L2J	H	
A-300B4-2	A30B	L2J	H	
A-300B4-100	A30B	L2J	H	
A-300B4-200	A30B	L2J	H	
A-300B4-600	A306	L2J	H	
A-300C4-200	A30B	L2J	H	
A-300C4-600	A306	L2J	H	
A-300F4-200	A30B	L2J	H	
A-300F4-600	A306	L2J	H	
A-300ST Beluga	A3ST	L2J	H	A-300ST
Super Transporter	A3ST	L2J	H	A-310
	A310		L2J	H A-318
	A318	L2J	M	A-319
	A319	L2J	M	A-319
ACJ	A319	L2J	M	A-320
	A320	L2J	M	A-321
	A321	L2J	M	
A-330-200	A332	L2J	H	
A-330-300	A333	L2J	H	
A-340-200	A342	L4J	H	
A-340-300	A343	L4J	H	
A-340-500	A345	L4J	H	
A-340-600	A346	L4J	H	
A-380-800	A388	L4J	J	
ANTONOV				
An-2	AN2	L1P	L	An-3
	AN3	L1T	L	An-8
	AN8	L2T	M	An-12
	AN12	L4T	M	

航空器制造商及机型	国际民航组织规定代码	机型描述	尾流标准	
An-22 Antheus	AN22	L4T	H	An-24
	AN24	L2T	M	An-26
	AN26	L2T	M	An-28
	AN28	L2T	L	An-30
	AN30	L2T	M	An-32
	AN32	L2T	M	
An-32 Firekiller	AN32	L2T	M	An-32
Sutlej	AN32	L2T	M	An-38
	AN38	L2T	M	An-70
	AN70	L4T	M	An-72
	AN72	L2J	M	An-74
	AN72	L2J	M	
An-124 Ruslan	A124	L4J	H	An-140
	A140	L2T	M	
An-225 Mriya	A225	L6J	H	Antheus
	AN22	L4T	H	Firekiller
	AN32	L2T	M	Mriya
	A225	L6J	H	Ruslan
	A124	L4J	H	Sutlej
	AN32	L2T	M	BOEING
BOEING 707-100	B701	L4J	M	BOEING
707-300	B703	L4J	H	BOEING
717-200	B712	L2J	M	
BOEING 717-200 Business Express	B712	L2J	M	BOEING
720	B720	L4J	M	BOEING
727-100	B721	L3J	M	BOEING
727-100RE Super 27	R721	L3J	M	BOEING
727-200	B722	L3J	M	BOEING
727-200RE Super 27	R722	L3J	M	BOEING
737-100	B731	L2J	M	BOEING
737-200	B732	L2J	M	
BOEING 737-200 Surveiller	B732	L2J	M	BOEING
737-300	B733	L2J	M	BOEING
737-400	B734	L2J	M	BOEING
737-500	B735	L2J	M	BOEING
737-600	B736	L2J	M	BOEING
737-700	B737	L2J	M	BOEING
737-700 BBJ	B737	L2J	M	
BOEING 737-700 Wedgetail	E737	L2J	M	BOEING
737-800	B738	L2J	M	
BOEING 737-800 BBJ2	B738	L2J	M	BOEING
737-900	B739	L2J	M	

航空器制造商及机型	国际民航组织规定代码	机型描述	尾流标准	
BOEING　747-100	B741	L4J	H	BOEING
747-200	B742	L4J	H	BOEING
747-300	B743	L4J	H	
747-400（domestic，no winglets）	B74D	L4J	H	
747-400（international，winglets）	B744	L4J	H	
747SCA Shuttle Carrier	BSCA	L4J	H	BOEING
747SP	B74S	L4J	H	BOEING
747SR	B74R	L4J	H	BOEING
757-200	B752	L2J	M	BOEING
757-300	B753	L2J	M	BOEING
767-200	B762	L2J	H	BOEING
767-300	B763	L2J	H	BOEING
767-400	B764	L2J	H	BOEING
777-200	B772	L2J	H	BOEING
777-300	B773	L2J	H	BRITISH
AEROSPACE				
BAC-111 One-Eleven	BA11	L2J	M	BAe-146-100
	B461	L4J	M	
BAe-146-100 Statesman	B461	L4J	M	BAe-146-200
	B462	L4J	M	
BAe-146-200 Quiet Trader	B462	L4J	M	
BAe-146-200 Statesman	B462	L4J	M	BAe-146-300
	B463	L4J	M	CANADAIR
CC-144 Challenger 600	CL60	L2J	M	CC-144B
Challenger 601	CL60	L2J	M	CE-144A
Challenger 600	CL60	L2J	M	Challenger 600
	CL60	L2J	M	Challenger 601
	CL60	L2J	M	Challenger 604
	CL60	L2J	M	Challenger 800
	CRJ2	L2J	M	DORNIER 228
	D228	L2T	L	DORNIER 328
	D328	L2T	M	EMBRAER
EMB-145AEWC	E145	L2J	M	EMBRAER
EMB-145EP	E145	L2J	M	
FOKKER　F-27 Maritime	F27	L2T	M	FOKKER
F-27 Troopship	F27	L2T	M	FOKKER
F-28 Fellowship	F28	L2J	M	FOKKER
Fellowship	F28	L2J	M	
GATES LEARJET	24	LJ24	L2J	L
GATES LEARJET	25	LJ25	L2J	L
GATES LEARJET	28	LJ28	L2J	L
GATES LEARJET	29	LJ28	L2J	L

航空器制造商及机型	国际民航组织规定代码	机型描述	尾流标准	
GATES LEARJET 31	LJ31	L2J	M	
GATES LEARJET 35	LJ35	L2J	M	
GATES LEARJET 36	LJ35	L2J	M	
GATES LEARJET 55	LJ55	L2J	M	
GATES LEARJET C-21	LJ35	L2J	M	
GATES LEARJET RC-35	LJ35	L2J	M	
GATES LEARJET RC-36	LJ35	L2J	M	
GATES LEARJET U-36	LJ35	L2J	M	
GULFSTREAM AEROSPACE				
G-1159D Gulfstream	GLF5	L2J	M	
Gulfstream 3	GLF3	L2J	M	
Gulfstream 4	GLF4	L2J	M	
Gulfstream 4SP	GLF4	L2J	M	
Gulfstream 5	GLF5	L2J	M	
Gulfstream 300	GLF4	L2J	M	
Gulfstream 400	GLF4	L2J	M	
Gulfstream 500	GLF5	L2J	M	
Gulfstream 550	GLF5	L2J	M	
Gulfstream SRA-1	GLF3	L2J	M	
Gulfstream SRA-4	GLF4	L2J	M	
S102 Gulfstream 4	GLF4	L2J	M	
Tp102 Gulfstream 4	GLF4	L2J	M	
U-4 Gulfstream 4	GLF4	L2J	M	
HAWKER SIDDELEY				
HS-121 Trident	TRID	L3J	M	
HS-125-1	H25A	L2J	M	
HS-125-2 Dominie	H25A	L2J	M	
HS-125-3	H25A	L2J	M	
HS-125-400	H25A	L2J	M	
HS-125-600	H25A	L2J	M	
HS-125-700	H25B	L2J	M	
HS-748	A748	L2T	M	
HS-748 Andover	A748	L2T	M	HS-780
Andover	A748	L2T	M	Nimrod
	NIM	L4J	M	TAV-8
Harrier	HAR	L1J	M	Trident
	TRID	L3J	M	VC-93
	H25A	L2J	M	VU-93
	H25A	L2J	M	ILYUSHIN
ILYUSHINA-50	A50	L4J	H	
ILYUSHINBe-976	A50	L4J	H	
ILYUSHINBizon	IL18	L4T	M	

航空器制造商及机型	国际民航组织规定代码		机型描述	尾流标准
ILYUSHINGajaraj	IL76	L4J	H ILYUSHINIl-14	
	IL14	L2P	M ILYUSHINIl-18	
	IL18	L4T	M	
ILYUSHINIl-18 Bizon	IL18	L4T	M	
ILYUSHINIl-20		IL18	L4T	M
ILYUSHIN	Il-22 Zebra	IL18	L4T	M
ILYUSHINIl-24		IL18	L4T	M
ILYUSHINIl-28		IL28	L2J	M
ILYUSHINIl-38		IL38	L4T	M
ILYUSHINIl-62		IL62	L4J	H
ILYUSHINIl-76		IL76	L4J	H
ILYUSHINIl-76 Gajaraj	IL76	L4J	H	
ILYUSHINIl-78	IL76	L4J	H ILYUSHINIl-82	
	IL76	L4J	H ILYUSHINIl-86	
	IL86	L4J	H ILYUSHINIl-87	
	IL86	L4J	H ILYUSHINIl-96	
	IL96	L4J	H ILYUSHINIl-114	
	I114	L2T	M	
LEARJET 31	LJ31	L2J	M LEARJET 35	
	LJ35	L2J	M LEARJET 40	
	LJ40	L2J	M LEARJET 45	
	LJ45	L2J	M LEARJET 55	
	LJ55	L2J	M LEARJET 60	
	LJ60	L2J	M LEARJET C-35	
	LJ35	L2J	M LEARJET R-35	
	LJ35	L2J	M LEARJET VU-35	
	LJ35	L2J	M	
LOCKHEED	C-130 Karnaf	C130	L4T	M
LOCKHEED	C-141 Starlifter	C141	L4J	H
MCDONNELL DOUGLAS				
MD-10	DC10	L3J	H MD-11	
	MD11	L3J	H MD-81	
	MD81	L2J	M MD-82	
	MD82	L2J	M MD-83	
	MD83	L2J	M MD-87	
	MD87	L2J	M MD-88	
	MD88	L2J	M MD-90	
	MD90	L2J	M	
SAAB	S100 Argus	SF34	L2T	M
SAAB-FAIRCHILD SF-340	SF34	L2T	M	

航空器制造商及机型	国际民航组织规定代码	机型描述	尾流标准
SHORT	330	SH33	L2T M SHORT
	360	SH36	L2T M
SHORT	Belfast	BELF	L4T M SHORT
	C-23 Sherpa	SH33	L2T M SHORT
Canberra	CNBR	L2J	M TUPOLEV
Tu-134	T134	L2J	M
Tu-144	T144	L4J	H
Tu-154	T154	L3J	M
Tu-204	T204	L2J	M
Tu-214	T204	L2J	M
Tu-224	T204	L2J	M
Tu-234	T204	L2J	M
Tu-334	T334	L2J	M
Yak-40	YK40	L3J	M
Yak-42	YK42	L3J	M
Y-11	Y11	L2P	L
Y-12	Y12	L2T	L
Y-12 Twin Panda	Y12	L2T	L
Y-8	AN12	L4T	M

机型描述中：

First character:	Second character:	Third character：L
landplane	1，2，3，4，～ or C， number of engines	P piston engine
S	seaplane	T turboprop engine
A		amphibian J jet engine
H helicopter		
G gyrocopter		
T tit-wing aircraft		

如有需要，请登录 ICAO 网站 http：//www.icao.int/anb/ais/8 643/index.cfm，参阅 ICAO Doc8643/32 文件查找其他机型。